EDA 精品智汇馆

ADS2011 射频电路设计与仿真实例

徐兴福　主　编

電子工業出版社

Publishing House of Electronics Industry

北京·BEIJING

内 容 简 介

本书主要介绍使用ADS2011进行射频电路设计和仿真的方法,书中包含了大量工程实例,包括匹配电路、滤波器、低噪声放大器、功率放大器、混频器、频率合成器、功分器与定向耦合器、射频控制电路、RFIC电路、TDR瞬态电路、通信系统链路等仿真实例,最后还介绍了Momentum电磁仿真和微带天线仿真的方法及工程实例,涵盖范围广,工程实用性强。

本书取材广泛,内容新颖,系统性强,是广大射频电路设计工程师的必备参考书,也可作为大专院校电子信息、射频通信相关专业教学参考书。

图书在版编目(CIP)数据

ADS2011射频电路设计与仿真实例/徐兴福主编. —北京:电子工业出版社,2014.5
(EDA精品智汇馆)
ISBN 978-7-121-22799-8

Ⅰ. ① A… Ⅱ. ① 徐… Ⅲ. ① 射频电路 - 电路设计 - 计算机辅助设计 - 软件包 Ⅳ. ① TN710.02

中国版本图书馆CIP数据核字(2014)第062560号

策划编辑:王敬栋
责任编辑:周宏敏　　　文字编辑:张　迪
印　　刷:北京虎彩文化传播有限公司
装　　订:北京虎彩文化传播有限公司
出版发行:电子工业出版社
　　　　　北京市海淀区万寿路173信箱　邮编:100036
开　　本:787×1092　1/16　印张:33.5　字数:857.6千字
版　　次:2014年5月第1版
印　　次:2025年1月第23次印刷
定　　价:128.00元

凡所购买电子工业出版社图书有缺损问题,请向购买书店调换。若书店售缺,请与本社发行部联系,联系及邮购电话:(010)88254888。

质量投诉请发邮件至zlts@phei.com.cn,盗版侵权举报请发邮件至dbqq@phei.com.cn。

服务热线:(010)88258888。

前　　言

20世纪90年代以后，通信容量及频率不断提高，无线产品应用环境日益复杂，传统的设计方法已经不能满足射频电路和系统设计的要求。随着3G/4G的广泛应用，5G也初现端倪，这些复杂和高容量通信系统和射频硬件的设计不得不依赖各种EDA软件实现。在射频电路行业，甚至是信号完整性领域，首推的仿真软件是Agilent ADS。

安捷伦ADS软件可应用于国防/航空电子、雷达、卫星通信系统设计，以及移动通信系统设计、高速电路、信号完整性设计、射频和微波电路设计、天线设计、LTCC器件及RX/TX封装模块设计。作为微波、射频电路和芯片设计、电路板设计和信号完整性设计的一流平台，安捷伦EEsof系列软件得到业界厂商的广泛支持，推出了多种针对该软件的元件库、模型库和设计套件（Design Kit），为用户进行更为准确的设计仿真。

另外，从广大工程师择业的角度讲，选择主流的射频仿真设计软件不仅为产品设计大大提高成功率，而且可以提高自身的技能和行业竞争力。现在各大公司招聘要求射频工程师必须会使用ADS等软件进行射频电路设计。

早期出版的《ADS2008射频电路设计与仿真实例》一书，发行近20000册，深得广大射频工程师及高校师生欢迎，逐渐成为一本射频工程师的"武功秘籍"。随着技术的不断发展、对软件功能要求的增加，软件版本升级不断，为方便广大工程师朋友掌握这门利器，作者重新编写这本ADS2011版本仿真教程。在写作本书的同时，ADS2014已经推出，关于版本选择问题，作者建议满足当前设计要求的原则下，选择与厂商Design kits同步版本的软件，目前大部分厂商Design kits已经更新到ADS2011。

本书设计实例涵盖内容范围广，包含了无线收发系统里面的大部分电路，实例章节以工程设计目标参数入手，并和工程中产品设计流程一致。ADS2011版本在原有的《ADS2008射频电路设计与仿真实例》基础上进行了较大增删及改动，对大家广泛关注的低噪声放大器章节进行优化，对功率放大器一章进行了重新选管，使用飞思卡尔MRF8P9040N芯片替代原书中的MRF9045，解决了广大同行找不到MRF9045管子仿真模型及管子已经停产的问题。此次更新使得本书的内容与时俱进，具有较高的工程应用价值。读者按照本书的操作，可直接设计出相关的产品。

参与本书编写的有徐兴福、卢益锋、徐晓宁、楼建全、廖剑锟、陈明勇、王小朝、肖馥林、石新明、陈钚、高亚东、赵志强、何川、王博、朱益志、陈泽钊、蒲剑。全书由徐兴福策划及统稿。由于本书题材广泛，内容较多，非常感谢各位作者的辛苦付出！以及王敬栋编辑在各方面的支持和帮助，在此表示衷心感谢！在本书编写过程中，参考引用美国 Agilent 公司的相关技术资料，在此一并感谢！

目前作者就职兴森快捷 Agilent 联合实验室，如果广大读者有射频及高速 PCB 电路设计及仿真、信号完整性、板级 EMI 等方面的技术问题，都可以联系作者，邮箱地址为 bruce_xuxf@126. com。

由于编者水平有限，书中错误在所难免，希望各位同行批评指正。

编　者

2014 年 3 月

目　　录

第4章 滤波器的设计

第5章 低噪声放大电路设计

第**1**章　ADS2011 简介

从 20 世纪 80 年代开始，微波电路技术应用方向已逐渐由传统的波导和同轴线元器件转移到微波平面电路系统。然而，微波平面电路设计一直是一项比较困难和复杂的工作，需要工程师在实践中不断调试才能完成。随着市场需求的不断提升，近年来射频电路应用的频率变得越来越高，如 ODU 40G 频段，Gifi 已到 60G 频段，汽车雷达 77G。为了满足高速率信号传输要求，信道带宽也越来越宽，电路的各项参数要求越来越严格（如 LNA 的噪声系数），产品的功能要求越来越多样化，产品尺寸要求也越来越小，而产品设计周期却越来越短。传统的设计方法已经不能满足现代电路设计的要求，借助于微波仿真软件进行电路设计已经成为必然趋势，美国安捷伦（Agilent）公司推出的大型 EDA 软件 ADS2011 凭借其强大的功能与友好的界面，业已成为当今微波电路设计的主流设计开发软件，为广大微波电路的设计者和研究者提供了强大的武器。

ADS2011 集多种 EDA 软件的优点，可进行时域、频域仿真，模拟电路、数字电路仿真，线性、非线性电仿真，小到单独元器件的仿真，大到系统仿真、数/模混合仿真、高速链路仿真。其强大的仿真功能和较高的准确性，已经得到业界的普遍认可，成为业内最为流行的射频 EDA 软件。

1.1　ADS 与其他电磁仿真软件比较

商业化的射频 EDA 软件于 20 世纪 90 年代大量涌现，射频 EDA 是计算电磁学和数学分析研究成果计算机化的产物，其集计算电磁学、数学分析、虚拟实验方法为一体，通过仿真的方法可以预期实验的结果，得到直接直观的数据，是射频工程师和研究人员的有力工具。

目前主流的电磁仿真软件主要基于以下 3 种方法。

- 矩量法（MoM）：ADS、Ansoft Designer、Microwave Office、IE3D、FEKO、Sonnet
- 有限元法（FEM）：Ansys HFSS、Agilent EMpro（同时支持 Mom 和 FEM）
- 时域有限差分法（FDTD）：CST Microwave Studio、EMPIRE、XFDTD

目前，市场上商业化的射频 EDA 软件众多，受到业界欢迎的，其中以 Agilent 公司的 ADS，Ansoft 公司的 Designer、HFSS，AWR 公司的 Microwave office，CST 公司的 CST 为主要代表，这几款软件已经在各大院校和科研院所得到广泛应用。

Ansoft Designer 是高性能线性/非线性、时/频域电路与系统的仿真工具。自带齐全的数字、模拟和射频/微波电路元器件库，通信、互联网、雷达和导航系统库，以及丰富的数学函数库。支持 SPICE 模型、IBIS 模型、IBIS - AMI 模型、S 参数模型和 Matlab 模型等，自带 C/C++、Verilog/VerilogA 和 Matlab 等基带信号处理算法开发语言接口。为电路和系统设计者提供了一个 Windows 风格的电路、电磁场和系统全集成化设计环境，实现了原理图编辑、网表/代码编辑、Layout 版图编辑，以及电路、电磁场、系统、混合系统同步协同设计和优化、参数扫描、敏感度分析、统计分析、仿真结果后处理等全面功能。支持与电磁场仿真工具 PlanarEM、SIwave、Q3D Extractor、HFSS 进行自动双向数据连接，支持 HSPICE 动态链接，支持与测试仪器进行数据交互，实现系统、电路、电磁场高效率和精确的仿真设计。

Microwave Office（简称 MWO）是一款与 ADS 类似的仿真软件。它能够提供针对微波混合模块及 MMIC 设计的完整解决方案。并能与世界级的电路仿真与电磁分析工具整合在一起。广泛应用于应用微波集成电路（MICs）、单片微波集成电路（MMICs）（小信号和射频功率）射频印刷电路板（PCBs）、集成微波组件。

Ansys HFSS 依靠 HFSS 的精确性、高智能和高性能，工程师可以进行高速器件的设计，包括片上嵌入无源器件、IC 封装、PCB 互连和高频器件，例如，天线、射频/微波器件和生物医学器件。使用 HFSS，工程师可以提取寄生参数（S、Y、Z）、可视化三维电磁场（近场和远场），并生成可与电路仿真链接的全波 SPICE 模型。信号完整性工程师使用 HFSS 可在 EDA 设计流程中进行信号质量评估，包括传输路径损耗、阻抗失配引起的反射损耗、寄生耦合和辐射等。

HFSS 提供了前所未有的与 EDA 设计流程集成技术帮助工程师将晶体管级的复杂、高非线性电路和三维全波精确元件模型结合，解决具有挑战性的高性能电子设计问题。利用 HFSS 按需求解技术，工程师可以在易用的层叠版图界面中调用 HFSS，直接导入多层模型，并自动设置。此外，AnsoftLinks 提供了将 3D ECAD 或者 MCAD 结构模型导入 HFSS 的功能选项。HFSS 提供多种基于有限元（FEM）算法的求解技术，用户可根据需要执行的仿真模型来选择合适的求解器。包括频域求解器、时域求解器、积分方程法求解器、FE-IE 混合求解器、HFSS 按需求解技术。HFSS 是基于 FEM（有限元法）的针对高频结构的电磁仿真软件。它以仿真精度高、操作界面方便易用、成熟的自适应网格剖分技术受到广大用户的欢迎。其直观的后处理器及独有的场计算器，可计算分析显示各种复杂的电磁场，并利用 Optimetrics 可对任意的参数进行优化和扫描分析。对于设计结构复杂的天线等器件来说，HFSS 是非常好的工具。但其缺点是占用内存大，仿真的速度较慢。

CST 是一款基于 FDTD（时域有限差分法）的高频结构电磁仿真软件。它对三维复杂结构仿真精度高，计算速度快。CST 在超宽带的计算上有时间优势，但对于电大尺寸的设计来说，与实际测量结果有一定差距。如前文所提到的，CST 还有一个优势就是能够和 ADS 协同仿真。

CST 软件现已成为一个工作室套装软件，CST 工作室套装™是面向 3D 电磁场、微波电路和温度场设计工程师的一款最有效、最精确的专业仿真软件包，共包含 7 个工作室子软件，集成在同一平台上。可以为用户提供完整的系统级和部件级的数值仿真分析。软件覆盖整个电磁频段，提供完备的时域和频域全波算法。典型应用包含各类天线/RCS、EMC/EMI、场路协同、电磁温度协同和高低频协同仿真等。CST MICROWAVE STUDIO（简称 CST MWS，中文名称"CST 微波工作室"）是 CST 公司出品的 CST 工作室套装™软件之一，广泛应用于通用高频无源器件仿真，可以进行雷击 Lightning、强电磁脉冲 EMP、静电放电 ESD、EMC/EMI、信号完整性/电源完整性 SI/PI、TDR 和各类天线/RCS 仿真。结合其他工作室，如导入 CST 印制板工作室和 CST 电缆工作室空间三维频域幅相电流分布，可以完成系统级电磁兼容仿真；与 CST 设计工作室™实现 CST 特有的纯瞬态场路同步协同仿真。CST MICROWAVE STUDIO 集成有 7 个时域和频域全波算法：时域有限积分、频域有限积分、频域有限元、模式降阶、矩量法、多层快速多极子、本征模。支持 TL 和 MOR SPICE 提取；支持各类二维和三维格式的导入甚至 HFSS 格式；支持 PBA 六面体网格、四面体网格和表面三角网格；内嵌 EMC 国际标准，通过 FCC 认可的 SAR 计算等。

　　Sonnet 是一种基于矩量法的电磁仿真软件，提供面向 3D 平面高频电路设计系统，以及在微波、毫米波领域和电磁兼容/电磁干扰设计的 EDA 工具。SonnetTM 应用于平面高频电磁场分析，频率从 1MHz 到几千 GHz。主要的应用有：微带匹配网络、微带电路、微带滤波器、带状线电路、带状线滤波器、过孔（层的连接或接地）、偶合线分析、PCB 板电路分析、PCB 板干扰分析、桥式螺线电感器、平面高温超导电路分析、毫米波集成电路（MMIC）设计和分析、混合匹配的电路分析、HDI 和 LTCC 转换、单层或多层传输线的精确分析、多层的平面的电路分析、单层或多层的平面天线分析、平面天线阵分析、平面偶合孔的分析等。

　　IE3D 是一个基于矩量法的电磁场仿真工具，可以解决多层介质环境下的三维金属结构的电流分布问题。它利用积分的方式求解 Maxwell 方程组，从而解决电磁波的效应、不连续性效应、耦合效应和辐射效应问题。仿真结果包括 S、Y、Z 参数，以及 VWSR、RLC 等效电路，电流分布、近场分布和辐射方向图、方向性、效率和 RCS 等。IE3D 在微波/毫米波集成电路（MMIC）、RF 印制板电路、微带天线、线电线和其他形式的 RF 天线、HTS 电路及滤波器、IC 的内部连接和高速数字电路封装方面是一个非常有用的工具。IE3D 可能是最好的商业 MoM 套件。MoM 原理相对简单，且计算速度极快。IE3D 比较适合 2.5 维情形，例如，算算 PCB 或者微带天线比较合适，算复杂 3D 结构力不从心。但是，手机 PIFA 的计算就比较适合用 IE3D。不是用于做天线项目仿真，而是用于研究天线的基本特征、天线和 PCB 如何相互耦合、PCB 上激发的表面电流走向等原型阶段的预研。

　　FEKO 是针对天线设计、天线布局与电磁兼容性分析而开发的专业电磁场分析软件，它基于矩量法（MoM：Method of Moment），拥有高效的多层快速多极子法，并将矩量法与高频分析方法（物理光学 PO：Physical Optics，一致性绕射理论 UTD：Uniform Theory of Diffraction）完美结合，从而非常适合于分析天线设计中的各类电磁场分析问题：对于电小结构的天线，FEKO 中可以采用完全的矩量法进行分析；对于具有电小与电大尺寸混合结构的天线，FEKO 中既可以采用多层快速多极子法，又可以采用混合方法：用矩量法分析电小结构部分，而用高频方法分析电大结构部分。而且，FEKO 支持天线工程中的各种激励方式，输出天线的各种电性能参数。它可以计算非常复杂的 3D 结构和环境，擅长电大尺寸，常被用作飞机电磁性能的建模和仿真。

　　作为板级和 IC 级的电路设计师，ADS momentum 是最好的仿真工具，其效率远超过 HFSS 和 CST 等其他软件。并且 ADS2011 能够与目前主流的 3D 制图软件进行导入和导出。但是，如果要仿真天线、键合线等第 3 维度上非均匀延展的结构，就需要全波三维求解器来协助。ADS2011 中基于有限元算法的电磁场仿真器——FEM，完全解决了业界的路仿真软件与全波三维电磁场仿真器之间的连接。

　　随着电子计算机技术的发展，相对于经典电磁理论而言，数值方法受边界形状的约束大为减少，可以解决各种类型的复杂问题，但各种数值计算方法都各有优缺点，一个复杂的问题往往难以依靠一种方法解决，常需要将多种方法结合起来，互相取长补短，因此，混和方法日益受到人们的重视，很多软件也开始逐渐集成利用各种算法进行优化计算，这也是未来电磁场 EDA 软件发展的趋势。其实对于实际的工程仿真来说，有一个 FEM + FDTD + MoM 的仿真软件组合最好。然而，在一个复杂的微波电路系统设计中，使用何种软件并没有定式，不同软件各有所长，需要设计者长期积累的丰富经验和多个 EDA 软件共同来完成。

1.2 ADS2011 简介

1.2.1 概述

ADS2011 全称 Advanced Design System 2011，是 Agilent 公司 2011 年推出新版本的 EDA 软件，目前的最新版本是 ADS2013。ADS 经过多年的发展，仿真功能和仿真手法日趋完善，最大的特点就是集成了从 IC 级到电路级直至系统级的仿真模块。它内含基于矩量法 Momentum 的电磁仿真模块，ADS Momentum 是一种对 3D 进行简化的 2.5D 电磁场仿真器，非常适合第 3 维度上均匀变化的结构仿真，如 PCB 板级设计、无源板级器件设计、RFIC/MMIC、LTCC 等。其仿真速度极快，同时保证和主流 3D 电磁仿真软件相当的精度。图 1-1 所示为 ADS2011 的工作窗口。

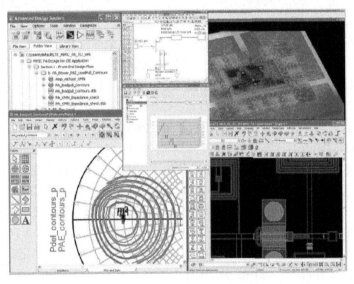

图 1-1　ADS2011 的工作窗口

此外，Agilent 公司还和各大元器件厂商广泛合作并提供最新的 Design Kit 给用户使用。使用户可以在第一时间得到最新的设计资源。同时，Agilent 公司利用自身的优势，在软件与测试仪器的结合上有着其他软件无法比拟的优势，极大地提高了设计的效率。Agilent 公司在 2009 软件版本中增加了基于有限元算法（FEM：Finite Element Method）的 3D 电磁场仿真器——FEM，大大提高了软件的 3D 仿真能力。ADS2011 能与许多著名的 EDA 软件进行协同仿真。如 CST、Mentor Graphics、Cadence、Matlab 等，并且 ADS Layout 能够与主流的 CAD 软件相互导入和导出版图。

下面回顾一下各版本升级及功能改进情况。

1.2.2　ADS2008 的新功能

ADS2008 相对于以前的版本在软件的操作界面、仿真模块、Momentum，数据显示窗口、电路模型、通信系统模型、厂商元件库和软件的响应速度上都有很大的改善和提高。同时，ADS2008 增加了对 64 位计算机操作系统 Windows Vista 的支持，大大提升了软件的计算和数据处理能力。

- 工作窗口的新特性和改进。

（1）提供了新的工程管理界面，大大优化了对工作窗口文件的管理效率。

（2）对话框的弹出响应速度提高。

（3）新的更高效的 Help 导航窗口。

（4）可以通过转动鼠标滚轮放大和缩小图纸。

（5）改进了版图的视觉效果，更醒目的图层颜色和标记。

（6）多层版图设计时可以自动生成过孔，并提供了多层板的半透明视图效果，方便用户查看各层电路之间的互连状况。

- 电路模型仿真的新特性和改进。

（1）大幅度地提高了直流（DC）仿真、交流（AC）仿真、功率测量控制器和瞬态仿真的速度。

（2）更新了 S 参数仿真控制器，可以直接双向提取各级间的 S 参数。

（3）提供了新的良品率仿真模板。

（4）改善了 HSPIC 的兼容性，加入了包络中的噪声系数仿真。

（5）大尺寸电路的谐波平衡仿真速度提高了 3 ～ 10 倍。

（6）增加了大量半导体厂商的最新元件库，增加了对下一代移动通信系统新技术标准的支持；更新了超宽带无线通信库。

（7）支持远程分布式仿真（需要用户购买该功能的许可）。

（8）支持 64 位系统，获得了更大的数据处理能力。

- Momentum 与 3DEM 新特性和改进。

（1）版图可以进行预处理，消除网格剖分中的错误。

（2）改进了 Momentum 介质编辑窗口。

（3）Momentum 仿真中采用更先进的算法，可以支持分布式多处理器多线程的计算。ADS2008 可以仿真比以前大 6 倍的结构，仿真速度提高了 10 倍以上，而对内存的需求量却降低了 50%。

（4）集成了 2D 和 3D 半模电磁仿真工具，提高了设计效率。同时提高了 3D 电磁仿真的速度和容量，拥有可视化的 3D 版图预处理。

（5）支持 DFX 格式工程图文件的导入和导出。

1.2.3　ADS2009 的新功能

- 从 IC 到封装到 PCB 一体化仿真，如图 1-2 所示。设计过程中可以侦测各单元到接口的问题。

- 信号完整性、电源完整性改进，增加新的信号完整性模型、新的数据显示窗口。
- X 参数仿真，支持测量数据。X 参数模型是快速、可串联的非线性行为模型，可精确地表征混频与阻抗不匹配特性。X 参数满足了高频领域非线性行为模型的需求，这种模型可运用与知名线性 S 参数相同的速度与方便性，从量测或模拟产生。X 参数产生器可让 MMIC、RF-SIP 与 RF 模块设计，针对其非线性装置（例如，功率放大器、前端模块与收发器），为客户提供精确的预制原型模型，以进一步实现同步设计与保障初期设计的成功。
- 高速数字电路仿真，全新的通道仿真，如图 1-3 所示。
- 支持 Allegro 版图的导入和导出，减少文件转换中的失误和麻烦，提高效率，如图 1-4 所示。

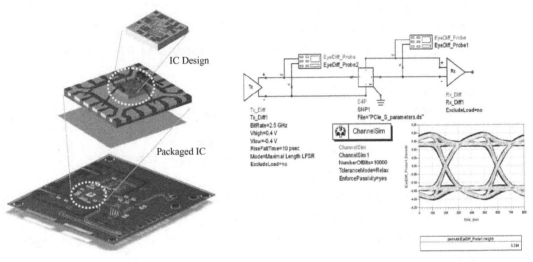

图 1-2　从 IC 到封装到 PCB 一体化仿真　　　图 1-3　ADS2009 全新通道仿真及眼图工具

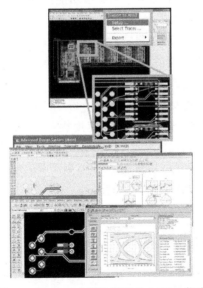

图 1-4　Allegro 中提取模型导入 ADS 仿真

图 1-5 为 ADS2009 新的优化功能及 DOE 分析界面，图 1-6 为 ADS2009 新功能一览界面。

Simulation Variables Setup
Tuning
Optimization
Name
Optimize
Value
Unit
Format
Min/+/+-
Unit
Max
Unit
Step
optex2
VAR3
L1v
C1v
L2v
C2v
20
5
20
5
min/max
+/- Delta %
max/min/step
Unconstrained
10
1
10
50
50
5
Palette

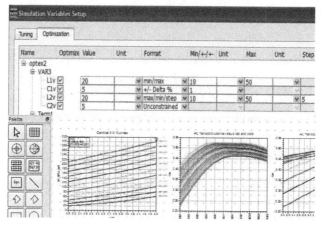

图 1-5　新的优化功能及 DOE 分析界面

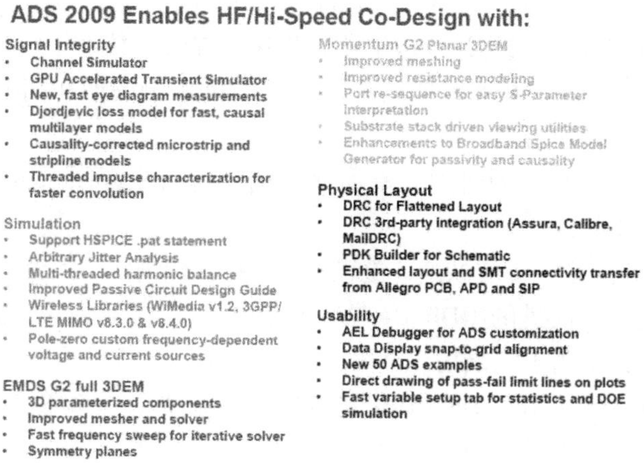

ADS 2009 Enables HF/Hi-Speed Co-Design with:
Signal Integrity
• Channel Simulator
• GPU Accelerated Transient Simulator
• New, fast eye diagram measurements
• Djordjevic loss model for fast, causal multilayer models
• Causality-corrected microstrip and stripline models
• Threaded impulse characterization for faster convolution
Simulation
• Support HSPICE .pat statement
• Arbitrary Jitter Analysis
• Multi-threaded harmonic balance
• Improved Passive Circuit Design Guide
• Wireless Libraries (WiMedia v1.2, 3GPP/LTE MIMO v8.3.0 & v8.4.0)
• Pole-zero custom frequency-dependent voltage and current sources
EMDS G2 full 3DEM
• 3D parameterized components
• Improved mesher and solver
• Fast frequency sweep for iterative solver
• Symmetry planes
Momentum G2 Planar 3DEM
• Improved meshing
• Improved resistance modeling
• Port re-sequence for easy S-Parameter interpretation
• Substrate stack driven viewing utilities
• Enhancements to Broadband Spice Model Generator for passivity and causality
Physical Layout
• DRC for Flattened Layout
• DRC 3rd-party integration (Assura, Calibre, MailDRC)
• PDK Builder for Schematic
• Enhanced layout and SMT connectivity transfer from Allegro PCB, APD and SIP
Usability
• AEL Debugger for ADS customization
• Data Display snap-to-grid alignment
• New 50 ADS examples
• Direct drawing of pass-fail limit lines on plots
• Fast variable setup tab for statistics and DOE simulation

图 1-6　ADS2009 新功能一览

1.2.4　ADS2011 的新功能

ADS 2011.01 包括以下几个功能。

- 多重技术协同设计——业界首个、也是唯一的多重技术设计环境。
- 高速数字——IBIS - AMI SerDes 模型仿真、业界首个用于解决电源接地层严重穿孔的功率完整性解决方案。
- 综合的电磁场求解器——支持更快速、更精确的仿真；新模型可以简化设置，并轻松运行三维平面和全三维电磁场仿真。
- 新的负载牵引数据控制器——只需单击几下，便可完成负载牵引数据的设计和仿真。
- 新的版图改进——版图容量和性能能够处理不断增长的复杂性。
- 许多改进——包括重新设计的版图和命令菜单图标、线性仿真加速、更宽泛的数据显示功能，以及改进的传输线模型。

ADS 2011. 05 新增了以下几个新功能。

- 大信号 X 参数文件的仿真性能改进——新增模型缩减特性可改进使用 X 参数进行仿真的性能。
- 打印和 PDF 输出改进——为原理图、版图，以及数据显示提供若干种打印改进。
- 一键式 HSPICE 加密——简化了 IP 受保护的 IC 模型的生成。
- GDSII 导出——经过简化和自动化的层映射功能。
- Gerber Union 支持——面向在设计流程中仍然需要 W2322 Gerber Union 元件的客户。
  注：对于 ADS 2009 更新 1，Gerber 导入包括在 W2321 ADS 版图（和 E8902）中。用户应当评测 ADS Gerber 导入替代 Gerber Union 的可行性。
- Solaris 支持——支持 Solaris 10 的 64 位版本。
- 客户输入——160 多种适合客户需求的改进和增强。

ADS 2011. 10 包括以下几个功能。

- 电磁场仿真改进——为 FEM 和 Momentum 提供单一的基片定义；简化的多重技术定义；通过新的 FEM 多线程迭代求解器，将速度提升一倍。
- 电路仿真改进——线性仿真性能改善了 4 倍，可用于调谐和扫描；最新更新的模型；改进的负载牵引设计指南。
- 设计资料手册——易于创建和共享项目文档，包括原理图、版图、数据显示；支持 PDF 和后期脚本格式。
- 全新设计的帮助系统——更快速、更轻松地进行文档浏览、内容扩展、新的应用指南。
- PCB 导入改进——改进的 ODB＋＋导入；全新 Net Explorer 简化了关键网（key net）的查找和隔离，适用于电磁场仿真。
- 高速数字的改进——用于 HSD 通道仿真器的再驱动/重定时模型；在 Momentum 中更快地建模；支持 IBIS 系列模型。

1.2.5 ADS2011 的新功能描述

ADS2011 能够帮助工程师在设计过程初期，即无线元器件（例如，功率放大器和射频前端模块）制造之前，发现和解决集成问题。它还使工程师能够设计多个射频和微波集成电路（采用多项技术），把电路组装到套件或多层基板上，并仿真电气和 3D 电磁场性能——通过单一平台便可实现所有功能。借助 ADS2011，设计验证不再局限于单个集成电路或模块的技术。

- 多重技术协同设计——支持同时设计多个结合电路板、基板、封装、模块、IC 进行共同设计。可对正在设计或协同设计的集成电路、基板、封装，以及 PCB 进行交互式权衡。借助 ADS2011，工程师能够采用不同的技术设计单独的射频和微波集成电路（例如，GaAs、SiGe、GaN 和 Silicon CMOS）。
- 高速数字——为电源完整性分析添加独特的功能，可用于分析电源接地层严重穿孔的 PCB 和套件。ADS2011 通过 SI/PI 分析工具进行简单设置，可提供几 GHz 效应的精确建模。IBIS–AMI 模型仿真支持在"假设性（what if…?）"通道仿真时采用快速、精确的 SerDes 模型。

● 综合的电磁场求解器。

（1）查找封装接线、焊珠、套件的 3D 电磁相互作用，包括集成电路和基板上的轨迹和螺旋电感。

（2）更新的 Momentum 求解器提供 4 倍的仿真速度改进。

（3）最新的精简版电磁场设置采用与 Momentum、Momentum RF，以及 FEM 相同的设置，从而轻松地对同一个设计应用不同的求解器。

（4）全新集成的电磁场端口查看器/编辑器支持更高效的端口编辑和管理。

（5）将版图设计导出到 Electromagnetic Professional（EMPro），并从中导入 3D 元器件。了解 EMPro 3D 电磁场仿真软件的更多信息。

● 新的项目文件管理界面——图 1-7 为 ADS2011 项目文件管理窗口。

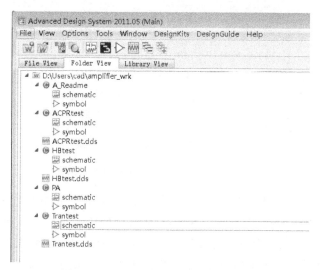

图 1-7　ADS2011 项目文件的管理窗口

● 新的 Designkit 管理系统——可以对每个设计项目的 Designkit 单独管理，图 1-8 为
ADS2011 Designkit 管理窗口。

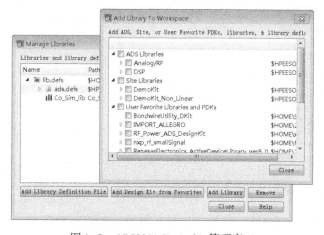

图 1-8　ADS2011 Designkit 管理窗口

● 新的负载牵引数据控制器——可直接、即时加载负载牵引数据，并能处理多个文件，从而更简便地审核数据。ADS2011 用户能够使用测试数据来仿真匹配网络，从而使设计优化变得简单，包括改进的离散优化和散射测量数据的自动插入。图 1-9 为 ADS2011 新的负载牵引控制系统。

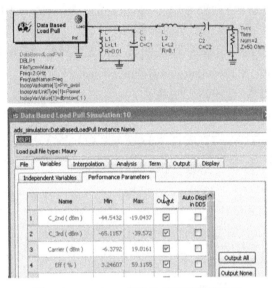

图 1-9　ADS2011 新的负载牵引控制系统

● 新的版图改进——图形化层定义可为层叠和堆叠数据提供标准界面，自带数据库提供很多常用的金属材料的电导率、板材的介电常数和介质损耗，板材包括 Rogers、Arlon、Isola 等，为用户板材选型提供方便。ADS2011 的本地数据库的材料添加非常简单，像添加元器件一样的方便，并且堆叠的无限量层级（例如，PCB 模块上的集成电路）。图 1-10 为 ADS2011 板材添加窗口，图 1-11 为 ADS2011 层叠设置窗口。

Name	Er Real	Er Imag	Er TanD	MUr Real	MUr Imag
PTFE_Ceramic	10.0		0.0010	1	
PTFE_Fiberglass	2.25		0.001	1	
PTFE_Quartz	2.5		0.0005	1	
RogersRO3003	3.0		8.7e-4	1	
Rogers_RO3003	3.0		0.0013	1	
Rogers_RO3006	6.15		0.0025	1	
Rogers_RO3010	10.2		0.0035	1	
Rogers_RO3203	3.02		0.0016	1	
Rogers_RO3210	10.2		0.003	1	
Rogers_RO4003	3.38		0.0022	1	
Rogers_RO4350	3.48		0.0004	1	
Rogers_RT_Duroid5870	2.33		0.0012	1	

图 1-10　ADS2011 板材添加窗口

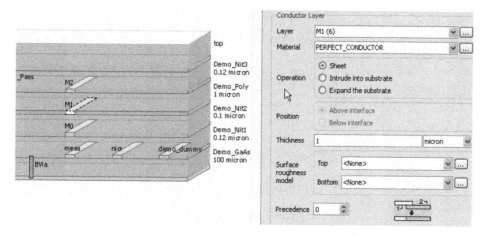

图 1-11 ADS2011 层叠设置窗口

- 粗糙度模型加入——随着信号频率的越来越高，铜箔粗糙度对信号的影响越来越严重，尤其是高速电路达到 10GBPS 以上的时候需要考虑其对损耗的影响。目前，国内 PCB 厂家中，兴森快捷 Agilent 射频高速联合实验室对此做了大量的工艺研究和测试工作。图 1-12 为 ADS2011 铜箔表面粗糙度设置。

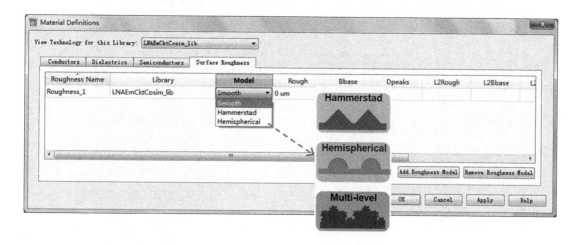

图 1-12 ADS2011 铜箔表面粗糙度设置

- 端口设置的改进——非常重要的一点，ADS2011 对 ADS2009 端口进行了重大改进，ADS2011 更多的是强调端口是校正方式。图 1-13 和图 1-14 为 ADS2011 端口设置选项。

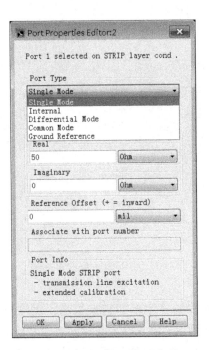

图 1-13　ADS2009 端口设置选项（1）

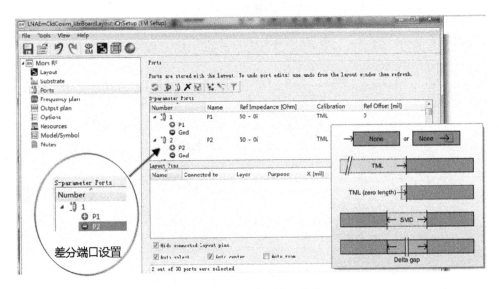

图 1-14　ADS2011 端口设置选项（2）

第2章　ADS2011 界面与基本工具

ADS2011 软件集成了 4 大仿真平台：模拟/射频仿真平台、数字信号处理仿真平台、Momentum 电磁仿真平台、FEM 电磁仿真平台。这 4 个仿真平台既可以独立工作又彼此联系，在软件内部进行协同仿真。因为 ADS2011 相对于以前的版本界面改动较大，用惯了先前版本软件的工程师需要重新学习。

本章将主要介绍各仿真平台的基本操作和使用技巧。旨在让读者掌握 ADS2011 软件的工作界面、系统参数的设置、工作窗口菜单、元件的使用、仿真工具的使用和设置等操作，这是学习后续章节的基础。

2.1　ADS 工作窗口

本节将介绍 ADS 的主要操作窗口，包括主窗口、原理图窗口、数据显示窗口、Momentum/ Layout 窗口等。

2.1.1　主窗口

在 Windows 桌面，执行【开始】→【程序】→【Advanced Design System 2011】→【Advanced Design System】命令，如图 2-1 所示，启动后弹出开始窗口，如图 2-2 所示。

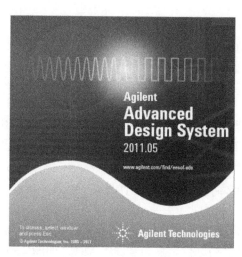

图 2-1　运行 ADS2011

图 2-2　ADS 开始窗口

（1）窗口顶部的 "Search the Knowledge Center" 工具栏可以执行 ADS 的搜索功能。搜索对象包括 ADS 的所有 Help 文档中的内容。

（2）在"Workspaces"区域可以直接新建一个工程或者打开已有的工程。

（3）在"Open recently used workspaces"区域可以打开最近编辑过的工程。

（4）在"Help Center"区域可以根据主题查询 ADS help 文档。

（5）如果勾选窗口下部的"Don't display this dialog box automatically"选项，以后将不会再弹出这个对话框。用户若需要查看 Help 文档，可以直接从各窗口菜单栏【Help】→【Topics and Index】，或者直接按【F1】键进入 Help Center 窗口，它是用户学习 ADS 的好帮手，其中包括软件的快速使用、安捷伦的 EEsof 页面、应用等知识，还包含 2011 版本独有的视频帮助文件，用户单击【YouTube Videos】即可进入（目前国内网络登录不了）。

单击图 2-2 中的【Close】按钮，关闭引导对话框即可进入 ADS 主窗口，如图 2-3 所示。ADS 主窗口主要用来进行工程和文件的创建和管理。主窗口包括菜单栏、工具栏、文件浏览区、工程管理区和库管理。其中，文件浏览区主要是工程项目集，工程管理区主要是当前打开的设计项目，库管理区主要是元件库及数据库。下面介绍主窗口的基本操作和应用。

图 2-3　ADS 主窗口

1. 菜单栏

菜单栏包括【File】、【View】、【Tools】、【Window】、【DesignKits】、【DesignGuide】、【Help】7 个下拉菜单。ADS 主窗口中的所有操作都可以通过菜单命令来完成。菜单中右侧有下画线字母组合的标记是该命令的热键，大部分带图标的命令在工具栏中有相应的图标按键。下面详细介绍菜单栏中各部分的功能。

（1）【File】菜单。该菜单的主要功能是进行工程和原理图的创建、打开、保存等，如图 2-4 所示。

（2）【View】菜单。该菜单的主要功能是设定主窗口的显示内容，如图 2-5 所示。

（3）【Tools】菜单。该菜单包含了 ADS 对全局进行设置和管理的工具，如图 2-6 所示。

（4）【Window】菜单。该菜单主要对各窗口进行管理，如图 2-7 所示。

（5）【DesignKits】菜单。该菜单的主要功能为设计包的管理。设计包是 Agilent 公司与其他半导体公司合作开发的针对具体芯片的设计模型的集合，如图 2-8 所示。

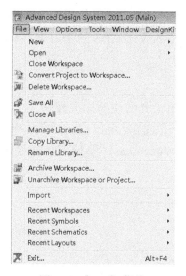

图 2-4　【File】菜单

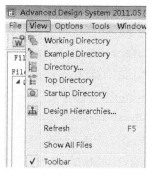

图 2-5　【View】菜单

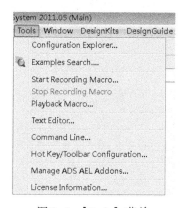

图 2-6　【Tools】菜单

图 2-7　【Window】菜单

（6）【DesignGuide】菜单。该菜单主要针对具体的应用提供设计向导，如图 2-9 所示。

图 2-8　【DesignKits】菜单

图 2-9　【DesignGuide】菜单

（7）【Help】菜单。该菜单主要为用户提供帮助并显示版权等信息，如图 2-10 所示。

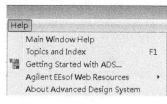

图 2-10　【Help】菜单

ADS2008 的帮助文件写得很全面很具体，而且图文并茂，如果在使用中遇到问题，则可以查看帮助文件。另外，安捷伦网站上提供了很多的关于 ADS 的学习资料和设计实例，读者可以充分利用这些网络资源。

2. 工具栏

工具栏位于菜单栏的下面，包含了 ADS 各种常用工具的快捷图标按钮。工具栏的图标按钮是菜单命令的快捷执行方式，熟悉工具栏图标按钮的功能可以提高设计效率。用户可以通过执行菜单命令【Tools】→【Hot Key/Toolbar Configuration】进行工具栏显示按钮的设置。下面将默认的工具栏按钮进行介绍。

> ：新建一个工程。

> ：打开一个存在的工程。

> ：弹出图 2-2 所示的开始窗口。

> ：查看默认工程存放目录。

> ：查看当前工程目录。

> ：查看 ADS 自带实例目录。

> ：查找实例。

> ：新建一个原理图设计窗口。

> ：新建一个布局图设计窗口。

> ：新建一个模型。

> ：新建一个数据显示窗口。

> ：隐藏所有窗口。

> ：显示所有窗口。

2.1.2 原理图窗口

执行菜单命令【File】→【New Schematic...】，新建一个原理图，弹出如图 2-11 所示的对话框。其中，"Enable the Schematic Wizard" 表示是否选择启动原理图设计向导；"Schematic Design Templates" 表示选择设计模板。

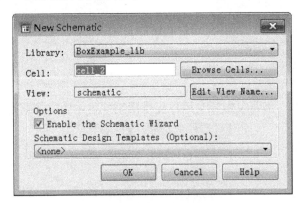

图 2-11　New Design 对话框

设定好新的原理图参数之后，单击【OK】按钮，弹出如图 2-12 所示的原理图向导。在这里可以选择进行电路或者仿真的模板式设计，也可以单击【Cancel】按钮关闭向导，即可看到原理图编辑窗口，如图 2-13 所示。

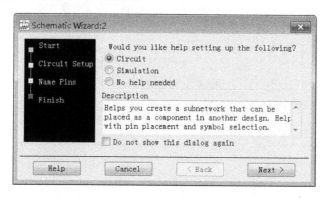

图 2-12　原理图向导

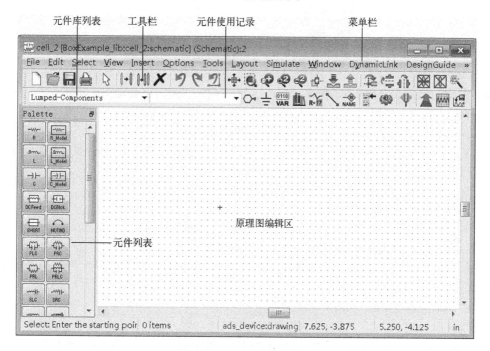

图 2-13　原理图编辑窗口

　　数字电路原理图设计窗口与模拟/射频电路窗口基本相同。如图 2-14 所示的数字信号处理网络原理图窗口元件面板，其中包括了用于多种数字通信系统基带分析和设计的模型（如 3GPP、Wimax、DVB – T/H、UWB 信号源、通道模拟、接收机模型等）。

　　原理图设计窗口主要包括菜单栏、工具栏、元器件面板 3 大部分。下面将详细介绍它们的作用。

1. 菜单栏

　　原理图编辑器中所有的操作都可以通过菜单命令来完成，菜单中有下划线的字母为热键，大部分带图标的命令在工具栏中有对应的图标按钮。

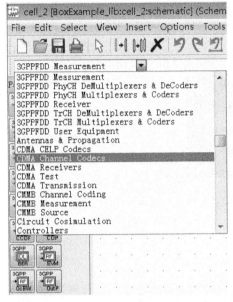

图 2-14　数字信号处理网络原理图窗口元件面板

- ➢【File】：包含了原理图文件的创建、打开、关闭、保存、打印、导入/导出等功能。
- ➢【Edit】：包含了编辑过程中的一些基本操作，如复制、粘贴、旋转等。
- ➢【Select】：包含选定或取消选定某些元件或区域的功能。
- ➢【View】：包含设置原理图视图的功能，可以进行放大、缩小等操作，还可以设置显示或隐藏窗口显示的面板。
- ➢【Insert】：包含了构成原理图中各种元素，如器件、导线、端口、注释等。
- ➢【Options】：包含了原理图全局设置等各种设置窗口。
- ➢【Tools】：包含了多种功能强大的设计工具，如传输线计算、Smith 圆图、阻抗匹配等。
- ➢【Layout】：用于由原理图生成布局图的操作和各种设置。
- ➢【Simulate】：包含了开始仿真、仿真设置、停止仿真、调谐、仿真后 DC 参数注解和清除等仿真相关参数。
- ➢【Window】：用于创建或关闭窗口。
- ➢【DynamicLink】：包含了对原理图进行动态链接的一些功能。
- ➢【DesignGuide】：包含了针对各种应用的设计向导，如放大器、蓝牙、振荡器、锁相环，负载牵引、雷达等。
- ➢【Help】：包含了帮助信息、开始窗口、网站资源和版权等信息。

2. 工具栏

工具栏中的按钮包含了一些常用的功能，如图 2-15 所示，这些功能在菜单栏中全都可以找到。

图 2-15　工具栏按钮

下面对工具栏中的各按钮进行介绍。

- ▷ 🗋：新建原理图设计窗口。
- ▷ 📂：打开一个已有的原理图设计。
- ▷ 🖫：保存当前原理图设计。
- ▷ 🖨：打印当前原理图。
- ▷ ▹：鼠标指针工具，结束当前命令。
- ▷ ⊦·⊦：移动元器件。
- ▷ ⊦⊦⊦：复制元器件。
- ▷ ✗：删除元器件。
- ▷ ⤺：撤销上一步操作。
- ▷ ⤻：重复上次操作。
- ▷ ✛：查看全部。
- ▷ 🔍：将选定的区域放大。
- ▷ 🔍：将指定点的区域放大。
- ▷ 🔍：两倍放大绘图区域。
- ▷ 🔍：将绘图区域缩小为二分之一。
- ▷ ✛：将指定点移动到视图中心。
- ▷ ⬇：进入到选定器件关联的子电路中。
- ▷ ⬆：从子电路回到顶层设计电路。
- ▷ 🔄：将元器件顺时针方向旋转 90°。
- ▷ ⬍：将元器件沿 X 轴镜像。
- ▷ ⬌：将元器件沿 Y 轴镜像。
- ▷ ▦：使某个元器件失效并短路或者取消失效和短路。
- ▷ ▨：使某个元器件开路或仿真器失效（或有效）。
- ▷ 🔧：智能仿真向导。
- ▷ ○⋅：添加端口。
- ▷ ⏚：添加接地点。
- ▷ VAR：添加变量控件来设置变量。
- ▷ 📚：显示元器件库。
- ▷ R-12：设置元器件参数。
- ▷ ╲：添加导线。
- ▷ NAME：添加导线或者元器件引脚的标签。
- ▷ ↗：选择图形仿真。
- ▷ ⚙：开始仿真。
- ▷ ⚲：调谐元器件参数。
- ▷ 🌲：优化控件。

> ：新建数据显示窗口。

> ：打开数据文件工具。

用户可以通过【Tools】→【Hot Key/Toolbar Configuration】进行工具栏和菜单的设置，根据自己的喜好和具体的工程需要调整工具栏上显示的按钮。合适的工具栏和快捷键设置将会大大提高设计的效率，大家在具体工程设计中应该注意使用。

3. 元器件面板

元器件库列表将所有的 ADS 自带的元器件和控件进行分类管理，用户可以根据需要在下拉列表中选择元器件库，然后在左侧的元器件列表中将显示当前元器件库中的所有元器件。下面对各元器件库进行分别介绍。

> 【Lumped – Components】：集总参数元器件面板，包含了电阻、电容、电感等集总参数元器件。

> 【Lumped – With Artwork】：带有封装模型的集总参数元器件面板。

> 【Sources – Controlled】：受控源面板，包含各种受控源。如 VCCS（电压控制电流源）、VCVS（电压控制电压源）、CCCS（电流控制电流源）、CCVS（电流控制电压源）等。

> 【Sources – Freq Domain】：频域源面板，包含各种频域中的源模型，例如，频域电压源、频域电流源等。

> 【Sources – Modulated】：调制源面板，包含各种调制信号源模型，可以产生 GSM、CDMA、DECT、PHS、CAMA、3GPP 等各种调制信号。

> 【Sources – Modulated – DSP – Based】：基于 DSP 的调制信号源面板。TD – SCDMA、WLAN.11a/b 等信号源多用于数字信号处理。

> 【Sources – Noise】：噪声源面板，包含各种噪声模型产生源，例如，噪声电压源、噪声电流源等。

> 【Sources – Time Domain】：时域源面板，包含各种时域信号源模型，例如，时域电压源、时域电流源等。

> 【Simulation – DC】：直流仿真元器件面板，包含直流仿真所需各种控件。

> 【Simulation – AC】：交流仿真元器件面板，包含交流仿真所需各种控件。

> 【Simulation – S_Param】：S 参数仿真元件面板，包含 S 参数仿真所需各种控件。

> 【Simulation – HB】：谐波平衡仿真元件面板，包含谐波平衡仿真所需各种控件。

> 【Simulation – LSSP】：大信号 S 参数仿真元器件面板，包含大信号 S 参数仿真所需各种控件。

> 【Simulation – XDB】：增益压缩仿真元器件面板，包含增益压缩仿真所需各种控件。

> 【Simulation – Envelope】：包络仿真元器件面板，包含包络仿真所需各种控件。

> 【Simulation – Transient】：瞬态仿真元器件面板，包含瞬态仿真所需各种控件。

> 【Simulation – Batch】：批处理仿真控制器，对数据进行批量处理。

> 【Simulation – Load Pull】：负载牵引仿真控制。

> 【Simulation – ChannelSim】：通道仿真，主要是高速通道眼图、抖动仿真等。

> 【Simulation – X_Param】：X 参数仿真控件。

> 【Simulation – Instrument】：仿真工具元器件面板，包含各种仿真所需必要工具，例如，单位脉冲响应工具、阶跃响应工具、FET 仿真辅助工具等。

> 【Simulation – Budget】：预算仿真元器件面板，包含各种预算仿真所需各种控件。

> 【Simulation – Sequencing】：序列仿真元器件面板，里面有各种预算仿真控件，其中包含一个序列发生器控件，可以用来进行序列仿真。

> 【Optim/Stat/DOE】：优化/统计/良品率/专用设备控件元器件面板，包含各种优化、统计、良品率、

专用设备等控件，可以对设计进行优化和辅助等。

➤【Probe Components】：显示元器件面板，包含各种显示设备模型，如电压表、电流表等。

➤【Data Items】：数据管理面板，面板中元器件的主要功能是对 ADS 中数据条目进行管理。

➤【TLines – Ideal】：理想传输线元器件面板，包含同轴电缆等各种传输线的理想模型。

➤【TLines – Microstrip】：微带传输线元器件面板，包含了扇形线等各种形状和特性的微带传输线模型，进行微带线设计时，经常要使用此面板。

➤【TLines – Printed Circuit Board】：印刷电路板传输线元器件面板，包含了各种形状和特性的 PCB 传输线。

➤【TLines – Stripline】：带状传输线元器件面板，包含了各种形状和特性的带状传输线模型。

➤【TLines – Suspended Substrate】：悬浮基底传输线元器件面板，包含了悬浮基底传输线模型。

➤【TLines – Finline】：鳍线传输线元器件面板，包含了各种鳍线传输线模型。

➤【TLines – Waveguide】：波导元器件面板，包含了各种波导元器件，如共面波导、矩形波导等。

➤【TLines – Multilayer】：多层传输线原件元器件面板，包含了各种多层板中传输线模型和元器件。

➤【Passive – RF Circuit】：无源射频电路元器件面板，包含了各种射频电路中常用的无源元器件。

➤【Passive – Broadband Spice Models】：宽带 SPIEC 模型元器件面板，包含了各种宽带 SPIEC 模型。

➤【Eqn Based – Linear】：基于方程的线性网络元器件面板，面板中包含了各种线性网络模型，这些网络模型的参数（如 S 参数、Z 参数等）都是以线性方程的形式给出的。

➤【Eqn Based – Nonlinear】：基于方程的非线性网络元器件面板，面板中包含了各种非线性网络模型，这些网络模型的参数（如 S 参数、Z 参数等）都是以非线性方程的形式给出的。

➤【Device – Linear】：线性元器件面板，面板中包含线性化的二极管、三极管、场效应管等一些常用的线性元器件。

➤【Device – BJT】：晶体三极管元器件面板，面板中包含了各种晶体三极管模型元器件。

➤【Device – Diodes】：二极管元器件面板，包含了各种二极管模型。

➤【Device – GaAs】：砷化镓元器件面板，包含了各种砷化镓场效应管模型。

➤【Device – JFET】：结型场效应管元器件面板，包含了各种结型场效应管模型。

➤【Device – MOS】：MOS 元器件面板，面板中包含了各种 MOS 管的元器件模型。

➤【Signal Integrity – IBIS】：IBIS 元器件面板，主要用于信号完整性分析。

➤【Signal Integrity – Common Components】信号完整性仿真所用普通器件。

➤【Signal Integrity – Verification】：信号完整性验证面板，提供信号完整性验证分析。

➤【Filters – Bandpass】：带通滤波器元器件面板，面板中包含了各种带通滤波器模型。

➤【Filters – Bandstop】：带阻滤波器元器件面板，面板中包含了各种带阻滤波器模型。

➤【Filters – Highpass】：高通滤波器元器件面板，面板中包含了各种高通滤波器模型。

➤【Filters – Lowpass】：低通滤波器元器件面板，面板中包含了各种低通滤波器模型。

➤【System – Mod/Demod】：调制解调元器件面板，面板中包含了各种调制方式的调制解调模块。

➤【System – PLL components】：锁相环元器件面板，面板中包含了在锁相环分析中经常用到的 VCO 等各种锁相环模型。

➤【System – Passive】：系统级无源元器件面板，面板中给出了系统级的衰减器、平衡–不平衡转换器等无源电路，在系统仿真中经常会用到。

➤【System – Switch & Algorithmic】：开关和运算元器件面板，面板中包含了各种开关和运算电路。

➤【System – Amps & Mixers】：放大器和混频器面板，里面有用于系统级仿真所需要的放大器模块和混频器模块等。

➤【System – Data Models】：基于数据文件的模型面板，面板中各种系统组成模块是由数据文件给出的。

➤【Tx/Rx Subsystems】：收发子系统模型面板，面板中包含一个发射子系统、一个接收子系统和一个放大器模型，用于发射机和接收机系统分析。

➢【Drawing Formats】：画图格式面板，包含 A 、 B 、 C 、 D 、 E 5 种大小图纸框模板。

➢【Filter DG – All】：滤波器设计向导面板，面板中的元器件是用于滤波器设计向导的高通、低通、带通等各种滤波器模型元器件。

➢【Passive Circuit DG – RLC】RLC 电路设计向导面板，面板中包含各种电阻、电容、电感的模型，可以通过参数设置对这些元器件进行设计，一般用于底层的 IC 元器件设计。

➢【Passive Circuit DG – Microstrip】微带自动设计向导面板，包括很多微带枝节、传输线、拐角线、T 接头线等。

➢【Passive Circuit DG – Microstrip Circuits】微带电路自动设计向导面板，包括很多微带电路、耦合器、功分器、滤波器等元器件。

➢【Passive Circuit DG – Stripline】带状线自动设计向导面板，包括很多微带枝节、带状线、线路拐弯接头线等。

➢【Passive Circuit DG – Stripline Circuits】带状线电路自动设计向导面板，包括很多带状线电路、耦合器、功分器、滤波器等元器件。

➢【Smith Chart Matching】：史密斯圆图匹配面板，面板中提供了一个用于匹配电路设计的史密斯圆图，用户可以通过它进行匹配电路的设计与分析。

➢【Transistor Bias】：晶体管偏置电路面板，面板中包含了各种晶体管偏置电路，在设计晶体管电路时使用非常方便。

➢【Impedance Matching】：阻抗匹配元器件面板，面板中包含了各种用于阻抗匹配的电路形式，在设计阻抗匹配时使用非常方便。

2.1.3　数据显示窗口

当仿真运行完成后，ADS 将会自动弹出数据显示窗口，如图 2–16 所示。为了能对结果进行直观分析，用户需要利用数据显示窗口把仿真得到的数据以各种方式显示出来。ADS2011 的数据显示与分析功能非常丰富，下面将详细介绍。

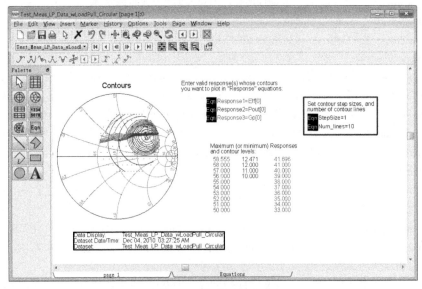

图 2–16　数据显示窗口

1. 菜单栏

菜单栏包含了数据显示窗口的所有功能和操作，有常见的菜单项，如文件、编辑、视图等，还有一些数据显示窗口所特有的菜单项，如图 2-17 所示，下面将各菜单项进行分别介绍。

File Edit View Insert Marker History Options Tools Page Window Help

图 2-17   数据显示窗口的菜单栏

➢【File】：包含了文件的新建、打开、关闭、保存、打印等基本操作。
➢【Edit】：包含了对显示数据的编辑类操作，包括撤销、重做、复制、粘贴、群组、对齐等。
➢【View】：包含了数据显示视图的相关操作，包括放大、缩小等。
➢【Insert】：插入菜单，包含了可以用来插入到数据显示窗口的各种元素，有数据曲线、方程、表格、各种形状和文字注释等。
➢【Marker】：标记菜单，包含了插入曲线标记的各种操作，可以插入极大值标记、极小值标记、最大值标记、最小值标记等。
➢【History】：历史菜单，包含了开启、暂停或者关闭数据显示历史的 3 个选项。
➢【Options】：设置菜单，包含了快捷键、工具栏设置和全局设置等设置选项。
➢【Tools】：工具菜单，包含了数据显示窗口的常用工具。
➢【Page】：页面菜单，可以开启新的数据显示窗口，或者将数据显示窗口重命名等。
➢【Window】：窗口菜单，可以新建或者关闭数据显示窗口。
➢【Help】：帮助菜单，包含了软件自带的帮助信息和网站资源等信息。

2. 工具栏

数据显示窗口的所有功能与操作都包含在菜单栏中，但是为了使用方便，将一些常用的操作快捷按钮放到了工具栏上，如图 2-18 所示。使用这些按钮可以大大提高设计与分析的效率，用户可以通过菜单命令【Options】→【Hot Key/Toolbar Configuration】来根据个人喜好进行工具栏的设置。下面将分别介绍几个主要按钮的功能。

图 2-18   数据显示窗口的工具栏

➢ |◀|：回到数据表的起始页。
➢ |◀|：将数据表向前翻页。
➢ |◀||：将数据表显示区向前滚动一行。
➢ ||▶|：将数据表显示区向后滚动一行。
➢ |▶|：将数据表向后翻页。

➤ ⊡：回到数据表的最后一页。

➤ ⊡：打开数据文件工具，导入/导出各种格式数据。

➤ ⌿：插入一个新的标记。

➤ ⌿：插入一个极大值标记，标记会自动插入到数据区域的极大值处。

➤ ⌿：插入一个极小值标记，标记会自动插入到数据区域的极小值处。

➤ ⌿：插入一个最大值标记，标记会自动插入到数据的最大值处。

➤ ⌿：插入一个最小值标记，标记会自动插入到数据的最小值处。

➤ ⌿：插入一个直线标记。

➤ ◁：将标记移动到前一个数据点。

➤ ▷：将标记移动到后一个数据点。

➤ ⌿：开启标记的 Delta 模式。

➤ ⌿：开启标记的 Offset 模式。

➤ ⌿：关闭标记的 Delta 模式和 Offset 模式。

3. 数据显示方式面板

仿真结果的数据可以用不同方式显示出来，为了对不同数据进行形象分析，必须选择合适的数据显示方式，用户可以在数据显示方式面板上进行选择，如图 2-19 所示。

图 2-19　数据显示方式面板

⌖：结束当前操作，回到鼠标指针状态。

⊞：直角坐标显示方式。

⊕：极坐标显示方式。

⊛：史密斯圆图显示方式。

⊞：创建多个数据显示矩形图来显示不同曲线。

〔1234 5678〕：数据列表显示方式。

〔Eqn〕：创建一个方程。

╲：绘制线条。

⬠：绘制多边形。

⬡：绘制折线。

▭：绘制一个矩形。

◯：绘制一个圆形。

Ａ：添加文本。

2.1.4　Layout 版图工作窗口

Layout 版图窗口主要进行电路板排版，如图 2-20 所示，使用者可以在此设计单双或多层布线，如 PCB、IC、LTCC、MMIC 设计等。Layout 窗口中包含 Mometum、FEM 仿真平台，可以解决多层介质环境下三维金属结构的电磁问题。关于 Layout 窗口的设置和应用将在本书后续章节详细介绍。

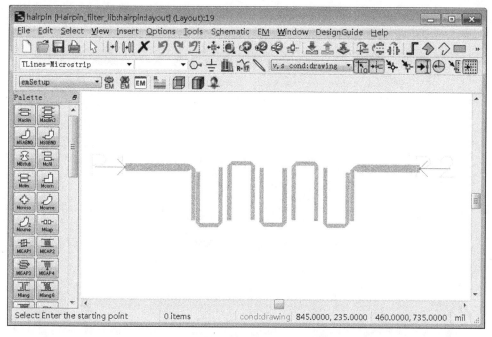

图 2-20 Layout 版图工作窗口

2.2 ADS 基本操作

本节将介绍 ADS 原理图基本操作、ADS 工程的相关操作、DesignKit 的安装、如何使用 ADS 自带的例子和设计模板。

2.2.1 ADS 原理图参数设置

原理图设计是 ADS 仿真设计的首要部分。本小节将介绍 ADS 原理图的参数设置。

对于一个新的原理图，首先需要对原理图的参数进行设置，以满足设计的需要或用户的使用习惯。执行菜单命令【Options】→【Preferences】，弹出如图 2-21 所示的参数设置对话框，其中包含了 10 个类型的小标签，下面将一一介绍。

（1）选中（Select）设置标签。

如图 2-21 所示，捕捉（Select）设置包括 4 部分内容，选择过滤器（Select Filters）、多边形的选择模式（Select Mode for Polygons）、选择范围（Size）、选择颜色（Color）。

➤ Select Filters：共有 10 个选项可供选择。当原理图非常复杂的时候，用户若要用光标捕捉图中一个图形，经常受到其他图形的影响。选择过滤器可以帮助用户过滤掉在原理图中不想被捕捉到的图形。例如，只选择元器件（Components）和导线（Wires），那么在原理图中的其他图形不会被光标捕捉到。缺省设置时，光标可以捕捉到图中的所有图形。

➤ Select Mode for Polygons – By Edge：可以通过单击目标的边沿（如各种仿真控制器）来选中该元器件。

➤ Select Mode for Polygons – Inside：可以通过单击多边形目标的任何位置来选中该元器件。

➤ Size：在 "Pick Box" 文本框中输入光标捕捉的范围。在原理图上双击鼠标，在光标捕捉范围内的图形将被选中。

➢ Color：设置被选中图形的颜色。

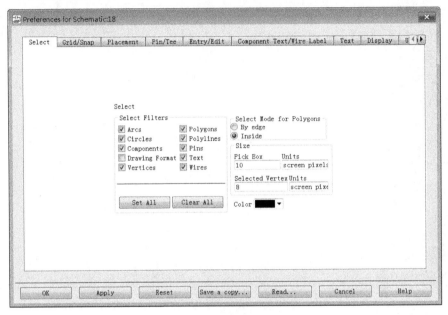

图 2-21　参数设置对话框

（2）网格（Grid/Snap）设置标签。

在原理图中显示网格可以方便地定位和放置元器件，使电路图排列更美观。网格（Grid/Snap）设置标签如图 2-22 所示，其中包括了 4 部分内容：显示（Display）、间距（Spacing）、动态捕捉模式（Active Snap Mode）、颜色（Color）。

图 2-22　网格（Grid/Snap）设置标签

➢ Display：

① 选中 "Dots"，原理图中显示由点组成的网格。

② 选中 "Llines"，原理图中显示由线组成的网格。

③ 选中 "None"，原理图中不显示网格。

➢ Spacing：

① "Snap Grid Distance"，设置实际光标移动一格的距离。

② "Snap Grid per Display Grid"，设置原理图中显示的一个网格光标需要移动几次。

例如，"Snap Grid Distance" 中输入 0.125，"Snap Grid per Display Grid" 中输入 2，则光标一次移动 0.125 个单位（原理图单位的设置见后文），光标移动 2 次刚好是一个网格的大小，即网格的边长是 0.25 个单位。

➢ Snap Distance – all other modes：设置光标要捕获元器件时需靠近的距离。

➢ Snap to：

① "Pin"，当放置一个新元器件的引脚与图中已经存在的元器件引脚在捕获距离内时，系统自动连接两个引脚。此选项优先级最高。

② "Vertex"，放置的图形顶点与捕获网格的顶点自动对齐。

③ "Grid"，光标单击网格即可捕获其中的元器件。此选项优先级最低。

➢ Active Snap Mode：自动捕获元器件，单击鼠标时，光标自动捕获最近的元器件。

➢ Color：设置原理图中显示网格的点或线的颜色。

（3）布局（Placement）设置标签。

设计不是简单的线性流程。在整个设计周期会经常做出修改和更新，最终可能导致原理图与版图不一致。ADS 支持整个工程的自动同步。当用户同时使用原理图和版图仿真的时候，可以在此对话框中选择同时布局模式。如果只进行原理图或版图仿真，则不需要对此项进行设置，如图 2-23 所示。对话框中有 3 个布局选项。

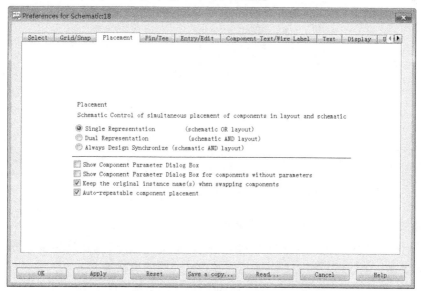

图 2-23　布局（Placement）设置

➤ Single Representation：适用于进行原理图或版图仿真。选择此项，则原理图或版图中的任何修改不会相互影响。

➤ Dual Representation：适用于进行原理图和版图同时仿真。选择此项后，若在原理图中放置或者更改一个元器件，则在相应的版图中也会自动放置或更改该元器件。

➤ Always Design Synchronize：适用于同时进行原理图和版图仿真。选择此项后，原理图与版图中的任何操作都保持实时同步，但也会消耗更多的系统资源。

（4）引脚/节点（Pin/Tee）设置标签。

为了方便辨认元器件的引脚和节点是否连接正确，用户可以根据自己的使用习惯设置引脚和节点的大小颜色，如图 2-24 所示为引脚/节点（Pin/Tee）设置标签。

➤ Pin Size：设置元器件引脚的大小。

➤ Tee Size：设置连线节点的大小。

➤ Color：设置引脚和节点的颜色。

➤ Visibility：设置引脚和节点在原理图上的标示方式。

① "Connected Pins"，给已连接导线的引脚一红点标注。

② "Pin Numbers"，显示引脚编号。

③ "Pin Names"，显示引脚名称。

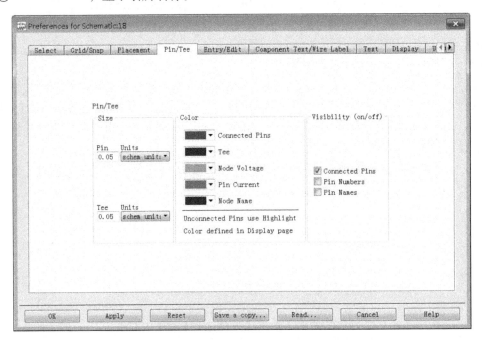

图 2-24 引脚/节点（Pin/Tee）设置标签

（5）接口/编辑（Entry/Edit）设置标签。

接口/编辑（Entry/Edit）设置标签如图 2-25 所示，用户可以在这里设置原理图中各种连线的基本规则，包括连线的绕行、连线的转角、连线的形状等。

➤ Reroute entire wire attached to moved component：选择该项，则用在绘制两个引脚之间的导线时，不论之间有什么物体阻挡，连线都直接穿过该阻挡物，但不会与阻挡物发生电气连接。

➤ Route around component text：选择该项，则用在绘制两个引脚之间的导线时，导线会自动地绕过两引脚之间的文本显示图形，如在原理图中的注释文本、元器件或仿真器的参数标注等。

➤ Route around component symbol：选择该项，则用在绘制两个引脚之间的导线时，导线会自动地绕过两引脚之间的元器件或仿真器。

➤ Polygon Entry Mode：Any angle：可以绘制任意角度的折线。

➤ 45 degree angle only：只能够绘制 45°角的折线。

➤ 90 degree angle only：只能绘制水平或者垂直的折线。

➤ Arc/Circle resolution（degrees）：在 ADS 中绘制弧线或者圆，是由许多小线段够成的。所以，这里可以设置每一个小线段的弧度，该值越小，绘制的圆弧越光滑。

➤ Rotation increment（angle）：设置元器件或导线每次旋转的角度。

➤ Drag and move：为了防止用户拖拽元器件的误操作，这里可以设置拖拽元器件移动的最大距离。

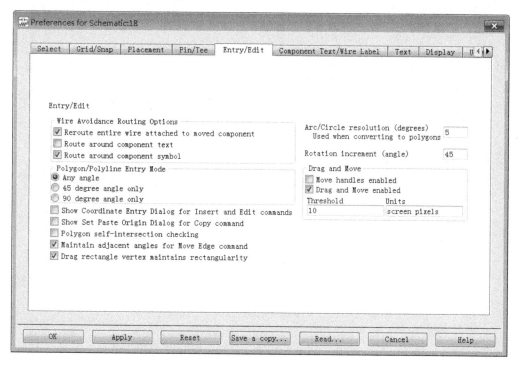

图 2-25　接口/编辑（Entry/Edit）设置标签

（6）元器件文本/导线标注（Component Text/Wire Label）设置标签。

在调用任何元器件或者仿真控制器时，都有各种注释文本。其中，包括了该元器件的唯一编号、元器件的参数和仿真控制器的仿真参数。元器件文本/导线标注（Component Text/Wire Label）设置标签如图 2-26 所示，在这个窗口中，可以设置文本和导线标注的字体、格式、颜色和属性。

（7）文本（Text）设置标签。

在调用 ADS 模板时，经常可以看到原理图中有大量的注释文本，它们对该模板的功能和设置进行说明。文本（Text）设置标签如图 2-27 所示，这些文本的属性可以在本窗口中进行设置，其中，包括了字体、格式、颜色和文本外框的形状等。

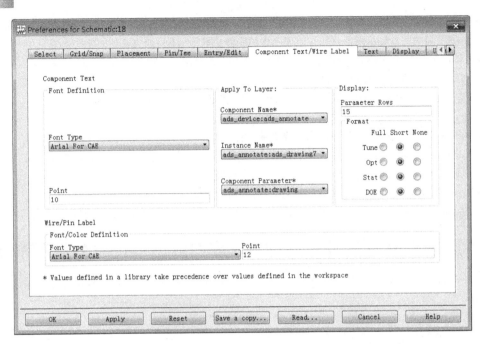

图 2-26 元器件文本/导线标注（Component Text/Wire Label）设置标签

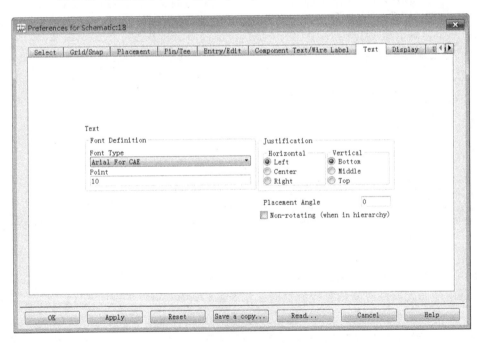

图 2-27 文本（Text）设置标签

（8）显示（Display）设置标签。

如图 2-28 所示，这里可以设置 ADS 原理图中的前端颜色、背景颜色、高亮标注部分的颜色、被固定元器件的颜色、无效元器件的文本颜色。

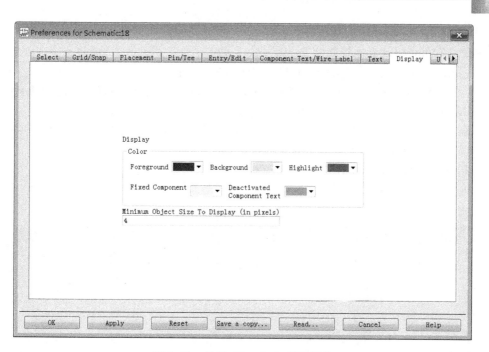

图 2-28　显示 (Display) 设置标签

(9) 单位/刻度 (Units/Scale) 设置标签。

单位/刻度 (Units/Scale) 设置标签如图 2-29 所示，这里可以设置原理图设计中默认的单位和刻度。一般采用较常用的国际单位。如果放置的元器件不使用默认单位时，则可以双击该元器件进行修改。

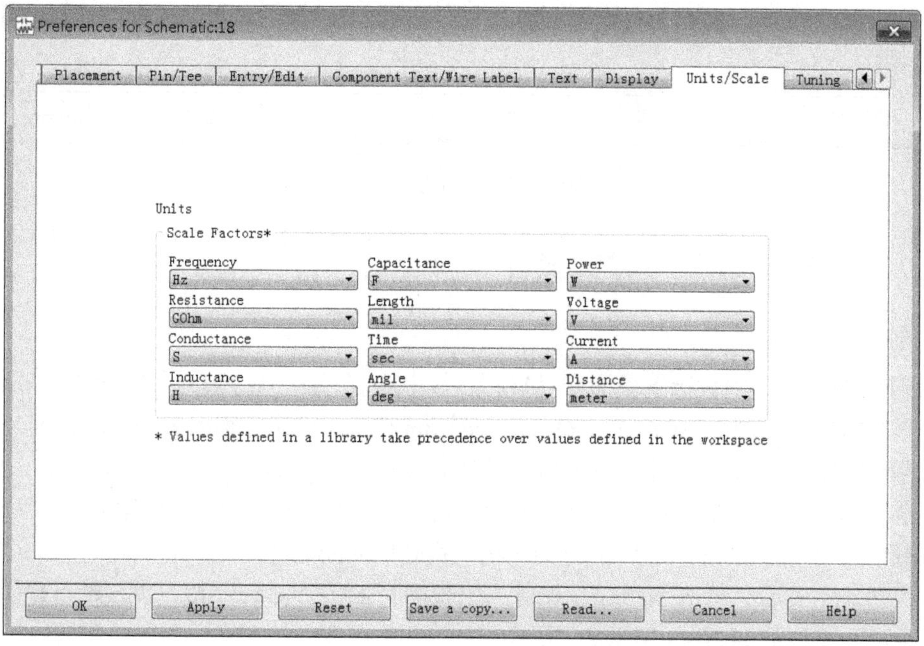

图 2-29　单位/刻度 (Units/Scale) 设置标签

（10）调谐（Tuning）设置标签。

调谐（Tuning）设置标签如图 2-30 所示。

➤ Analysis Mode – Singlie：元器件值每改变一次就进行一次分析。

➤ Analysis Mode – Multiple：只在按下调谐（Turn）键以后才进行分析。该项适用于多个参数的调谐。

➤ Analysis Mode – Continuous：跟随显示元器件值的滑动条实时地进行分析。

➤ Data Displays – Restore data display：调谐开始时自动打开数据显示窗口并显示先前保存的数据文件。

➤ Range Min and Max：设置被调谐元器件的数值范围。

➤ Step Size：设置调谐元器件值的步长。

➤ Slider Scaling：选择元器件值滑动条按线性或对数比例变化。

➤ Snapping：选择该项，滑动条按设置的步长变化；不选，则滑动条连续变化。

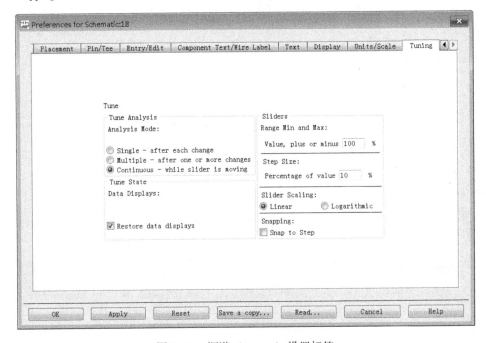

图 2-30　调谐（Tuning）设置标签

2.2.2　ADS 工程的相关操作

1. 创建新的工程

在 ADS 的主窗口中执行菜单命令【File】→【New】→【Workspace】，单击 Next，弹出新建工程对话框，如图 2-31 所示，在【Name】框中输入新建工程的名字 lab1，并且可以选择工程存放的路径。可以看到 ADS 系统默认的存放路径 D：\users\cad\文件夹下。

单击 Next，添加元器件库，如图 2-32 所示，然后单击 Next，该工程库的名称为 "lab1_lib"，如图 2-33 所示。选择好后单击 Finish，完成工程的创建。

工程创建完成后，单击 图标，新建一原理图，如图 2-34 所示。单击 新建一 Layout 单元，然后主窗口如图 2-35 所示。

图 2-31　新建工程对话框

图 2-32　添加元器件库

图 2-33　选择工程库的名称

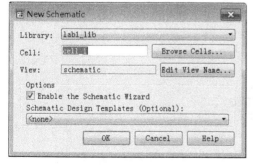

图 2-34　新建原理图

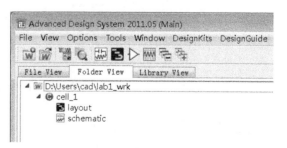

图 2-35　工程管理主界面

2. 打开已有的工程

在 ADS 的主窗口中只能打开一个工程。当用户打开另外一个工程时，系统会自动关闭当前工程并提示用户保存。

打开一个工程有 2 种常用的方法。

（1）在 ADS 的主窗口中执行菜单命令【File】→【Open Workspace…】，然后在弹出对话框中选择要打开的工程，如图 2-36 所示。

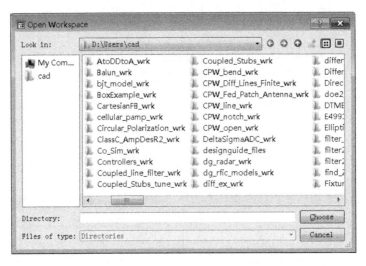

图 2-36　打开一个工程（1）

（2）直接在主窗口工程文件目录【FileBrowser】中单击 按钮，找到要打开的工程并双击即可，如图 2-37 所示。

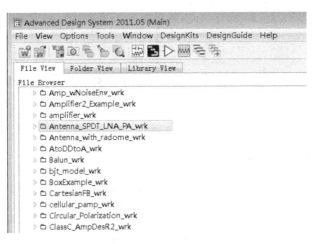

图 2-37　打开一个工程（2）

2.2.3　下载和安装 DesignKit

ADS 内部已经集成了丰富的通用元器件库，但是对于特定公司的元器件需要用户下载该公司发布的 DesignKit，再安装到 ADS 中。用户可以通过很多途径下载 DesignKit。

（1）直接从器件的供应商网站上获得。

（2）在 Agilent 公司的网站上可以获得其合作厂商的器件 DesignKit 下载链接。可在浏览器中输入网址"http://www. home. agilent. com/agilent/editorial. jspx? cc = CN&lc = chi&ckey = 1490117&id = 1490117"进入 Agilent 公司合作伙伴的介绍页面，如图 2-38 所示。

图 2-38　Agilent 合作伙伴的介绍页面

单击页面中的"Vendor Component Libraries"，进入元器件分类页面，如图 2-39 所示，里面有丰富的各大半导体公司元器件模型资源，包括 Murata、TDK、NXP 等。

Vendor Component Libraries for ADS			
Vendor	Compatible with ADS 2011 and Later Versions?	Schematic Symbol Available	Layout Footprint Available
Murata	✓	✓	
NEC ☞			
NXP ☞			
On Semiconductors ☞			
Panasonic ☞	✓	✓	
Polyfet ☞	✓	✓	✓
Presidio Components, Inc. ☞			
RF Micro Devices ☞			
Samsung	✓	✓	
Samtec ☞	✓	✓	
Samyoung			
Skyworks ☞			
Taiyo Yuden ☞	✓	✓	

图 2-39　DesignKit 资源列表及状态

（3）单击库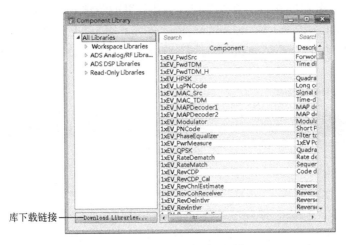图标，打开元器件库对话框，如图 2-40 所示，单击"Download librar-ies"，即可进入如图 2-38 所示的 Agilent 网页。

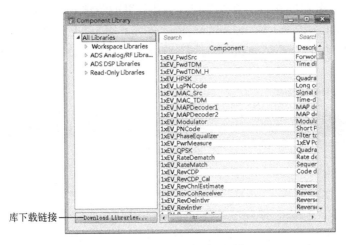

库下载链接

图 2-40　ADS 元器件库对话框

一般主流的元器件厂商都会提供它们产品的 DesignKit。下面以 MuRata 公司的 DesignKit 为例，介绍安装的过程。

（1）在 ADS 主窗口中执行菜单命令【DesignKit】→【Install DesignKit】，弹出的对话框如图 2-41 所示。

图 2-41　"Select A Zipped DesignKit File"对话框

（2）在【Path】中选择 DesignKit 所存放的目录，则会在下面显示出该 DesignKit 的名字和版本号。

（3）【Select Installation Level】下拉菜单中选择 USER LEVEL 单击【OK】按钮，完成 DesignKit 的安装。

安装完成后，用户可以在原理图元器件库面板中看到 muRata Components，如图 2-42 所示。安装完成后不可以改变 DesignKit 文件的存放路径；否则，ADS 将在下一次启动时无法找到该 DesignKit。

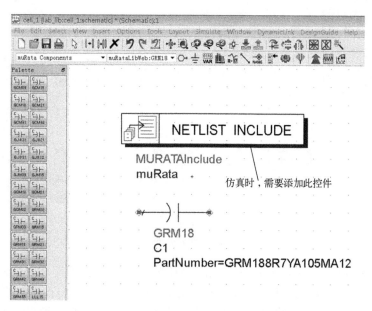

图 2-42　安装完成后的 muRata 元器件

按照路径选择需要添加的库，并释放在需要的工程项目里面，如图 2-43 所示。

(a)

(b)

图 2-43　添加库并释放到需要的工程项目里面

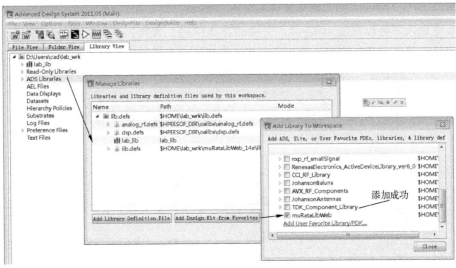

(c)

图 2-43　添加库并释放到需要的工程项目里面（续）

在使用 muRata Component 元器件时，需要在原理图中放置如图 2-42 所示的控件；否则，系统运行仿真时，将无法识别 muRata Component 元器件。在 ADS 中对于所有的 Design-Kit 都会有类似的控件，它们的作用就是定义元器件，让 ADS 系统识别和调用。

2.2.4　如何搜索 ADS 中的范例

对于初次涉及某个工程的用户，都非常希望有类似的例子可以引导自己使用 ADS 进行相关设计。对于这点，ADS 内部已经集成了丰富的范例，涉及所有相关领域的应用。下面将介绍如何搜索和使用 ADS 里的范例。

首先在 ADS 主窗口下执行菜单命令【Tools】→【Example Search】，弹出的对话框如图 2-44 所示。

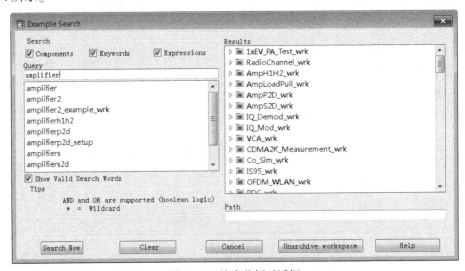

图 2-44　搜索范例对话框

在对话框中，搜索的方式有 3 种：Components、Keywords、Expressions。用户根据要搜索的对象可以选择其中一种或者几种。在"Query"中输入搜索对象，单击【Search Now】按钮开始搜索。

选中"Show Valid Search Words"，则在右边窗口显示出与搜索对象相关的内容。左边的对话框显示搜索到的结果。

在对话框右下方，提示用户可以使用"AND"或者"OR"这两个连词来搜索包含多个关键字的范例，"＊"在这里起通配符的作用。

对于搜索到的结果，用户可以通过双击该工程或者工程中的某个文件来打开它。如果选中"View Only"，则用户只是打开浏览该文件；如果选中"Copy to Current Project"，则用户在打开该文件的同时，把该文件添加到当前的工程中。如在搜索到的工程前出现 图标，则说明用户还没有把这个范例安装到硬盘中。用户可从光盘里安装好该工程后再调用。

2.2.5　ADS Template 的使用

ADS 中自带了许多常用的原理图仿真模板（Template）可供使用，为设计者节省了大量的时间。使用前需要用户对该模板实现的功能有所了解。

1. 常用模板的插入

在原理图编辑器窗口中，执行菜单命令【Insert】→【Template】，打开"Insert Template"对话框（图 2-45），在对话框中可以看到一些常用的模板，其中包括了 3GPP 标准的测试、晶体管器件的直流测试、谐波平衡仿真、S 参数仿真等。

选择"S_Params"，单击【OK】按钮。ADS 自动打开一个原理图并放置好"S_Params"仿真模板，如图 2-46 所示。直接放入元器件或者设计好的电路原理图就可以进行 S 参数仿真了。

图 2-45　ADS 中的 Template 列表

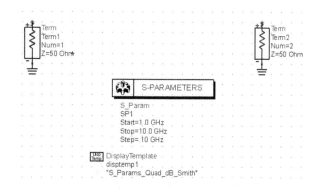

图 2-46　S_Params 仿真模板

2. 常用模板的使用

以 BJT_curve_tracer 为例，详细介绍如何使用这些模板。在原理图编辑器窗口中，执行菜单命令【Insert】→【Template】，打开"Insert Template"对话框，如图2-47所示。

选择"BJT_curve_tracer"模板，单击【OK】按钮，将该模板放置到原理图中，如图2-48所示。

图2-47　"Insert Template"对话框

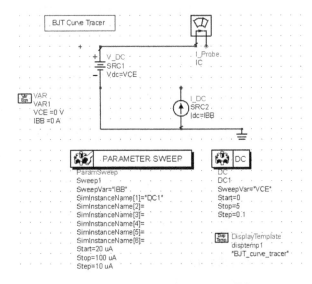

图2-48　BJT_curve_tracer原理图模板

单击原理图中元器件库（Library）图标 ，在图2-49所示的对话框中选择 pb_AT41411 晶体管，放置到原理图的 BJT_curve_tracer 模板中，如图2-50所示。

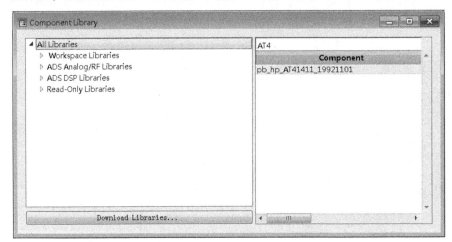

图2-49　元件库（Library）对话框

许多模板都有默认设置好的参数和符号，并且有相应的数据显示模板。设计者也可以根据自己需要修改这些参数。如果对这些模板非常熟悉，运用模板是非常有效和省时的。这里采用了模板默认的参数。单击仿真（Simulate）图标 开始仿真，并在结束后弹出相应的数据显示模板。如图2-51所示的数据显示模板，显示了 BJT 的偏置电压和电流的关系及功耗。同样地，用户可以自己修改显示模板来查看所需的数据。

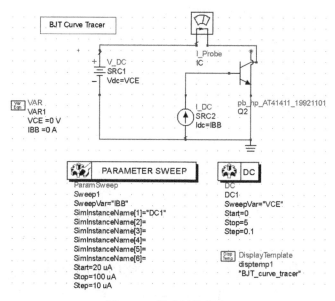

图 2-50　搭建好的电路

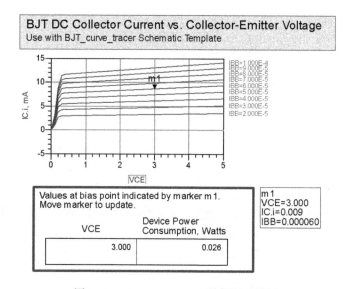

图 2-51　BJT_curve_tracer 数据显示模板

2.2.6　ADS2011 Technology 的设置

ADS2011 新增了 Technology 设置项，工程下的 cell 都要遵循此设定。执行菜单命令【Options】→【Technology】→【Technology Setup】或如图 2-52 所示的操作即可弹出 Technology 设置项目。

1. Technology Setup 设置

（1）参考库设置。

（2）Layout 单位设定，单位设定以后不能更改，如果作图以后再更改单位则会报错。

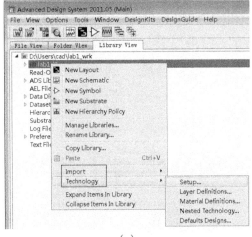

(a)

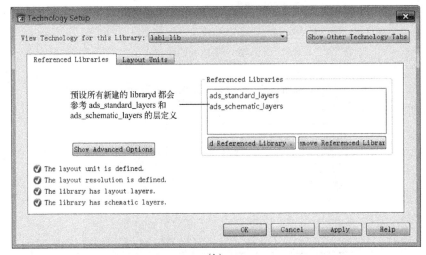

(b)

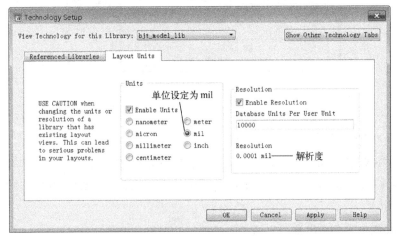

(c)

图 2-52　ADS2011 Technology 的设置

设置后打开 Layout 单元，层定义和设置如图 2-53 所示。

预设所有新建的 libraryd 都会
参考 ads_standard_layers 和
ads_schematic_layers 的层定义

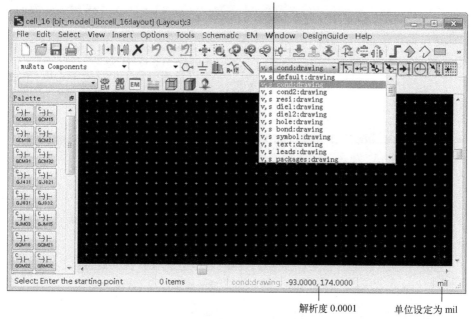

解析度 0.0001　　　　单位设定为 mil

图 2-53　层定义和设置

单击"Show Other Technology Tabs"弹出其他设置选项。

（3）Layer Display Properties 层显示性能设置，包括层颜色设置、隐藏、透明度及显示外形等，如图 2-54 所示。

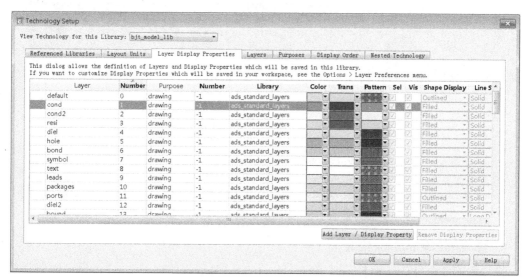

图 2-54　Layer Display Properties 层设置

（4）Layers 层定义设置、增加及移除层等。新增 layer_39、layer_40 将出现在 Layout 界面下拉菜单里面，而 ads_standard_layers 和 ads_schematic_layers 的层定义是无法修改的，如图 2-55 所示。

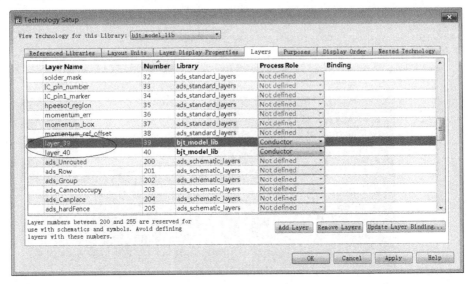

图 2-55　Layer 层的增加

（5）Display Order 层显示顺序设置如图 2-56 所示。

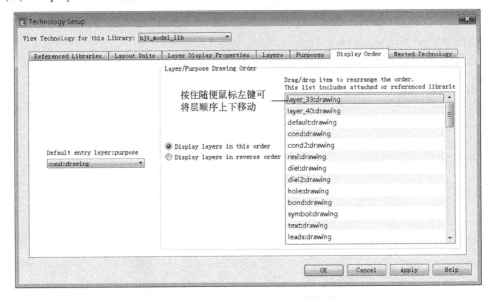

图 2-56　Display Order 层显示顺序设置

2. Material Definitions 设置

执行菜单命令【Options】→【Technology】→【Material Definitions】，弹出的对话框如图 2-57 所示，在这里可将各种材料添加到 lab1_libl 里面，包括导体、介质、半导体、表面粗糙度模型等。

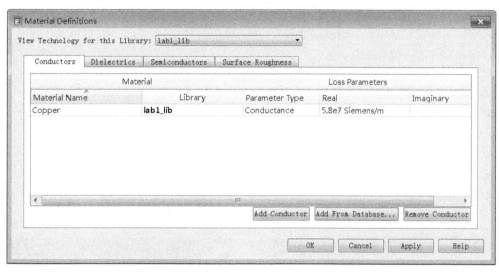

图 2-57 Material Definitions 设置

2.3 ADS 的主要仿真控制器

在 ADS 中，对每一种典型的电路分析方法都有相应的仿真控制器及一系列相应的参数设置工具。因此，必须熟练地掌握仿真控制器参数的意义和设置的方法。下面介绍电路分析中常用的几种仿真控制器。

2.3.1 直流（DC）仿真控制器

如图 2-58 所示，直流仿真控制器是进行晶体管仿真的重要工具。通常只需要设置扫描变量（Sweep Var）、扫描变量的起始值（Start）、扫描变量的终止值（Stop）和扫描的步长（Step）。对于较复杂的应用，则需要使用直流仿真面板（图 2-59）中的其他工具共同完成。

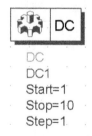

图 2-58 直流仿真控制器   图 2-59 直流仿真面板

1. 直流（DC）仿真控制器参数设置

（1）双击直流（DC）仿真控制器，在如图 2-60 所示的对话框中选择"Sweep"标签进行参数设置。

➢ "Parameter to sweep"：扫描变量的名称。若原理图中没有该变量，则应该先定义这个变量。

➢ "Sweep Type"：设置扫描类型，包括单点扫描、线性扫描、对数扫描。

➢ "Start/Stop"：按起点和终点设置扫描范围。

➢ "Center/Span"：按中心点和扫描宽度设置扫描范围。

➢ "Start"：扫描参数的起点。

➢ "Stop"：扫描参数的终点。

➢ "Step – Size"：扫描的步长。

➢ "Num. of pts. "：扫描参数的点数。

➢ "Center"：扫描参数的中心点。

➢ "Span"：扫描参数范围。

➢ "Pts. /decade"：对数扫描时，每10倍程扫描的点数。

➢ "Use sweep plan"：使用原理图中的 Sweep plan 控件扫描参数。

（2）打开仿真参量设置标签，如图 2-61 所示。

图 2-60　DC Sweep 参数设置

图 2-61　仿真参量设置

➢ "Status level"：设置仿真进度窗口显示的信息量。

① "0" 表示仿真进度窗口不显示任何信息。

② "1" 和 "2" 则显示一些常规的仿真进程。

③ "3" 和 "4" 则显示仿真过程中所有的细节，包括仿真所用的时间、每个电路节点的错误、仿真是否收敛等。

➢ "Device operating point level"：保存电路中有源器件和线性器件的工作点信息。如果电路中有多个直流仿真控制器，都会执行同样的保存操作。

① "None" 表示不保存。

② "Brief" 表示保存器件的电流、功率等线性化参数。

③ "Detailed" 表示保存所有直流工作点值，包括电流、电压、功率及其他线性化参数。

➢ "Output solutions"：在仿真的数据文件中保存所有仿真结果。

2. 设置 (OPTIONS) 控制器

OPTIONS 控制器主要用于设置仿真的外部辅助信息。如环境温度、模型温度、电路技术规范的检查及告警、收敛性、仿真数据的输出特性等，如图 2-62 所示。

- ➤ "Simulation temperature"：设置电路的外部环境温度，缺省值是 25℃。
- ➤ "Model temperature"：设置器件模型的表面温度，缺省值是 25℃。
- ➤ "Perform topology check and correction"：仿真前检查技术错误，并在仿真信息窗口提示。此项是默认选中的。
- ➤ "Format topology check warning messages"：设置技术检查提示的格式。默认时，显示全部有问题的节点名称。
- ➤ "Use S – parameters when possible"：对于线性器件，仿真器自动尝试进行 S 参数仿真。
- ➤ "P – N parallel conductance"：定义非线性器件中 PN 结的最小电导。
- ➤ "Explosion current (Imax)"：定义非线性器件中 PN 结的线性化最大扩散电流。在该电流范围内，PN 结处于线性区域。
- ➤ "Explosion current (Imelt)"：定义非线性器件中 PN 结击穿的扩散电流。

3. 扫描计划 (Sweep Plan) 控制器

如图 2-63 所示，扫描计划控制器用来设定参数扫描控制器中扫描变量的参数。用户可以添加任意个扫描变量和参数。

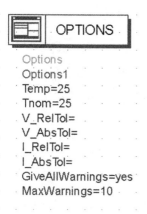

```
OPTIONS

Options
Options1
Temp=25
Tnom=25
V_RelTol=
V_AbsTol=
I_RelTol=
I_AbsTol=
GiveAllWarnings=yes
MaxWarnings=10
```

```
SWEEP PLAN

SweepPlan
SwpPlan1
Start=1.0 Stop=10.0 Step=1.0 Lin=
UseSweepPlan=
SweepPlan=
Reverse=no
```

图 2-62　设置 (option) 控制器　　　　　　图 2-63　扫描计划控制器

4. 参数扫描 (Parameter Sweep) 控制器

如图 2-64 所示，参数扫描控制器用来定义仿真时扫描的变量，它可以定义多个扫描变量，并在扫描计划控制器中设定变量的参数。

5. 节点 (NdSet) 与节点名 (NdSet Name) 控件

如图 2-65 所示，在电路中添加节点或节点名控件可以设置该点直流仿真的最佳参考电压和电阻。这种方法可以帮助直流仿真控制器确定分析范围，减少仿真运算时间。尤其适用于双稳态电路仿真中，如双稳态多谐振荡器、环行振荡器等。

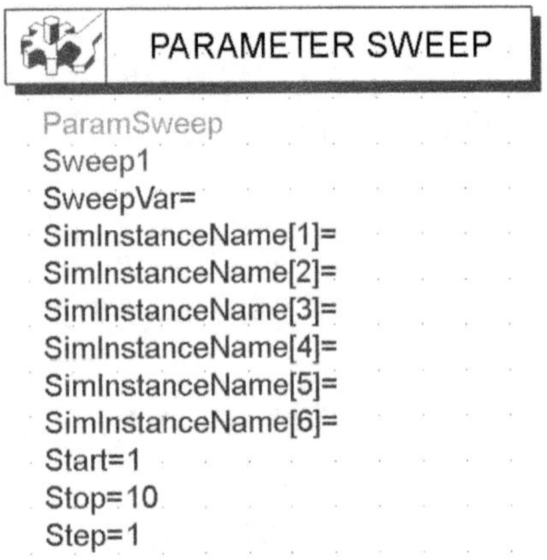

PARAMETER SWEEP

ParamSweep
Sweep1
SweepVar=
SimInstanceName[1]=
SimInstanceName[2]=
SimInstanceName[3]=
SimInstanceName[4]=
SimInstanceName[5]=
SimInstanceName[6]=
Start=1
Stop=10
Step=1

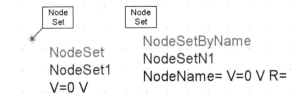

Node
Set

Node
Set

NodeSet
NodeSet1
V=0 V

NodeSetByName
NodeSetN1
NodeName= V=0 V R=

图 2-64　参数扫描控制器　　　　图 2-65　节点与节点名控件

6. 显示模板（Display Template）控件

如图 2-66 所示，显示模板控件用来载入 ADS 中的显示模板来查看仿真结果，可以是系统自带的模板或用户根据自己需要编辑的模板。

7. 公式编辑（MeasEqn）控件

如图 2-67 所示，公式编辑控件用于在原理图上编辑和显示计算公式。该公式可以调用原理图中的所有参数和仿真结果。其结果可在数据显示窗口中显示出来。

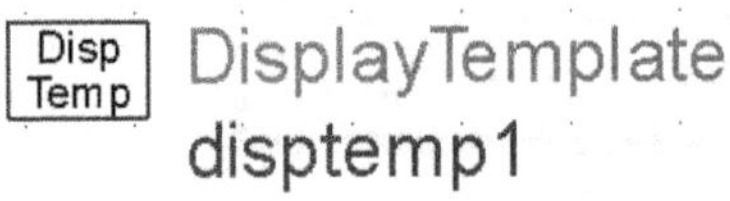

Meas
Eqn

MeasEqn
Meas1
Meas1=1

Disp
Temp

DisplayTemplate
disptemp1

图 2-66　显示模板控件 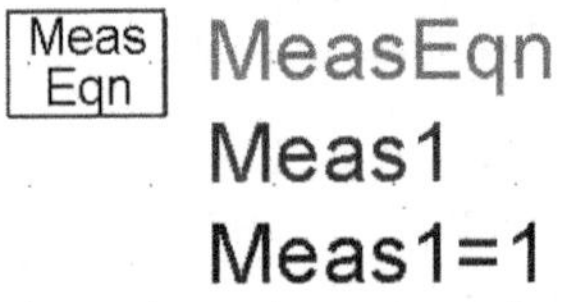　　　　图 2-67　公式编辑控件

2.3.2　交流（AC）仿真控制器

如图 2-68 所示，交流仿真控制器是 ADS 中常用的仿真控制器之一。它的作用是扫描各频率点上的小信号传输参数。在如图 2-69 所示的交流仿真面板中可以看到，它的主要控制器与 DC 仿真面板中的控制器基本一致。

1. 交流（AC）仿真控制器参数设置

（1）双击交流（AC）仿真控制器，在如图 2-70 所示的对话框中选择"Frequency"标签进行参数设置。

➢ "Sweep Type"：设置扫描类型，包括单点扫描、线性扫描、对数扫描。

➢ "Start/Stop"：按起点和终点设置扫描范围。

➢ "Center/Span"：按中心点和扫描宽度设置扫描范围。

➢ "Start"：扫描参数的起点。

➢ "Stop"：扫描参数的终点。

> ➤ "Step – Size"：扫描的步长。
> ➤ "Num. of pts. "：扫描参数的点数。
> ➤ "Center"：扫描参数的中心点。
> ➤ "Span"：扫描参数范围。
> ➤ "Pts. /decade"：对数扫描时，每 10 倍程扫描的点数。
> ➤ "Use sweep plan"：使用原理图中的 Sweep plan 控件扫描参数。

AC
AC1
Start=1.0 GHz
Stop=10.0 GHz
Step=1.0 GHz

图 2-68　交流仿真控制器

图 2-69　交流仿真面板

（2）打开噪声（Noise）设置标签，如图 2-71 所示。

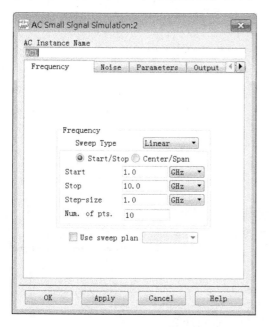

图 2-70　AC Sweep 参数设置

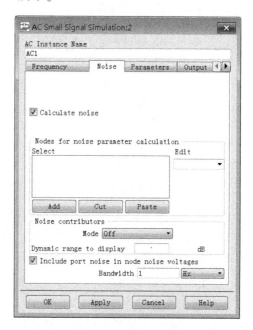

图 2-71　AC 仿真控制器的 Noise 设置

> ➤ "Calculate noise"：是否进行噪声计算。选中执行，不选则 Noise 标签中的其他设置均无效。
> ➤ "Nodes for noise parameter calculation"：添加电路中的节点，在仿真时计算该节点产生的噪声。
> ➤ "Noise Contributors"：计算电路中每一个元器件产生的噪声。其中，Mode 下拉列表中可以把产生噪声的元器件按照 4 种方式归类分组报告。一般设置为缺省值 "Off"。
> ➤ "Sort by value"：将噪声值超过用户设定的门限值的噪声源，按从大到小排列。
> ➤ "Sort by name"：将噪声值超过用户设定的门限值的噪声源，按字母顺序排列。
> ➤ "Sort by value with no device details"：将噪声值超过用户设定的门限值的噪声源，按从大到小排列。与 "Sort by value" 不同的是，只列出非线性器件产生噪声的总和，而不单独列出个非线性期间的噪声值。
> ➤ "Sort by name with no device details"：将噪声值超过用户设定的门限值的噪声源，按字母顺序排列。与 "Sort by name" 不同的是，只列出非线性器件产生噪声的总和，而不单独列出个非线性期间的噪声值。
> ➤ "Dynamic range to display"：设置噪声的门限值（最大值），在数据报告中将显示噪声小于该值的噪声源。这个选项可以帮助用户精确的控制各元器件的噪声大小。
> ➤ "Bandwith"：计算噪声功率的带宽。推荐使用默认值 1 Hz。

2. 预算控件

图 2-72　AC 仿真预算控件

如图 2-72 所示，在交流仿真面板中包含了 11 个预算控件。它们实质上是 ADS 自带的 11 个常用的计算公式。用户可以在公式编辑（MeasEqn）控件中编辑公式，以实现同样的功能。它们的功能如下。

> ➤ Bdfreq：保存 AC 仿真时频率扫描的频点信息列表。
> ➤ BdGain：计算转换功率增益。
> ➤ BdGmma：计算反射系数。
> ➤ BudNF：计算噪声系数。
> ➤ BudNFd：计算噪声系数下降趋势。
> ➤ Bud TN：计算等效输出噪声温度。
> ➤ BudPwr：计算噪声功率。
> ➤ BudPwrl：计算输入功率
> ➤ BdPwrR：计算反射功率
> ➤ BudSNR：计算信噪比。
> ➤ BdVSWR：计算电压驻波比。

2.3.3　S 参数仿真控制器

如图 2-73 所示的 S 参数仿真控制器是在 RF 设计时非常重要的一种仿真控制器。它的基本功能是仿真一段频率上的散射参数。其频率设置与交流（AC）仿真控制器类似，这里不再介绍。

1. Parameters 设置

双击 S 参数仿真控制器，打开 "Parameters" 标签，如图 2-74 所示，该控制器不仅能计算电路 S 参数，还能计算 Y 参数、Z 参数、群延时等。

🔅	S-PARAMETERS

S_Param
SP1
Start=1.0 GHz
Stop=10.0 GHz
Step=1.0 GHz

图 2-73　S 参数仿真控制器

➤ "S‑parameters"：只计算电路的 S 参数，若同时勾选"Enforce Passivity"，则强制计算电路的无源 S 参数。

➤ "Y‑parameters"：将 S 参数控制器仿真的结果转换成 Y 参数。同时在数据输出窗口也可以输出 S 参数。

➤ "Z‑parameters"：将 S 参数控制器仿真的结果转换成 Z 参数。同时在数据输出窗口也可以输出 S 参数。

➤ "Group delay"：S 参数控制器仿真同时计算群延时参数。

➤ "Enable AC frequency conversion"：选中该项可进行交流频率转换。

➤ "Status level"：这里设置的数值控制着仿真时弹出的仿真进度窗口显示的信息量。

① "0" 表示仿真进度窗口不显示任何信息。

② "1" 和 "2" 则显示一些常规的仿真进程。

③ "3" 和 "4" 则显示仿真过程中所有的细节，包括仿真所用的时间、每个电路节点的错误、仿真是否收敛等。

➤ "Device operating point level"：当仿真中存在多个 S 参数仿真控制器时，选择"Brief"项可以保存仿真过程中器件的所有工作点信息。如果只有一个 S 参数仿真控制器，则选择"None"。缺省项（Detailed）保存器件当前的功率、电压和线性化参数。

2. Noise 设置

S 参数仿真控制器的 Noise 标签如图 2‑75 所示。

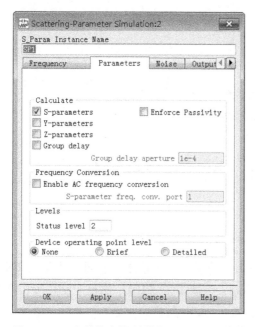

图 2-74　S 参数仿真控制器的 Parameters 设置

图 2-75　S 参数仿真控制器的 Noise 设置

➤ "Calculate noise"：是否进行噪声计算。选中执行，不选则 Noise 标签中的其他设置均无效。

➤ "Nodes for noise parameter calculation"：添加电路中的节点，在仿真时计算该节点产生的噪声。

➤ "Noise contributors"：计算电路中每一个元器件产生的噪声。其中 Mode 下拉选项中可以把产生噪声的元器件按照 4 种方式归类分组报告。一般设置为缺省值"Off"。

➤ "Sort by value"：将噪声值超过用户设定的门限值的噪声源，按从大到小排列。

➢ "Sort by name"：将噪声值超过用户设定的门限值的噪声源，按字母顺序排列。

➢ "Sort by value with no device details"：将噪声值超过用户设定的门限值的噪声源，按从大到小排列。与 "Sort by value" 不同的是，只列出非线性器件产生噪声的总和，而不单独列出个非线性期间的噪声值。

➢ "Sort by name with no device details"：将噪声值超过用户设定的门限值的噪声源，按字母顺序排列。与 "Sort by name" 不同的是，只列出非线性器件产生噪声的总和，而不单独列出个非线性期间的噪声值。

➢ "Dynamic range to display"：设置噪声的门限值（最大值），在数据报告中将显示噪声小于该值的噪声源。这个选项可以帮助用户精确地控制各元器件的噪声大小。

➢ "Bandwith"：计算噪声功率的带宽。推荐使用默认值 1 Hz。

3. 其他常用控件

S 参数仿真控制面板中包含了许多常用的计算控件，可以直接计算出 S 参数仿真时需要查看的结果，节省了用户自己编辑公式的时间。这与前文介绍的 AC 仿真面板中的预算控件类似。下面介绍几个常用的计算控件。

➢ ▣：计算从输入端口到测量端口的最大可用增益。

➢ ▣：计算转换功率增益，即源资用功率与负载吸收功率之比。

➢ ▣：计算电压增益。

➢ ▣：计算电压驻波比。

➢ ▣：计算增益平坦度。

➢ ▣：计算负载稳定系数。

➢ ▣：计算源稳定系数。

➢ ▣：计算 Rollett 稳定因子 K，$K>1$ 时，电路绝对稳定。

➢ ▣：计算电路稳定系数 b，功能与 StabFct 一样，但它们采用的定义式不同。

其中，

$$K = \frac{(1 - |s_{11}|^2 - |s_{22}|^2 + |s_{11}s_{22} - s_{12}s_{21}|^2)}{2|s_{12}s_{21}|}$$

$$b = 1 + |s_{11}|^2 - |s_{22}|^2 - |s_{11}s_{22} - s_{12}s_{21}|^2$$

2.3.4　谐波平衡（HB）仿真控制器

谐波平衡（HB）是一种仿真非线性电路与系统的频域分析技术。它可以直接获得频域的电压和电流并直接计算出稳定状态的频谱。因此，谐波平衡（HB）法被广泛用于仿真 RF 和微波电路的频域特性。

在 ADS 中，谐波平衡（HB）仿真控制器的主要用途有计算频谱、三阶交调点、完整的谐波失真、元件互调失真；功率放大器负载牵引轮廓分析；非线性噪声分析等。

双击如图 2-76 所示的谐波平衡（HB）仿真控制对其进行设置。

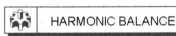

HarmonicBalance
HB1
Freq[1]=1.0 GHz
Order[1]=5

图 2-76　谐波平衡（HB）仿真控制器

1. Frequency 标签设置

打开"Frequency"标签，如图 2-77 所示，这里是设置谐波平衡（HB）仿真的基频和谐波分量的阶数。当进行混频器的仿真时，需要单击【Add】按钮添加多组 RF 和 LO 的基频及谐波分量的阶数。同时需要设置"Maximum mixing order"，这个参数限定了混频器的仿真时计算混频产物的最大阶数。

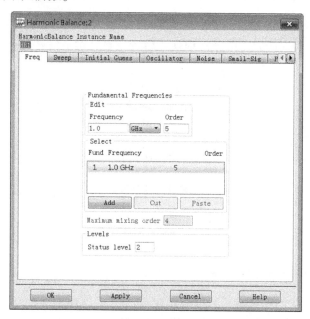

图 2-77　HB 仿真控制器 Frequency 设置

2. Sweep 设置

打开"Sweep"标签，如图 2-78 所示。

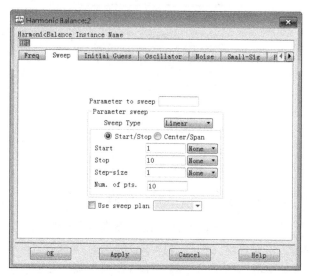

图 2-78　HB 仿真控制器 Sweep 设置

- 扫描参数（Parameter to sweep）：输入扫描参数的名称。一般选择电路收敛快的值，如源功率、偏置电压、偏置电流等。
- 扫描类型（Sweep Type）：单点扫描（Single point）仅对一个频率点计算；对于线性扫描（Linear），扫描的值按线性增减；对于对数扫描（Log），扫描值按对数关系增减。

2.3.5 大信号 S 参数（LSSP）仿真控制器

LSSP 仿真其实是 HB 仿真的一种，如图 2-79 所示。不同的是，前者执行大信号的 S 参数分析，因此在设计功率放大器中经常用到。后者一般只对小信号进行分析。

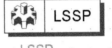

LSSP
LSSP
HB2
Freq[1]=1.0 GHz
Order[1]=5
LSSP_FreqAtPort[1]=

图 2-79　LSSP 仿真控制器

2.3.6 XDB 仿真控制器

XDB 仿真用于寻找用户自定义的增益压缩点，它将理想的线性功率曲线与实际计算的功率曲线的偏离点相比较。因此，在功放设计时可以很方便地找出 1dB 压缩点。XDB 仿真控制器如图 2-80 所示。

GAIN COMPRESSION
XDB
HB2
Freq[1]=1.0 GHz
Order[1]=5
GC_XdB=1
GC_InputPort=1
GC_OutputPort=2
GC_InputFreq=1.0 GHz
GC_OutputFreq=1.0 GHz
GC_InputPowerTol=1e-3
GC_OutputPowerTol=1e-3
GC_MaxInputPower=100

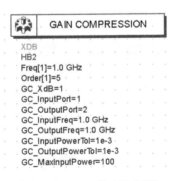

图 2-80　XDB 仿真控制器

2.3.7 包络（Envelope）仿真控制器

包络仿真综合了时域和频率描述的特性，快速提供复杂信号全面分析结果，如数字调制的射频信号等。这种仿真器允许输入波形表达成载波为射频的调制信号。在包络仿真中，每一节点电压由具有时变傅里叶级数表示。每一个节点上的幅度和相位是时变的，因此表示的谐波信号不再是常数。每一点的频率都可以看作是频谱的中心频率。

在一般应用中，ADS 的包络仿真控制器需要设置时间范围、时间分辨率、载波频率和阶数，其设置方法与谐波平衡（HB）仿真控制器基本相同，这里不再介绍。如图 2–81 所示。

Envelope
Env1
Freq[1]=1.0 GHz
Order[1]=5
Stop=100 nsec
Step=10 nsec

图 2–81　包络（Envelope）仿真控制器

包络仿真控制器基本参数的设置如下。

1. 包络设置（Env Setup）

➢ Stop time：终止时间。

➢ Time step：执行仿真的时间间隔，时间间隔决定了包络信号的带宽。

➢ Frequecy：基波频率。

➢ Order：谐波次数。

➢ Maximum mixing order：最大混频次数。

➢ Status Level：仿真状态窗口信息量的等级。0 表示较少，4 表示较多。

2. 包络参数设置（Env Params）

➢ Integration：仿真时采用的综合算法。

➢ Sweep offset：扫描偏移（时间）量。

➢ Turn on all nosie：仿真时打开所有噪声。

➢ Bandwidth fraction：包络（信号）带宽。

➢ Relative tolerance：相对公差。

➢ Absolute tolerance：绝对公差。

3. 协仿真参数设定（Cosim）

➢ Enable AVM：使用快速协仿真。

➢ Max input Power：最大输入功率。

➢ Num. of amp. pts：幅值点数。

➢ Num. of. phase. pts：相位值点数。

➢ Num. of freq. pts：频率值点数。

➢ Freq. compensation：频率补偿。

➢ Delay：时延。

➢ Active input：有效输入。

➢ IQ pair：IQ 信号对。

4. 噪声分析参数设定（Nosie）

对振荡器设置时，可启用此项。添加节点名即可对此点噪声进行分析。

2.3.8 瞬态（Transient）仿真控制器

瞬态仿真是 SPICE 最基本的仿真方法，常用于低频的模拟电路、数字电路仿真。对于高频电路、宽带电路仿真，瞬态仿真技术就不能胜任。有的时候，电路系统的设计人员需要对系统中的部分电路做电压与电流关系的详细分析，此时需要做晶体管级仿真（电路级），这种仿真算法中所使用的电路模型都是最基本的元器件和单管。仿真时按时间关系对每一个节点的 I/U 关系进行计算。这种仿真方法能够对所有的模拟、数字电路进行仿真。在所有仿真手段中是最精确的，最耗费时间的。但对于高频信号则很难进行仿真。

从 Simulation-Transient 可以调出瞬态仿真控制器，如图 2-82 所示。

下面介绍瞬态（Transient）仿真控制器常用参数的设置。

（1）双击瞬态（Transient）仿真控制器，看到如图 2-83 所示的时间参数设置标签。

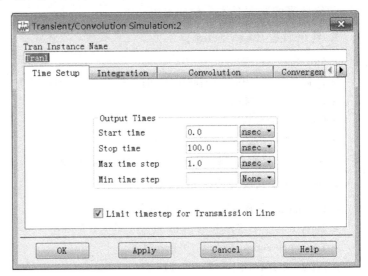

图 2-82 Transient 仿真控制器

图 2-83 Transient 仿真控制器时间设置

- ➢ Start time：起始时间。
- ➢ Stop time：终止时间。
- ➢ Max time step：运行仿真的最大时间间隔。
- ➢ Min time step：运行仿真的最小时间间隔。

（2）打开综合参数设置标签（图 2-84）。

- ➢ Time step control method：时间间隔控制方式。
- ① Fixed 表示采用固定时间间隔方式。
- ② Iteration count 表示采用牛顿-莱布尼兹算法选择时间间隔。
- ③ Trunc error 表示采用遇错随机切断法选择时间间隔。
- ➢ Local truncation error over – est fator：Truncation error 的估算因子。
- ➢ Charge accuracy：Truncation error 最小指示值。

➢ Integration：综合算法仿真。有 Trapezoidal、Gear's 两种方法可选。

➢ Max Gerar order：选择 Gear's 时有效，表示最大多项式的次数。

➢ Integtationcoefficient mu：选中 Trapezoidal 时有效，表示综合系数，默认值为 0.5。

图 2-84　Transient 仿真控制器综合参数设置

（3）打开卷积参数设置标签（图 2-85）。

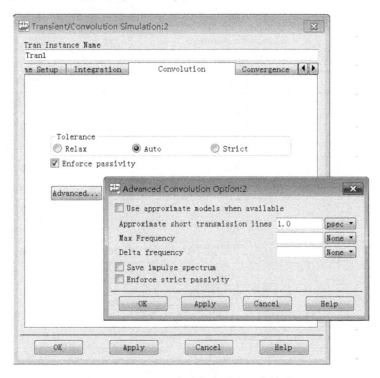

图 2-85　Transient 仿真控制器卷积参数设置

➢ Use approximate models when available：使用应用近似模型。

➢ Approximate short transmission lines：传输线时延值。

➢ Max Frequency：最大频率。

➢ Delta Frequency：频率改变值（间隔）。

➢ Maximpulse impulse samplepoints：最大采样点数目。

➢ Relative impulse truncation factor：相对脉冲截断系数。

➢ Absolute impulsetruncation factor：绝对脉冲截断系数。

➢ Convolution interpolation order：卷积分析内插次数。

➢ Convolution mode：卷积分析模式。

① Discrete 为离散模式。

② PWL Continuous 为连续模式。

➢ Smoothing window type：平滑窗口类型。

① 选中 Rectangle 时，平滑窗口为矩形。

② 选中 hanning，平滑窗口为汉明窗。

以上只是列出了常用电路所用的仿真器，在数字电路和微波电路中，由于设计时所要求的技术指标的不同，调用不同的仿真器。更多仿真器及其所能仿真的技术指标，参考 ADS Help 文档。表 2-1 列出了有关电路所用的仿真器及作用对象。

表 2-1　电路设计中常用的仿真器

滤波器	S – parameter	S21、S12、S11、S22
混频器	DC	工作点状态
	AC	增益、噪声电压、电流
	Harmonic Balance	IP3，IF
	Transient	瞬态响应
	Envelope	包络特性
功放	S – parameter	S 参数
	Harmonic Balance	各种谐波和交调
	LSSP	大信号 S 参数
	XDB	P1
	Transient	瞬态响应
	Envelop	包络特性
接收机	AC	交流特性
	Harmonic Balance	谐波和交调
	Envelope	复杂波形，如 LFM
振荡器	DC	节点电压、电流
	S – parameter	S 参数
	Harmonic Balance	各种谐波和交调
	Envelope	包络特性
锁相	Envelope	相噪

第3章 匹配电路设计

3.1 引言

在射频电路设计中，阻抗匹配是很重要的一环。阻抗匹配的通常做法是在源和负载之间插入一个无源网络，使负载阻抗与源阻抗共轭匹配，这种网络被称为匹配网络，如图 3-1 所示。阻抗匹配的作用主要有以下几方面。

（1）从源到器件、从器件到负载或器件之间功率传输最大。

（2）提高接收机灵敏度（如 LNA 前级匹配）。

（3）减小功率分配网络幅相不平衡度（如天线阵馈电网络）。

（4）获得放大器理想的增益、输出功率（PA 输出匹配）、效率和动态范围。

（5）减小馈线中的功率损耗。

本章大体思路：首先对匹配的基本原理进行简要论述；然后介绍 ADS 里自带的 Smith Chart Utility Tool，接着通过一个具体分立器件匹配实例进一步地使用并掌握它；其次介绍微带线匹配理论基础和 LincCacl tool，最后使用以上理论及工具进行微带短截线的匹配。通过本章的学习，读者可了解匹配的基本原理，掌握如何利用 ADS 自带的 Smith Chart Utility Tool 和 LincCacl tool 来进行具体电路的匹配。

3.2 匹配的基本原理

阻抗匹配的概念是射频电路设计中最为基本的概念之一，贯穿射频电路设计始终。阻抗匹配的主要思想就是设计一个匹配网络来实现阻抗变换。

例如，要实现最大功率的传输，阻抗匹配的具体思路如图 3-1 所示，具体说明如下：Z_1^* 是看向信号源（下面以看向左边代替）的源阻抗，Z_1 是看向负载（下面以看向右边代替）的输入阻抗，这里 Z_1 与 Z_1^* 共轭；Z_2^* 是负载看向左边的输出阻抗，Z_2 与 Z_2^* 共轭，整个电路已经实现了最大的功率传输。但在设计之前，中间并没有匹配网络，那么看向左边的阻抗是 Z_1^*，看向右边的阻抗是 Z_2，Z_1^* 与 Z_2 并不共轭，造成信号反射，没有实现最大的功率传输。所以需要设计一个匹配网络来实现阻抗的变换，让 Z_2 通过这个匹配网络变换到另外一个需要的阻抗值，如这里需要 Z_2 变换到 Z_1^* 的共轭阻抗 Z_1（匹配时，方向很重要，这里都是看向右边，初学者容易搞混淆），当然也可以

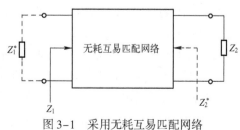

图 3-1 采用无耗互易匹配网络进行阻抗匹配

让 Z_1^* 变换到 Z_2 的共轭阻抗 Z_2^*（不过方向都是看向左边），原理一样，最终实现最大功率的传输。这里主要介绍最大功率传输的匹配，其他诸如最小噪声匹配等，读者可以参考相关书籍。

匹配电路的种类和构成方法多种多样，主要包括集总参数和分布参数两种。集总参数元件匹配网络采用无耗集总参数电抗元件实现阻抗变换，这里的集总参数元件可以是分立器件，也可以是诸如短电长度微带线（例如，电感采用高阻抗 Z_0，并联电容采用低阻抗 Z_0）等微波集成电路、螺旋电感和薄膜电容来实现。谐振频率、品质因数（Q 因子）和集总参数元件的体积是集总参数元件匹配网络实现过程中必须考虑的问题。分布参数匹配网络采用无耗传输线作为网络元件，具体的方法包括传输线变压器、单短线匹配、串联短线匹配、双短线匹配、1/4 波长变换器等。而对于宽带匹配变换，则会采用一些级联结构，如多节 1/4 波长变换器及渐变传输线变换器等结构，这在宽带功分器的设计中经常被使用。

考虑到分立元件（如电感、电容）在高频时的寄生效应，分立元件匹配网络一般都用于 1GHz 频段的低端及更低的频段，而采用微带线和微带短截线等分布参数元件实现的匹配网络特别适合于工作在 1GHz 以上频段，以及对电路垂直方向尺度有特殊要求的场合，如射频集成电路设计方面。

在设计射频电路匹配网络时，主要考虑以下 4 个方面的要求。

（1）简单性：选择通过简单的电路实现匹配，可以使用更少的元器件，减少损耗并降低成本，可靠性也获得提高。所以，设计阻抗匹配电路的首要目的是在能满足设计要求的情况下，选择最简洁的电路。

（2）频带宽度：也就是匹配电路中的 Q 值，一般多种匹配网络都可以消除在某一个频率上的反射，在该频率下实现完全匹配。但是，要实现在一定的频带宽度内的匹配，则需要更复杂的匹配网络设计，需要使用更多的元器件。因此，要求匹配电路的频带越宽，则相应成本也会越高。

（3）电路种类：在实现一个匹配网络的时候，需要考虑匹配网络使用传输线的种类，然后确定使用匹配电路的种类。例如，对于微带传输线系统，实现匹配可以使用集总参数器件、λ/4 传输线变化、并联分支等电路，非常容易实现。对于波导和同轴线系统，使用终端短路结构和枝节匹配电路则更容易实现。因此，阻抗匹配电路需要选择在相应传输线系统上易于实现的电路类型。

（4）可调节性：如果负载发生了变化，匹配网络需要相应的调整来达到匹配的要求。在设计匹配网络时，需要考虑负载是否会发生变化，以及通过调整匹配网络适应变化的可行性。

Simth 圆图是应用最广泛的匹配电路设计工具之一，它直观地描述了匹配设计的全过程。在复数负载上连接一个电抗元件（电感或电容），这里仅仅强调以下几点。

（1）串联将会使 Smith 圆图上的相应阻抗点沿等电阻圆移动。

（2）并联将会使 Smith 圆图上的相应导纳点沿等电导圆移动。

在如图 3-2 所示的阻抗—导纳复合 Smith 圆图中标出了上述情况。至于 Smith 圆图中参量点的移动方向，一般的经验是，如果连接的是电感，则参量点将向 Smith 圆图的上半圆移动；如果连接的是电容，则参量点将向 Smith 圆图的下半圆移动。

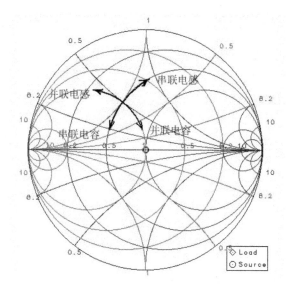

图 3-2 阻抗—导纳复合 Smith 圆图

掌握了单个元器件对负载的影响，就可以设计出能够将任意负载阻抗变化为任意指定的输入阻抗的匹配网络，一般来说，在阻抗—导纳复合 Smith 圆图上设计任何无源网络都需要将有关参量点沿等电阻圆或等电导圆移动。

目前，绝大多数商用 EDA 软件都带有 Smith 圆图工具，如 ADS、Microwave Office、MMICAD 的仿真软件包都允许直接放置元器件，并将相应的阻抗特征显示在 Smith 圆图上。

3.3 Smith Chart Utility Tool 说明

Smith Chart Utility Tool 是 ADS 里面自带的工具，提供了 Smith Chart 的全部功能，既能够进行阻抗匹配，又可在 Smith Chart 上绘制输入/输出稳定性圆、等增益圆、等 Q 值线、等 VSWR 圆、等噪声圆等。

3.3.1 打开 Smith Chart Utility

Smith Chart Utility 可从原理图窗口的工具菜单或设计向导（Design Guide）菜单中进入。具体进入路径如下所述。

在原理图窗口里，进入方法为【Tools】→【Smith Chart】。

在设计向导菜单中，有多个方法可以选择进入（在 ADS 最初安装的时候需要选择完全安装，否则在设计向导菜单中显示的工具不完整）。

（1）【DesignGuide】→【Amplifier】→【Tools】→【Smith Chart Utility】

（2）【DesignGuide】→【Filter】→【Smith Chart】。

（3）【DesignGuide】→【Mixers】→【Tools】→【Smith Chart Utility】

（4）【DesignGuide】→【Oscillator】→【Tools】→【Smith Chart】。

Smith Chart Utility 界面如图 3-3 所示。

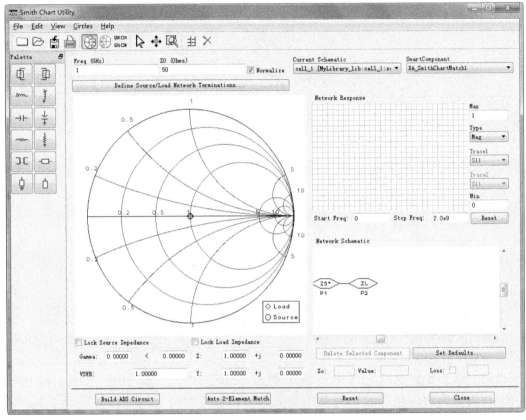

图 3-3　Smith Chart Utility 界面

Smith Chart Utility 既可和原理图上的 Smith Chart Matching 控件联合使用，也可单独使用。在原理图窗口元器件面板列表的 Smith Chart Matching 栏中可以调出 Smith Chart Matching 控件（图 3-4）。

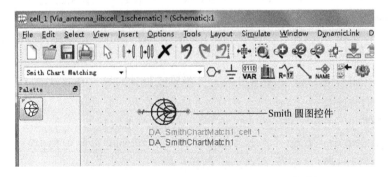

图 3-4　原理图中加入 Smith Chart Matching 控制

3.3.2　Smith Chart Utility 界面介绍

Smith Chart Utility 的界面可以分成作图区、参数提示区、网络响应图、匹配网络预览等几个部分（图 3-5）。

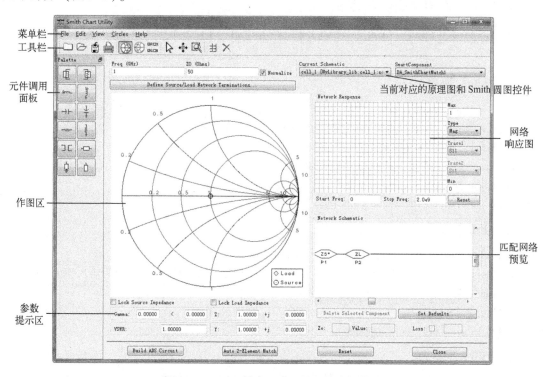

图 3-5　Smith Chart Utility 界面的功能分区

Smith Chart Utility 界面的主要功能分区包括作图区和网络区。除此以外，最上面是菜单栏和工具栏，最下面是在原理图的 SmartComponent 中生成子电路的。右上角的 Current schematic 和 Smart Component 两个下拉菜单则是用来让 Smith Chart Utility 和原理图上的 Smith Chart Matching 一一对应，会弹出下面的这个对话框（图 3-6）。这是一个更新操作提示选项。

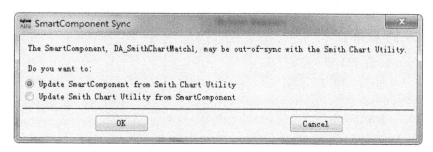

图 3-6　SmartComponent sync 对话框

➢ Update SmartComponent from Simth Chart Utility：Smith Chart Utility 参数更新时，SmartComponent 控件的参数也更新。

➢ Update Smith Chart Utility from SmartComponent：原理图的 SmartComponent 控件更新时，Smith Chart Utility 参数也更新。

3.3.3 菜单栏和工具栏

菜单栏包括【File】、【Edit】、【View】、【Circles】、【Help】5 个下拉菜单。下面将分别说明。

1. 【File】菜单

➢【New Smith Chart】：创建一个新的 Smith Chart Utility。

➢【Open Smith Chart】：打开一个已经存在的 Smith Chart Utility。

➢【Save】：保存 Smith Chart Utility。

➢【Save As】：另存为一个 Smith Chart Utility。

➢【Import Data File】：导入数据文件，如 S2P 文件。

➢【Exit Utility】：离开当前的 Smith Chart Utility。

2. 【Edit】菜单

➢【Delete SmartComponent】：删除原理图中的 smartComponent。

➢【Reset】：把作图区的匹配网络复位（"清零"），即删除一切匹配电路，恢复到输入/输出端口全在 Smith 圆图圆心。

➢【Refresh】：刷新。

➢【End Command】：终止当前操作。

3. 【View】菜单

➢【Chart Options】：在这里可以选择 Smith 圆图上为阻抗图还是导纳图，以及主要的刻度。

➢【Colors】：选择在 Smith 圆图中显示的不同圆系和曲线的颜色，ADS201105 未显示圆系名称，可能是设计 BUG。

➢【S Parameters】：输入 S 参数。

➢【Noise Parameters】：输入噪声参数。

➢【Palette】：作图区左上角的 Palette 元器件列表。

➢【Zoon In】：将选定的区域放大。

➢【Auto Zoon】：察看全部。

4. 【Circles】菜单

➢【Input Stability】：绘制输入稳定性圆。

➢【Output Stability】：绘制输出稳定性圆。

➢【Q】：绘制等 Q 值曲线。

➢【Noise】：绘制等噪声圆。

➢【VSWRin】：绘制输入等 VSWR 圆。

➢【VSWRout】：绘制输出等 VSWR 圆。

➢【Unilateral】：单向化设计，即假定 S12 = 0，其中有等源增益圆和等负载增益圆两项子项。

➢【Bilateral】：双向化设计。其中有等功率增益圆和等有效功率增益圆。

5. 【Help】菜单

➢【Smith Chart Utility Documentation】：帮助文件的主题和目录。

➢【About Smith Chart Utility】：关于 Smith Chart Utility。

工具栏包括 Smith Chart Utility 各种常用工具的快捷按钮，通过它们可以方便地进行快捷操作。下面将默认的工具栏按钮进行介绍。

> ➢ ▢：新建一个 Smith Chart Utility。
> ➢ ▷：打开一个存在的 Smith Chart Utility。
> ➢ 💾：保存当前的 Smith Chart Utility。
> ➢ 🖨：打印。
> ➢ ⊕：在作图区的 Smith 圆图显示（或不显示）阻抗圆图。
> ➢ ⊕：在作图区的 Smith 圆图显示（或不显示）导纳圆图。
> ➢ 🅰：圆图显示选项按钮。
> ➢ ▷：操作结束的快捷按钮。
> ➢ ✛：完整显示 Smith 圆图显示的快捷按钮。
> ➢ 🔍：选定放大的快捷按钮。
> ➢ ⊞：元器件面板快捷按钮。
> ➢ ✕：删除 SmartComponent 快捷按钮。

3.3.4　Smith Chart Utility 作图区

Smith Chart Utility 作图区如图 3-7 所示。

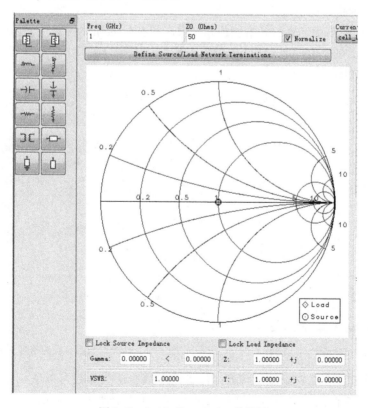

图 3-7　Smith Chart Utility 作图区

（1）左上角的两列图标可以在 Smith Chart 中画出相应的元器件用于匹配，具体含义如下。

- ➤ 源（共轭）端口。
- ➤ 负载端口。
- ➤ 串联电感，沿阻抗圆顺时针移动。
- ➤ 并联短路电感，沿导纳圆逆时针移动。
- ➤ 串联电容，沿阻抗圆逆时针移动。
- ➤ 并联短路电容，沿导纳圆顺时针移动。
- ➤ 串联电阻，沿等电抗圆移动。
- ➤ 并联短路电阻，沿等电纳圆移动。
- ➤ 变压器，沿等 Q 值线移动。
- ➤ 串联微带线，沿等 VSWR 圆顺时针移动。
- ➤ 并联短路微带线枝节，沿等导纳圆逆时针移动。
- ➤ 并联开路微带线枝节，沿等导纳圆顺时针移动。

（2）在中间的 Smith 圆图中，默认时，蓝色的是阻抗圆图，红色的是导纳圆。可以通过【VIEW】下拉菜单 Chart Option 选项修改其刻度和 Colors 选项修改其颜色，如图 3-8 所示。

在作图区内可以画出输入/输出稳定性圆、等增益圆、等 Q 值线、等 VSWR 圆、等噪声圆等，具体的匹配路径也在这里显示出来。

（3）输入/输出不稳定圆、等增益圆和等噪声圆都是与晶体管关系密切的圆系，因此要画这些圆，首先要在 Smith Chart Utility 中输入某个晶体管的在某个偏置和某个频率下的 S 参数和噪声参数，如图 3-9 所示。

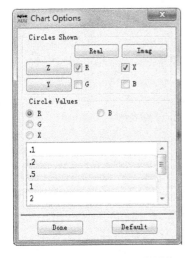

图 3-8　Chart Options 对话框

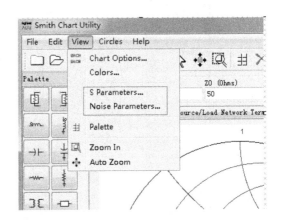

图 3-9　打开 S 参数和噪声参数对话框

在 S 参数和噪声参数对话框里输入晶体管的参数，这些参数可以从元器件手册上查到，也可以从 ADS 的数据文件中导出。这里以某型双极型晶体管在一定偏置一定频率下的参数为例，输入 S 参数，如图 3-10 所示。

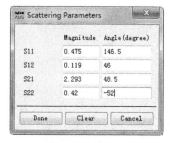

图 3-10　输入 S 参数

这时就可以绘出晶体管在该偏置该频率下的输入/输出稳定性圆、等增益圆、输入/输出等 VSWR 圆等，如图 3-11 所示。

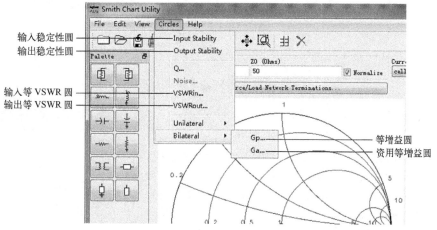

图 3-11　绘出输入/输出稳定性圆、等增益圆等菜单命令

（4）绘出的输入/输出稳定性圆、等增益圆等如图 3-12 所示。

（5）绘出的输入/输出驻波比圆如图 3-13 所示。

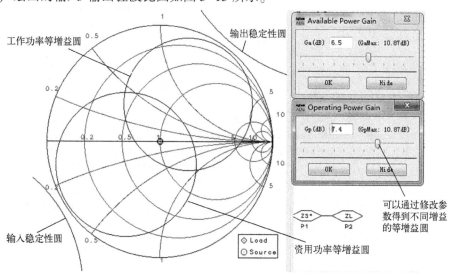

图 3-12　绘出的输入/输出稳定性圆、等增益圆等

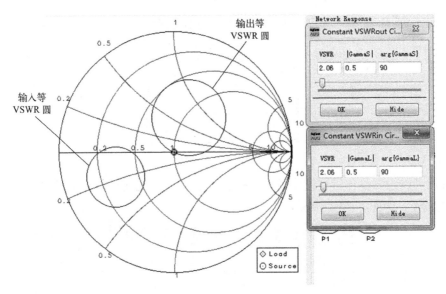

图 3-13　输入/输出驻波比圆

（6）输入噪声参数如图 3-14 所示。

在图 3-14 中的 4 个参数含义分别如下。

➢ |GammaOPT|：最小噪声处的输入端最佳反射系数绝对值。

➢ arg｛GammaOPT｝：最小噪声处的输入端最佳反射系数的复数角度。

➢ Fmin：最小噪声系数（dB），它与偏置条件和工作频率有关。如果
器件没有噪声，则 Fmin = 1。

图 3-14　输入噪声参数

➢ Rn：器件的等效噪声电阻。

这时就可以绘出晶体管在该偏置该频率下的等噪声圆系。方法为执行菜单命令【Circle】
→【Noise】，绘出的等噪声曲线如图 3-15 所示。

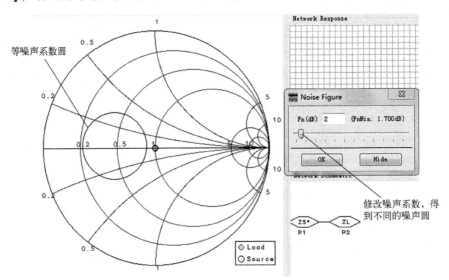

图 3-15　绘出的等噪声曲线

（7）绘出的等 Q 值曲线如图 3-16 所示。

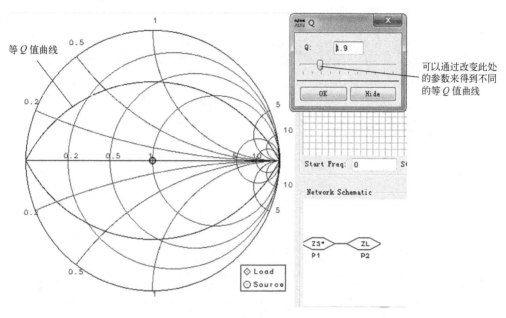

图 3-16　绘出的等 Q 值曲线

在这些曲线和圆系里面，等 Q 值曲线、等噪声曲线、等增益曲线可以通过调节各自的值来看到不同 Q 值、不同噪声系数、不同增益的曲线和圆系。

（8）在这里还可以调节各曲线圆系的线条颜色，执行菜单命令【Circles】→【Colors】，如图 3-17 所示。

图 3-17　调节不同曲线颜色

（9）在 Smith 圆图的上方，可以设置频率和归一化阻抗，如果选中"Normalize"，则表示归一化，如图 3-18 所示。

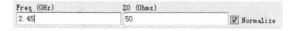

图 3-18　设置匹配的工作频率和归一化阻抗

（10）在【Define Source/Load Network Terminations】按钮弹出的"Network Terminations"对话框中可以设置输入和输出阻抗，如图 3-19 所示。

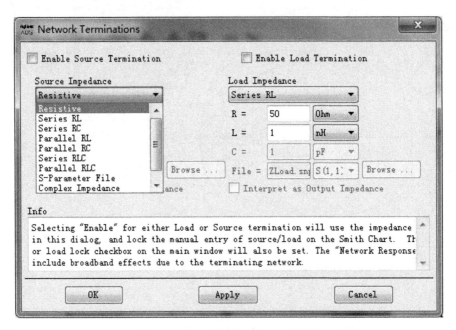

图 3-19　Network Terminations 对话框

在输入阻抗和输出阻抗的下拉菜单里有很多阻抗类型，具体如下。

➢ Resistive：电阻。

➢ Series RL：串联电阻电感。

➢ Series RC：串联电阻电容。

➢ Parallel RL：并联电阻电感。

➢ Parallel RC：并联电阻电容。

➢ Series RLC：串联电阻电感电容。

➢ Parallel RLC：并联电阻电感电容。

➢ S-Parameter File：导入 S 参数数据文件的阻抗（如 sNp 文件）。

➢ Complex Impedance：复数阻抗。

➢ Manual Entry：手动输入。

3.3.5　Smith Chart Utility 频率响应区

Smith Chart Utility 频率响应区如图 3-20 所示。

对检查匹配网络和对观察已给数据的性能来说，Smith Chart Utility 网络区可以很方便快捷地看到匹配网络的性能和响应，从而进行调整。Smith Chart 的每个改动都会实时地反映在频响曲线里面。同时，匹配网络预览区里面可以看出匹配电路的结构和元器件。若选择元器件时，会在 Z_0 和 Value 中显示相应元器件的值。

在网络响应（频域）里面可以显示匹配网络的 S 参数的幅度和相位。

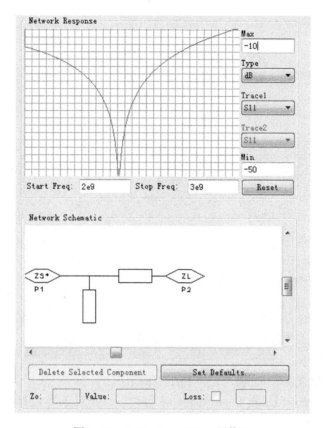

图 3-20　Smith Chart Utility 网络区

➢ Start Freq：起始频率（单位 Hz）。

➢ Stop Freq：截止频率（单位 Hz）。

➢ Max：纵坐标的最上边缘的最大值。对于幅度响应，最大值为 1；对于相位响应，最大值为 180。

➢ Min：纵坐标的最下边缘的最小值。对于幅度响应，最小值为 0；对于相位响应，最小值为 −180。

➢ Type：设置显示类型，有幅度、相位和 dB 3 种方式。

➢ Trace1：选择一个 S 参数（蓝色线条）。

➢ Trace2：选择一个 S 参数，包括 S11、S22、S12、S21（红色线条）。

➢ Reset：复位全部的设置。

匹配网络结构区域可以预览匹配电路，也可以修改元器件参数值或删除元器件。

➢ Delete Selected Component：从原理图中删除选中的元器件，并在 Smith Chart 区域内去掉被删元器件的响应。

➢ Set Defaults：为 Q 值、损耗和特性阻抗选择默认值。

➢ Z_0：微带线（短路枝节、串联枝节和线路长度）的特性阻抗。

➢ Value：元器件的值（例如，Ohms、Faradsd 等）。

➢ Loss：设置元器件的损耗，因为实际中传输线存在有损耗，可以从这里进行设置（如 dB/m 或者 Q）。

任何在匹配网络示图区的改变都会影响到 Smith Chart 作图区（图 3-21）。

单击匹配网络示图区的 Set Defaults 按钮，可以进行原理图区的默认设置（图 3-22）。

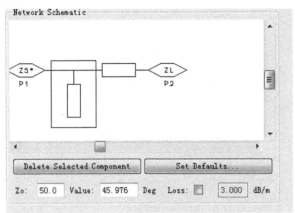

图 3-21 原理图区　　　　　　　　图 3-22 原理图区的默认设置

3.4 用分立电容电感匹配实例

在频率不是很高的应用场合，可以使用分立电容电感元件进行不同阻抗之间的匹配。如果频率不高，则分立器件的寄生参数对整体性能的影响可以忽略不计。

具体设计步骤如下。

（1）在原理图里设定输入/输出端口和相应的阻抗。

（2）在原理图里加入 Smith Chart Matching 控件，在控件的参数里面设置相关的频率和输入/输出阻抗等参数。

（3）打开 Smith Chart Utility，导入对应 Smith Chart Matching 控件的相关参数或者输入相关参数。

（4）在 Smith Chart Utility 中选用元器件完成匹配。

（5）生成匹配的原理图。

设计目标：设计 L 形阻抗匹配网络，使 $Z_S = 25 - j * 15 \text{Ohm}$ 信号源与 $Z_L = 100 - j * 25 \text{Ohm}$ 的负载匹配，频率为 50MHz。

（1）新建 ADS 工程，新建原理图，在"Schematic Design Templates"下拉框中选择 S-Params模板，如图 3-23 所示。

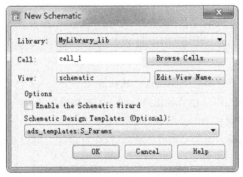

图 3-23 新建原理图

在原理图中可以看到端口和 S – PARAMETERS 的控件已经添加好了，如图 3-24 所示。

图 3-24   新原理图

（2）双击 Term 端口，弹出对话框，分别把 Term1 设置成 Z = 25 – j * 15Ohm、Term2 设置 Z = 100 – j * 25Ohm。这里，Term1 作为源，Term2 作为负载，如图 3-25 所示。

图 3-25   修改输入/输出端阻抗

（3）在元器件面板列表中选择"Simth Chart Matching"栏，单击 图标，在原理图里添加 DA_SmithChartMatch 控件。这个 DA_SmithChartMatch 控件使用时需要考虑方向，如图 3-26 所示。

图 3-26   SmithChartMatch 的方向

因为工作频率是 50MHz，所以在 S – PARAMETERS 控件里设置从 1 ～ 100MHz，步长为1MHz，如图 3-27 所示。

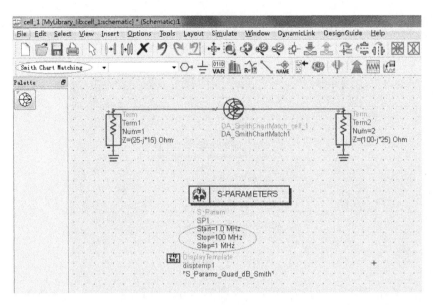

图 3-27　修改 S-PARAMETERS 控件参数后的原理图

（4）双击 DA_SmithChartMatch 控件，设置控件的相关参数，如图 3-28 所示。

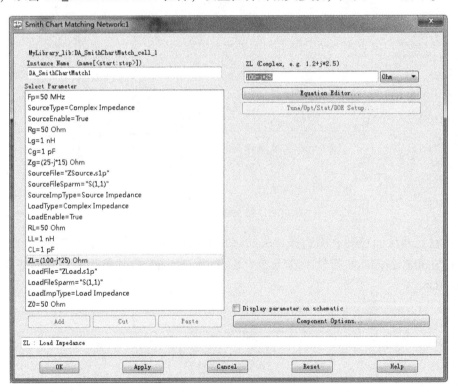

图 3-28　设置 SmithChartMatch 控件的参数

在图 3-28 里，关键的设置有 Fp = 50 MHz、SourceType = Complex Impedance、SourceE-nalbe = True、源阻抗 Zg = (25 − j * 15) Ohm、SourceImpType = Source Impedance、LoadType =

Complex Impedacnce、LoadEnable = True、负载阻抗 ZL = (100 − j ∗ 25) Ohm。其他参数采用默认值，在本实例里，匹配网络的框图如图 3-29 所示。

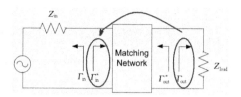

图 3-29　匹配网络的框图

从图 3-29 里可以看到，匹配网络的作用是把 Γ_{out} 匹配到 Γ_{in}^{*}，也就是把负载阻抗 ZL = (100 − j ∗ 25) Ohm 匹配到源阻抗的共轭 Z_{g}^{*} = (25 + j ∗ 15) Ohm。

（5）在原理图设计窗口中，执行菜单命令【Tools】→【Smith Chart】，弹出 "Smith Component Sync Utility" 对话框，选择 "Update SmartComponent from simth Chart Utility"，单击【OK】按钮，弹出 "Smith Chart Utility" 对话框，如图 3-30 所示。

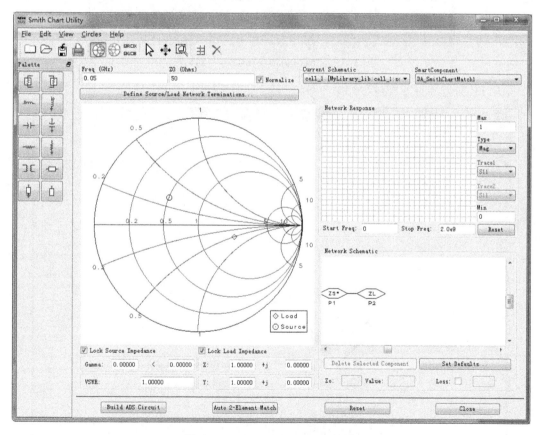

图 3-30　Smith Chart Utility 对话框

（6）如图 3-30 所示，SmartComponent 里设置的参数已更新到 Smith Chart Utility，源（小圆标记）和负载（方形标记）阻抗点都显现在 Smith 圆图上。

（7）单击【Define Source/Load Network Terminations】按钮，弹出 "Network Termina-tions" 对话框，如图 3-31 所示，这里源和负载阻抗的值也已经更新，单击【OK】按钮，关闭对话框。

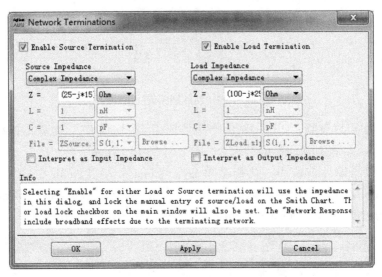

图 3-31　"Network Teminations" 对话框

采用 LC 分立器件匹配过程如图 3-32 所示。

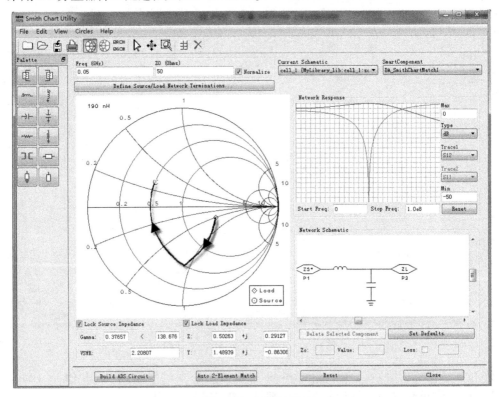

图 3-32　匹配过程

（8）单击对话框左下角的【Build ADS Circuit】按钮，即生成相应的电路。可以通过原理图界面内单击 图标来看这个匹配电路，如图3-33所示。

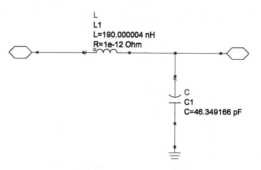

图3-33 匹配电路

按【F7】键进行仿真，结果如图3-34所示。

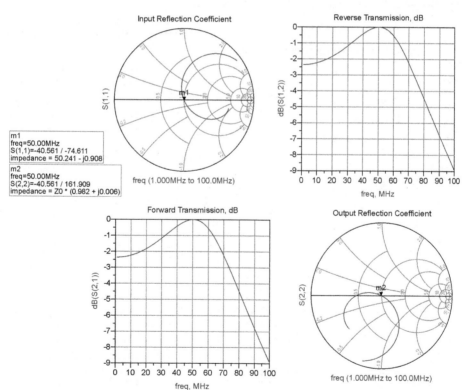

图3-34 仿真结果

从图里可以很清楚地看到输入/输出阻抗在50MHz时，dB（S11）= dB（S22）= -40.56dB，因为这是一个无源网络，所以S11和S22、S21和S12的曲线都相同。

除了手动匹配以外，在 Smith Chart Utility 最下一行有个【Auto 2-Element Match】按钮可以提供自动的两元器件匹配。在确定输入输出阻抗后，单击【Auto 2-Element Match】按钮，会弹出"Network Select"对话框，提供两个匹配网络供选择，如图 3-35 所示。

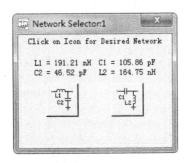

图 3-35　Auto 2-Element Match 的"Network Select"对话框

单击左边的串联电感并联短路电容的匹配网络，自动生成匹配路径，如图 3-36 所示。

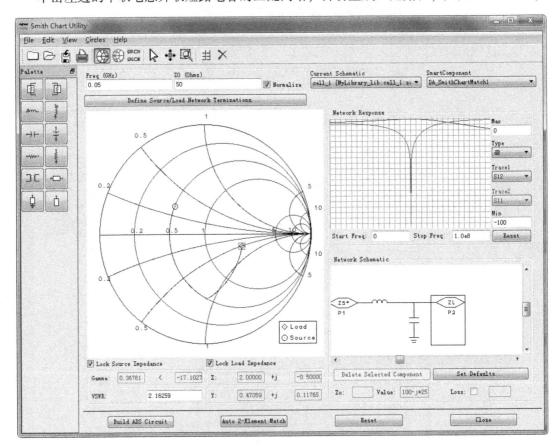

图 3-36　自动生成的匹配路径

单击左下角的【Build ADS Circuit】按钮，在原理图上生成匹配电路，如图 3-37 所示。

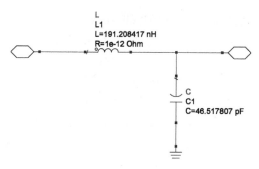

图 3-37　Auto 2-Element Match 生成的子电路

上面是采用 L 形匹配的一个实例，一般电路阻抗匹配方法有多种，可根据具体电路参数要求进行选择，如 VSWR、带宽（Q 值）、隔直要求等。在实际应用中，也要考虑匹配后 LC 元件值是否是常规值，进而选择匹配电路，这样会比较方便地找到所需元件。

3.5　微带线匹配理论基础

3.5.1　微带线参数的计算

微带线是目前比较流行的平面传输线，它可以利用 Gerber（光绘文件）来加工，并且容易与其他无源和有源的微波器件集成。微带线是准 TEM 模式，它的相速、传播常数和特征阻抗可以由静态或准静态解获得。

微带线的有效介电常数可以解释为一个均匀媒质的介电常数：

$$\varepsilon_e = \frac{\varepsilon_r + 1}{2} + \frac{\varepsilon_r - 1}{2} \frac{1}{\sqrt{1 + 12d/W}}$$

式中，ε_r 为介质基片的介电常数；d 为介质基片的厚度；W 为金属片的宽度。

给定微带线的尺寸，特征阻抗可以计算为

$$Z_0 = \begin{cases} \dfrac{60}{\sqrt{\varepsilon_e}}\ln\left(\dfrac{8d}{W} + \dfrac{W}{4d}\right) & W/d \leqslant 1 \\[4mm] \dfrac{120\varepsilon}{\sqrt{\varepsilon_e}\left[W/d + 1.393 + 0.667\ln(W/d + 1.444)\right]} & W/d \geqslant 1 \end{cases}$$

对于给定的特征阻抗 Z_0 和介电常数 ε_r，比值 W/d 可以求得为

$$\frac{W}{d} = \begin{cases} \dfrac{8e^A}{e^{2A} - 2} & W/d < 2 \\[4mm] \dfrac{2}{\pi}\left[B - 1 - \ln(2B - 1) + \dfrac{\varepsilon_r - 1}{2\varepsilon_r}\left\{\ln(B - 1) + 0.39 - \dfrac{0.61}{\varepsilon_r}\right\}\right] & W/d > 2 \end{cases}$$

式中，

$$A = \frac{Z_0}{60}\sqrt{\frac{\varepsilon_r + 1}{2}} + \frac{\varepsilon_r - 1}{\varepsilon_r + 1}\left(0.23 + \frac{0.11}{\varepsilon_r}\right)$$

$$B = \frac{377\pi}{2Z_0\sqrt{\varepsilon_r}}$$

根据传输线理论，终端接有负载的传输线的输入阻抗为

$$Z_{in}(l) = Z_0 \frac{Z_L + jZ_0 \tan(\beta l)}{Z_0 + jZ_L \tan(\beta l)}$$

从上式可见，当微带线的特性阻抗和长度发生变化时，输入阻抗也随着变化。当微带线介质基片的介电常数和厚度确定以后，微带线金属片的宽度 W 决定了微带线的特性阻抗。所以可以改变微带线的宽度与长度实现电路的阻抗变化，从而使负载与源阻抗达成匹配。

把微带线考虑成一个准 TEM 线，则源于介质损耗的衰减可以确定为

$$\alpha_d = \frac{k_0 \varepsilon_r (\varepsilon_e - 1) \tan\delta}{2 \sqrt{\varepsilon_e}(\varepsilon_r - 1)} \ \mathrm{Np/m}$$

式中，$\tan\delta$ 是介质的损耗角正切。它考虑了围绕微带线的场部分在空气中（无耗）、部分在介质中这一事实。源于导体损耗的衰减近似地由

$$\alpha_s = \frac{R_s}{Z_0 W} \ \mathrm{Np/m}$$

给出，其中 $R_s = \sqrt{\varepsilon \mu_0 / 2\sigma}$ 是导体的表面电阻。对于绝大多数微带基片，导体损耗比介质损耗更为重要。

3.5.2 微带单枝短截线匹配电路

微带匹配电路分为单短截线匹配和双短截线匹配。本小节所讨论的匹配电路是由串联的微带线和并联的终端开路短截线或终端短路短截线构成，通常称之为微带单枝短截线匹配电路。这种匹配电路有两种拓扑结构：一种是负载与短截线并联后再与一段串联传输线相连；另外一种是负载与串联传输线相连后再与一段终端开路或终端短路短截线并联，其示意图如图 3-38 所示。

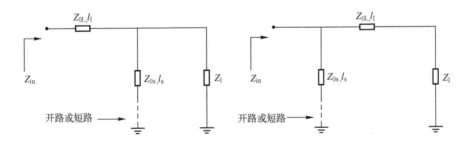

图 3-38　微带单枝短截线匹配电路的拓扑结构

图 3-38 所示的匹配电路具有 4 个可以调整的参数：短截线的长度 l_s、特性阻抗 Z_{0S}、传输线的长度 l_L 和特性阻抗 Z_{0L}。

3.5.3 微带双枝短截线匹配电路

前一小节所述的单枝短截线匹配电路具有良好的通用性，它可在任意输入阻抗和非纯电抗负载之间形成匹配。但这种匹配电路的主要缺点之一就是需要在短截线与输入端口或短截线与负载之间插入一段长度可变的传输线。虽然这对于固定型匹配电路不会成为问题，然

而，它将给可调型匹配器带来困难。为解决上述问题，在本小节里，给出了双枝短截线匹配电路。图 3-39 是这种电路的常规拓扑结构。

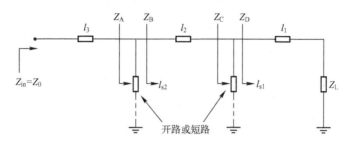

图 3-39　微带双枝短截线匹配电路的常规拓扑结构

在双枝短截线匹配电路中，两段开路或短路短截线并联在一段固定长度的传输线的两端。传输线 l_2 的长度通常选为 1/8、3/8 或 5/8 个波长。在高频应用中更多采用 3/8 和 5/8 个波长的间隔，以便简化可调匹配器的结构。

在以下的讨论中，假设图 3-40 中两个短截线之间传输线 l_2 的长度为 $3\lambda/8$，y_A、y_B、y_C 和 y_D 分别为 Z_A、Z_B、Z_C 和 Z_D 所对应的导纳。为了简化分析过程，从匹配网络的输入端开始反过来向负载端做匹配。

理想的匹配状态要求使 $Z_{in} = Z_0$，即 $y_A = 1$。因为假设传输线是无耗的，则归一化 $y_B = y_A - jb_{S2}$ 必落在 Smith 圆图中 $g = 1$ 的等电导圆上。其中 b_{S2} 是短截线的电纳，l_{S2} 是短截线的相应长度。对于 $l_2 = 3\lambda/8$ 的传输线，$g = 1$ 圆将向负载方向转过 $2\beta l_2 = 3\pi/2$（rad），即 270°（反时针方向）。为确保匹配，导纳 y_C（等于 Z_L 与传输线 l_1 串联后再与并联短截线 l_{S1} 并联）必须落在这个移动了的 $g = 1$ 圆（称为 y_C 圆）上。

通过改变短截线 l_{S1} 的长度，可使点 y_D 最终变换为位于旋转后的等电导圆 $g = 1$ 上的点 y_C。只要点 y_D（即 Z_L 与传输线 l_1 串联）落在等电导圆 $g = 2$ 之外，上述变换过程就可以实现。在实际应用中解决这个问题的方法是，双枝短截线可调匹配器的输入、输出传输线 $l_1 = l_3 \pm \lambda/4$ 的关系。这样，如果可调匹配器不能对某一特定负载阻抗实现匹配，只需对调可调匹配器的输入、输出端口，则 y_D 必将移出匹配禁区。

3.6　LineCacl 简介

微带线参数的理论计算可以参见本章 3.5.1 节，ADS2011 提供了一个更为方便快捷的计算工具——LineCacl，如图 3-40 所示。LineCacl 是一个分析和综合传输线电参数与物理参数的计算工具。本小节将简要介绍 LineCacl 的参数设置，以及如何利用 LineCacl 计算微带线的长度、微带线金属片的宽度和微带线的特性阻抗。

1. 运行 LineCacl 有两种方法，分别如下

（1）运行 ADS2011，打开一个原理图设计窗口，然后在原理图设计窗口中执行菜单命令【Tools】→【LineCacl】→【Start LineCacl】，会自动弹出 LineCacl 窗口。

（2）在 Windows 系统窗口执行【开始】→【所有程序】→【Advanced Design System 2011】→【ADS Tools】→【LineCalc】命令，会自动弹出 LineCacl 窗口。

标题栏　菜单栏　工具栏　　元件显示窗口

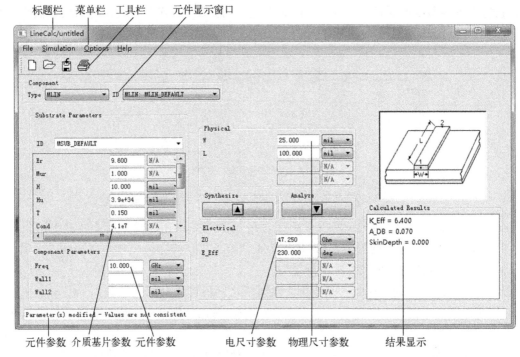

元件参数　介质基片参数　元件参数　　　　电尺寸参数　物理尺寸参数　　　结果显示

图 3-40　耦合传输线计算工具——LineCacl

2. 整个 LineCacl 窗口通常可以分为以下 6 个部分

（1）标题栏、菜单栏和工具栏（Title Bar，Toolbar，and Menu Bar）。

标题栏显示当前应用程序的名称；菜单栏显示可以应用的菜单和命令；工具栏显示常用的命令。

（2）元件显示窗口（Component Display）。

元件显示窗口列出了当前选择传输线的类型和 ID，可以通过下拉列表框选择不同的元件传输线类型和 ID。里面有共面波导、双绞线、同轴线等。

（3）公共参数显示窗口（Shared Parameters Display）。

公共参数显示窗口包含了介质基片参数设置栏和元件参数设置栏两部分。

① 介质基片参数设置栏。

➢ ID = MSUB_DEFAULT，表示微带线默认的介质基片参数。

➢ Er = 9.6，表示微带线介质基片的相对介电常数为 9.6。

➢ Mur = 1，表示微带线介质基片的相对磁导率为 1。

➢ H = 10mil，表示微带线介质基片厚度为 10mil。

➢ Hu = 3.9e + 34 mil，表示微带电路的封装高度为 3.9e + 34 mil，一般指屏蔽盖。

➢ T = 0.15 mil，表示微带线金属片的厚度为 0.15mil。

➢ Cond = 4.1e7，表示微带线金属片的电导率为 4.1e7。

➢ TanD = 0，表示微带线的损耗角正切为 0。

➢ Rough = 0mil，表示微带线的表面粗糙度为 0mil。

② 元件参数设置栏。

➤ Freq = 10GHz，表示微带线工作频率为 10GHz。

➤ Wall1 = 默认值，表示条带 H 的边缘到第一侧壁的距离，默认值为 1.0e + 30mil。

➤ Wall2 = 默认值，表示条带 H 的边缘到第二侧壁的距离，默认值为 1.0e + 30mil。

（4）参数显示窗口（Parameters Display）。

参数显示窗口包含了物理尺寸参数设置栏和电尺寸参数设置栏。如果电尺寸数据确定，计算物理尺寸参数则单击【Synthesize】按钮得到结果；物理尺寸数据确定，计算电尺寸参数则单击【Analyze】按钮。

① 物理尺寸参数设置栏。

➤ W = 25mil，表示微带线金属片的宽度为 25mil。

➤ L = 100mil，表示微带线的长度为 100mil。

② 电尺寸参数设置栏。

➤ Z0 = 47.25Ohm，表示微带线特性阻抗为 47.25Ohm。

➤ E_Eff = 230 deg，表示微带线的电长度为 230deg。

（5）结果显示窗口（Results Display）。

结果显示窗口显示了 "Synthesize" 或者 "Analyze" 后的参数变量。

（6）状态栏（Status Display）。

LineCalc 窗口底部的状态栏显示变量数据的状态。当没有 "Synthesis" 或者 "Analysis" 时，状态栏显示 "Values are not consistent"；当 "Synthesis" 或者 "Analysis" 后，状态栏显示 "Values are consistent"。

3.7　微带单枝短截线匹配电路的仿真

利用 ADS2011 软件设计匹配电路通常有 5 种方法，本小节首先介绍如何通过 "Design-Guide" 进行微带单枝短截线匹配电路的设计与仿真。

设计目标：设计微带单枝短截线匹配电路，把阻抗 $Z_L = (30 + j * 50)$Ohm 的负载匹配到阻抗 $Z_s = (55 - j * 40)$Ohm 的信号源，中心频率为 1.5GHz。

1. 建立工程

（1）运行 ADS2011，弹出 ADS2011 主窗口。

（2）执行菜单命令【File】→【New Workspace】，弹出 "New Workspace Wizard" 对话框。对话框中【Create in】栏中为默认的工作路径，在【Workspace Name】输入工程名为 "MLIN_SMatching"，如图 3–41 所示。单击三下【Next】按钮，选择 "Standard ADS Layers、0.0001 millimeter layout resolution"，单击【Finish】按钮，完成新建工程。

2. 设计原理图

（1）新建原理图，命名为 "MLIN_SMatching" 并保存，在原理图设计窗口的面板列表中选择 "DG – Microstrip Circuits"，然后在原理图中加入元器件 "MSUB" ▦（微带基片）和元器件 "SSMtch" ⊥（微带单枝短截线匹配）。

（2）在原理图设计窗口的菜单栏中执行菜单命令【Insert】→【Template】，打开 "Insert

Template"选择窗口，选择"S_Params"再单击【OK】按钮，在原理图中插入 S 参数仿真模块。

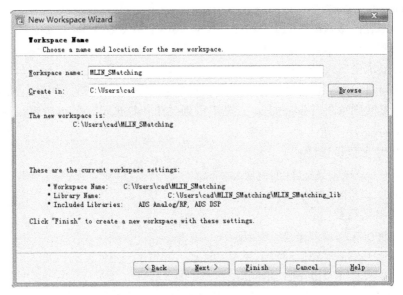

图 3-41　新建 MLIN_SMatching 工程

（3）双击元器件"MSUB"，如图 3-42 所示，设置微带基本参数。

（4）双击元器件"DA_SSMatch1_MLIN_SMatching"，设置中心频率为 $F = 1.5\,\text{GHz}$，输入阻抗为 $Z_{in} = 55 + j*40\,\text{Ohm}$（与源阻抗 $Z_S = 55 - j*40\,\text{Ohm}$ 共轭匹配），负载阻抗为 $Z_{load} = 30 + j*50\,\text{Ohm}$。

（5）设置 Term1 阻抗为 $Z = 55 - j*40\,\text{Ohm}$，Term2 阻抗为 $Z = 30 + j*50\,\text{Ohm}$，这里以 Term1 作为源阻抗，Term2 为负载阻抗。再将 S 参数的扫频范围设置为 $1 \sim 2\,\text{GHz}$，步长为 $0.001\,\text{GHz}$，设置完参数的原理图如图 3-43 所示。

图 3-42　Msub 的参数设置

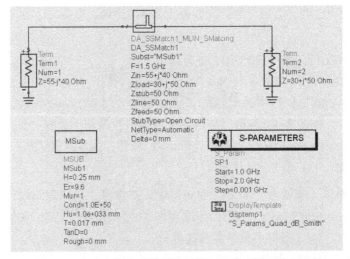

图 3-43　完成参数设置的微带单枝短截线匹配电路原理图

（6）在原理图设计窗口的菜单栏中执行菜单命令【DesignGuide】→【Passive Circuit】，自动弹出"Passive Circuit"窗口，然后双击"Microstrip Control Window…"项打开"Passive Circuit DesignGuide"窗口，如图 3-44 所示。

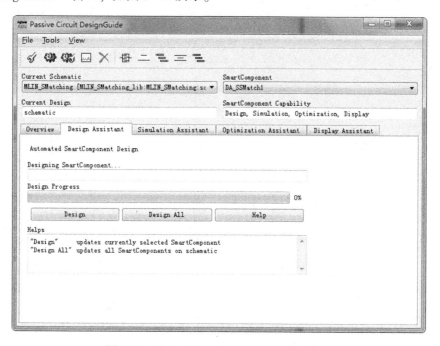

图 3-44　"Passive Circuit DesignGuide"窗口

（7）在"Passive Circuit DesignGuide"窗口的"SmartComponent"栏中选择"DA_SSMvatch1"，再单击【Design】按钮，等待"Design Progress"为 100% 后，关闭"Passive Circuit DesignGuide"窗口返回原理图设计窗口。

（8）在原理图设计窗口，单击"Push Into Hierarchy"按钮，再单击原理图设计窗口中的"SSMtch"元器件，可以查看自动生成的匹配网络的子电路，如图 3-45 所示。

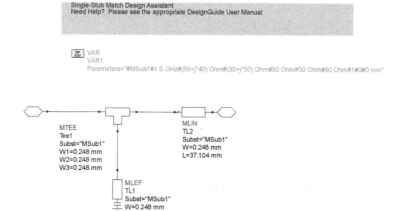

图 3-45　匹配网络的子电路

（9）然后单击"Pop Out" 🔳按钮回到上层原理图中。

（10）下一步进行 S 参数的仿真，单击工具栏中的【Simulaten】按钮，仿真完成后会自动弹出数据显示窗口，如图 3-46 所示。

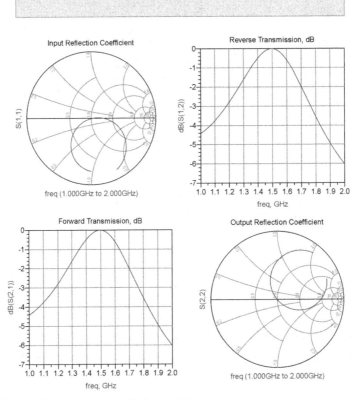

图 3-46　微带单枝短截线匹配电路的 S 参数图

从图 3-46 中可以看出，S（1,1）、S（1,2）、S（2,1）、S（2,2）参数值都比较理想，整个仿真过程已经实现了微带单枝短截线的电路匹配。

上面已经展示了 ADS 进行单枝短截线匹配的全部过程，需要补充的是，在 50Ω 的射频系统中，微带线的特性阻抗一般是 $20\sim200\Omega$，如果微带线特性阻抗太高，微带线宽比较窄，由于电路板加工精度的限制，误差相对会比较大。如果微带线特性阻抗比较低，微带线会比较宽，电路板体积会比较大。因此，在微带线匹配设计的时候，要适当选择特性阻抗。单枝短截线匹配可以实现任意输入阻抗 Z_{in} 和实部非零的负责阻抗 Z_L 的匹配，由于其简单、适用的特点，单枝短截线匹配在射频放大器电路中已经到广泛应用。

3.8　微带双枝短截线匹配电路的仿真

3.7 小节介绍了如何通过"DesignGuide"进行微带单枝短截线匹配电路仿真，本小节将采用另外一种方法实现微带双枝短截线匹配电路的设计与仿真。双枝短截线有比单枝短截线更容易实现匹配阻抗的调节，在一些阻抗可调的匹配电路中，经常采用双枝短截线匹配电路。

设计目标：如图 3-40 所示的微带双枝短截线匹配电路的常规拓扑结构，假定传输线长度为 $l_1 = \lambda/8$，$l_2 = l_3 = 3\lambda/8$，令所有传输线的特性阻抗均为 50Ohm，设计合适的短截线长度，使 $Z_L = 50 + j * 50$Ohm 的负载阻抗与 $Z_{in} = 50$Ohm 的输入阻抗在频率 1GHz 时达到良好的匹配。

1. 建立工程

（1）运行 ADS2011，弹出 ADS2011 主窗口。

（2）执行菜单命令【File】→【New Workspace】，弹出"New Workspace Wizard"对话框。对话框中的"Create in"为默认的工作路径，在"Workspace Name"栏中输入工程名为"MLIN_DMatching"，如图 3-47 所示。单击 3 下【Next】按钮，选择"Standard ADS Layers、0.0001 millimeter layout resolution"，单击【Finish】按钮，完成新建工程。

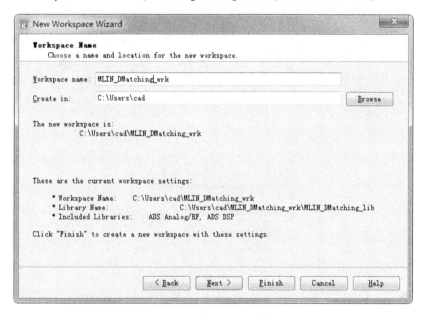

图 3-47　新建 MLIN_DMatching 工程

2. 设计原理图

（1）新建原理图，命名为"MLIN_DMatching"并保存。在原理图设计窗口的菜单栏中执行菜单命令【Insert】→【Template】，打开"Insert Template"选择窗口，选择"S_Params"再单击【OK】按钮，在原理图中插入 S 参数仿真模块。

（2）在原理图设计窗口的面板列表中选择"Smith Chart Matching"，在"Smith Chart Matching"元器件面板中单击 Smith 圆图控件⊕加入原理图设计窗口，完成后的电路图如图 3-48 所示。

（3）以 Term1 作为源阻抗，Term1 阻抗为 $Z_S = 50$Ohm；以 Term2 作为负载阻抗，修改 Term2 阻抗为 $Z_L = 50 + j * 50$Ohm；将 S 参数的扫频范围设置为 0 ～ 2GHz，步长为 0.001GHz，设置完参数的原理图如图 3-49 所示。

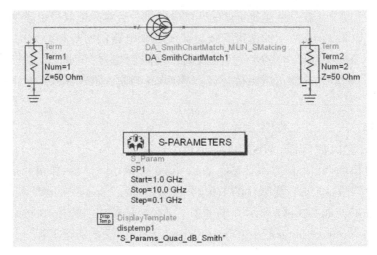

图 3-48　MLIN_DMatching 原理图

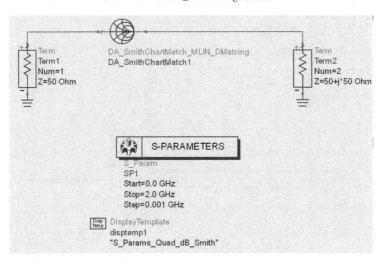

图 3-49　完成参数设置后的 MLIN_DMatching 原理图

（4）在原理图设计窗口的菜单栏中执行菜单命令【Tools】→【Smith Chart】，自动弹出"Smith Chart Utility"窗口和"SmartComponent Sync"窗口。在"SmartComponent Sync"窗口中选择"Update SmartComponent from simth Chart Utility"（Smith Chart Utility 参数更新时，SmartComponent 控件也更新）后，单击【OK】按钮，出现如图 3-50 所示的"Smith Chart Utility"窗口。

（5）在"Smith Chart Utility"界面右下角的"Network Schematic"窗口中，选中 ZS^*，将其"Value"设置为"50"Ohm，再选中负载 ZL，将其"Value"设置为"50 + j * 50"Ohm；最后在界面左上方的"Freq"栏中将中心频率设置为"1"GHz。

（6）在"Palette"中选择传输线，然后把鼠标移入 Smith 圆图中的一个位置，单击鼠标左键确定，这时在"Network Schematic"窗口中会连接上一段串联传输线。单击"Network Schematic"窗口中刚插入的传输线，然后在"Value"栏中输入"45"Deg 后按下回车键。这时可以从 Smith 圆图下方读出 y_D 的导纳为 $Y = 0.40000 + j0.20000$，如图 3-51 所示。

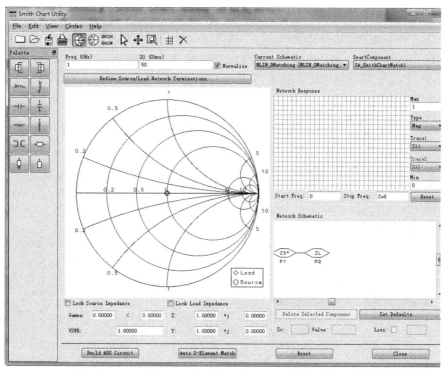

图 3-50　"Smith Chart Utility" 窗口

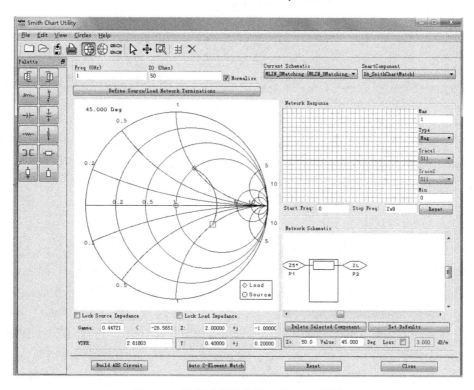

图 3-51　贴加串联传输线 l_1 的 Smith 圆图

说明：根据已知条件传输线 $l_1 = \lambda/8$，电长度即为 $\pi/4$，所以 Value $= 45\text{Deg}$。

（7）在"Palette"中选择短路线，然后把鼠标移入 Smith 圆图中的一个位置，单击鼠标左键确定。单击"Network Schematic"窗口中刚插入的短路线，然后在"Value"栏中输入"26.565"Deg 后按下回车键。这时可以从 Smith 圆图下方读出 y_C 的导纳为 $Y = 0.40000 - \text{j}1.80000$，如图 3-52 所示。

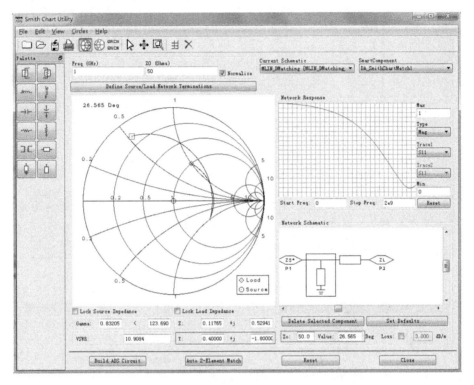

图 3-52　贴加并联短截线 l_{S1} 的 Smith 圆图

说明：根据 3.5.3 节微带双枝短截线匹配电路的理论，选取 $y_C = 0.4 - \text{j}1.8$，则第一段短截线的电纳就必须为 $\text{j}b_{S1} = y_C - y_D = -\text{j}2$，由此就可以确定第一段短截线的长度为 $l_{S1} = 0.0738\lambda$，电长度即为 0.1476π，所以 Value $= 26.565\text{Deg}$。

（8）在"Palette"中选择传输线，然后把鼠标移入史密斯圆图中的一个位置，单击鼠标左键确定。单击"Network Schematic"窗口中刚插入的传输线，然后在"Value"栏中输入"135"Deg 后按下回车键。这时可以从 Smith 圆图下方读出 y_B 的导纳为 $Y = 1 + \text{j}3$。

说明：根据已知条件传输线 $l_2 = 3\lambda/8$，电长度即为 $3\pi/4$，所以 Value $= 135\text{Deg}$。

（9）在"Palette"中选择短路线，然后把鼠标移入 Smith 圆图中的一个位置，单击鼠标左键确定。单击"Network Schematic"窗口中刚插入的短路线，然后在"Value"栏中输入"18.435"Deg 后按下回车键。这时可以从 Smith 圆图下方读出 y_B 的导纳为 $Y = 1.00000$。

说明：从步骤（8）中已知 $y_B = 1 + \text{j}3$，这表明必须使第二段短截线的电纳为 $\text{j}b_{S2} = -\text{j}3$，才能得到 $y_{in} = y_A = 1$。由此就可以确定第二段短截线的长度为 $l_{S2} = 0.0512\lambda$，电长度即为 0.1024π，所以 Value $= 18.435\text{Deg}$。

（10）在 "Palette" 中选择传输线，然后把鼠标移入 Smith 圆图中 "Source" 点处单击鼠标左键确定。单击 "Network Schematic" 窗口中刚插入的传输线，然后在 "Value" 栏中输入 "135" Deg 后按下回车键。这时可以从 Smith 圆图下方读出 y_A 的导纳为 $Y = 1.00000$。到此就完成双枝短截线匹配的全过程，完成后的 Smith 圆图如图 3-53 所示。

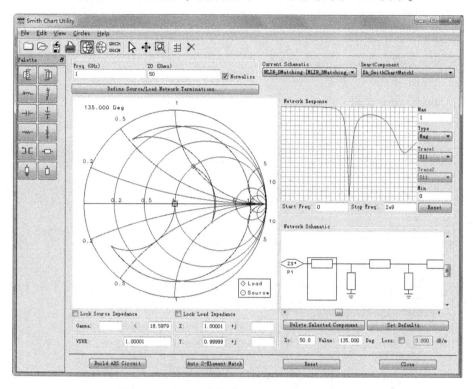

图 3-53　完成双枝短截线匹配后的史密斯圆图

说明：根据已知条件传输线 $l_3 = 3\lambda/8$，电长度即为 $3\pi/4$，所以 Value $= 135$ Deg。

（11）单击【Build ADS Circuit】按钮，完成后自动回到上层原理图设计窗口。

（12）在原理图设计窗口，单击 "Push Into Hierarchy" 按钮，再单击原理图设计窗口中 Smith 圆图元器件，查看自动生成的匹配网络的子电路，如图 3-54 所示。

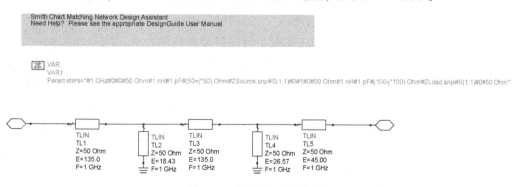

图 3-54　匹配网络的子电路

以上完成了普通传输线双枝短截线匹配电路的设计，下面介绍如何实现微带双枝短截线匹配电路。接着步骤（12）继续往下做。

（13）在匹配网络子电路的原理图设计窗口的面板列表中选择"TLines – Microstrip"，打开微带元器件面板，然后选择元面板中的下列元器件放入原理图中。置入微带元器件的匹配网络子电路图如图 3-55 所示。

➤ ⬚：MLIN，一般微带线。

➤ ⬚：MLSC，微带短路枝节线。

➤ ⬚：MTEE，微带"T"形结。

➤ ⬚：MSUB，微带基片。

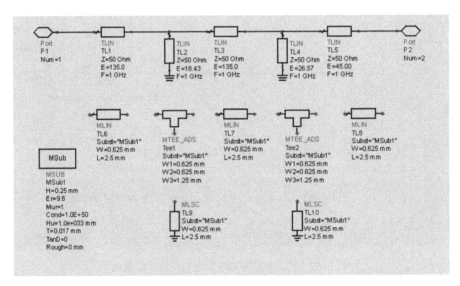

图 3-55　置入微带元器件的匹配网络子电路图

（14）双击元器件"MSUB"，如图 3-56 所示设置微带的基本参数。

（15）在原理图设计窗口中执行菜单命令【Tools】→【LineCacl】→【Start LineCacl】，自动弹出"LineCacl"窗口。

说明：因为要进行微带双枝短截线匹配，所以需要把前面仿真所得的普通传输线置换为微带线。通过普通传输线的双枝短截线匹配设计，得到了各段微带线的电长度（特性阻抗已知条件已给出），接下来只需设置好微带线的宽度和物理长度就能完成整个设计过程。

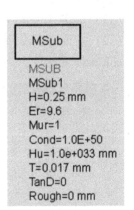

图 3-56　Msub 的参数设置

（16）按照步骤（14）的参数设置在"LineCalc"窗口的"公共参数显示窗口"中设置好介质基片参数，在"元件参数显示窗口"中设置频率"Freq = 1GHz"。

（17）在"LineCalc"窗口的电尺寸参数设置栏中输入 Z0 为 50Ohm、E_Eff 为 45deg，

然后单击【Synthesize】按钮。完成后得到了微带线 l_1 的物理宽度和长度，如图 3-57 所示。

说明：首先计算微带线 l_1 的物理宽度和长度，由图 3-53 得知 l_1 的特性阻抗为 50Ohm，电长度为 45deg，所以"Z0 = 50Ohm"，"E_Eff = 45deg"。

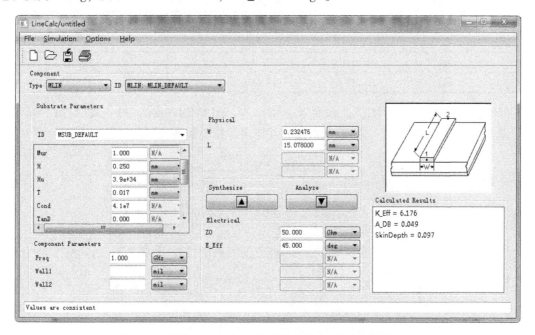

图 3-57　通过"LineCalc"计算微带线 l_1 的物理宽度和长度

（18）返回匹配网络子电路的原理图设计窗口，双击微带线 l_1，设置微带线 l_1 的物理宽度和长度，如图 3-58 所示。

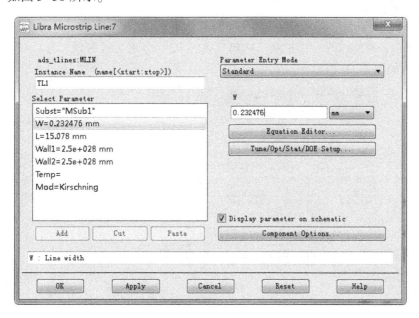

图 3-58　微带线 l_1 的参数设置

（19）按照步骤（17）和步骤（18），根据表 3-1 所示设置各段微带线的宽度和长度。

表 3-1　各段微带线的参数设置

微带线	W（mm）	L（mm）
l_2	0.232476	45.233900
l_3	0.232476	45.233900
l_{S1}	0.232476	8.902710
l_{S2}	0.232476	6.175270

（20）双击元器件"MTEE"，设置 $W_1 = W_2 = W_3 = 0.232476$mm，另一微带"T"形结也如此设置。然后再单击 ＼，将各段微带线相互连接，如图 3-59 所示。

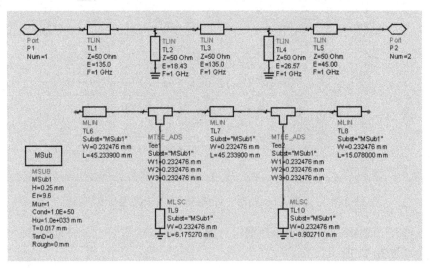

图 3-59　置入微带元器件参数的匹配网络子电路图

（21）删除普通传输线，再把端口"P1"和"P2"分别与微带线 l_3 与 l_1 相连，完成后单击保存按钮，如图 3-60 所示。

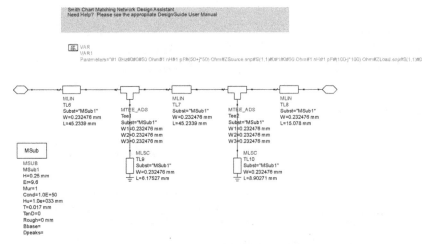

图 3-60　完成参数设置的微带双枝短截线匹配网络子电路

（22）单击【Pop Out】按钮回到原理图中进行 S 参数的仿真。

（23）单击工具栏中的【Simulation】按钮，仿真完成后会自动弹出数据显示窗口，如图 3-61 所示。

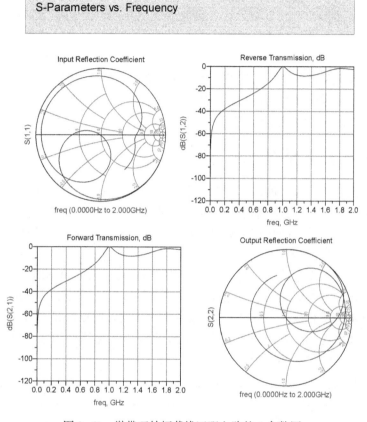

图 3-61　微带双枝短截线匹配电路的 S 参数图

从图 3-61 中可以看出，S(1,1)、S(1,2)、S(2,1)、S(2,2)参数值都比较理想，整个仿真过程已经实现了微带双枝短截线的电路匹配。

第 4 章　滤波器的设计

射频滤波器在无线通信系统中至关重要，起到频带和信道选择的作用，并且能滤除谐波抑制杂散。在射频电路设计时会用滤波器从各种电信号中提取出想要的频谱信号。本章将向读者介绍怎样用 ADS 设计射频滤波器。

4.1　滤波器的基本原理

射频滤波器是一个二端口网络，它在通带内提供信号传输，并在阻带内提供衰减特性，用以控制微波系统中某处的频率响应。设从一个端口输入一个具有均匀功率的频域信号，信号通过网络后，在另一端口的负载上吸收的功率谱不再是均匀的，也就是说，网络具有频率选择性，这就是一个滤波器。

滤波器的基础是谐振电路，它是一个二端口网络，对通带内频率信号呈现匹配传输，对阻带频率信号失配而进行发射衰减，从而实现信号频谱过滤功能。典型的频率响应包括低通、高通、带通和带阻特性（图 4-1）。镜像参量法和插入损耗法是设计集总元件滤波器常用的方法，对于微波应用，这种设计通常必须变更到由传输线段组成的分布元件，Richard 变换和 Kuroda 恒等关系提供了这个手段。

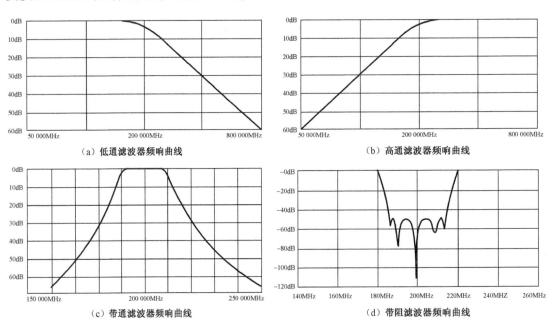

（a）低通滤波器频响曲线　　　　　　　（b）高通滤波器频响曲线

（c）带通滤波器频响曲线　　　　　　　（d）带阻滤波器频响曲线

图 4-1　滤波器的频率响应曲线

在滤波器中，通常采用工作衰减来描述滤波器的衰减特性，即

$$L_A = 10\lg\frac{P_{in}}{P_L}\,\text{dB} \tag{4-1}$$

式中，P_{in} 和 P_L 分别为输出端匹配负载时的滤波器输入功率和负载吸收功率。为了描述衰减特性与频率的相关性，通常使用数学多项式逼近方法来描述滤波器特性。例如，巴特沃兹（Butterworth）、切比雪夫（Chebyshev）、椭圆函数型（Elliptic）、高斯多项式（Gaussian）等。表4-1 给出了这 4 种类型滤波器的基本特性。

表 4-1　4 种滤波器的基本特性

类　　型	传 输 函 数	频率响应曲线	滤波器特点
巴特沃兹	$\|S_{21}(j\Omega)\|^2 = \dfrac{1}{1+\Omega^{2n}}$		结构简单，插入损耗最小，适用于窄带场合
切比雪夫	$\|S_{21}(j\Omega)\|^2 = \dfrac{1}{1+\varepsilon^2 T_n^2(\Omega)}$		结构简单，频带宽，边沿陡峭，应用范围广
椭圆函数型	$\|S_{21}(j\Omega)\|^2 = \dfrac{1}{1+\varepsilon^2 F_n^2(\Omega)}$		结构复杂，边沿陡峭，适用于特殊场合
高斯多项式	$\|S_{21}(p)\|^2 = \dfrac{a_0}{\sum\limits_{k=0}^{n} a_k p^k}$		结构简单，群延时好，适用于特殊场合

滤波器设计通常需要由衰减特性综合出滤波器低通原型，再将原型低通滤波器转换到要求设计的低通、高通、带通、带阻滤波器。最后用集总参数或分布参数元件实现所设计的滤波器。

滤波器低通原型为电感电容网络，其中，元件数和元件值只与通带结束频率、衰减和阻带起始频率、衰减有关。设计中都采用表格而不用繁杂的计算公式。表 4-2 所示为巴特沃兹滤波器低通原型元件值。

表 4-2　巴特沃兹滤波器低通原型元件值

n	g_1	g_2	g_3	g_4	g_5	g_6	g_7	g_8	g_9	g_{10}
1	2	1								
2	1.4142	1.4142								
3	1	2	1	1						

续表

n	g_1	g_2	g_3	g_4	g_5	g_6	g_7	g_8	g_9	g_{10}
4	0.7654	1.8478	1.8478	0.7654	1					
5	0.618	1.618	2	1.618	0.618	1				
6	0.5176	1.4142	0.9318	0.9318	1.4142	0.5176	1			
7	0.445	0.247	1.8019	2	1.8019	1.247	0.445	1		
8	0.3002	1.1111	1.6629	1.9616	1.9616	1.6629	1.111	0.3902	1	
9	0.3473	1	1.5321	1.8794	2	1.8794	1.5321	1	0.3473	1

　　实际滤波器设计中，首先需要确定滤波器的阶数，这通常由滤波器阻带某一频率处给定的插入损耗制约。图 4-2 显示了最平坦滤波器原型的衰减与归一化频率的关系曲线。

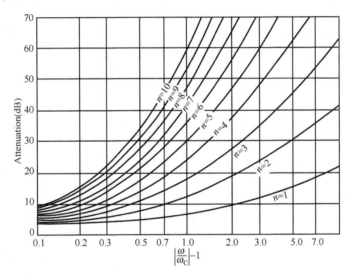

图 4-2　最平坦滤波器原型的衰减与归一化频率的关系曲线

4.1.1　滤波器的主要参数指标

　　（1）中心频率 f_0：滤波器通带的中心频率 f_0，一般取 $f_0 = \dfrac{f_上 + f_下}{2}$。其中 $f_上$、$f_下$ 为带通或带阻滤波器左、右相对下降 3dB 的边频点。

　　（2）截止频率 $f_{上截频}$、$f_{下截频}$：指低通滤波器的通带右边的边频点及高通滤波器的通带左边的边频点。

　　（3）通带带宽 $\mathrm{BW_{3dB}}$：指需要通过的频谱宽度，$\mathrm{BW_{3dB}} = f_上 - f_下$。其中 $f_上$、$f_下$ 以中心频率 f_0 处插入损耗为基准，下降 3dB 处对应的左、右边频点。

　　（4）相对带宽：用 $\dfrac{\mathrm{BW_{3dB}}}{f_0} \times 100\%$ 表示，也常用来表征滤波器的通带带宽。

　　（5）插入损耗（Insert Loss）：引入滤波器对输入信号带来的损耗。常以中心频率或截止频率处的损耗表征。

（6）带内波动ΔIR：通带内的插入损耗随频率变化的波动值。

（7）带内驻波比 VSWR：衡量滤波器通带内信号是否良好匹配传输的一项重要指标。理想匹配为 VSWR = 1∶1，失配时大于 1。对于实际的滤波器，一般要求 VSWR 小于 1.5∶1。

（8）回波损耗（Return Loss）：端口信号输入功率与反射功率之比的分贝数。

（9）延迟（Time Delay）：指信号通过滤波器所需要的时间。

（10）阻带抑制度 Rf：衡量滤波器选择性能好坏的重要指标，指标越高说明对带外干扰信号抑制得越好。

（11）矩形系数 K：用来表征滤波器对频带外信号的衰减程度，带外衰减越大，选择性越好。

矩形系数 $K_{n\text{dB}} = \dfrac{\text{BW}_{n\text{dB}}}{\text{BW}_{3\text{dB}}}$，$n$ 可为 40dB、60dB 等。滤波器的节数越高，K 越接近于 1，过渡带越窄，对带外干扰信号抑制得越好，制作难度也越大。

4.1.2　滤波器的种类

从滤波器的实现方法来看，可以分为使用有源器件（如晶体管和运算放大器）的有源滤波器和使用无源元器件（如电感、电容和传输线等）的无源滤波器两类。相比而言，有源滤波器除了阻断不需要的频谱外，还可以放大信号，其缺点是结构复杂，并且消耗直流功率。而无源滤波器比较经济和容易设计，另外，无源滤波器在更高频率下仍然能表现出良好的性能，故在射频微波或者毫米波通信系统中经常用到无源滤波器。而根据使用形式上的不同，滤波器又分为 LC 滤波器、介质滤波器、腔体滤波器、晶体滤波器、声表面体滤波器和微带电路滤波器等。这些滤波器在工程设计和使用中经常遇到，它们各有各的使用特点和适用环境，总结如下。

（1）LC 滤波器：由集总 LC 组成的滤波器。适于 3GHz 以下的应用。体积小，便于安装，无寄生通带，设计灵活。而由于电感元件 Q 值较低，不宜在高矩形度、低插入损耗、窄带情况下使用。

（2）介质滤波器：介质滤波器的 Q 值一般为集总元件的 2 ~ 3 倍，能够实现窄带滤波。但存在高次寄生通带，该滤波器主要用于既要求通带近端杂抑制同时又须有较小体积的场合。

（3）腔体滤波器：腔体滤波器全部由机械结构组成，使其具有相当高的 Q 值，非常适用于低插入损耗、窄带、大功率传输应用场合。但有较大体积和寄生通带，加工成本高。

（4）晶体滤波器：晶体滤波器具有极高的品质因数，滤波选择极好。但价格较高。

（5）声表面体滤波器：体积小、重量轻、通频带宽、一致性好，适于批量生产，但延时较大。

（6）微带电路滤波器：频率在 3GHz 以上，总体性能优于 LC 滤波器，在宽带滤波、多工器中广泛应用。

4.2　LC 滤波器设计

本小节通过一个 LC 滤波器仿真的实例来使读者熟悉使用 ADS 设计 LC 射频滤波器的一般流程。

4.2.1 新建滤波器工程和设计原理图

1. 新建一个工程

（1）运行 ADS2011。在开始菜单中选择【Advanced Design System 2011】→【Advanced Design System】，打开 ADS 主窗口，如图 4-3 所示。

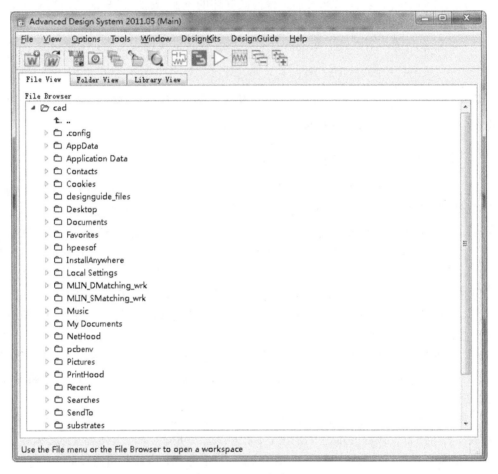

图 4-3 ADS 主窗口

（2）创建一个滤波器工程。在主窗口中单击 "Create a new workspace" 图标创建一个工程，命名为 "Step _Filter"，保存路径默认，连续单击【Next】按钮，选择单位为 millimeter（图 4-4）。

（3）单击【Finish】按钮，完成新项目的建立，软件自动跳到 Folder View 一列。

2. 建立一个低通滤波器设计

（1）在主窗口工具栏中，单击 图标新建原理图，并命名为 "lpf"。

（2）选择和放置元器件。在元器件模型列表窗口中选择 "Lumped Components" 集总参数元器件面板列表。从该选项左边面板中选择电容 "Capacitor C"，并用 Rotate 图标旋

图 4-4　新建一个名为 "Step _Filter" 的工程

转，在原理图绘图区中单击鼠标左键，就可以在原理图中插入电容了。在绘图区中单击鼠标左键两次，放入两个电容，按下键盘上的【ESC】键或者单击鼠标右键选择【End Command】命令结束操作。

（3）按照上面的方法放入电感、地等元器件，将电感、电容和地按照图 4-5 所示的位置放置，并用线把这些元器件连接起来。

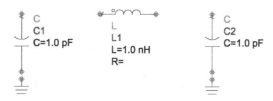

图 4-5　电感、电容和地的放置位置

（4）双击原理图中的电容和电感，分别设置它们的值，电容 C1 的值设置为 1pF、C2 的值设置为 2pF，电感 L1 的值设置为 1.5nH，这样一个滤波器电路就完成了。

4.2.2　设置仿真参数和执行仿真

1. 设置仿真参数

（1）在元器件面板列表中选择 "Simulation – S_Param" 项，在元器件面板中选择 S 参数模拟控制器和两个端口 Term 放到原理图中，按【ESC】键结束命令，并用导线连接起来，如图 4-6 所示。

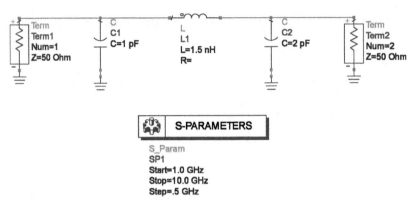

图 4-6　lpf 原理图

（2）设置 S 参数模拟。双击电路图中的 SP1，打开参数设置对话框，也可以单击 SP1，然后再单击图标 打开参数设置对话框。把扫描步长"Step–size"选项值改成 0.5GHz，其他设置为默认值，单击【OK】按钮确定，如图 4-7 所示（关于 S 参数控制器的详细设置可参考第 2 章）。

图 4-7　S 参数仿真设置对话框

2. 仿真结果

（1）单击原理图窗口工具栏中的"Simulate"图标，开始仿真。

（2）在仿真过程中会弹出仿真状态窗口，显示仿真进程的相关信息（包括仿真结果说明、数据文件写入和显示窗口生成等），如图4-8所示。

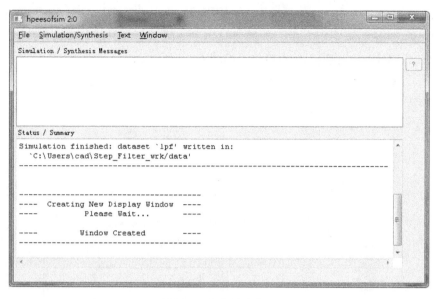

图 4-8　仿真状态窗口

（3）仿真完成以后，如果没有错误，会自动显示数据显示窗口（图 4-9），可以看到窗口左上方的名称为 lpf。在这个窗口中可以以表格、Smith 圆图或者等式的形式显示仿真数据。

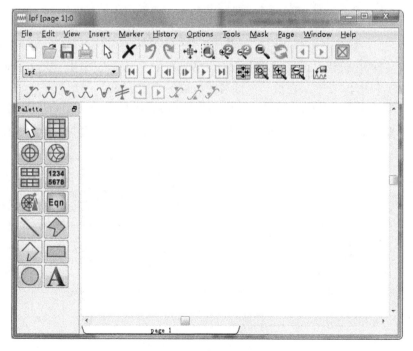

图 4-9　数据显示窗口

（4）单击数据显示窗口中的"Rectangular Plot" 图标，移动鼠标到图形显示区并单击鼠标左键把一个方框放到图形显示区中，自动弹出"Plot Traces&Attributes"窗口，在弹出的"Plot Traces&Attributes"窗口中，选择要显示的S(2,1)，单击【Add】按钮，在弹出的"Complex Data"对话框中选择dB为单位，如图4-10所示。

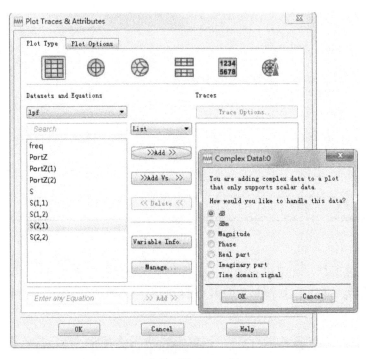

图4-10　添加矩形图显示窗口

（5）单击【OK】按钮，返回"Plot Traces&Attributes"窗口，单击"Plot Traces & Attributes"窗口中的【OK】按钮，显示一个低通滤波器的幅频响应。

（6）执行菜单命令【Marker】→【New】（图4-11），添加一个marker点放置在频率响应曲线的某一点处，单击并选择三角标志，用鼠标或者键盘的方向键可以移动标记。

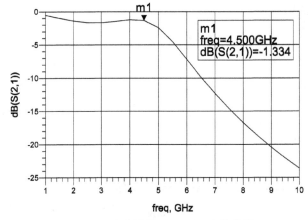

图4-11　滤波器的S(2,1)参数曲线

（7）保存数据窗口。执行菜单栏中的菜单命令【File】→【Save As】，并在弹出的对话框中以缺省名称"lpf"保存，扩展名为".dds"，该文件会储存在项目文件夹的工程目录中，而数据文件，即所有的".dds"文件和数据设定，会储存在 data 子目录中，如图 4-12 所示。

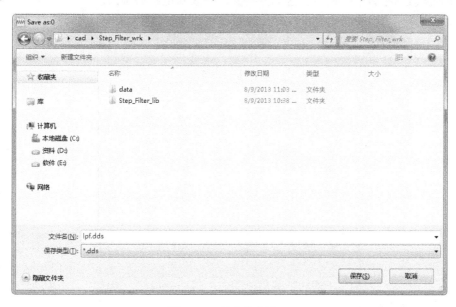

图 4-12　储存数据窗口

（8）保存后关闭数据显示窗口。

（9）单击原理图窗口或者主窗口中的"Data Display" 图标可以重新打开已保存的数据显示窗口，在数据显示窗口中，执行菜单栏中的菜单命令【File】→【Open】，然后选择"lpf. dds"文件，单击打开按钮，打开 lpf. dds 文件，如图 4-13 所示。

图 4-13　打开数据窗口

3. 滤波器电路调谐

由于实际滤波器会有参数的要求，滤波器的设计也不一定能一步到位，为了达到设计目标，需要对滤波器参数进行调节，这部分将介绍滤波器电路的调谐。

（1）在原理图窗口中单击"View All" ✛图标，把当前的设计全屏幕显示。

（2）在 lpf 原理图中单击"Tune" 图标，弹出如图 4-14 所示的窗口。

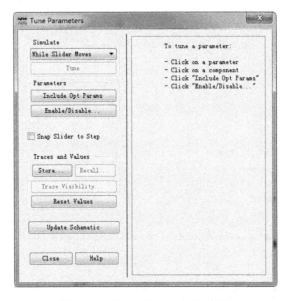

图 4-14 "Tune Parameters"窗口

（3）选择原理图窗口中的 L1 元件，弹出如图 4-15 所示的窗口，把 L 前面的复选框选中，单击【OK】按钮（这里也可以单击原理图窗口中的 L1 元件中的元件参数 L，单击【OK】按钮。）然后，用同样的方法选中 C1 和 C2 的元件参数。

（4）单击"Tune Parameters"图框中的【Enable/Disable…】按钮，弹出如图 4-16 所示的窗口，显示或者修改 Tune 参数。修改完成后，单击【OK】按钮结束。

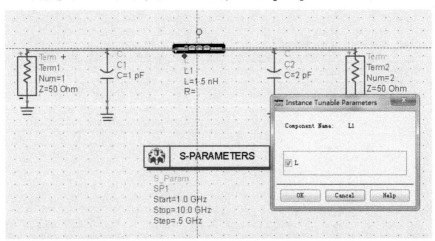

图 4-15 设置 Tune 参数

（5）设置调谐值范围。在调谐控制对话框中可以改变调谐器件的参数范围，改变 Min、Max 中的值可以调整调谐范围，改变 Step 中的值可以调整调谐的步进。

（6）拖动"Tune"窗口中的滑动游标，调节参数。并观察输出结果显示窗口中 S21 参数的变化，如图 4-17 所示。

图 4-16　修改 Tune 参数

（7）调谐得到满意的结果后，单击【Update Schematic】按钮，把调谐好的值更新到原理图中，原理图中的 L1、C1 和 C2 的值即变成当前调谐值。单击【Close】按钮结束调谐，此时数据显示窗口中的曲线为最终调谐曲线，滤波器调谐结束。

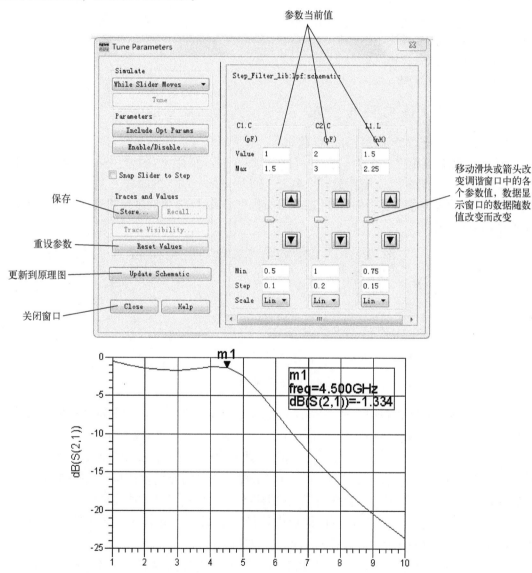

图 4-17　Tune Parameter 窗口与参数调整

4.3 ADS 中的滤波器设计向导工具

ADS 中自带了一个滤波器设计工具，利用这个滤波器设计工具可以方便地设计出满足使用要求的射频滤波器，本节将对滤波器设计工具的使用方法进行详细的介绍。

4.3.1 滤波器设计指标

本小节将通过设计一个 4GHz 的低通滤波器为例，向读者介绍如何使用滤波器设计向导工具既准确又快速地设计一个滤波器。

滤波器的设计指标如下。

➢ 具有最平坦响应，通带内纹波系数小于 2。

➢ 截止频率为 4GHz。

➢ 在 8GHz 处的插入损耗必须大于 15dB。

➢ 输入/输出阻抗为 50Ω。

4.3.2 滤波器电路的生成

利用设计工具进行滤波器设计的步骤如下。

（1）在主窗口菜单栏中选择【File】→【Open Workspace】命令，打开"Step_Filter"工程。

（2）在"Step _Filter"工程中建一个名为"Filter_micro_lpf"的原理图。

（3）选择原理图菜单栏中的【Design Guide】→【Filter】选项，系统将弹出如图 4–18 所示的滤波器选择窗口。

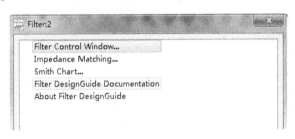

图 4–18　滤波器选择窗口

（4）在滤波器选择窗口中选择"Filter Control Window…"，并单击【OK】按钮，系统将弹出一个新的滤波器设计向导"Filter DesignGuide"窗口，如图 4–19 所示。

（5）在"Filter DesignGuide"窗口中单击工具栏中的"Component Plalette – All" 过 按钮，在刚建立的"Filter_micro_lpf"原理图中将出现一个新的元器件面板"Filter DG – All"，如图 4–20 所示。这个元器件面板列出了滤波器设计向导中的各种滤波器模型。

（6）在"Filter DG – All"元器件面板中选择一个双端口低通滤波器模型（low - pass filter DT） ，这时系统将弹出一个提示窗口，如图 4–21 所示。

（7）单击图 4–21 所示窗口中的【OK】按钮，并将选择的双端口低通滤波器添加到原理图中，按下【Esc】键结束命令。

工具栏 当前原理图

菜单栏

当前设计

概述

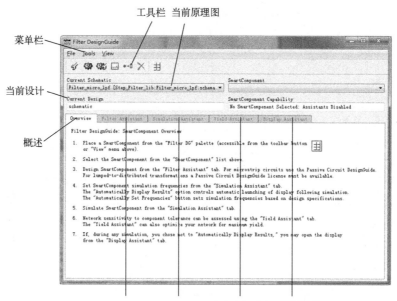

滤波器设计助手 仿真助手 良率分析助手 显示助手

图 4-19 滤波器设计向导窗口

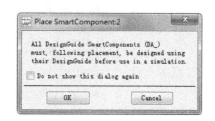

图 4-20 "Filter DG – All"元器件面板   图 4-21 选择滤波器模型后的提示窗口

（8）重新回到图 4-19 所示的滤波器设计向导窗口中。在"SmartComponent"下拉框中，选中刚刚插入原理图中的低通滤波器"DA_LCBandpassDT1"。然后选择"Filter Assistant"，可以看见滤波器设计向导窗口中出现了一个带有滤波器参数设置和滤波器幅频曲线的参数设置窗口，如图 4-22 所示。

（9）选择滤波器响应类型。单击"Response Type"下拉列表窗口，选择滤波器的响应类型，如图 4-23 所示。

滤波器响应类型下拉列表中各种响应的具体含义如下。

➢ Maximally Flat，最平坦响应，也称巴特沃兹响应。

➢ Chebyshev，切比雪夫响应。

➢ Elliptic，椭圆函数响应。

➢ Inverse Chebyshev，逆切比雪夫响应。

➢ Bessel – Thomson，贝塞尔—托马森响应。

响应类型

负载阻抗

源阻抗

选择第一个元器件
是串联还是并联

纹波系数

阻带损耗

滤波器响应曲线

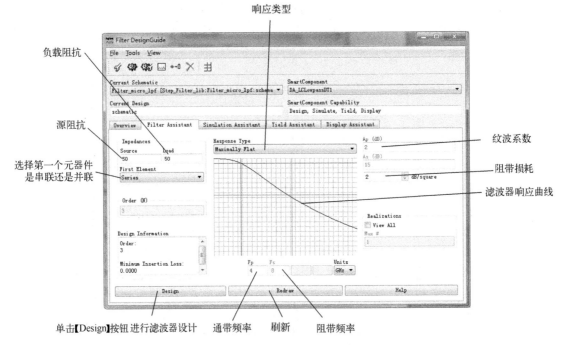

单击【Design】按钮进行滤波器设计　　通带频率　刷新　阻带频率

图 4-22　"Filter Assistant" 选项卡中的内容

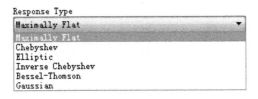

图 4-23　滤波器的响应类型

➢ Gaussian，高斯响应。

这里，在 "Response Type" 中选择响应类型为 "Maximally Flat"（巴特沃兹响应）。

（10）在滤波器设计指导窗口中，输入滤波器的参数如下。

➢ $A_P(dB) = 2$，表示滤波器的纹波系数为 2。

➢ Fp = 4GHz，表示滤波器的通带截止频率为 4GHz。

➢ Fs = 8GHz，表示滤波器的阻带截止频率为 8GHz。

➢ As(dB) = 15，表示滤波器截止频率处损耗大于 15dB。

➢ First Element 选择为 series，表示第一个元器件是串联元器件。

（11）设置好滤波器的响应后，单击图 4-22 所示窗口中的【Redraw】（刷新）按钮，即可看到刷新后的巴特沃兹响应曲线，如图 4-24 所示。

（12）所有参数设置完成后，单击 4-22 所示窗口中的【Design】按钮，系统将自动设计一个集总参数滤波器。

（13）返回原理图窗口中，双击滤波器元器件模型，查看滤波器的参数，如图 4-25 所示。

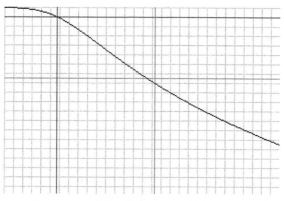

图 4-24　生成的巴特沃兹滤波器的响应曲线

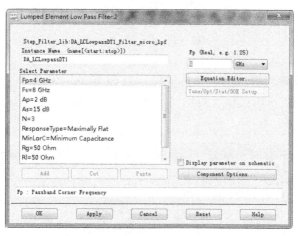

图 4-25　滤波器的参数

（14）在如图 4-25 所示的窗口中单击【Component Options…】按钮，打开如图 4-26 所示的元器件属性面板。选中"Set All"复选框，单击【OK】按钮，回到如图 4-25 所示的滤波器参数显示窗口。

（15）选中滤波器参数显示窗口中的"Display parameter on schematic"项，单击【Apply】按钮，然后单击【OK】按钮回到原理图，这时滤波器的所有参数都在原理图窗口中显示出来，如图 4-27所示。

图 4-26　滤波器参数显示属性

图 4-27　滤波器模型及其参数

（16）查看模型下的具体电路。选中滤波器模型"DA_LCLowpassDT1"，然后在工具栏中单击"Push Into Hierarchy" 按钮，得到的滤波器的子电路如图4-28所示。

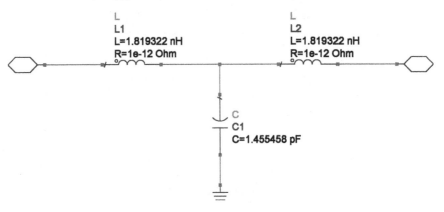

图4-28　滤波器元器件的子电路

（17）设置好滤波器的响应后，在滤波器设计向导窗口中选择"Simulation Assistant"。修改滤波器仿真设置："Start"设置为0，"Stop"设置为10GHz，"Step"设置为20MHz，如图4-29所示。

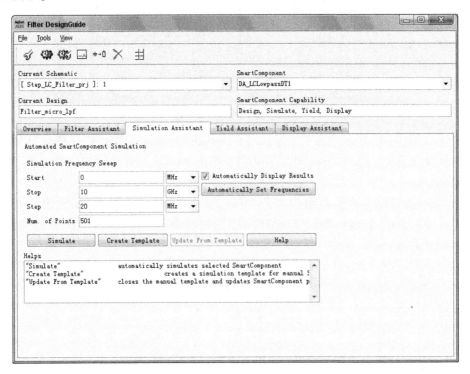

图4-29　滤波器仿真选项卡

（18）单击"Simulation Assistant"面板中的【Simulation】按钮，开始仿真，仿真结果如图4-30所示。

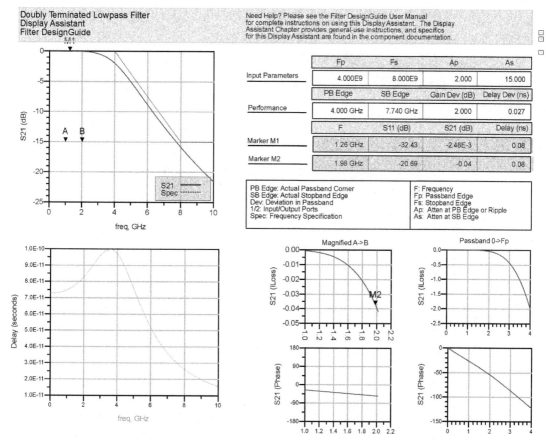

图 4-30　生成的巴特沃兹滤波器的响应曲线

这样，一个集总参数滤波器的设计过程就完成了，由于上述滤波电路工作频率高，不宜采用集总元件，需要把集总元件转化为分布参数元件，这里采用 Richards 变换和 Kuroda 等效来实现。

4.3.3　集总参数滤波器转换为微带滤波器

Richards 变换将一段开路或短路传输线等效于分布的电感或电容元件的理论，即将串联电感等效为一段短路短截线，将并联电容等效为一段并联短截线。但实际的微带电路设计中，串联短路短截线是无法实现的。Kuroda 等效给出了并联短截线和一段传输线与及串联短截线和一段传输线两种电路之间的一种转换方法。

1. Kuroda 等效设计滤波器步骤

用 Kuroda 等效设计滤波器大体上分为以下几个过程。

（1）根据 Richards 规则将集总参数的串联电感和并联电容变换成短路短截线和开路短截线。

（2）Kuroda 等效通过加入相应的微带传输线把串联短截线变换为并联短截线。

（3）选择微带线参数（厚度、介电常数及介质损耗等），由计算的特性阻抗确定各部分微带线段尺寸，进行电路仿真。

2. LC 滤波器到微带滤波器转换

下面将向读者详细介绍怎样通过滤波器设计工具把上例设计的 LC 滤波器转换为可以实现的微带滤波器。

（1）单击滤波器设计向导窗口中的 ⊸◦ 按钮，打开滤波器转换助手对话框，如图 4-31 所示。

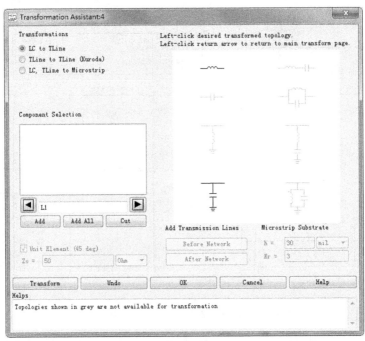

图 4-31　转换助手对话框

（2）选中转换复选框中的"LC to Tline"选项，单击集中参数器件形式 ─⌒⌒⌒─ 选中串联电感，将会出现如图 4-32 所示的电感转换页面。

（3）在电感转换页面中单击 ⌇ 图标，然后单击【Add All】按钮，添加原理图中的电感 L1 和 L2。单击【Transform】按钮把电感转换成短路串联传输线。

（4）单击 ⊡ 图标返回到滤波器转换助手对话框，单击并联电容 ⊤ 图标，出现如图 4-33 所示的电容转换页面。

（5）单击选中页面中的 ⊤ 图标，单击【Add】按钮，添加电容 C1。单击【Transform】按钮，把电容转换成并联开路传输线。转换后的电路如图 4-34 所示。

（6）单击 ⊡ 图标返回到滤波器转换助手对话框，选中转换复选框中的"Tline to Tline（Kuroda）"。这里开始进行 Kuroda 转换，如图 4-35 所示。

（7）单击"Add Transmission Lines"下面的【Before Network】按钮在输入端口添加一个单元器件，同样单击【After Network】按钮在输出端口添加一个单元器件。添加单元器件后的滤波器原理图如图 4-36 所示。

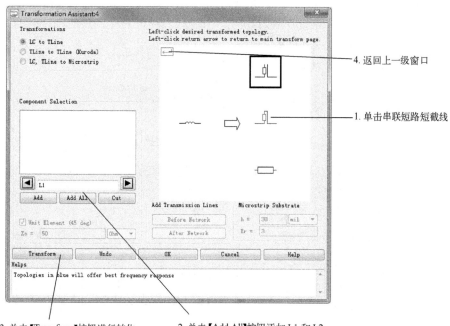

图 4-32 电感转换页面

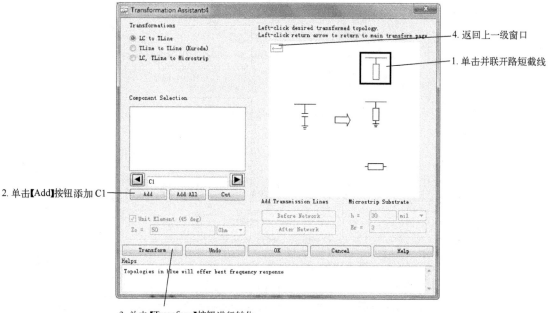

图 4-33 电容转换页面

（8）在滤波器转换助手对话框中，选择 ⌐□⌐ ⇒ ⌐⌐ 图标，然后单击【Add】按钮，添加这对转换，单击【Transform】按钮，进行 Kuroda 转换。用同样的方式选择 ⌐⌐ ⇒ ⌐⌐ 进行转换。转换后原理图如图 4-37 所示。

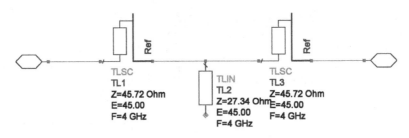

图 4-34　LC 转换为短截线的电路图

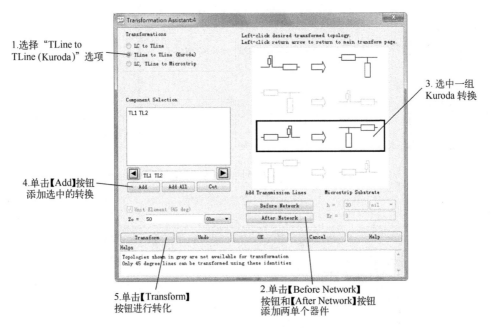

图 4-35　Kuroda 转换步骤

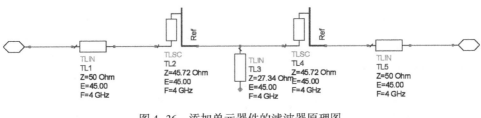

图 4-36　添加单元器件的滤波器原理图

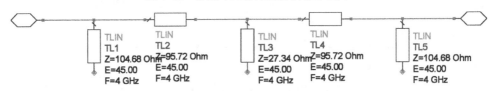

图 4-37　将添加的单元器件进行 Kuroda 转换后的原理图

（9）选中转换复选框中的 "LC，Tline to Microstrip"，单击短截线 ⎓ 图标。单击【Add All】按钮添加所有短截线到微带线转换，如图 4-38 所示。

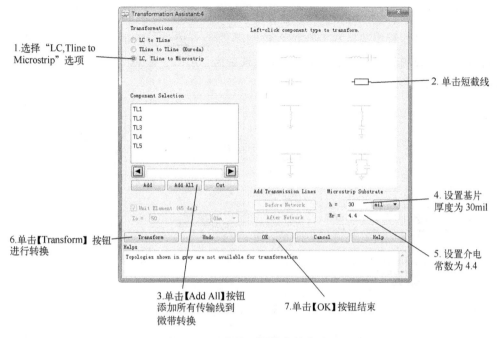

图 4-38　短截线到微带线转换步骤

（10）设置基片厚度为 30mil，基片介电常数修改为 4.4。单击【Transform】按钮把短截线转换为微带线，单击【OK】按钮完成转换。

（11）在原理图窗口中，选中滤波器元器件"DA_LCLowpassDT1"，然后在工具栏中单击"Push Into Hierarchy" ![img]按钮，得到的滤波器的子电路如图 4-39 所示。

（12）单击工具栏中"Push Into Hierarchy" ![img]按钮，回到滤波器原理图窗口。

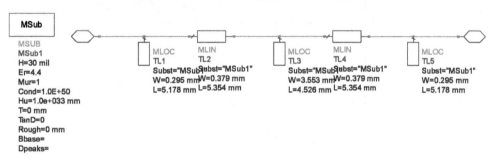

图 4-39　转换为微带线后的电路图

4.3.4　Kuroda 等效后仿真

4.3.3 小节已经由滤波器设计向导工具完成了微带滤波器的设计，下面对该滤波器进行仿真，验证它的性能，具体步骤如下。

（1）在原理图设计窗口中选择"Simulation – S_Param"元器件面板列表，从元器件面板中选择两个终端负载 Term ![img]添加到原理图中，在工具栏中选择两个地 ![img]添加到原理图中，

用导线 ＼ 把它们连接起来。

（2）从元器件面板中选择 S 参数仿真控制器 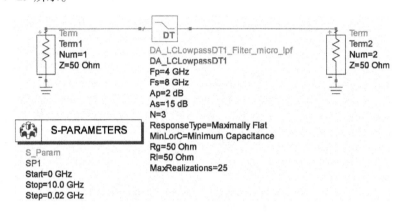 添加到原理图中。双击 S 参数仿真控制器，设置起始频率为 0GHz，终止频率为 10GHz，步长为 0.02GHz。完成设置的原理图如图 4-29 所示。

图 4-40　滤波器原理图仿真设置

（3）单击工具栏中的"Simulate" 按钮执行仿真，仿真结束后，系统弹出数据显示窗口，在数据显示窗口中插入 S(2，1) 参数的矩形图，并在曲线上放置两个 Marker 点，用来查看滤波器的频率响应参数，如图 4-41 所示。

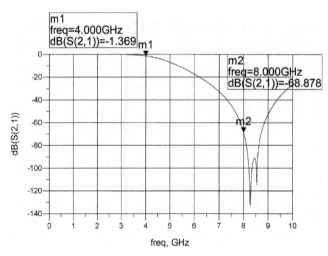

图 4-41　微带线滤波器仿真结果

（4）移动 S(2，1) 曲线中的标记，可以发现滤波器在 4GHz 处插入损耗为 1.369dB，基本满足设计要求。因此，通过 Kuroda 转换后就可以得出想要的滤波器了。

这样就完成了利用 ADS 的滤波器设计工具设计滤波器，并对它的主要参数和指标进行了仿真验证的任务。

4.4 阶跃阻抗低通滤波器的 ADS 仿真

用微带或带状线实现低通滤波器的一种相对容易的方法是用很高和很低特征阻抗的传输线交替排列的结构。这种滤波器通常称为阶跃阻抗（Stepped – Impedance）或高 Z—低 Z 滤波器，由于它结构紧凑且较容易设计，所以比较流行。然而，它的电特性不是很好，故通常应用于不需要有陡峭截止响应的场合。

4.4.1 低通滤波器的设计指标

本节将给出一个微带低通滤波器实例，具体参数如下。

➢ 具有最平坦响应。

➢ 截止频率为 2.5GHz。

➢ 在 4GHz 处的插入损耗必须大于 20dB。

➢ 所设计滤波器的阻抗为 50Ω，具有最平坦响应，采用 6 阶巴特沃兹低通原型，最高实际线阻抗为 120Ω，最低实际线阻抗为 20Ω，采用的基片参数 $d = 1.58\text{mm}$，$\varepsilon_\text{r} = 4.2$，$\tan\delta = 0.02$，铜导体的厚度 $t = 0.035\text{mm}$。

4.4.2 低通原型滤波器设计

1. 滤波器的设计步骤

滤波器的设计步骤如下。

（1）根据设计要求确定低通原型的元器件值。

（2）采用阻抗和频率定标公式，用低阻抗和高阻抗线段代替串联电感和并联电容。所需微带线的电长度 βl，以及实际微带线宽 W 和线长 l 可由 ADS 软件中的 LineCalc 工具计算得到。

（3）根据得到的线宽和线长进行建模并仿真计算。

2. 低通原型滤波器设计

先计算：

$$\left|\frac{\omega}{\omega_\text{c}}\right| - 1 = \frac{4}{2.5} - 1 = 0.6$$

由图 4-2 可得，对于 $n = 6$ 的曲线，当 $\left(\left|\frac{\omega}{\omega_\text{c}}\right| - 1\right)$ 为 0.6 时，LA > 20dB，故最大平坦滤波器级数 $n = 6$。

由表 4-1 给出的低通原型值：$g_1 = 0.517$，$g_2 = 1.414$，$g_3 = 1.932$，$g_4 = 1.932$，$g_5 = 1.414$，$g_6 = 0.517$。该低通原型电路如图 4-42 所示。

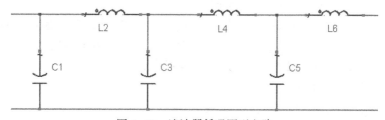

图 4-42 滤波器低通原型电路

4.4.3　滤波器原理图设计

1. 设计原理图

完成滤波器原型设计后，下面开始设计阶梯阻抗滤波器。

（1）在主窗口菜单栏中执行菜单命令【File】→【Open Project】，打开"Step_Filter"工程。

（2）在"Step _Filter"工程中建一个名为"Step_im_filter"的原理图。

（3）在原理图设计窗口中选择"Tline – Microstrip"元器件面板列表，并选择 8 个微带线 MLin 添加到原理图中，并将它们按照如图 4-43 所示的方式连接起来。

图 4-43　滤波器原理图

这样就完成了滤波器原理图基本结构的设计，为了达到设计性能，还必须对滤波器中微带电路的电气参数和尺寸进行设置。

2. 电路参数设置

微带滤波电路参数设置步骤如下。

```
MSub

MSUB
MSub1
H=1.58 mm
Er=4.2
Mur=1
Cond=5.88E+7
Hu=1.0e+033 mm
T=0.035 mm
TanD=0.02
Rough=0 mm
Bbase=
Dpeaks=
```

图 4-44　MSUB 控件参数

（1）在"Tline – Microstrip"元器件面板中选择微带参数设置控件 MSUB 添加到原理图中。

（2）双击 MSUB 控件，将基片参数按照图 4-44 所示参数进行设置。

在原理图设计窗口执行菜单命令【Tool】→【LineCalc】→【Start LineCalc】，打开"LineCal"窗口。在 LineCal 窗口中输入下面的内容。

① 介质基片参数设置

介质基片参数设置栏按照图 4-44 所示 MSUB 控件参数进行设置。

② 元件参数设置

➤ Freq = 2.5GHz，表示微带线工作频率为 2.5GHz。

➤ Wall1 = 默认值，表示条带 H 的边缘到第一侧壁的距离，默认值为 1.0e + 30mil。

➤ Wall2 = 默认值，表示条带 H 的边缘到第二侧壁的距离，默认值为 1.0e + 30mil。

（3）参数显示窗口（Parameters Display）。

参数显示窗口包含了物理尺寸参数设置栏和电尺寸参数设置栏。电尺寸数据确定，计算物理尺寸参数则单击【Synthesize】按钮得到结果；物理尺寸数据确定，计算电尺寸参数则单击【Analyze】按钮可得电尺寸参数，如图 4-45 所示。

在电尺寸参数设置栏设置如下。

➤ Z0 = 50 Ohm，表示微带线特性阻抗为 50 Ohm。

➤ E_Eff = 90 deg，表示微带线的电长度为 90 deg。

单击"Synthesize"栏中的箭头，物理尺寸参数设置栏中会显示得到的微带线的线宽和长度。

> W = 3.087mm，表示微带线金属片的宽度为 3.087mm。
> L = 16.689mm，表示微带线的长度为 16.689mm。

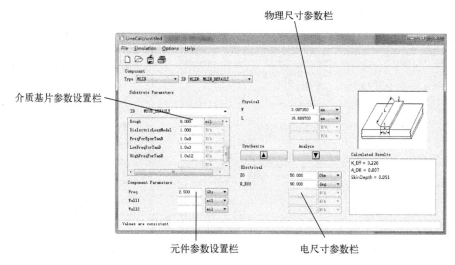

图 4-45　微带线计算工具窗口

将低通滤波器原型电路参数值按照步骤（3）的方法计算得出各滤波器支节的参数，结果如表 4-3 所示。

表 4-3　各支节的宽度和长度

节数	g_i	$Z_i = Z_1$ 或 $Z_h(\Omega)$	βl_i（度）	W_i（mm）	l_i（mm）
1	1	50	90	3.087	16.69
2	0.517	20	11.8	11.3	2.05
3	1.414	120	33.8	0.428	6.63
4	1.932	20	44.3	11.3	7.69
5	1.932	120	46.1	0.428	9.04
6	1.414	20	32.4	11.3	5.63
7	0.517	120	12.3	0.428	2.41
8	1	50	90	3.087	16.69

（4）微带线的长 L、宽 W 是滤波器设计和优化的主要参数，因此要用变量代替，便于后面修改和优化。8 段微带线参数按照图 4-46 所示的进行设置。

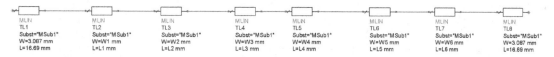

图 4-46　完成参数设置的电路原理图

（5）因为 MLIN 的长度和宽度都是变量，所以需要在原理图中添加一个变量控件。单击工具栏中的【VAR】按钮，把变量控件 VAR 放置到原理图中。

（6）双击变量控件 VAR，弹出变量设置窗口（图 4-47），在变量设置窗口的"Name"

栏中填变量名称，"Variable Value"栏中填变量的初值，单击【Add】按钮添加变量，然后单击【Tune/Opt/Stat/DOE Setup…】按钮打开参数优化窗口设置变量的取值范围，单击参数优化窗口中"Optimation"打开参数优化设置面板，其中的"Enabled/Disabled"表示该变量是否能被优化，"Minimum Value"表示可优化的最小值，"Maximum Value"表示可优化的最大值，如图 4-48 所示。

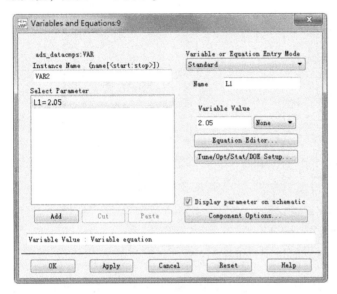

图 4-47 变量设置窗口

图 4-48 变量参数优化设置窗口

（7）微带滤波器中微带线的变量值及优化范围完整设置如图 4-49 所示。

（8）单击【OK】按钮完成设置，完成设置后的变量控件如图 4-50 所示。

图 4-49 变量优化参数设置

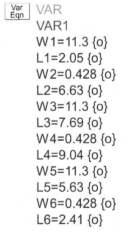

图 4-50 完成设置的变量控件

这样一个完整的微带低通滤波器的电路就完成了，如图 4-51 所示。

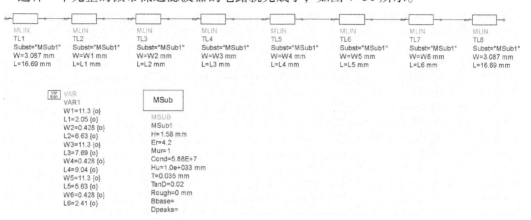

图 4-51　完成电路参数设置的原理图

4.4.4　仿真参数设置和原理图仿真

在 4.4.3 小节中，已经完成了对滤波器电路的搭建和滤波器电路中微带线的各种参数的设置，下面将对滤波器进行仿真，在仿真前，首先需要进行仿真参数设置。

1. 仿真参数设置

对滤波器进行仿真参数设置的过程如下。

（1）在原理图设计窗口中选择 S 参数仿真元器件面板"Simulation‒S_Param"，并选择终端负载 Term 放置在滤波器的两个端口上。

（2）单击工具栏中的 ⏚ 图标，在电路原理图中插入两个地。

（3）在 S 参数仿真元器件面板"Simulation‒S_Param"选择一个 S 参数仿真控制器放入到原理图中。

（4）双击 S 参数仿真控制器，按照下面内容设置参数。

➢ Start = 0GHz，表示频率扫描的起始频率为 0GHz。

➢ Stop = 5GHz，表示频率扫描的终止频率为 5GHz。

➢ Step = 0.01GHz，表示频率扫描的频率间隔为 0.01GHz。

设置好的滤波器电路图如图 4-52 所示。

2. 原理图仿真

前面已经完成了滤波器原理图及仿真设置，下面开始进行滤波器仿真并查看结果。

（1）单击工具栏中的【Simulate】按钮执行仿真，并等待仿真结束。

（2）仿真结束后，系统弹出数据显示窗口，首先在数据显示窗口中添加 S(2，1) 参数的矩形图，并在图中插入一个标记，如图 4-53 所示。

（3）在数据显示窗口中添加 S(1，1) 参数的矩形图，插入一个标记，如图 4-54 所示。

通过仿真可以知道，滤波器的各项指标还没有满足设计需求，这就需要通过优化仿真来使滤波器的参数满足设计的要求，下面就来介绍关于电路优化方面的内容。

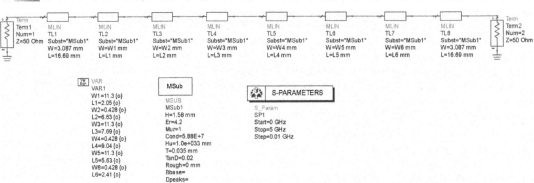

图 4-52　完成 S 参数仿真设置的原理图窗口

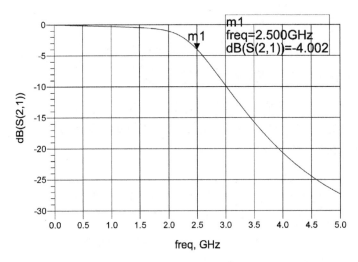

图 4-53　滤波器的 S(2，1) 参数曲线

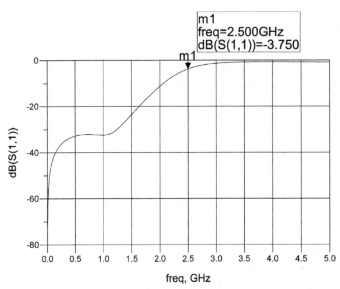

图 4-54　滤波器的 S(1，1) 参数曲线

4.4.5　滤波器电路参数优化

1. 电路参数优化

由于滤波器的参数并未达到指标要求，因此需要优化电路参数，使之达到设计要求。优化电路参数的具体步骤如下。

（1）在原理图设计窗口中选择优化面板列表"Optim/Stat/DOE"，在列表中选择优化控件 optim  添加到原理图中，双击该控件设置优化方法和优化次数，如图 4-55 所示。常用的优化方法有 Random（随机）、Gradient（梯度）等。随机法通常用于大范围搜索，梯度法则用于局部收敛。

（2）将优化控件中的"Number of iterations"设置为 500。单击【OK】按钮确定。设置完成的控件如图 4-56 所示。

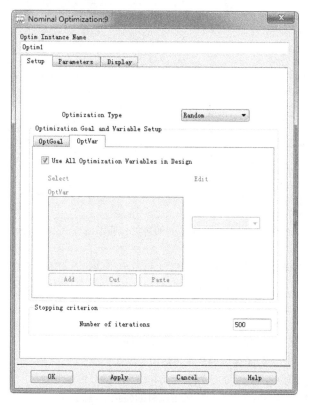

图 4-55　优化控件设置窗口

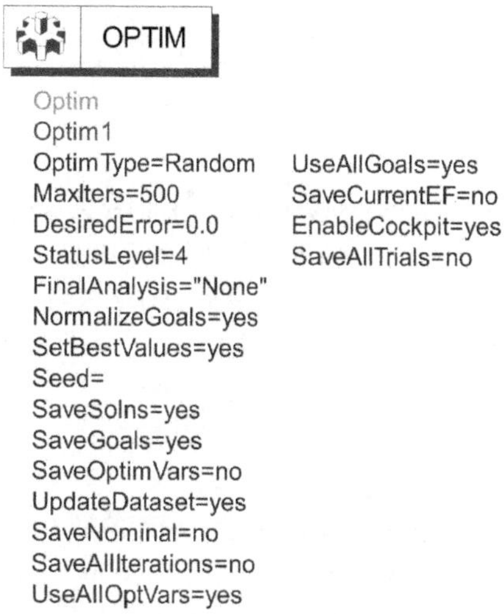

OPTIM

Optim
Optim1
OptimType=Random　　UseAllGoals=yes
MaxIters=500　　　　　SaveCurrentEF=no
DesiredError=0.0　　　EnableCockpit=yes
StatusLevel=4　　　　 SaveAllTrials=no
FinalAnalysis="None"
NormalizeGoals=yes
SetBestValues=yes
Seed=
SaveSolns=yes
SaveGoals=yes
SaveOptimVars=no
UpdateDataset=yes
SaveNominal=no
SaveAllIterations=no
UseAllOptVars=yes

图 4-56　完成设置的优化控件

（3）在优化面板"Optim/Stat/Yield/DOE"中选择优化目标控件 Goal Goal 放置在原理图中，双击该控件设置其参数，如图 4-57 所示。

➢ Goal Instance Name：目标控件名称，默认以 OptimGoal n 命名。

➢ Expression：优化目标名称，其中 dB(S(2,1)) 表示以 dB 为单位的 S21 参数的值。

➢ Analysis：仿真控件名称，这里选择 SP1。

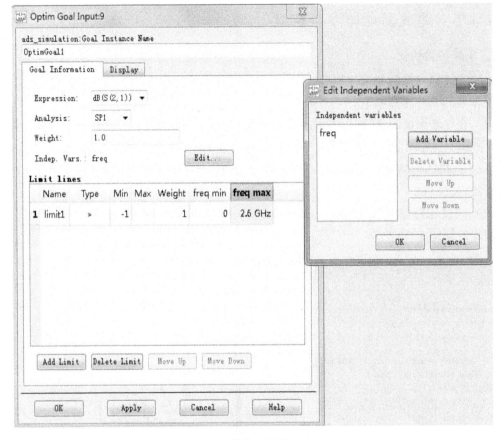

图 4-57　优化目标设置窗口

> Weight：指优化目标的权重，作用于每个 limit line，而每个 limit line 的最终权重又等于该权重与每个 limit line 中权重的乘积。
> Indep. Vars：优化目标所依赖的变量，单击【Edit...】按钮，弹出"Edit Independent Variables"对话框，单击【Add Variable】按钮，左边框中出现"indep Var1"，把它改名为"freq"，即优化目标所依赖的变量是频率。
> Name：limit line 的名称。
> Type：包含"＞""＜""＝""Inside""Outside"用来限定优化目标（Expression）的值。
> Min 和 Max：优化目标的最小值与最大值，配合 Type 来限制优化目标值。
> Weight：每个特定 limit line 的 Weight，与上述的 Weight 的乘积决定此 limit line 的最终权重。
> freq min 和 freq max：优化目标所依赖变量的最小值与最大值，限定变量的变化范围。

　　由于原理图仿真和实际应用时参数会有一定的偏差，在设定优化参数时，可以适当增加通带宽度。

　　这里总共设置了 3 个优化目标，OptimGoal1、OptimGoal2 的优化参数都是 S(2, 1)，用来设定滤波器的通带和阻带的频率范围及衰减情况，OptimGoal3 优化的是 S(1, 1)，用来设定通带内的反射系数（这里要求小于 −25dB），详细参数设置如表 4-4 所示。

　　完成设置的目标控件如图 4-58 所示。

　　(4) 设置完优化目标后保存原理图，这时原理图如图 4-59 所示。

表 4-4　优化目标设置

按 钮 名 称	优化目标 1	优化目标 2	优化目标 3
Expression	dB(S(2,1))	dB(S(2,1))	dB(S(1,1))
Ayalysis	SP1	SP1	SP1
Weight	1	1	1
Indep. Vars	freq	freq	freq
Type	>	<	<
Min	−1		
Max		−20	−25
Weight	1	1	1
freq min	0GHz	4GHz	0GHz
freq max	2.6GHz	5GHz	2.6GHz

图 4-58　完成设置的目标控件

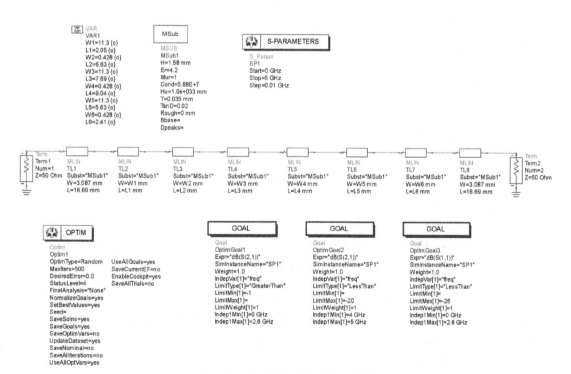

图 4-59　设置完优化目标的原理图

（5）单击工具栏中的"Optimize" 按钮开始进行优化。在优化过程中会弹出"Optimization Cockpit"窗口和一个优化状态窗口显示优化的结果（图4-60和图4-61）。其中，"CurrentEF"表示与优化目标的偏差，数值越小表示越接近优化目标，0表示达到了优化目标，下面还列出了各优化变量的值。

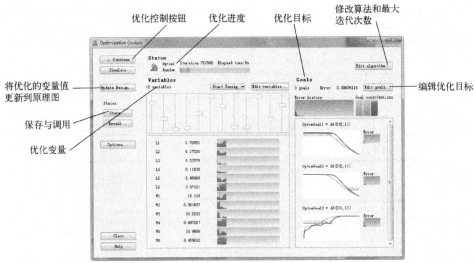

图4-60 "Optimization Cockpit"窗口

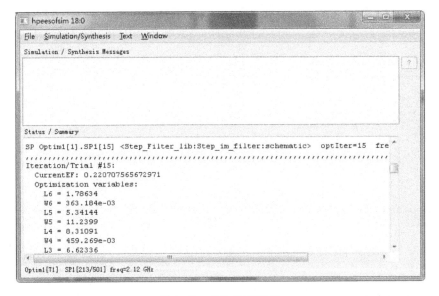

图4-61 优化状态窗口

（6）优化结束后会打开数据显示窗口，在数据显示窗口中添加S（2，1）参数，如图4-62所示。从图中可以看出，滤波器在通带内（0 ~ 2.5GHz）衰减小于0.82dB、阻带（>4GHz）衰减大于18dB，满足设计要求。

（7）在数据显示窗口中添加S（1，1）参数，如图4-63所示。从图中可以看出，滤波器的S11参数满足设计要求。

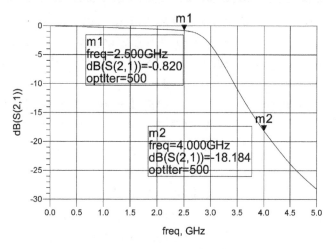

图 4-62　S（2，1）参数曲线

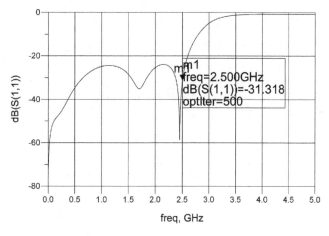

图 4-63　S（1，1）参数曲线

（8）值得注意的是，优化值达到设计目标时，单击"Optimization Cockpit"窗口里的【Update Design...】按钮将优化值更新到原理图中，如果直接单击关闭"Optimization Cockpit"窗口，也会提示是否将优化结果更新到原理图。

如果一次优化不能满足设计要求，可根据情况对优化目标、优化变量的取值范围、优化方法及次数等参量进行适当调整，以达到满意结果为止。当 CurrentEF 的值为 0 时，即为优化完成。

4.4.6　其他参数仿真

在进行原理图仿真时，还可以看到滤波器的群时延及寄生通带等参数。

完成优化后，单击原理图设计窗口中的"Deactive or Active Component"⊠按钮，然后单击优化控件 OPTIM，使优化控件显示一个红叉使这个控件失效，如图 4-64 所示。

1. 群延时参数

（1）双击 S 参数控件，在 S 参数设置窗口的"Parameters"选项卡中选中"Group delay"

选项，就会在仿真时计算群时延。

（2）在S参数设置窗口的“Frequency”选项卡中设置起始频率为 0.1GHz，终止频率为 5GHz，步长为0.01GHz。

（3）单击【Simulate】按钮进行仿真，在数据显示窗口中添加S(2，1）参数群延时的矩形图，其表达式为delay(2,1)，如图4-65所示。

2. 寄生通带

滤波器在其他频率成分上会产生寄生通带，下面就对寄生通带进行仿真，步骤如下。

（1）修改原理图中S参数仿真频率范围。把终止频率修改为10GHz。

OPTIM
Optim
Optim1
OptimType=Random
MaxIters=500
DesiredError=0.0
StatusLevel=4
FinalAnalysis="None"
NormalizeGoals=yes
SetBestValues=yes
Seed=
SaveSolns=yes
SaveGoals=yes
SaveOptimVars=no
UpdateDataset=yes
SaveNominal=no
SaveAllIterations=no
UseAllOptVars=yes
UseAllGoals=yes
SaveCurrentEF=no
EnableCockpit=yes
SaveAllTrials=no

图4-64　关闭优化控件

m1
m1
freq=2.500GHz
delay(2,1)=5.660E-10
delay(2,1)
6.0E-10
5.5E-10
5.0E-10
4.5E-10
4.0E-10
3.5E-10
3.0E-10
2.5E-10
0.0
0.5
1.0
1.5
2.0
2.5
3.0
3.5
4.0
4.5
5.0
freq, GHz

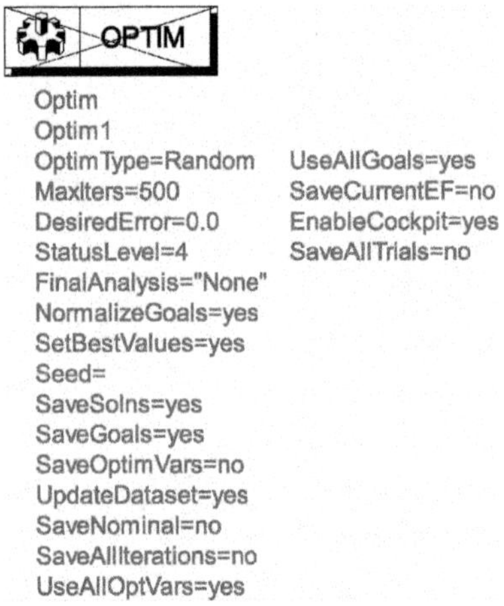

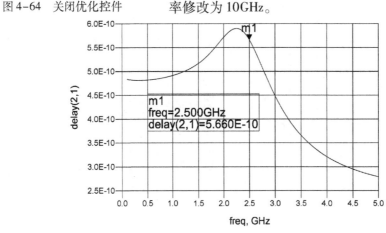

图4-65　群延时曲线

（2）单击工具栏中的【Simulate】按钮执行仿真，在数据显示窗口中添加S(2，1）参数，如图4-66所示。

m1
m1
freq=2.500GHz
dB(S(2,1))=-4.002
m2
m2
freq=8.540GHz
dB(S(2,1))=-7.890
dB(S(2,1))
0
-5
-10
-15
-20
-25
-30
-35
0
1
2
3
4
5
6
7
8
9
10
freq, GHz

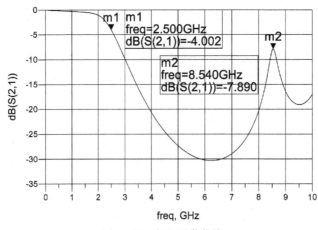

图4-66　寄生通带曲线

4.4.7　微带滤波器版图生成与仿真

原理图的仿真是在完全理想的状态下进行的，而实际电路板的制作往往和理论有较大的差距，这就需要考虑一些干扰、耦合等因素的影响。因此，需要在 ADS 中进一步对版图仿真。

1. 版图的生成

ADS 版图采用矩量法（Mom）进行电磁仿真，其仿真结果比在原理图中仿真更为准确，实际电路的性能可能会与原理图仿真结果有一定差异，因此，需要在 ADS 中进行版图仿真后才能制作实际的电路板。

（1）由原理图生成版图，需要把原理图中两个 Term 及接地失效掉，不让它们出现在版图中。单击原理图窗口中的"Deactive or Active Component" 按钮，然后单击端口 Term，使端口显示一个红叉，从而使这两个元器件失效，如图 4-67 所示。

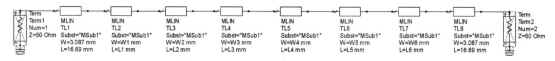

图 4-67　去掉终端负载和地

（2）选择原理图菜单中的【Layout】→【Generate/Update Layout】，系统将弹出一个"Generate/Update Layout"设置窗口（图 4-68），可进行起始元器件设置，这里应用它的默认设置，直接单击【OK】按钮，这时弹出"Status of Layout Generation"版图生成状态窗口（图 4-69），再单击【OK】按钮，完成版图的生成。

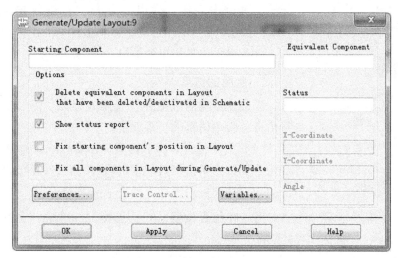

图 4-68　版图生成设置窗口

（3）完成版图生成后，系统将打开一个版图设计窗口，里面显示刚刚生成的版图。由滤波器原理图生成的版图如图 4-70 所示。同时，系统弹出滤波器版图各层属性窗口，如图 4-71 所示。

图 4-69　版图生成状态窗口

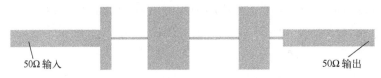

图 4-70　生成的版图

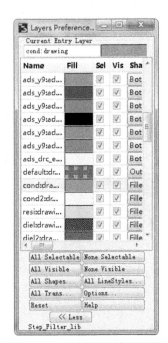

图 4-71　滤波器版图各层属性

（4）版图生成后首先要设置微带和基板的参数（即原理图中 MSUB 里的参数），执行菜单命令【EM】→【Substrate】，全部单击【OK】按钮，弹出"Substrate"设置窗口，执行菜单命令【File】→【Import】→【Substrate From Schematic…】，选择相对应的原理图，就可以更新这些参数，这里选择"Step_im_filter"，然后弹出"Step_im_filter"的 Substrate 设置窗口，可以在此窗口里进行叠层的设置（图 4-72）。鼠标左键单击选中不需要的导体，再单击右键，弹出 ▭ Unmap ，左键单击 Unmap，单击【OK】按钮，去掉该层导体，最后叠层如图 4-73 所示。

（5）单击工具栏里的 ▭ 按钮保存设置。

2. 版图的仿真

生成滤波器的版图并设置参数以后，需要对它的参数进行仿真，版图仿真的步骤如下。

（1）为了进行 S 参数仿真，需要在滤波器输入/输出端添加两个端口。单击工具栏中的 ▭ 按钮，在滤波器两边要加端口的地方分别单击添加上两个 port 端口。

（2）单击菜单栏中 ▭ 命令，打开 EM 仿真设置窗口，选择"Substrate"，在下拉框中选择"Step_im_filter"，如图 4-75 所示。

（3）选择 Frequency plan，设置仿真参数，如图 4-76 所示。

➤ Type = Adaptive，表示扫描类型为自适应的。

➤ Fstart = 0GHz，表示频率扫描的起始频率为 0GHz。

➤ Fstop = 5GHz，表示频率扫描的终止频率为 5GHz。

➤ Npts = 50，表示频率扫描的采样点为 50 个。

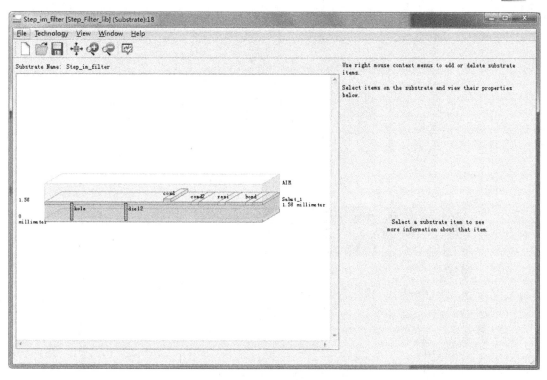

图 4-72　基片参数设置窗口

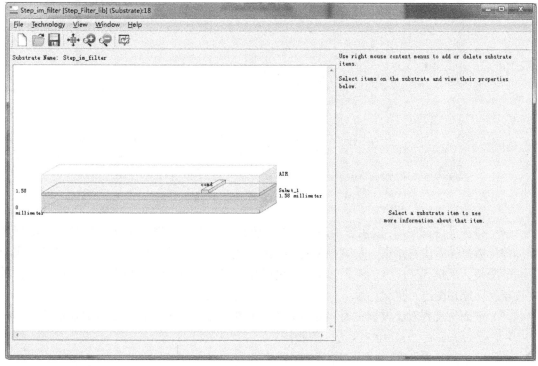

图 4-73　基片设置结果

图 4-74　版图中添加的端口

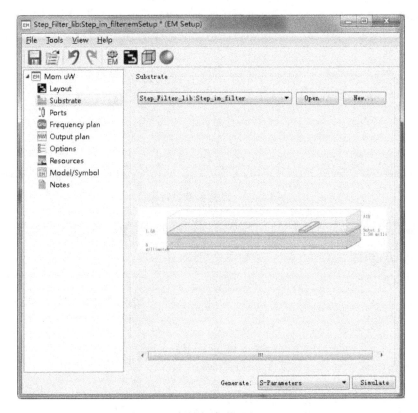

图 4-75　版图仿真设置窗口 (1)

（4）单击【Simulate】按钮开始进行仿真。仿真过程中会出现一个状态窗口显示仿真进程。等待数分钟后仿真结束，仿真结果将出现数据显示窗口，如图 4-77 所示。用鼠标拖动下面的滑条，观察 S(1，1)、S(2，2)、相频特性。其实，仿真结果并不满足设计要求，需要重新返回原理图进行优化仿真。

（5）下面仿真查看滤波器的寄生通带特性。在仿真设置窗口中改变仿真参数设置。

➢ Type = Adaptive，表示扫描类型为自适应的。

➢ Start = 0GHz，表示频率扫描的起始频率为 0GHz。

➢ Stop = 10GHz，表示频率扫描的终止频率为 10GHz。

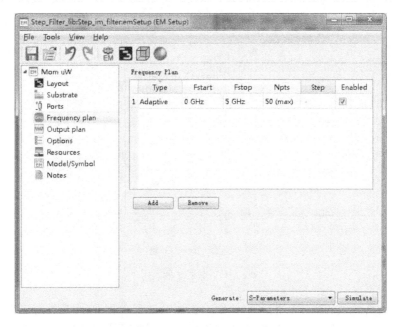

图 4-76　版图仿真设置窗口（2）

Mag/Phase of S(1,1)

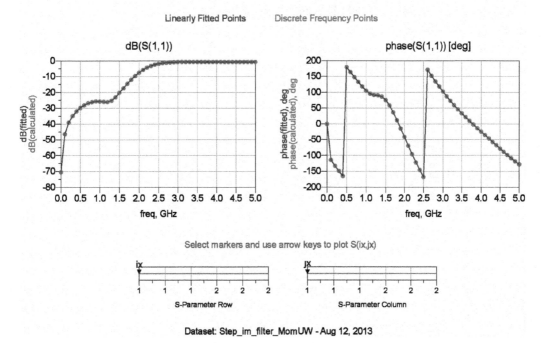

图 4-77　EM 仿真结果

➤ Npts = 50，表示频率扫描的采样点为 50 个。

（6）单击【Simulate】按钮开始进行仿真，得到的 S（2，1）参数曲线如图 4-78 所示，从图中可以看出，滤波器的寄生通带与电路图仿真时不相同。

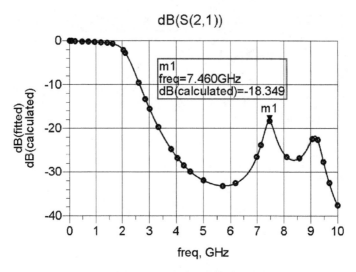

图 4-78　寄生通带曲线

　　如果版图仿真得到的曲线不满足指标要求，那么要重新回到原理图窗口进行优化仿真，可以改变优化变量的初值，也可根据曲线与指标的差别情况适当调整优化目标的参数，重新进行优化。

　　在返回原理图重新优化时，要先使刚才打红叉失效的元器件恢复有效，然后才能进行优化，重复前面所述的过程，直到版图仿真的结果达到要求为止。

第5章 低噪声放大电路设计

5.1 低噪声放大器设计理论基础

5.1.1 低噪声放大器在通信系统中的作用

低噪声放大器的主要作用是放大天线从空中接收到的微弱信号，减小噪声干扰，以供系统解调出所需的信息数据。当今，人们对各种无线通信工具的要求越来越高，如功率辐射要小、作用距离要远、覆盖范围要广等，这就对系统的接收灵敏度提出了更高的要求，系统接收灵敏度的计算公式为

$$S_{\min} = -144\left(\frac{\text{dBm}}{\text{Hz}}\right) + \text{NF} + 10\lg\text{BW}(\text{MHz}) + \frac{S}{N}(\text{dB}) \tag{5-1}$$

从式（5-1）中可以看出，一旦系统带宽和信噪比确定了，对系统的灵敏度起决定性作用的就只有 NF 了，而且从多级级联放大器的噪声系数公式：

$$\text{NF} = \text{NF}_1 + \frac{\text{NF}_2 - 1}{G_1} + \frac{\text{NF}_2 - 2}{G_1 G_2} + \cdots \tag{5-2}$$

其中，NF_n 为第 n 级放大器的噪声系数，G_n 为第 n 级放大器的增益。可以看出第一级放大级的噪声在整个接收机中处于重要地位，所以，低噪声放大器的设计对整个接收系统是很重要的，而且是提高灵敏度的关键手段之一。

5.1.2 低噪声放大器的主要技术指标

一个低噪声放大器的性能主要包含噪声系数、合理的增益和稳定性等，在整个有用频率范围内不会振荡，且这种放大器的典型工作状态是 A 类，其特征是，偏置点大约处于所使用器件的最大电流和电压能力的中心。下面就来讲解这几种参数。

1. 噪声系数 NF

放大器的噪声系数 NF 定义如下：

$$\text{NF} = \frac{S_{\text{in}}/N_{\text{in}}}{S_{\text{out}}/N_{\text{out}}} \tag{5-3}$$

式中，S_{in}、N_{in} 分别为输入端的信号功率和噪声功率；S_{out}、N_{out} 分别为输出端的信号功率和噪声功率。

噪声系数的物理含义是：信号通过放大器之后，由于放大器产生噪声，使信噪比变坏，信噪比下降的倍数就是噪声系数。

通常，噪声系数用分贝数表示，此时

$$NF(dB) = 10\lg(NF) \tag{5-4}$$

对单级放大器而言，其噪声系数的计算公式为

$$NF = NF_{min} + 4R_n \frac{|\Gamma_s - \Gamma_{opt}|}{(1 - |\Gamma_s|^2)|1 - \Gamma_{opt}|^2} \tag{5-5}$$

其中，NF_{min} 为晶体管最小噪声系数，是由放大器的管子本身决定的；Γ_{opt}、R_n 和 Γ_s 分别为获得 NF_{min} 时的最佳源反射系数、晶体管等效噪声电阻、晶体管输入端的源反射系数。

在某些噪声系数要求非常高的系统，由于噪声系数很小，用噪声系数表示很不方便，常常用噪声温度来表示：

$$N = KT_sB \tag{5-6}$$

式中，K 为玻耳兹曼常量 1.38×10^{-23}J/K；T_s 为有效温度，单位为 K；B 为带宽，单位为 Hz。

噪声温度与噪声系数的换算关系为

$$NF(dB) = 10\lg\left(1 + \left(\frac{KT_sB}{KT_0B}\right)\right) = 10\lg\left(1 + \left(\frac{T_s}{T_0}\right)\right) \tag{5-7}$$

其中，T_s 为放大器的噪声温度；$T_0 = 2900$K；NF 为放大器的噪声系数。

2. 放大器增益 G

在微波设计中，增益通常被定义为传输给负载 Z_L 的平均功率与信号源的最大资用功率之比：

$$G = \frac{F_L}{F_Z} \tag{5-8}$$

增益通常是在阻性信号源和阻性负载端接的情况下定义的，这就表明了信号源的资用功率都提供给了负载。放大器的资用功率经输出口适当匹配提供给终端，且增益的值通常是在固定的频点上测到的，又由于大多数放大器的增益—频率曲线的不平坦性，因此还必须说明增益的平坦度。

低噪声放大器都是按照噪声最佳匹配进行设计的，噪声最佳匹配点并非最大增益点，因此增益 G 要下降。噪声最佳匹配情况下的增益称为相关增益。通常，相关增益比最大增益大概低 2 ～ 4dB。

3. 增益、噪声和动态范围

接收系统增益确定后，就要对增益进行分配，增益分配首先要考虑接收机系统的噪声系数，一般来说，低噪声放大器的增益比较高，以减小放大器之后的器件或模块对系统的噪声影响。但是，低噪声放大器的增益又不能太高，太高则会影响后级混频器的失真和接收机的动态范围。

下面以某接收机为例来说明 3 者之间的关系。

接收机的噪声系数为 3dB，线性动态 DR 为 50dB，接收机的匹配信号带宽为 3.3MHz，最大输出信号电平为 $2V_{p-p}$（50Ω 系统）。

接收机的灵敏度为

$$S_{min} = -114 + NF + 10\lg\Delta F + \frac{S}{N} \approx -106dBm \tag{5-9}$$

接收机的最大输入信号电平功率为

$$P_{\text{in}} = S_{\text{min}} + \text{DR} = -56\,\text{dBm}$$

接收机的最大输出信号电平功率为

$$P_{\text{out}-1} = \frac{1}{20}\left(\frac{V_{\text{p-p}}}{2\sqrt{2}}\right)^2 = 10\,\text{dBm} \tag{5-10}$$

接收机的增益为 66dB。

动态范围的上限受非线性指标限制，要求更加严格时则定义为放大器非线性特性达到指定三阶交调系数时的输入功率值。

5.1.3　低噪声放大器的设计方法

1. 低噪声放大器的设计步骤

低噪声放大器的一般设计步骤如图 5-1 所示。

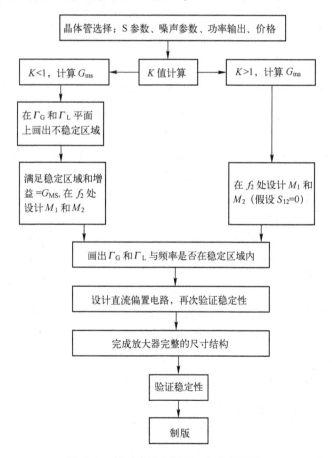

图 5-1　低噪声放大器的一般设计步骤

2. 放大器稳定性

一个微波管的射频绝对稳定条件是

$$K = \frac{1 - |S_{11}|^2 - |S_{22}|^2 + |D|^2}{2|S_{11}S_{22}|} > 1$$

$$|S_{11}|^2 < 1 - |S_{11}S_{22}| \qquad |S_{22}|^2 < 1 - |S_{12}S_{21}| \tag{5-11}$$

其中，$D = S_{11}S_{22} - S_{12}S_{21}$；$K$ 称为稳定性判别系数，$K > 1$ 时为稳定状态。只有当式（5-11）中的 3 个条件都满足时，才能保证放大器是绝对稳定的。

实际设计时，为了保证低噪声放大器稳定工作，还要注意使放大器避开潜在不稳定区。

对于潜在不稳定的放大器，至少有 2 种可选择的途径。

（1）引入电阻匹配元器件，使 $K \geqslant 1$ 和 $G_{\text{MAX}} \approx G_{\text{ns}}$。

（2）引入反馈，使 $K \geqslant 1$ 和 $G_{\text{MAX}} \approx G_{\text{ns}}$。

在实际设计中，为改善微波管自身稳定性，有以下 3 种方式。

（1）串接阻抗负反馈。

在 MESFET 的源极和地之间串接一个阻抗元器件，从而构成负反馈电路。对于双极型晶体管，则是在发射极经反馈元器件接地。在实际的微波放大器电路中，电路尺寸很小，外接阻抗元器件难以实现。因此反馈元器件常用一段微带线来代替，它相当于电感性元器件的负反馈。

（2）用铁氧体隔离器。

铁氧体隔离器应该加在天线与放大器之间，假定铁氧体隔离器的正向功率衰减为 α，反向功率衰减为 β，且 $\alpha > 1$，$\beta > 1$。则 $\Gamma = \dfrac{\Gamma_0}{\sqrt{\alpha\beta}}$

其中，Γ_0 为加隔离器前的反射系数；Γ 为加隔离器后的反射系数。

用以改善稳定性的隔离器应该具有如下特性。

➢ 频带必须很宽，要能够覆盖低噪声放大器不稳定频率范围。

➢ 反向隔离度并不要求太高。

➢ 正向衰减只需保证工作频带之内有较小衰减，以免影响整机噪声系数，而工作频带外，则没有要求。

➢ 隔离器本身端口驻波比要小。

（3）稳定衰减器。

Π型阻性衰减器是一种简易可行的改善放大器稳定性的措施，通常接在低噪声放大器末级输出口，有时也可以加在低噪声放大器内的级间。由于衰减器是阻型衰减，因此不能加在输入口或前级的级间，以免影响噪声系数。在不少情况下，放大器输出口潜在不稳定区较大，在输出端加Π型阻性衰减器，对改善稳定性相当有效。

5.2 ATF54143 DataSheet 研读

本节以 Avago 公司的 ATF54143 为例，介绍低噪声放大器实例与仿真。

有源电路（如放大器和振荡器）的核心都是晶体管，设计之前必须详细了解晶体管的各方面参数和性能，这是选择晶体管进行设计的基础。而半导体公司提供的晶体管的芯片资料（DataSheet）是设计者获得有关晶体管信息最重要的资料，所以如何有效阅读一篇晶体管的芯片资料是每个射频电路设计者必须要掌握的。下面以 Agilent 公司的高电子迁移率晶体管（PHEMT）ATF54143 的芯片资料为例子，看看如何阅读一篇晶体管芯片资料。ATF54143 的 DataSheet 资料请读者到安捷伦科技网站下载。

ATF54143 是 Agilent 科技半导体部（现为 Avago 科技）出品的一款低噪声增强型高电子迁移率晶体管，使用表面贴片安装（SMD）塑封封装。

第 1 页简要介绍了 ATF54143 的主要性能、关键参数和主要应用等。

在 Description 中介绍了 ATF54143 是一款低噪声增强型高电子迁移率晶体管，封装为 4 引脚 SC-70 表面安装塑料封装。其高增益、高线性度和低噪声可用于从 450 MHz ～ 6GHz 范围内的系统。

在 Features 里简要说明了该晶体管的特点，包括高线性度、低噪声、800μm 的栅极宽度（在半导体工艺里面，栅极宽度是决定整个工艺的最核心参数），以及低成本的封装。

在 Specifications（图 5-2）里面描述了该晶体管在其典型工作频率（2GHz）和典型偏置（3V、60mA）时的主要性能，包括 3 阶交调、1dB 压缩点、噪声系数、资用增益等。

在 Applications 里列举了 ATF54143 的主要应用，主要用作各类低噪声放大器电路。

Specifications
2 GHz; 3V, 60 mA (Typ.)

· 36.2 dBm output 3rd order intercept
· 20.4 dBm output power at 1 dB gain compression
· 0.5 dB noise figure
· 16.6 dB associated gain

图 5-2　ATF54143 的特性

第 2 页的表"ATF54143 Absolute Maximum Ratings"给出了 ATF54143 可以承受的最大功率、电压、电流和温度。在设计的时候，尤其注意相关的电压和功率不能超过最大值；否则，管子会损坏。

第 3 页的列表"ATF54143 Electrical Specification"给出了在一定温度下（$T_A = 25℃$）晶体管的主要参数（图 5-3）。

ATF-54143 Electrical Specifications
$T_A = 25℃$, RF parameters measured in a test circuit for a typical device

Symbol	Parameter and Test Condition		Units	Min.	Typ.[2]	Max.
Vgs	Operational Gate Voltage	Vds = 3V, Ids = 60 mA	V	0.4	0.59	0.75
Vth	Threshold Voltage	Vds = 3V, Ids = 4 mA	V	0.18	0.38	0.52
Idss	Saturated Drain Current	Vds = 3V, Vgs = 0V	μA	—	1	5
Gm	Transconductance	Vds = 3V, gm = Δldss/ΔVgs; ΔVgs = 0.75 - 0.7 = 0.05V	mmho	230	410	560
Igss	Gate Leakage Current	Vgd = Vgs = -3V	μA	—		200
NF	Noise Figure[1]	f = 2 GHz　Vds = 3V, Ids = 60 mA	dB	—	0.5	0.9
		f = 900 MHz　Vds = 3V, Ids = 60 mA	dB		0.3	
Ga	Associated Gain[1]	f = 2 GHz　Vds = 3V, Ids = 60 mA	dB	15	16.6	18.5
		f = 900 MHz　Vds = 3V, Ids = 60 mA	dB		23.4	
OIP3	Output 3rd Order Intercept Point[1]	f = 2 GHz　Vds = 3V, Ids = 60 mA	dBm	33	36.2	—
		f = 900 MHz　Vds = 3V, Ids = 60 mA	dBm		35.5	—
P1dB	1dB Compressed Output Power[1]	f = 2 GHz　Vds = 3V, Ids = 60 mA	dBm	—	20.4	
		f = 900 MHz　Vds = 3V, Ids = 60 mA	dBm		18.4	

Notes:
1. Measurements obtained using production test board described in Figure 5.
2. Typical values measured from a sample size of 450 parts from 9 wafers.

图 5-3　ATF54143 的电学特性

对于不同用途的晶体管，设计者一般只关注跟具体用途和设计关系密切的参数。例如，

ATF54143 的一个重要应用就是低噪声放大器，那么在设计低噪声放大器时晶体管的 NF 参数性能就受到特别关注，表中标明了 NF 在频率 2GHz 和一定偏置（$V_{ds}=3V$，$I_{ds}=60mA$）的情况下的噪声参数典型值为 0.5dB，在频率 900 MHz 时为 0.3dB。通常设计者在低噪声放大器晶体管比较选型时，这个参数是重点。它的 1dB 压缩点在 2 GHz 的时候为 20.4dBm，在 900MHz 的时候为 18.4dBm。也就是说，在设计时晶体管的输出功率不能超出对应的值；否则，会引起失真。

第 4 页和第 5 页 "ATF54143 Typical Performance Curves" 的图描述了在不同频率（2GHz、900MHz）、不同偏置（V_{ds}、I_{ds}）下晶体管关键性能（F_{min}、GAIN、OIP3、P1dB）的变化曲线图。例如，在图 5-4 中可以看到，当 $V_{ds}=3V$ 时，I_d 在 20mA 时，F_{min} 大约为 0.41dB，此时最大增益约为 16.3dB。

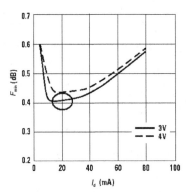

Figure 6. Fmin vs. I$_{ds}$ and V$_{ds}$ Tuned for Max OIP3 and Fmin at 2 GHz.

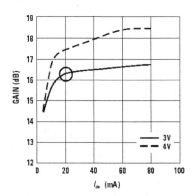

Figure 8. Gain vs. I$_{ds}$ and V$_{ds}$ Tuned for Max OIP3 and Fmin at 2 GHz.

图 5-4　ATF54143 典型特性曲线

根据产品的要求，在设计低噪声放大器时，工程师都是从放大器的产品指标出发（这些设计指标包括 F_{min}、GAIN、OIP3、P1dB），根据这些图表选择适当的偏压 V_{ds}、偏置电流 I_{ds}。如图 5-5 所示的是在有最大 OIP3 时的参数。

ATF-54143 Reflection Coefficient Parameters tuned for Maximum Output IP3, V_{DS} = 3V, I_{DS} = 60 mA

Freq (GHz)	ΓOut_Mag.[1] (Mag)	ΓOut_Ang.[1] (Degrees)	OIP3 (dBm)	P1dB (dBm)
0.9	0.017	115	35.54	18.4
2.0	0.026	-85	36.23	20.38
3.9	0.013	173	37.54	20.28
5.8	0.025	102	35.75	18.09

图 5-5　晶体管达到最大 OIP3 时的参数

从第 6 页到第 9 页列出了在某个特定偏置（V_{ds}，I_{ds}）下的 S 参数（图 5-6）和噪声参数（图 5-7），ADS 的器件库中的 S Parameter Library 库就是此类 SNP 文件的集合。S Parameter Library 中器件只能进行 S 参数和噪声的仿真，不能进行直流仿真（直流偏置已确定）。

ATF-54143 Typical Scattering Parameters, $V_{DS} = 3V$, $I_{DS} = 40\,mA$

Freq. GHz	S_{11} Mag.	S_{11} Ang.	dB	S_{21} Mag.	S_{21} Ang.	S_{12} Mag.	S_{12} Ang.	S_{22} Mag.	S_{22} Ang.	MSG/MAG dB
0.1	0.99	-17.6	27.99	25.09	168.5	0.009	80.2	0.59	-12.8	34.45
0.5	0.83	-76.9	25.47	18.77	130.1	0.036	52.4	0.44	-54.6	27.17
0.9	0.72	-114	22.52	13.37	108	0.047	40.4	0.33	-78.7	24.54
1.0	0.70	-120.6	21.86	12.39	103.9	0.049	38.7	0.31	-83.2	24.03
1.5	0.65	-146.5	19.09	9.01	87.4	0.057	33.3	0.24	-99.5	21.99
1.9	0.63	-162.1	17.38	7.40	76.6	0.063	30.4	0.20	-108.6	20.70
2.0	0.62	-165.6	17.00	7.08	74.2	0.065	29.8	0.19	-110.9	20.37
2.5	0.61	178.5	15.33	5.84	62.6	0.072	26.6	0.15	-122.6	19.09
3.0	0.61	164.2	13.91	4.96	51.5	0.080	22.9	0.12	-137.5	17.92
4.0	0.63	138.4	11.59	3.80	31	0.094	14	0.10	176.5	16.06
5.0	0.66	116.5	9.65	3.04	11.6	0.106	4.2	0.14	138.4	14.57

图 5-6 S 参数列表

第 10 页到第 11 页给出了 ATF54143 的典型应用电路的信息。这里面包括 2 个偏置不同的电路，一个为无源偏置，一个为有源偏置。

第 12 页给出了 ATF54143 的模型（图 5-8），在 Avago 公司提供的 ATF54143 的 ADS 模型的 zap 文件里的就是这个模型。这是晶体管的完整模型，可以进行从直流偏置到 S 参数的全部仿真。在没有晶体管的 zap 文件的情况下，设计者可以根据 DataSheet 所提供的模型参数自行在 ADS 里面建模。

Typical Noise Parameters, $V_{DS} = 3V$, $I_{DS} = 40\,mA$

Freq GHz	F_{min} dB	Γ_{opt} Mag.	Γ_{opt} Ang.	$R_{n/50}$	G_a dB
0.5	0.17	0.34	34.80	0.04	27.83
0.9	0.22	0.32	53.00	0.04	23.57
1.0	0.24	0.32	60.50	0.04	22.93
1.9	0.42	0.29	108.10	0.04	18.35
2.0	0.45	0.29	111.10	0.04	17.91
2.4	0.51	0.30	136.00	0.04	16.39
2.9	0.59	0.32	169.90	0.05	15.40
3.9	0.69	0.34	-151.60	0.05	13.26
5.0	0.90	0.45	-119.50	0.09	11.89

图 5-7 噪声参数列表

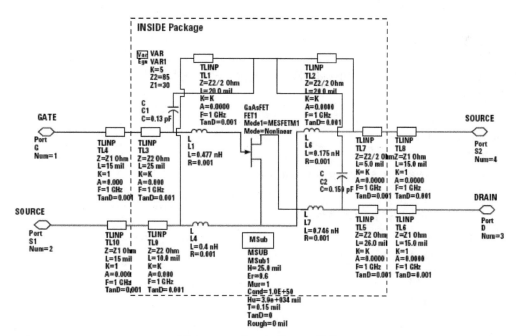

图 5-8 ATF54143 的 ADS 模型

第 13 页给出了关于 ATF54143 的非线性模型的一些信息（图 5-9）。非线性模型牵涉晶体管源极的分布电感，如在 PCB 上加了接地孔。

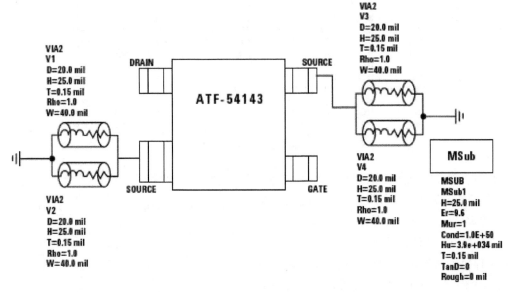

Figure 3. Adding Vias to the ATF-54143 Non-Linear Model for Comparison to Measured S and Noise Parameters.

图 5-9   加了接地孔的 ATF54143 非线性模型

第 14 页给出了噪声参数应用信息。

第 15 页给出了 SOT-343 封装尺寸。

第 16 页为产品的包装信息。

5.3   LNA 实例

本实例采用 Avago 的一款 PHEMT FET 来进行低噪声放大器的设计。

设计目标如下。

➤ 工作频率 2.4 ~ 2.5GHz ISM 频段。

➤ 噪声系数 NF < 0.7。

➤ 增益 Gain > 15。

➤ 输入驻波 VSWRin < 1.5，输出驻波 VSWRout < 1.5。

设计大致步骤如下。

（1）下载并安装晶体管的库文件。

（2）直流分析。

（3）偏置电路设计。

（4）稳定性分析。

（5）噪声系数圆和输入匹配。

（6）最大增益的输出匹配。

（7）匹配网络的实现。

（8）版图的设计。

（9）原理图—版图联合仿真（co-simulation）。

5.3.1　下载并安装晶体管的库文件

（1）ADS2011 自带元器件库里并无 ATF54143 元器件模型，可以直接从 Avago 公司的网站（http://www.avagotech.com）下载该晶体管的 ADS 模型（atf54143_010407.zap）。然后进入 ADS 主界面，执行菜单命令【File】→【Unarchive Workspace or Project...】，释放此文件，如图 5-10 所示。

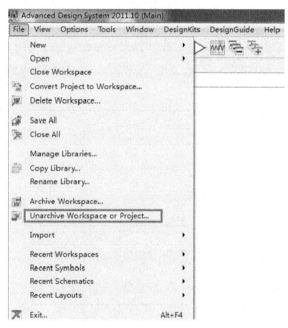

图 5-10　释放 zap 文件

（2）弹出一个"Convert Project to Workspace Wizard"的向导对话框。在向导中按照步骤选择"atf54143_010407.zap"文件，把它释放到目标文件夹，最终生成一个"atf54143_010407_wrk"的 ADS 工程（图 5-11）。值得注意的是，解压路径中最好不要有中文，否则可能报错。

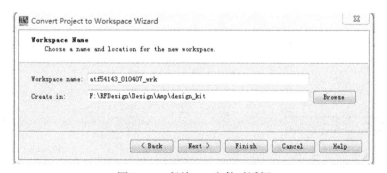

图 5-11　释放 zap 文件对话框

（3）新建一个工程"LNA_ATF54143_wrk"。执行菜单命令【File】→【New】→【Workspace】。此时弹出一个新建工程向导，按照向导一步一步地设置，如图 5-12 所示。

图 5-12　在工程向导中加入 muRata 器件库

（4）在该设计中，需要加入 ATF54143 的模型。执行菜单命令【File】→【Manage Libraries…】，弹出"Manage Libraries"对话框，单击【Add Library Definition File…】按钮，如图 5-13 所示。

图 5-13　"Manage Library"对话框

在弹出的"Select Library Definition File"对话框中找到"atf54143_010407_wrk"的文件夹，选择 lib.defs 文件，单击打开按钮，最终可以看到"atf54143_010407_wrk"，如图 5-14 所示。

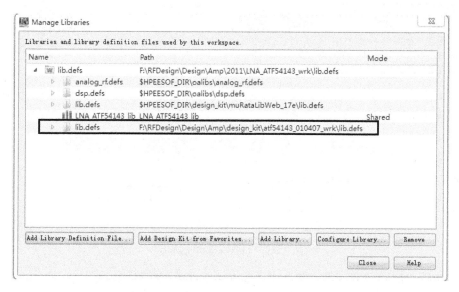

图 5-14　完成 ATF54143 库文件的加入

在"LNA_ATF54143_wrk"的"Library View"目录下也可以看到"atf54143_010407_lib"，如图 5-15 所示。

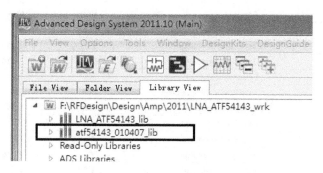

图 5-15　"LNA_ATF54143_wrk"的"Library View"目录

5.3.2　直流分析 DC Tracing

设计 LNA 的第一步是确定晶体管的直流工作点。

（1）新建一个原理图，在"Schematic Design templates"选择"ads_templates：DC_FET_T"（图 5-16），新建原理图名为"ATF54143_DC_T"。

（2）单击【OK】按钮，打开这个原理图，可以看到它里面已经把"FET DC Tracing"的控件放置好了（图 5-17）。

（3）单击元器件库按钮，打开元器件库列表（图 5-18）。

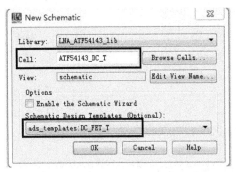

图 5-16 新建 DC_FET_T 原理图

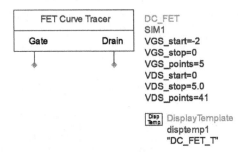

图 5-17 DC_FET_T 原理图

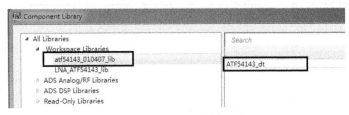

图 5-18 打开元器件库列表

（4）选择"ATF54143_dt"，右击"Place compnent"添加至原理图。

（5）下面需要设置 DC_FET 控件的参数。在 ATF54143 的 DataSheet 里面（图 5-19）可以看到 ATF54143 的 V_{GS} 为 $0.3 \sim 0.7V$。（ATF54143 为 PHEMT FET，V_{GS} 的值需要为负。）

ATF-54143 Absolute Maximum Ratings [1]

Symbol	Parameter	Units	Absolute Maximum
V_{DS}	Drain - Source Voltage [2]	V	5
V_{GS}	Gate - Source Voltage [2]	V	-5 to 1
V_{GD}	Gate Drain Voltage [2]	V	-5 to 1
I_{DS}	Drain Current [2]	mA	120
P_{diss}	Total Power Dissipation [3]	mW	725
$P_{in\,max.}$	RF Input Power	dBm	20 [5]
I_{GS}	Gate Source Current	mA	2 [5]
T_{CH}	Channel Temperature	℃	150
T_{STG}	Storage Temperature	℃	-65 to 150
θ_{jc}	Thermal Resistance [4]	℃/W	162

Notes:
1. Operation of this device in excess of any one of these parameters may cause permanent damage.
2. Assumes DC quiescent conditions.
3. Source lead temperature is 25℃. Derate 6.2 mW/℃ for $T_L > 33$℃.
4. Thermal resistance measured using 150℃ Liquid Crystal Measurement method.
5. The device can handle +20 dBm RF Input Power provided I_{GS} is limited to 2 mA. I_{GS} at P_{1dB} drive level is bias circuit dependent. See application section for additional information.

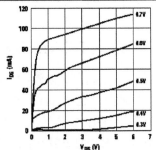

Figure 1. Typical I-V Curves.
($V_{GS} \approx 0.1$ V per step)

图 5-19 ATF54143 电气性能最大限值

（6）根据图 5-19 可以设置相关参数并用 ╲ 图标连接原理图，如图 5-20 所示。

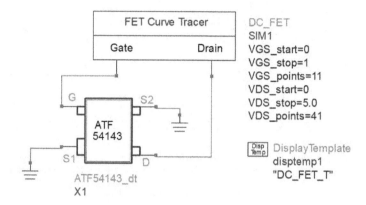

图 5-20　完整 DC_FET_T 原理图

图 5-20 中 DC_FET 中的各项参数设置如下。

➢ VGS_start：起始栅极电压。
➢ VGS_stop：终止栅极电压。
➢ VGS_points：栅电流值的采样点数目。
➢ VDS_start：初始漏—源电压。
➢ VDS_stop：终止漏—源电压。
➢ VDS_points：漏—源电压值的采样点数目。

（7）单击 ⚙ 图标开始仿真。因为原理图用的是模板，带有显示模板，所以仿真结果直接就显示了如图 5-21 所示的图线。

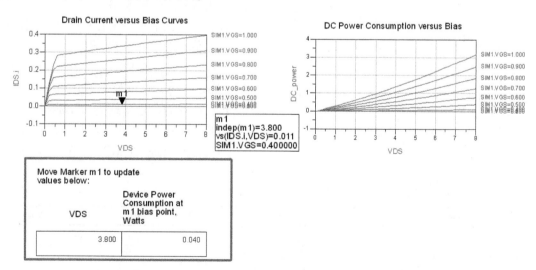

图 5-21　ATF54143 直流特性图

从 ATF54143 的 DataSheet 上可以看到噪声、增益、OIP3 与 V_{ds} 和 I_{gs} 的关系，从而确定晶体管工作点，如图 5-22 所示。

149

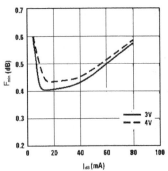

Figure 6. Fmin vs. I_{ds} and V_{ds} Tuned for Max OIP3 and Fmin at 2 GHz.

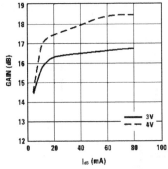

Figure 8. Gain vs. I_{ds} and V_{ds} Tuned for Max OIP3 and Fmin at 2 GHz.

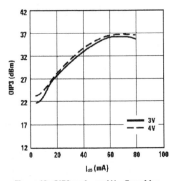

Figure 10. OIP3 vs. I_{ds} and V_{ds} Tuned for Max OIP3 and Fmin at 2 GHz.

图 5-22　ATF54143 直流偏置曲线

从图 5-22 里面可以看到，在 2GHz 的时候，当 $V_{ds}=3V$ 且 $I_{ds}=60mA$ 时，F_{min} 仅仅比 $I_{ds}=20mA$ 时高了 0.1dB，但是 OIP3 却高出了很多。综合考虑，ATF54143 直流工作点就设为 $V_{ds}=3V$、$I_{ds}=60mA$。

5.3.3　偏置电路的设计

（1）创建一个新的原理图，命名为"biasCircuit"。在原理图中放入 ATF54143 的模型，在工具栏的控件下拉菜单中选择"Transistor Bias"，选择其中的"DA_FETBias"工具，如图 5-23 所示。

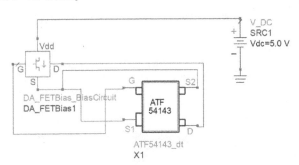

图 5-23　偏置电路原理图

（2）ATF54143 的芯片资料中列出了电参数的典型值，如图 5-24 所示。双击 DA_FETBias_BiasCircuit 控件，在弹出的对话框里按照芯片资料上列出的典型值设置控件参数，如图 5-25 所示。

（3）执行菜单命令【Design Guide】→【Amplifier】，弹出放大器设计向导对话框，在 Tools 里面选择"Transistor Bias Utility"。在弹出来的对话框中选择"Transistor Bias Utility"，如图 5-26 所示。

ATF-54143 Electrical Specifications

T_A = 25℃, RF parameters measured in a test circuit for a typical device

Symbol	Parameter and Test Condition		Units	Min.	Typ.[2]	Max.
Vgs	Operational Gate Voltage	Vds = 3V, Ids = 60 mA	V	0.4	0.59	0.75
Vth	Threshold Voltage	Vds = 3V, Ids = 4 mA	V	0.18	0.38	0.52
Idss	Saturated Drain Current	Vds = 3V, Vgs = 0V	μA	—	1	5
Gm	Transconductance	Vds = 3V, gm = ΔIdss/ΔVgs; ΔVgs = 0.75 - 0.7 = 0.05V	mmho	230	410	560
Igss	Gate Leakage Current	Vgd = Vgs = -3V	μA	—	—	200

图 5-24　ATF54143 电参数的典型值

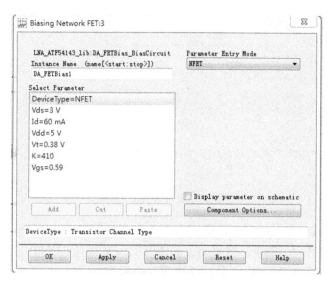

图 5-25　DA_FETBias 参数设置

（4）单击【OK】按钮，弹出 "Transistor Bias Utility" 对话框。这里会自动寻找到在原理图中的 DA_FETBias1 控件并导入其中各项参数，如图 5-27 所示。

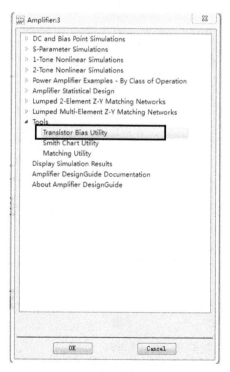

图 5-26　放大器设计向导对话框

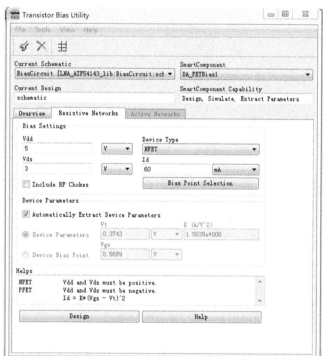

图 5-27　"Transistor Bias Utility" 对话框

（5）单击【Design】按钮，弹出下一步进入的 "Bias Network Selection" 对话框，单击【OK】按钮，ADS 自动生成一个偏置电路，如图 5-28 所示。

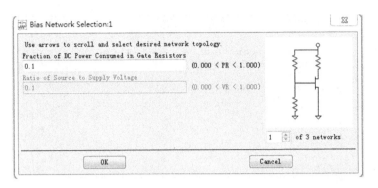

图 5-28　设置偏置电路类型

在 "Bias Network Selection" 对话框里面有 3 个偏置网络可以选择，另外两个偏置电路如图 5-29 所示。在另两个偏置网络里面，晶体管的源极是有电阻的，但通常在 LNA 的设计中，S 极只接反馈电感（微带线），所以选用第一个偏置网络。

（6）单击【OK】按钮，ADS 自动生成偏置网络。可以通过选择 "DA_FETBias-1" 控件，再单击 图标来看偏置子电路，如图 5-30 所示。

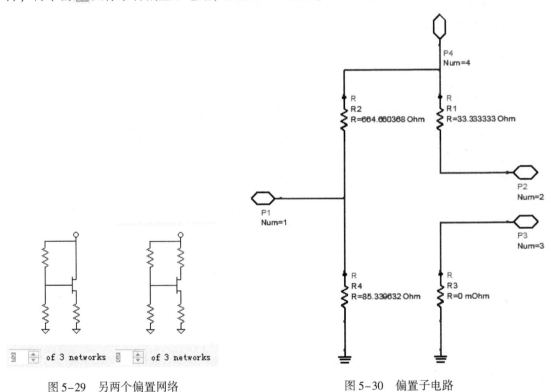

图 5-29　另两个偏置网络

图 5-30　偏置子电路

从图中可以看到，R1、R2 和 R4 的电阻值都不是常规标称值，它们仅仅是理论计算的结果。后面会用相近的常规标称值电阻代替。

（7）单击 图标进行仿真。仿真结束后，执行菜单命令【Simulate】→【Annotate DC Solution】，可以看到原理图中电路各节点的电压和电流，如图 5-31 所示。

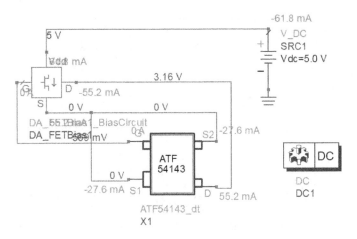

图 5-31　晶体管各端偏置电压和电流

（8）重建一个原理图，命名为"biasCircuit2"，添加各种元器件和控件，并按照图 5-32 所示的画好偏置电路。

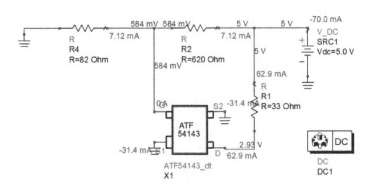

图 5-32　偏置电路原理图

5.3.4　稳定性分析

（1）创建一个新的原理图，命名为"LNA_schematic_1"（图 5-33）。

因为要进行 S 参数的仿真，所以加了很多控件，其中"Term"是端口，一般都默认 50Ohm；"StabFact"控件是稳定系数，也就是 K，在这里要求 $K > 0$；"MaxGain"是最大增益控件（注意不是实际增益，实际增益是 S21）；"S-PARAMETERS"控件里面设置仿真的参数。

另外，放大器的直流和交流通路之间要加射频扼流电路，它实质是一个无源低通电路，使直流偏置信号（低频信号）能传输到射频信号通路上，而晶体管的射频信号（频率很高，在这里是 2.4GHz 的传输信号）无法进入直流偏置，实际中一般是一个电感，有时也会加一个旁路电容接地，在这里先用【DC_Feed】扼流电感代替。同时，直流偏置信号不能传到两端的 Term，需要加隔直电容，这里先用【DC_Block】隔直电容代替。

（2）单击 图标开始仿真。仿真结束后，单击数据显示窗口左侧的 图标，弹出"Plot Traces&Attributes"对话框，如图 5-34 所示。

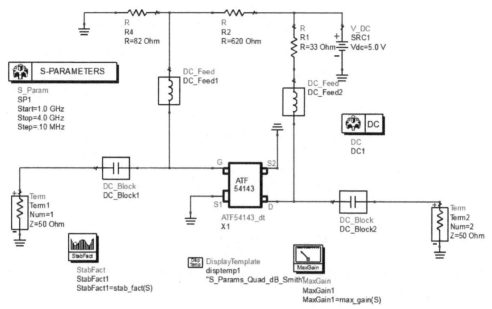

图 5-33　加入理想隔直和射频扼流的原理图

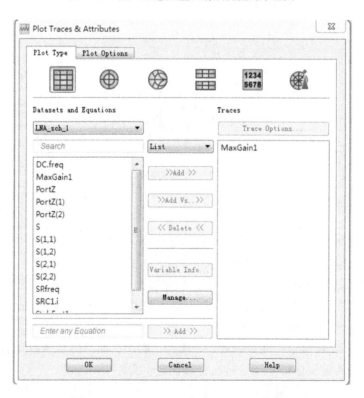

图 5-34　"Plot Traces & Attributes" 对话框

（3）选择显示"MaxGain1"和"Stabfact1"的曲线，单击【OK】按钮。然后单击数据显示窗口的 图标可以看曲线上某个频率点的精确数值，如图 5-35 所示。

154

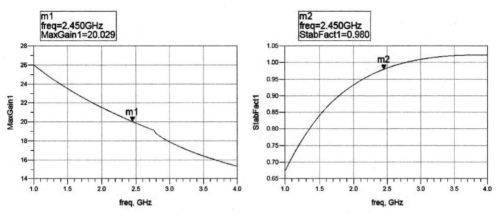

图 5-35　最大增益和稳定系数 K 的曲线

从图 5-35 里可以看出，在 2.45 GHz 时，最大增益为 20dB，稳定系数 $K=0.98$，小于 1。从晶体管放大器理论可知，只有绝对稳定系数 $K>1$，放大器电路才会稳定，这里 $K<1$，不稳定。

（4）使系统稳定的最常用的办法就是加负反馈，本例将在 PHEMT 的两个源极加小电感作为负反馈，如图 5-36 所示。添加变量控件，为了便于调节参数，把两个电感的值设成变量 Ls，通过 VAR1 赋值。

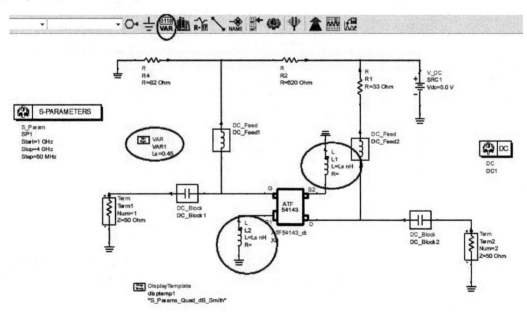

图 5-36　晶体管加负反馈原理图

（5）通过反复调节反馈电感值，使其在工作频率范围内稳定。本例通过调节，Ls 的值为 0.45nH，得到仿真结果如图 5-37 所示。

下面就把理想的 DC_Feed 元器件改成实际真实的器件，本实例选用 ATC 公司（American Technical Ceramics Corp.）的电容和电感。整个原理图如图 5-38 所示。

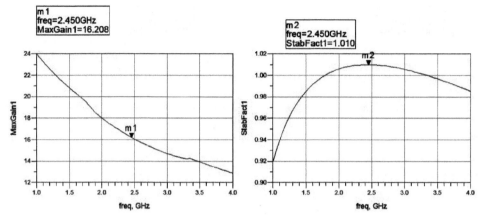

图 5-37　调节 Ls 后的最大增益和稳定性曲线

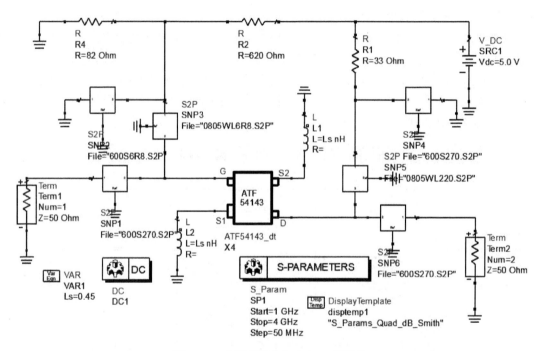

图 5-38　在原理图中加入 ATC 元器件

　　在原理图中，晶体管栅极扼流电路采用 ATC0806WL6R8 的串联电感和 ATC600S6R8 的旁路电容，漏极扼流电路采用 ATC0805WL220 的串联电感和 ATC600S270 的旁路电容，隔直电容用 ATC600S270。

　　(6) 下面是仿真结果，如图 5-39 所示。

　　下面需要把晶体管极的两个电感换成短路微带线的形式。一方面是因为这两个电感值太小，实际的分立电感很难做到；另一方面是因为从调节这两个电感值就可以发现，这两个电感值很小的改变，就会对整个电路的稳定性产生很大影响。由于分立电感本身的误差和寄生参数等影响太大，所以用微带线来代替。

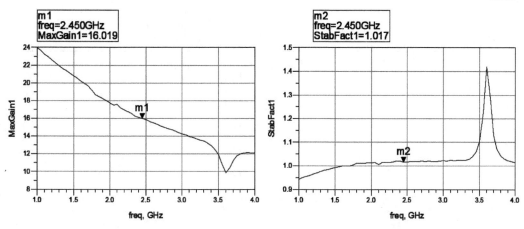

图 5-39　加入 ATC 电容电感后的仿真结果

（1）关于对给定电感值算出等效传输线有现成的公式：

$$l = \frac{11.81L}{Z_0 \sqrt{\varepsilon_r}}$$

式中，l 是微带线的长度（单位 inch）；L 是电感值（单位 nH）；Z_0 就是 PCB 上微带线的特征阻抗。这就需要在原理图中插入 PCB 的相关参数信息，这里用 RO4003 射频板。

（2）在"TLines – Microtrip"元器件库中添加"MSub"控件，微带线用"MLSC"，添加到原理图中，此时整个原理图如图 5-40 所示。图中，晶体管源极微带线宽为 0.5mm，特征阻抗为 79Ohm，最后算出来的长度为 0.92mm。此时整个原理图如图 5-40 所示。

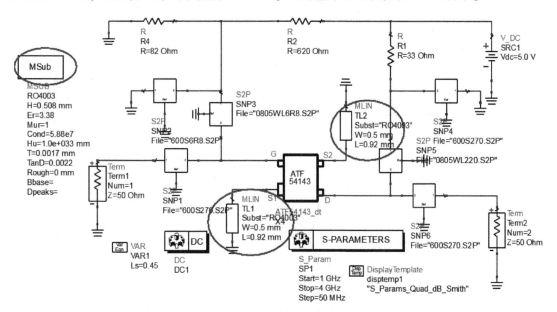

图 5-40　加了负反馈的原理图

（3）图 5-41 给出了图 5-40 的仿真结果。

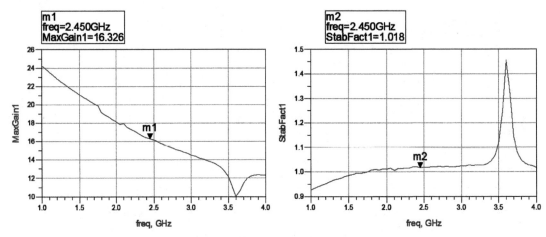

图 5-41   加了负反馈的仿真结果

（4）为了对这个负反馈仿真得更精确，下面在 layout 中对这个短路微带线进行进一步的仿真。新建 layout，命名为"Feedback"。

单击"Substrate Editor"图标 ，弹出"substrate"对话框。选中左侧微带板三维图中的 cond，然后单击右侧"Material"的【Edit Material】按钮，如图 5-42 所示。弹出"Material Definition"对话框。

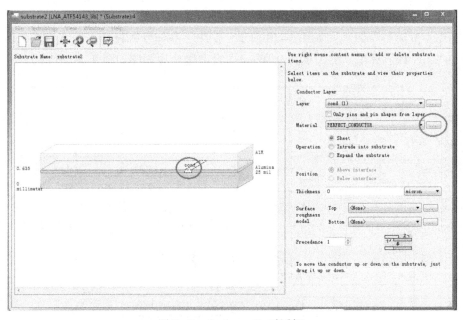

图 5-42   "substrate"对话框

在"Material Definitions"对话框里，选择"Conductors"选项卡，单击【Add From Database…】按钮，弹出"Add Materials From Database"对话框，如图 5-43 所示。在对话框中选择"Conductors"选项卡，选择 Copper，单击【OK】按钮，这样 Copper 就被添加到 Material 库中。同样在 Dielectrics 中将 RO4003 添加进来，如图 5-44 所示。

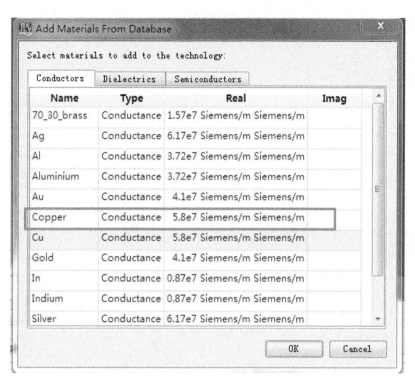

图 5-43　"Add Materials From Database" 对话框

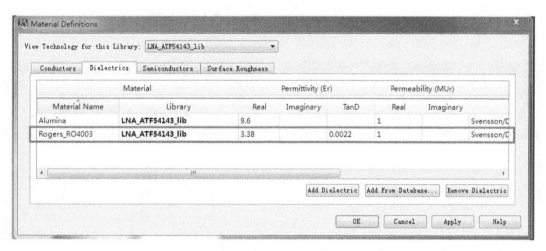

图 5-44　加入 RO4003

回到 "substrate" 对话框，设置 cond 层的 Matrial 为 Copper，如图 5-45 所示。

同样设置 cond2 层和介质层分别为 Copper 和 RO4003，并设置介质层厚度为 0.508mm。

在 "substrate" 对话框中，选中左侧微带板三维图中的介质层，右击鼠标，再单击 "Map Conductor Via"，在介质层中加入过孔。选中该 hole，将其属性设置为 Copper，保存所有设置，如图 5-46 所示。

回到该 layout 文件，执行菜单命令【EM】→【Component】→【Parameters…】，弹出 "Design

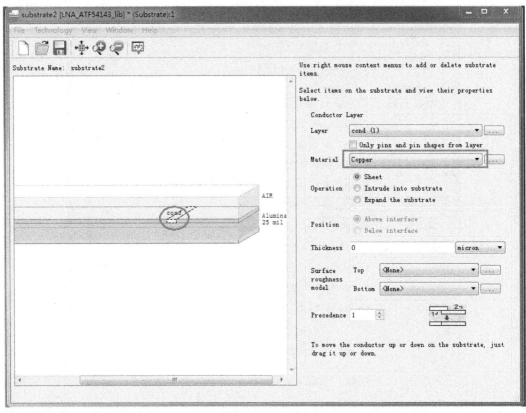

图 5-45 设置 cond 层为 Copper

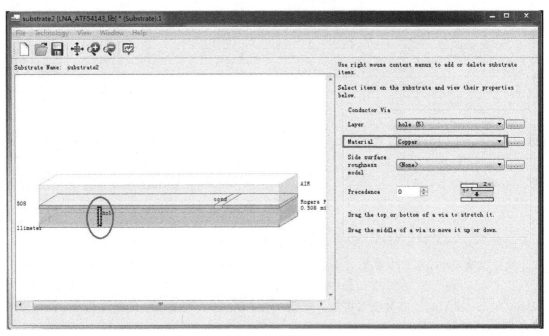

图 5-46 设置 via

Parameters：2" 对话框，在对话框里新建两个变量：w、l，其中 w 为微带线的宽度，设定其为 Subnetwork 类型（另一个为 Nominal/Pertubed 类型，也就是可以设置初值和扰动的范围），其值为 0.5。l 为微带线的长度，也设为 Subnetwork 类型，其值为 0.92，如图 5-47 所示。

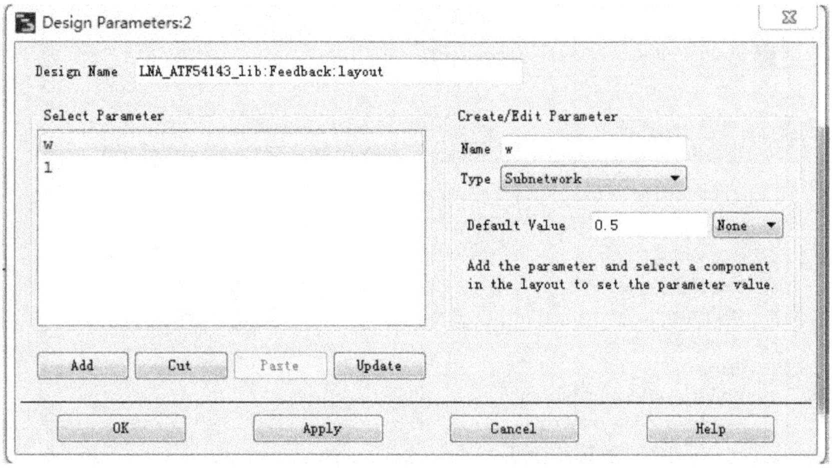

图 5-47　"Design Parameters：2" 对话框

　　在 "TLines – Microstrip" 元器件库中选择 "MLIN"，添加微带线 TL1 到 layout 中。双击 TL1，弹出 "Libra Microstrip Line：2" 对话框，在其中设置微带线的长宽分别为 $w$mm 和$l$mm（mm 为单位，毫米），如图 5-48 所示。

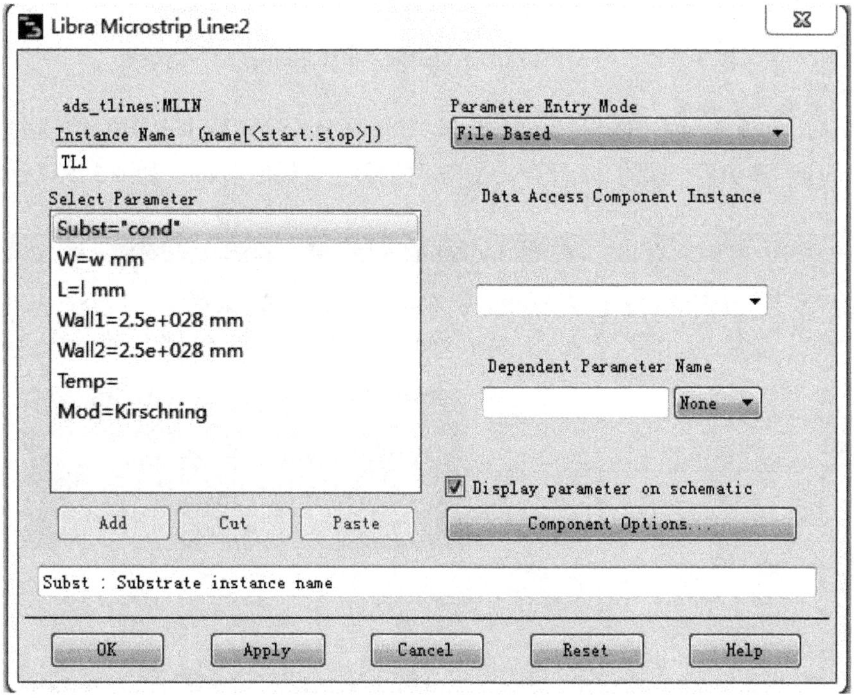

图 5-48　"Libra Microstrip Line：2" 对话框

在"TLines – Microstrip"元器件库中选择"VIA2",添加过孔 V1 到 layout 中。双击 TL1,弹出"Libra Cylindrical Via Hole in Microstrip：2"对话框,在其中设置过孔的内径 $D = 0.3$mm,$W = w$mm,设置 Cond1Layer = "cond：drawing",HoleLayer = "hole：drawing"、Cond2layer = "cond2：drawing",如图 5–49 所示。

图 5–49 "Libra Cylindrical Via Hole in Microstrip：2"对话框

将"Toggle Snap Enabled Mode"图标和"Toggle Pin Snap Mode"图标选上,然后移动 V1,让 V1 的 pin 和 TL1 一端的 pin 重合。在 TL1 的另外一端加上 port,如图 5–50 所示。

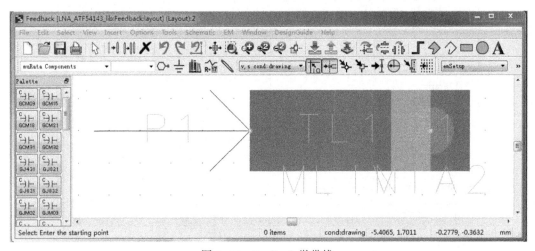

图 5–50 Feedback 微带线

单击[EM]图标，在"Frequency plan"中设置扫描频率为 0 ～ 10GHz，扫描类型为线性，步长为100MHz，如图 5-51 所示。

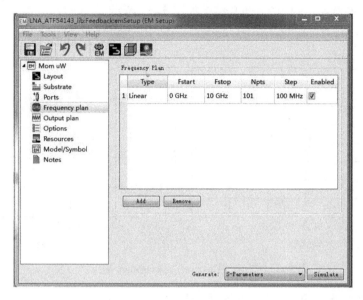

图 5-51　设置扫频参数

执行菜单命令【EM】→【Component】→【Create EM Model and Symbol...】，在接下来的消息框中均单击【确定】按钮，生成 Feedback 的 component。

从该工程的库中添加两个"Feedback"component 至"LNA_schematic_1"原理图中，分别为 X1 和 X2，替代之前的 TL1 和 TL2。在原理图中可以修改之前在"Feedback"中设置了的两个参数：w 和 l。这里仍设置 w 为 0.5，l 设置为一个变量 L，并在原理图的 VAR1 中对 L 进行赋值，如图 5-52 所示。

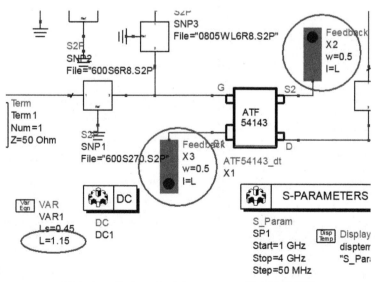

图 5-52　将"Feedback"component 加入至原理图

单击仿真按钮，软件会将所有元器件进行联合仿真，因为"Feedback" component 是 EM 仿真，考虑了接地过孔等因素，所以相对更精确。调节变量 L 的值，得到一个更满意的稳定性系数。这里设置 $L=1.15$，仿真结果如图 5-53 所示。

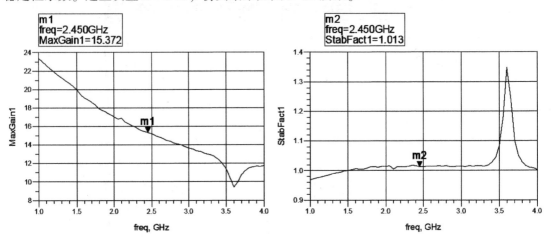

图 5-53　加入"Feedback" component 的仿真结果

5.3.5　噪声系数圆和输入匹配

（1）仿真噪声系数需要在 S 参数仿真控件里把计算噪声的功能打开。如图 5-54 中选中"Calculate noise"选项。

（2）仿真结束后用矩形图显示 NFmin 参数，如图 5-55 所示。

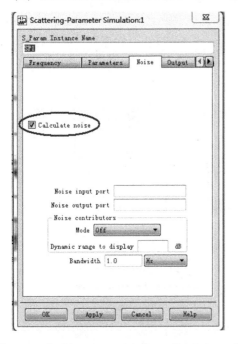

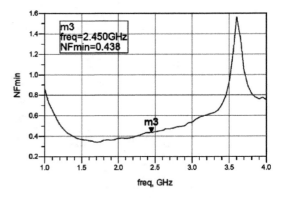

图 5-54　在"Scattering - Parameter Simulation：1"
　　　　　对话框中设置噪声的计算

图 5-55　噪声参数曲线

从 NFmin 的图上可以看出，2.450GHz 时的最小噪声系数为 0.438dB。接下来就要设计一个适当的输入匹配网络来达到这个最小噪声。

（3）设置 S – Parament 仿真控件为单频点仿真，频点为 2.45GHz，如图 5–56 所示。

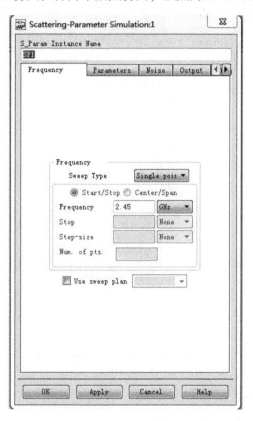

图 5–56　设置 S – Parameter 仿真控件为单频点仿真

在原理图中加入 "NsCircle" 和 "GaCircle" 两个控件，设置如图 5–57 和图 5–58 所示。其中 "NsCircle1 = ns_circle(,NFmin,Sopt,Rn/50,51,3,0.1)"，返回该频率的 NFmin、NFmin +0.1dB、NFmin +0.2dB 的 3 个等噪声圆，"GaCircle1 = ga_circle(S,,51,3,0.5)"，返回该频率的 maxgain、Maxgain – 0.5dB、Maxgain – 1dB 的 3 个等增益圆。

NsCircle
NsCircle1
NsCircle1=ns_circle(,NFmin,Sopt,Rn/50,51,3,0.1)

图 5–57　设置 "NsCircle1" 控件

GaCircle
GaCircle1
GaCircle1=ga_circle(S,,51,3,0.5)

图 5–58　设置 "GaCircle1" 控件

现在在数据显示窗口里画显示噪声圆和增益圆，单击 ⊗ 图标，从 "Datasets and Equations" 里面画出 "GaCircle" 圆和 "NsCircle1" 圆，如图 5–59 所示。

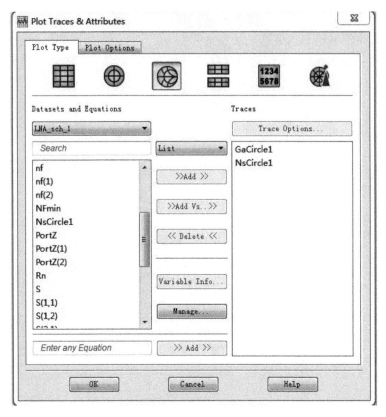

图 5-59   画出等式的曲线

画出来的 Smith 圆图如图 5-60 所示。

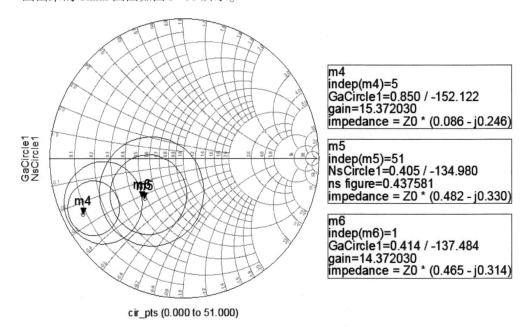

图 5-60   "NsCircle1" 和 "GaCircle1" 的 Smith 圆图

图 5-60 中，m4 是 LNA 有最大增益时的输入端阻抗，此时可获得增益约为 15.3dB；m5 为 LNA 有最小噪声系数时的输入端阻抗，此时可获得最小噪声指数为 0.437dB。但是这两点并不重合，即设计时必须在增益和噪声指数之间作一个权衡和综合考虑。

对于低噪声放大器，尤其是第一级放大器，优先考虑噪声系数，所以输入端阻抗就定为 m5 点的最小噪声系数阻抗 $Z_0 \times (0.482 - j0.330)$，其中 Z_0 为 50Ohm，输入端阻抗就为 $24.093 - j*16.489$Ohm。m5 处的增益大约为 14.3dB（参考 m5 旁边的 m6 点）。为了达到最小噪声系数，在晶体管的输入端需要一个 Γ_{opt}，而整个电路的输入阻抗为 $Z_0 = 50$Ohm，所以需要输入匹配网络把 Γ_{opt}^*（m5 处阻抗的共轭，即 $24.093 + j*16.489$Ohm）变换到输入阻抗 50Ohm，如图 5-61 所示。

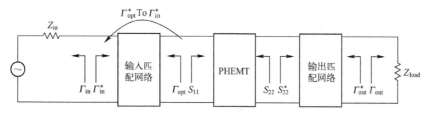

图 5-61　输入匹配框图

（4）ADS 提供了很多的匹配工具，这里用 Smith 圆图匹配工具 DA_SmithChartMatch。

在 "Smith Chart – Matching network" 里面选择 "DA_SmithChartMatch" 工具 。使用 "DA_SmithChartMatch" 时需要考虑方向，如图 5-62 所示。

图 5-62　Smith Chart Matching 的方向

（5）原理图如图 5-63 所示。

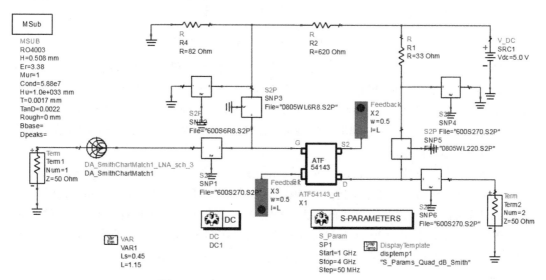

图 5-63　加入 Smith Chart Matching 的原理图

（6）双击 DA_SmithChartMatch 的图标，弹出对话框，参数设置如图 5-64 所示。

（7）执行菜单命令【DesignGuide】→【amplifier】，在弹出的对话框中选择【Tool】→【Smith Chart Utility】，单击【OK】按钮，弹出"Smith Chart Utility"对话框，如图 5-65 所示。

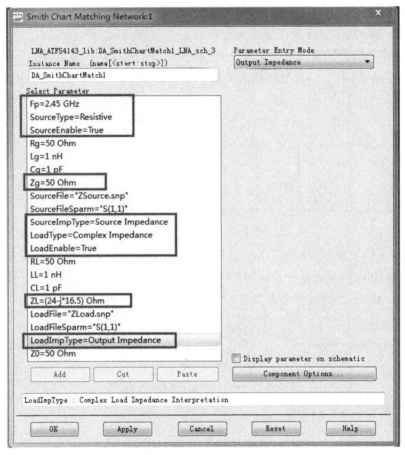

图 5-64　设置 Smith Chart Matching 的参数

如图 5-65 所示，在"SmartComponent"中，软件会自动选择当前的这个"Smith Chart Matching"控件，即 DA_SmithChartMatch1。在下面的设计中，原理图中会有多个"Smith Chart Matching"控制，需要选择当前的"Smith Chart Matching"控件。单击【Define Source/Load Network Terminations...】按钮，弹出"Network Terminations"对话框，如图 5-66 所示，在这里可以设置源和负载的阻抗。

在图 5-66 里，需要把"Enable Source Termination"、"Enable Load Termination"、"Interpret as Output Impedance"几个单选框的钩都打上，其中"Enable Source Termination"、"Enable Load Termination"这两个单选框是为了配合"Smith Chart Matching Network"对话框的"SourceEnable = True"和"LoadEnable = True"，这样在图 5-60 里面设置的源和负载阻抗直接导入"Network Termination"对话框。设置完成后依次单击【Apply】按钮和【OK】按钮，结果如图 5-67 所示。

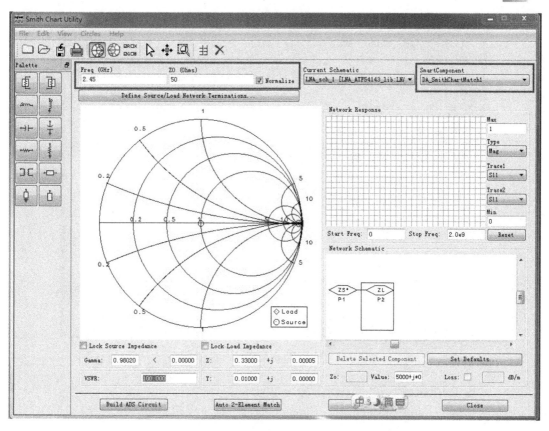

图 5-65 "Smith Chart Utility" 对话框

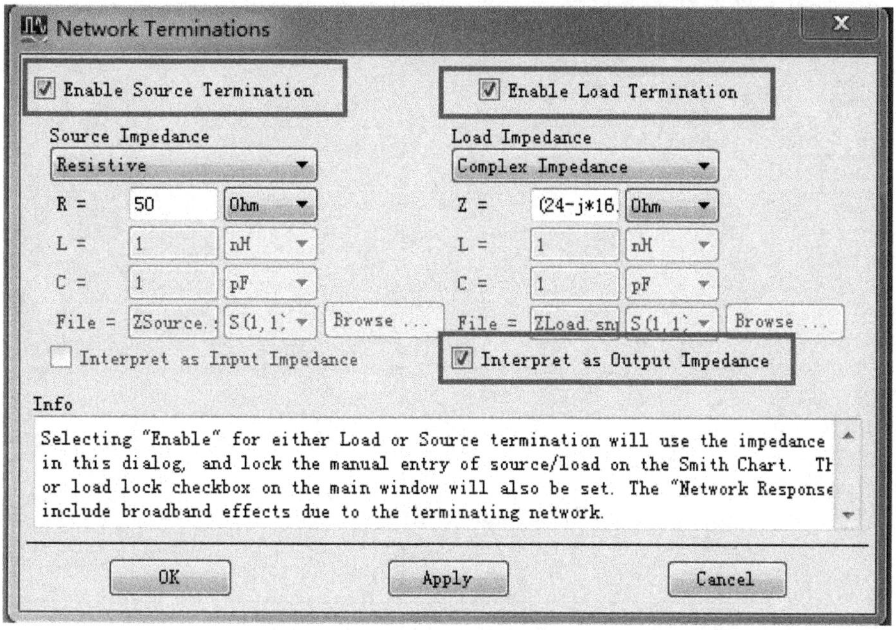

图 5-66 "Network Terminations" 对话框

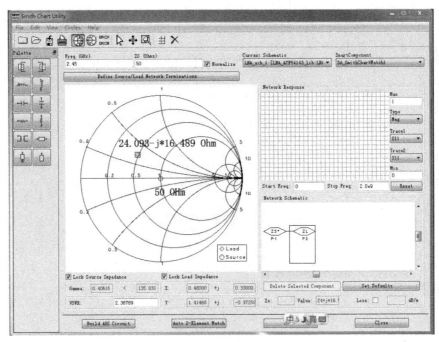

图 5-67　设置完阻抗的 Smith Chart Utility

（8）采用微带线匹配，如图 5-68 所示。

单击对话框左下角的【Build ADS Circuit】按钮，即生成相应的电路。

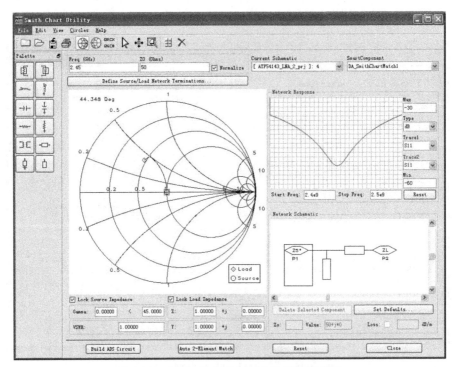

图 5-68　Smith Chart Utility 中的微带线匹配

（9）可以通过单击 图标来查看匹配子电路，如图 5-69 所示。

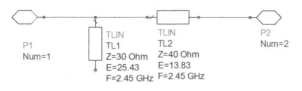

图 5-69 匹配子电路

（10）重新设置 S-Parameter 仿真控件为扫频模式，仿真此时的原理图，结果如图 5-70 所示。从图中可以看到，在 "NsCircle1" 圆中，m5 点的阻抗刚好匹配到 50Ohm。

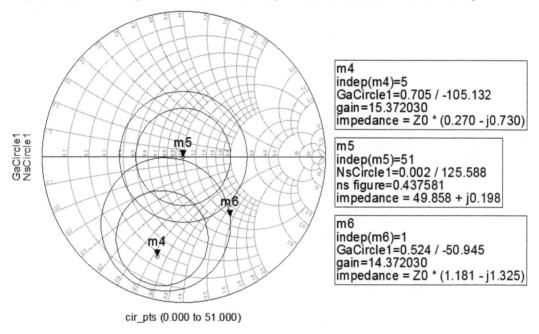

图 5-70 仿真结果 1

（11）重新设置 S-Parameter 仿真控件为扫频模式，仿真此时的原理图，结果如图 5-71 所示。从图中可以看到，整个电路的噪声系数 nf（2）在 2.45GHz 处等于 NFmin，说明在该点的噪声系数已经达到了最优化。

（12）在晶体管输入端的隔直电容会导致电路结构复杂，所以需要把隔直电容移到源端。把隔直电容移到输入匹配网络和源端 Term 之间，如图 5-72 所示。

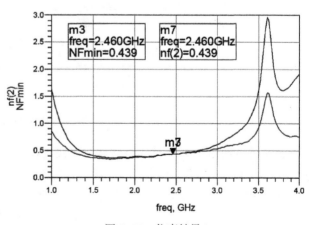

图 5-71 仿真结果 2

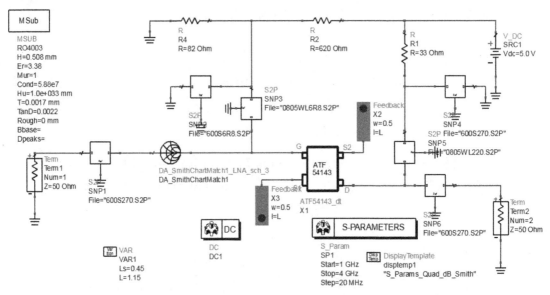

图 5-72　输入匹配做好的原理图 1

（13）把输入子电路复制到原理图里面去，如图 5-73 所示。

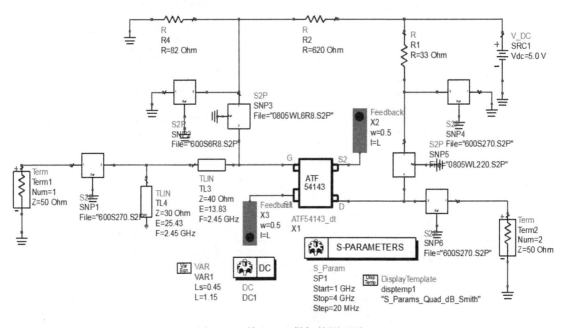

图 5-73　输入匹配做好的原理图 2

（14）可以使用 Tuning 的工具来调节两段传输线的长度（现在原理图中输入匹配电路的微带线显示的是电长度，就是 E）。双击传输线，在对话框里面打开"Tuning"功能，如图 5-74 所示。设置完成后两次单击【OK】按钮。

（15）单击 图标，弹出"Tune Parameters"对话框，开始调谐，如图 5-75 所示。

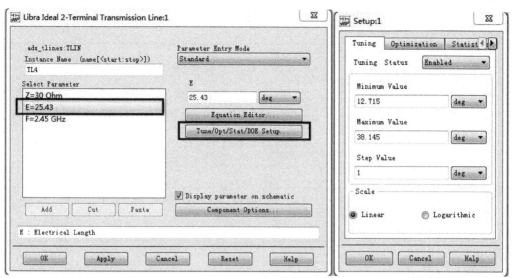

图 5-74　设置微带线的"Tuning"功能

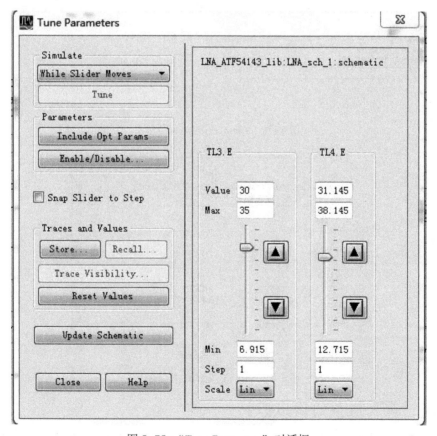

图 5-75　"Tune Parameters"对话框

在 Tuning 时可以同时观察数据显示窗口的相关曲线的变化，以达到理想效果。最后，把 TL3 和 TL4 的电长度分别调到 25 度和 25.145 度，可以得到一个较小的噪声系数和输入反射系数（dB(S(1，1)))，结果如图 5-76 和图 5-77 所示。

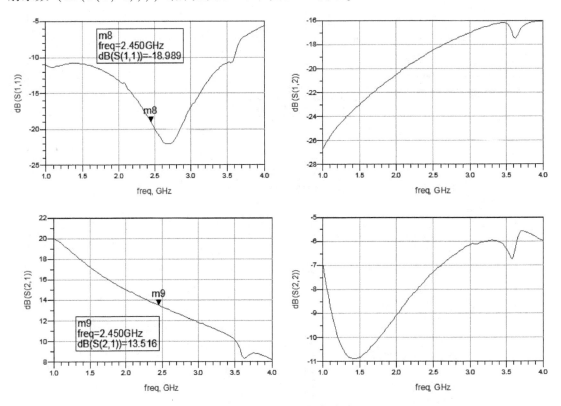

图 5-76　Tuning 后的仿真结果 1

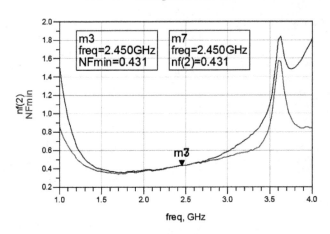

图 5-77　Tuning 后的仿真结果 2

5.3.6　最大增益的输出匹配

在一个低噪声放大器里面只有输入匹配电路对噪声系数有影响，输出匹配电路对噪声没有影响。所以，在输出匹配里面主要考虑增益。

（1）在原理图里添加 Zin 控件并设置，如图 5-78 所示。

（2）在数据显示窗口里面单击 图标，选择 Zin1 的实部和虚部，如图 5-79 所示。图 5-80 为显示的曲线。

图 5-78　加入 Zin 控件并设置

从图 5–80 中可以看到输出阻抗为 69.2 – j * 52Ohm（即 S22），输出匹配电路即按照这个来设计。

（3）为了达到最大增益，输出匹配电路需要把 50Ohm 匹配到 Zin1 的共轭，如图 5-81 所示。

同样使用 DA_SmithChartMatch 工具来做输出端匹配电路。在原理图里重新放一个 "DA_SmithChartMatch" 控件，如图 5-82 所示。

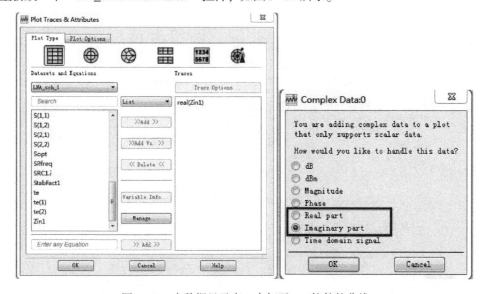

图 5-79　在数据显示窗口中打开 Zin 控件的曲线

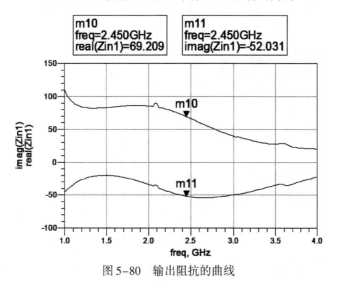

图 5-80　输出阻抗的曲线

（4）双击 DA_SmithChartMatch2 控件，在 "Smith Chart Marching Network" 对话框里面设置相关参数，如图 5-83 所示。

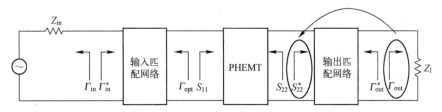

图 5-81　输出匹配的框图

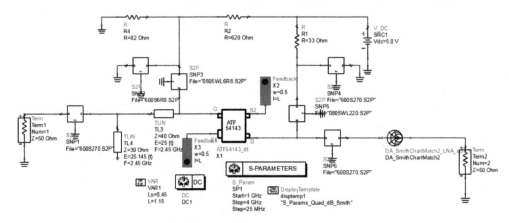

图 5-82　用 DA_SmithChartMatch 工具来做输出匹配

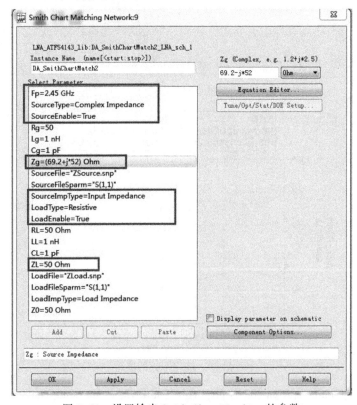

图 5-83　设置输出 Smith Chart Matching 的参数

（5）执行菜单命令【DesignDuide】→【Amplifier】，在弹出的对话框中选择"Smith Chart Utility"。在"Smith Chart Utility"窗口中单击【Define Source/Load Network Terminations】按钮，与上面设置输入匹配电路一样，单击【DesignGuide】→【Amplifier】，在"工具"里选择"Smith Chart Utility"，设置如图 5-84 所示。单击【OK】按钮，则"Smith Chart Utility"工具如图 5-85 所示。

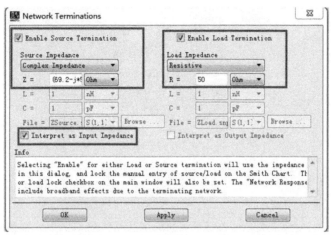

图 5-84　设置 Smith Chart Utility 的输出阻抗

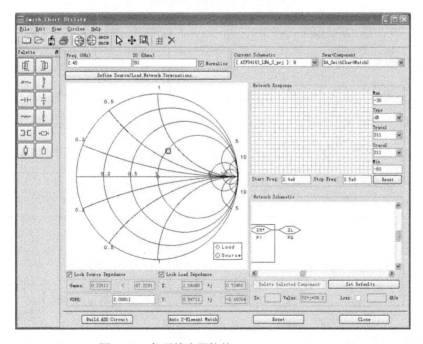

图 5-85　加了输出阻抗的 Smith Chart Utility

（6）仍然使用微带线匹配，如图 5-86 所示。

（7）单击【Build ADS Circuit】按钮，生成电路。在原理图里开始仿真，结果如图 5-87 所示。

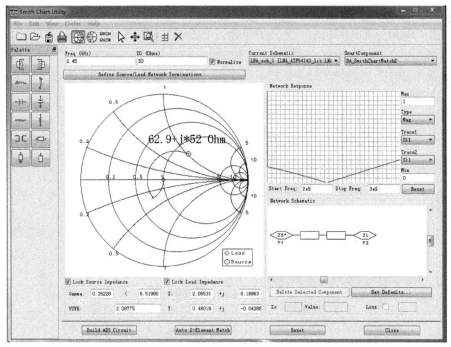

图 5-86　输出端的微带线匹配设计

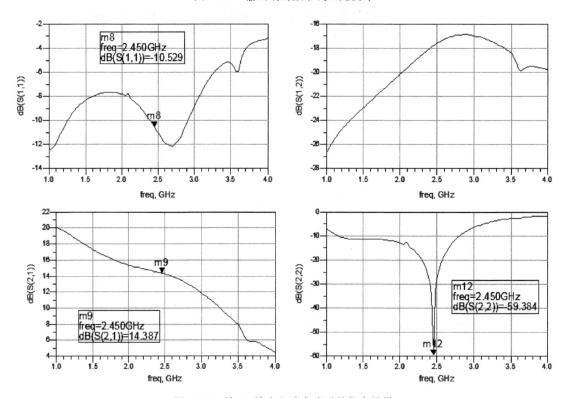

图 5-87　输入/输出电路完成后的仿真结果

从图 5-87 里面可以看到，输出端的回波损耗很好，但输入端的回波损耗变差。输入端回波损耗可以通过让输出端稍微失配来改善，也可以通过后面的 Tuning 来改变。

（8）把 DA_SmithChartMarch2 的子电路加到原理图中，并且把输出端的耦合电容放到输出端，如图 5-88 所示。

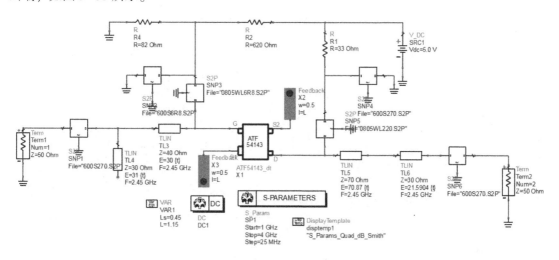

图 5-88　整个原理图

（9）运行仿真，仿真结果如图 5-89 所示。

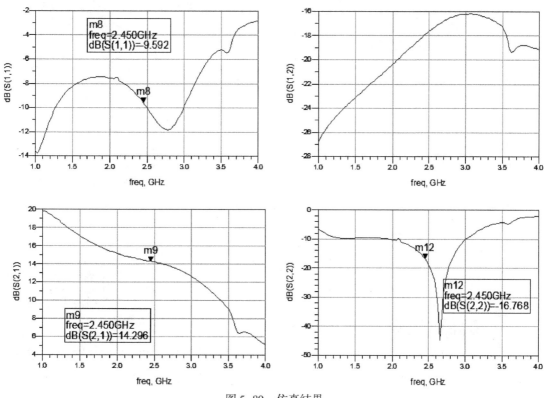

图 5-89　仿真结果

（10）仿真结果和预期的仍然有一些偏差，需要通过 Tuning 来进行调节，这里对输入/输出端的 4 段微带线同时进行 Tuning。Tuning 的目的就是在低噪声放大器的几个性能参数上（例如，S11、S22、S21、噪声系数等）寻找一个平衡点。最后，Tuning 完成后的原理图如图 5-90 所示。

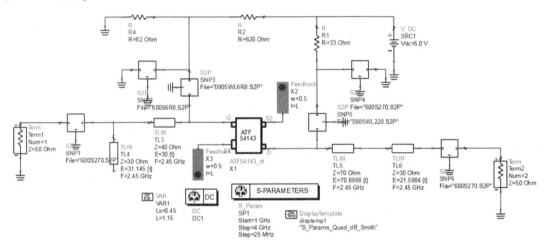

图 5-90　Tuning 完成后的原理图

（11）仿真结果如图 5-91 和图 5-92 所示。

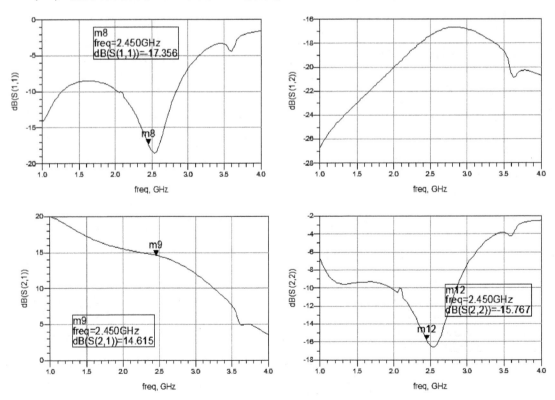

图 5-91　Tuning 后的 S 参数仿真结果

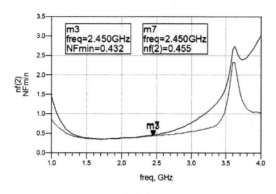

图 5-92　噪声参数仿真结果

5.3.7　匹配网络的实现

到目前为止，用的都是理想微带线，其参数只有特性阻抗、电长度和频率，下面需要把它转换成实际的标明物理长宽的微带线。这里需要用到 ADS 的一个常用工具：LineCalc。表 5-1 列出了 4 段匹配微带线的电长度和用 LineCals 工具计算出的物理线宽。

表 5-1　微带线的电长度和物理线宽

	特征阻抗（单位：Ohm）	电长度（单位 degrees）	物理线宽（单位 mm）	物理线长（单位 mm）
TL3	40	30	1.64	6.15
TL4	30	31	2.45	6.25
TL5	70	70.87	0.65	15.07
TL6	30	21.5904	2.45	4.35

（1）返回原理图，把所有的理想微带线全换成表 5-1 中的实际物理长度的微带线，使用 "TLines –Microtrip" 元器件列表里的 "MLIN"、"MLOC"、"MTEE_ADS"，整个原理图如图 5-93 所示。

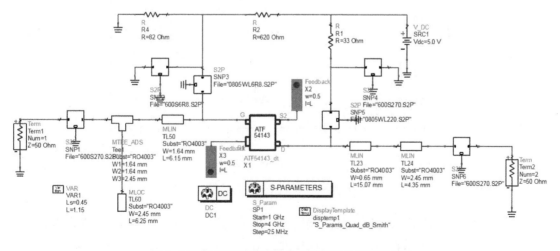

图 5-93　把理想微带线换为实际物理长度的微带线

（2）仿真结果如图 5-94 和图 5-95 所示。

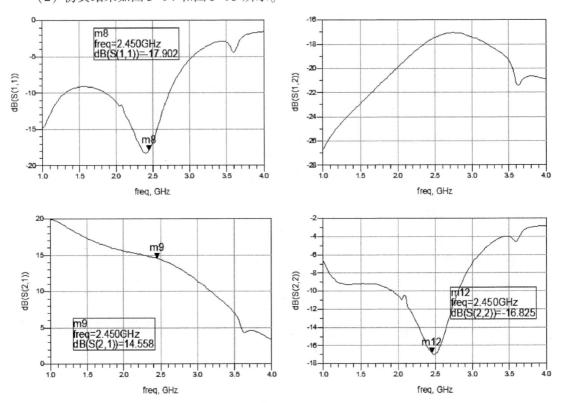

图 5-94　S 参数仿真结果

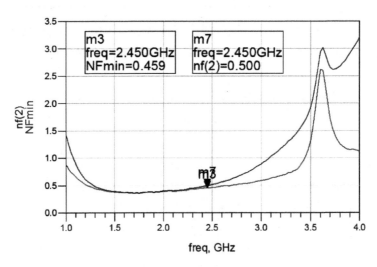

图 5-95　噪声参数仿真结果

　　微带线换成实际物理尺寸后，其物理尺寸的数值仍然可以通过 Tuning 来进行微调。在图 5-94、图 5-95 中可以看到，在 2.45GHz 处，增益为 14.5dB，NF＜0.5dB，输入/输出反射系数都在 −16dB 以下。

5.3.8 版图的设计

原理图（Schematic）上的电路仿真后，接下来要进行版图的设计和 layout 的 Momentum 仿真。

（1）在版图上需要设计每个分立器件的封装。在该设计中需要设计 0603、0805、ATF54143 的封装。

Avago 公司提供的 ATF54143 晶体管没有提供供 ADS 软件使用的 layout 封装，这里将介绍如何在 ADS 的 layout 界面里画 ATF54143 版图。

查询 ATF54143 的 DataSheet 可知，ATF54143 为表面安装器件，具体形状如图 5-96 所示。

图 5-96　ATF54143 表面安装封器件外形图

ATF54143 的封装外形尺寸如图 5-97 所示。

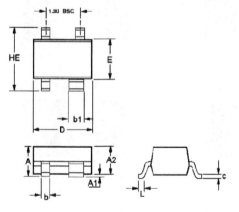

Package Dimensions Outline 43 (SO%-343/SC70 4 lead)

Dimensions

Symbol	Min (mm)	Max (mm)
E	1.15	1.35
D	1.85	2.25
HE	1.8	2.4
A	0.8	1.1
A2	0.8	1
A1	0	0.1
b	0.25	0.4
b1	0.55	0.7
c	0.1	0.2
L	0.1	0.46

图 5-97　ATF54143 的封装外形尺寸

另外，在 DataSheet 里面要关注的还有 Avago 公司建议的焊盘尺寸，如图 5-98 所示。

在图 5-98 中，白色部分为芯片实际引脚，黑色部分为推荐的焊盘。图中标注了英寸（inch）和公制（mm）两种单位，上面的数值单位为公制 mm，下面的数值单位为 inch。例如，最大的焊盘长为 0.9mm/0.035inch。

（2）版图的绘制过程如下。

① 在 ADS 里面新建 layout，命名为"ATF54143_layout"。在 layout 的 cond 层中画如图 5-98 所示的焊盘（即四个黑色方框，尺寸和相对位置如图 5-98 所示。画好的 cond 层的焊盘如图 5-99 所示。

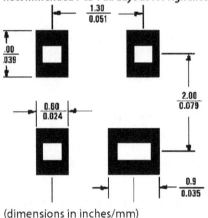

图 5-98　Avago 公司建议的 ATF54143 的焊盘形状和尺寸

② 在 lead 层中画和图 5-98 所示一样的矩形，各个矩形的位置、大小与图 5-99 所示完全一样，如图 5-100 所示。

③ 在 packages 层中画 ATF54143 的表面装配的封装，即图 5-97 的俯视图，如图 5-101 所示。

图 5-99　ATF54143 cond 层的焊盘　　图 5-100　ATF54143 版图的 lead 层　　图 5-101　ATF54143 版图

④ 在版图上加端口，由图 5-96 可知，ATF54143 有 4 个引脚，其中两个源极、一个漏极、一个栅极。在版图里，就在 cond 层加 4 个端口，分别加在 cond 层的 4 个焊盘上。因为这个 layout 需要和原理图电路里的 ATF54143 的模型联系起来，具体的 port 的编号（port1 ～ port4）需要参考 ATF54143 的 ADS 模型（图 5-102）（在设计最初包含的 ATF54143 模型的工程中）。

⑤ 在图 5-102 中，栅极 Gate 为 Port1，源极 Source1 为 Port2、源极 Sourse2 为 Port4，漏极 Drain 为 Port3。在版图中也如此设置，最终晶体管 layout 版图如图 5-103 所示。

⑥ 执行菜单命令【EM】→【Component】→【Create EM Model and Symbol...】，生成 EM model，并将整个文件保存。

⑦ 同样的步骤，画好 0603 和 0805 的 layout 并生成各自的 EM model。

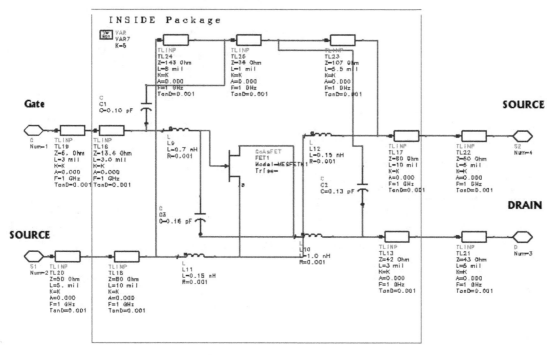

图 5-102 ATF54143 的 ADS 模型

⑧ 将 "LNA_schematic_1" 另存为 "LNA_sch_layout"。删除原理图中的 ATF5413_dt 元件，替换成刚做好的 ATF54143_layout 的 EM model。同样删除偏置电路中的 ATC 电容和电感的 S 参数，替换成普通的电感和电容。选中一个电感，右击打开快捷菜单，依次单击【Component】→【Edit Component Artwork】，打开 "Component Artwork" 对话框，在 "Artwork Type" 下拉列表中选择 "Fixed" 选项，在 "Artwork Name" 中选择创建的 0805 的封装版图文件，如图 5-104 所示。

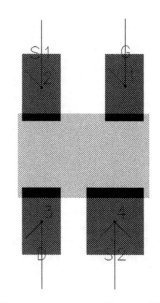

⑨ 按照同样的步骤给其他分立电容、电感、电阻也设置好版图。将输入/输出的 term，以及 VCC 全部失效，分别换成 3 个 port。设置好 layout 的原理图如图 5-105 所示。

⑩ 在原理图中执行菜单命令【Layout】→【Generate/Updata Layout】，弹出 "Generate/Updata Layout" 对话框，直接单击【OK】按钮，生成 layout 版图，如图 5-106 所示。

图 5-103 ATF54143 的 layout 版图

⑪ 手工调整布局和布线。在调整时，分立元器件之间的距离越小越好，同时接地要方便。布局以后的 layout 如图 5-107 所示。

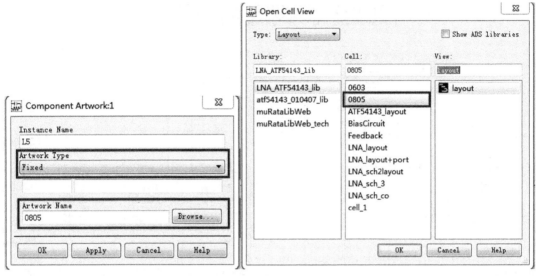

图 5-104　导入电感 0805 封装版图

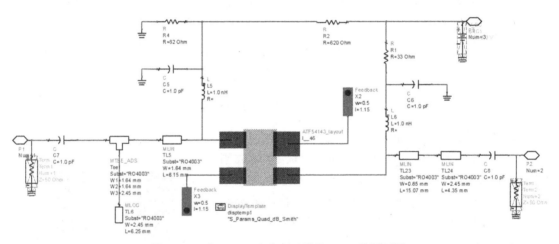

图 5-105　加入 port 和分立元器件 layout 的原理图

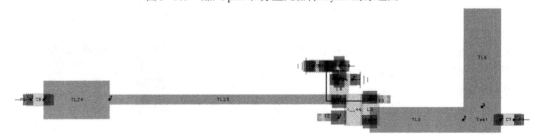

图 5-106　自动生成的版图

⑫ 设置 Substrate 为 RO4003，且加入 hole 层。

⑬ 本设计采用的微带线特性阻抗为 $Z_0 = 50 \text{Ohm}$。严格意义上讲，分立元器件之间的走线也应尽量为 50Ohm。实际设计中考虑到具体的情况，走线的特性阻抗范围为 50 ～ 100Ohm。在接地的地方加入接地孔。图 5-108 为布好线且加入接地孔的 layout。

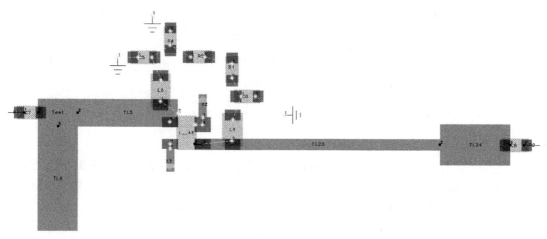

图 5-107　初步完成的布局

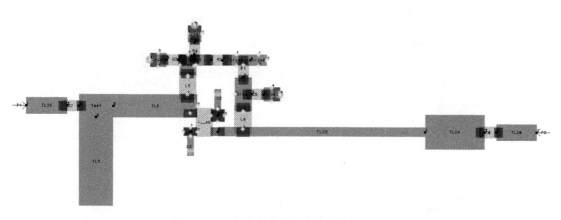

图 5-108　布线完成且加入接地孔的 layout

⑭ 接下来要去掉所有的分立元器件，并在所有的端口（包括输入/输出、电源、分立元器件的所有引脚）处加上 port，如图 5-109 所示。

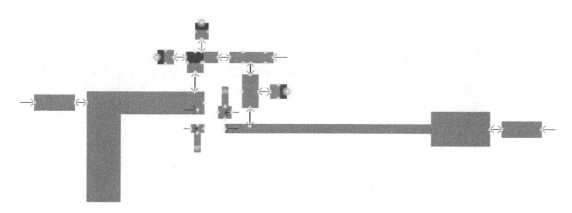

图 5-109　除去分立元器件并加上端口的 layout

⑮ 单击 EM 图标，在"Frequency plan"中设置扫描频率为 0 ～ 10GHz，扫描类型为 Adaptive，点数为1001。在 Mode/Symbol 中设置 Size 为 min pin – pin distance = 0.3。保存设置。

⑯ 执行菜单命令【EM】→【Component】→【Create EM Model and Symbol…】，在接下来的消息框中均单击确定，生成 Feedback 的 component。

5.3.9　原理图—版图联合仿真（co-simulation）

（1）新建一原理图，命名为"LNA_sch_co"。

（2）在库文件中找到刚才创建的 component，导入原理图。并在原理图上面加上所有的分立元器件、输入/输出端口（Term）、电源（图5-110）。首先进行 S 参数仿真，在原理图中插入与之前原理图仿真中相同的 S 参数仿真控件，设置也相同。

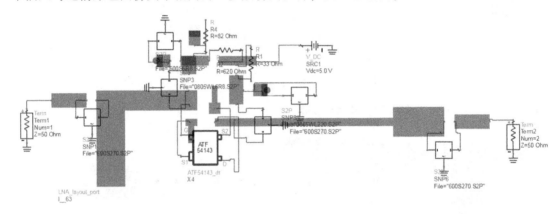

图5-110　联合仿真原理图

（3）单击开始仿真按钮，可以看到软件调用 Momentum 窗口进行网格划分，进行 EM 仿真，如图5-111所示。

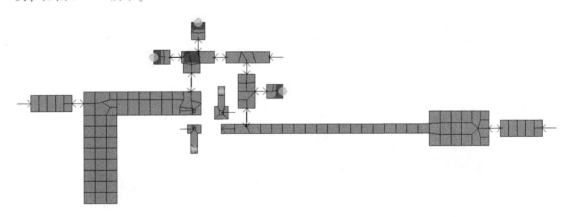

图5-111　EM仿真

（4）仿真结果如图5-112和图5-113所示。

从仿真结果来看，S11 和 S22 在设计频段都在 −10dB 以下，噪声参数为 0.788dB，这与原理图电路仿真有一定的区别，原因主要：① layout 在设计的时候，考虑到布线的需要，与

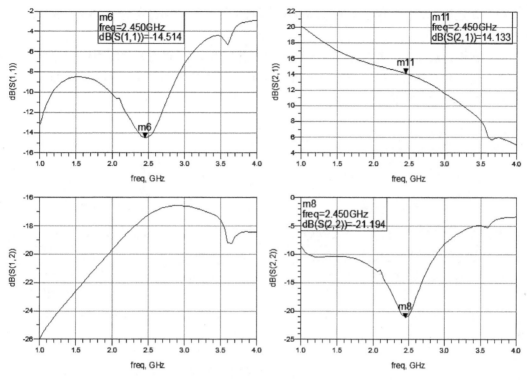

图 5-112　联合仿真结果（S 参数）

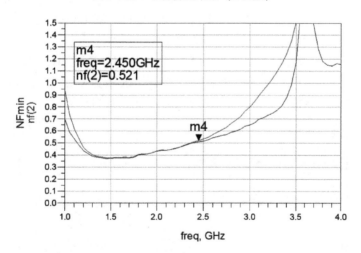

图 5-113　联合仿真结果（噪声参数）

原理图 layout 有一定的区别；② 原理图电路在仿真时没有考虑到分立元器件及其走线的分布参数问题，也没有考虑接地的问题（原理图电路等于是理想接地），但没有本质的区别。通常情况下还要对版图进行进一步的修改，在整个 LNA 的实物做出来以后，也要进行详细的测试和调试工作才能把最终的低噪声放大器的电路确定下来。

　　因为设计中晶体管的模型为 Spice 电路模型，所以可以进行非线性的分析，例如，P1dB、IIP3 等。具体步骤如下。

（1）新建原理图，选用 HB1ToneSwptPwr 模板，将新原理图命名为"LNA_sch_co_HB"，如图 5-114 所示。

（2）在输入端加入电流探针。设置输入端节点名为 Vin，设置输入端电流探针为 Iin。为了便于做输入功率参数扫描，添加变量 Pin，并设置输入端的 P1_Tone 的功率为 Pin，频率为 RFfreq，如图 5-115 所示。

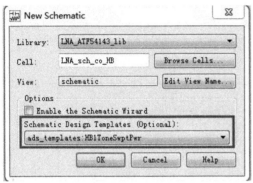

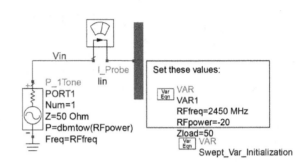

图 5-114　新建 HB1ToneSwptPwr 原理图　　　　图 5-115　谐波仿真中设置输入端端口

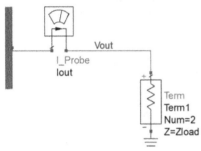

（3）输出端端口也加入一个电流探针，同时将输出端节点名设置为 Vout，如图 5-116 所示。

（4）在该谐波仿真中需要扫描变量 Pin，因此插入 SWEEP PLAN 控件，双击控件设置变量扫描范围和步长，如图 5-117 所示。

（5）插入 HARMONIC BLANCE 控件，双击该控件，在"Freq"选项卡中设置仿真频率为 2.45GHz、阶数为三阶，如图 5-118 所示。

图 5-116　谐波仿真中设置输出端端口

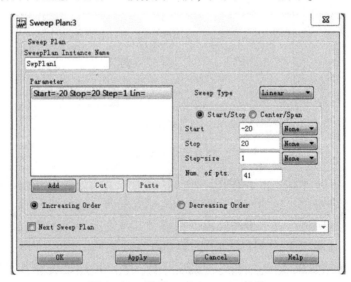

图 5-117　设置 SWEEP PLAN 控件

（6）在"Sweep"选项卡中设置扫描变量为 Pin，同时设置扫描类型和扫描范围和步长，当然也可以选择使用 Sweep Plan，这里使用 Sweep Plan，勾选"Use sweep plan"选项并选择刚才设置的 SWEEP PLAN，如图 5-119 所示。

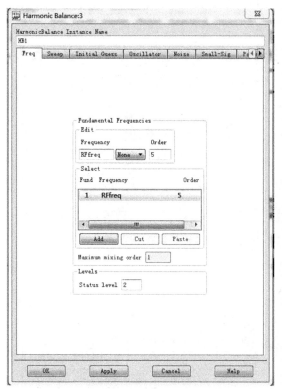

图 5-118　设置 HARMONIC BLANCE
控件的"Freq"选项卡

图 5-119　设置 HARMONIC BLANCE
控件的"Sweep"选项卡

（7）开始仿真，仿真完毕后自动弹出数据显示窗口。在窗口中选择显示一个矩形图，添加 Vout 并选择在所有扫描值下以 dBm 单位显示，如图 5-120（1）和图 5-120（2）所示。单击【OK】按钮后，在"Trace Options"中的"Trace Expression"选项卡中设置表达式为"dBm（Vout［∷，1］）－dBm（Vin［∷，1］）"，如图 5-120（3）所示。单击【OK】按钮。这样这幅图显示的是增益（单位 dB）随着 RFpower（单位 dBm）的变化曲线。在图上可以很方便地找到该放大器的 P1dB 压缩点（输入功率为 3dBm），此时输出增益约为 11.782dB，如图 5-120（4）所示。

下面分析放大器的三阶交调。新建一个原理图，选用 HB1 ToneSwptPwr 模板，将新原理图命名为"total_LNA_HB1 ToneSwptPwr"。

该模板中包含有仿真所需的控件和端口。将放大器联合仿真的电路和元器件加入，并将模板中自带的 PORT1 连接至电路输入端，Term1 连接至电路输出端，接好电源。

设置仿真控件中的 RFfreq 为 2.45GHz，原理图已经默认把扫描变量设为输入功率 RF-power，扫描计划按照 Coarse 进行。这里设置扫描计划为 -20 ～ +10，步长为 1。

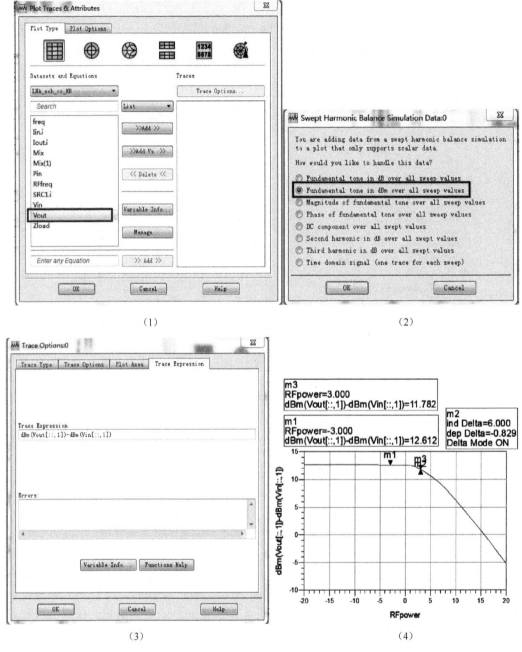

(1)

(2)

(3)

(4)

图 5-120　放大器的 P1dB 压缩点

开始仿真，仿真后的结果如图 5-121 和图 5-122 所示。

在图 5-121 中移动 Desired_Pout_dBm 可以很直观地从输出频谱矩形图中得到一共 5 阶的谐波分量的功率幅值及其和基频功率的差值、增益和增益压缩曲线等信息。从图 5-122 的表中也可以看到，随着输入功率的变化，输出功率、增益，以及二阶、三阶信号的幅度及其和一阶信号的差值（dBc）。从仿真结果可以得出，该放大器在输出功率为 +6dBm 以下

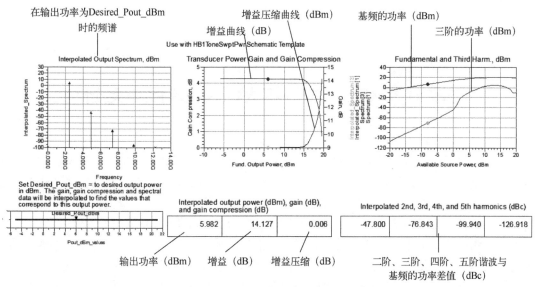

图 5-121 频谱仿真结果 1

Fundamental Frequency	Available Source Power dBm	Fundamental Output Power dBm	Transducer Power Gain	Second Harmonic dBc	Third Harmonic dBc	Fourth Harmonic dBc	Fifth Harmonic dBc
2.450 GHz	-20.00	-5.868	14.13	-59.72	-100.7	-136.7	-175.1
	-19.00	-4.868	14.13	-58.72	-98.72	-133.7	-171.1
	-18.00	-3.868	14.13	-57.72	-96.71	-130.7	-167.0
	-17.00	-2.868	14.13	-56.72	-94.71	-127.6	-163.0
	-16.00	-1.868	14.13	-55.72	-92.70	-124.6	-159.0
	-15.00	-868.6 m	14.13	-54.71	-90.70	-121.5	-155.0
	-14.00	131.1 m	14.13	-53.71	-88.69	-118.5	-150.9
	-13.00	1.131	14.13	-52.70	-86.68	-115.4	-146.9
	-12.00	2.130	14.13	-51.70	-84.66	-112.3	-142.8
	-11.00	3.130	14.13	-50.69	-82.64	-109.1	-138.7
	-10.00	4.129	14.13	-49.68	-80.62	-106.0	-134.6
	-9.000	5.128	14.13	-48.67	-78.59	-102.7	-130.5
	-8.000	6.127	14.13	-47.65	-76.55	-99.46	-126.3
	-7.000	7.125	14.12	-46.63	-74.50	-96.11	-122.1
	-6.000	8.123	14.12	-45.61	-72.43	-92.67	-117.8
	-5.000	9.120	14.12	-44.57	-70.34	-89.11	-113.4
	-4.000	10.12	14.12	-43.52	-68.23	-85.38	-108.9
	-3.000	11.11	14.11	-42.46	-66.08	-81.45	-104.3
	-2.000	12.11	14.11	-41.36	-63.86	-77.22	-99.33
	-1.000	13.10	14.10	-40.23	-61.55	-72.56	-94.00
	0.0000	14.09	14.09	-39.01	-59.06	-67.09	-87.74
	1.000	15.05	14.05	-35.83	-51.03	-44.81	-60.94
	2.000	15.89	13.89	-28.38	-39.26	-31.37	-49.65
	3.000	16.58	13.58	-22.73	-33.37	-28.98	-68.68
	4.000	17.22	13.22	-19.17	-29.70	-27.18	-47.27
	5.000	17.82	12.82	-16.75	-27.04	-26.11	-42.02
	6.000	18.35	12.35	-15.09	-25.05	-28.64	-42.26
	7.000	18.78	11.78	-13.92	-22.88	-31.96	-45.16
	8.000	19.10	11.10	-13.10	-20.42	-25.68	-51.99
	9.000	19.34	10.34	-12.31	-18.26	-20.08	-48.71

图 5-122 频谱仿真结果 2

时，其输出三阶分量抑制为 -76dBc 以下，随着输入功率增大，输出三阶分量会逐渐恶化，这与放大器使用的晶体管 ATF54143 作为一个低噪声小信号晶体管的特性是相符的。小信号低噪声晶体管一般在接收通道中作为前端使用，自身的三阶交调抑制是有限的，也不作为设计的一个首要指标。接收通道的低噪声放大器前加限幅器或者衰减器都是为了照顾低噪声放大器此项特性。如果仿真的是一个中功率放大器，则其三阶交调性能就是其一个重要性能。

第6章 功率放大器的设计

各种无线通信系统的发展，如 GSM、WCDMA、TD‒SCDMA、WiMAX 和 Wi‒Fi，大大加速了半导体器件和射频功率放大器的研究进程。射频功率放大器在无线通信系统中起着至关重要的作用，它的设计好坏影响着整个系统的性能，因此，无线系统需要设计性能良好的放大器。而且，为了适应无线系统的快速发展，产品开发的周期也是一个重要因素。另外，在各种无线系统中由于不同调制类型和多载波信号的采用，射频工程师为减小功率放大器的非线性失真，尤其是设计无线基站应用的高功率放大器时面临着巨大的挑战。采用 EDA 工具软件进行电路设计可以掌握设计电路的性能，进一步优化设计参数，同时达到加速产品开发进程的目的。

功率放大器在整个无线通信系统中是非常重要的一环，因为它的输出功率决定了通信距离的长短，其效率决定了电池的消耗程度及使用时间。这使得射频功率放大器电路设计的困难度增大，故很多高功率放大器的相关设计均以国外公司为主。

6.1 功率放大器基础

6.1.1 功率放大器的种类

功率放大器根据其输入与输出信号间的大小比例关系可分为线性与非线性两种。属于线性放大器的有 A 类、B 类及 AB 类放大器；属于非线性的则有 C 类、D 类、E 类、F 类等类型的放大器。各类放大器的输出波形如图 6‒1 所示，以下就各类型的放大器做简单介绍。

（1）A 类放大器是所有类型功率放大器中线性度最高的，其功率元器件在输入信号的全部周期内均为导通，即导通角为 360°，但其效率却非常低，在理想状态下效率仅达 50%，而在实际电路中则仍限制在 30% 以下。

（2）B 类功率放大器的功率元器件只在输入正弦波的半周期内导通，即导通角仅为 180°，其效率在理想状态下可达到 78%，但在实际电路中所能达到的效率不会超过 60%。

（3）AB 类功率放大器的特性则介于 A 类与 B 类放大器之间，其功率元器件偏压在远比正弦波信号峰值小的非零 DC 电流，因此导通角大于 180° 但远小于 360°。一般来说，其效率介于 30% ～ 60% 之间。

（4）C 类功率放大器的功率元器件的导通时段比半周期短，即导通角小于 180°。其输出波形为周期性脉冲（Pulse），必须并联 LC 滤波电路（Band Passfilter）后，才可得到所需要的正弦波（Sine wave）。在理论上，C 类放大器的效率可达到 100%，但在实际电路中仅能达到 60%。

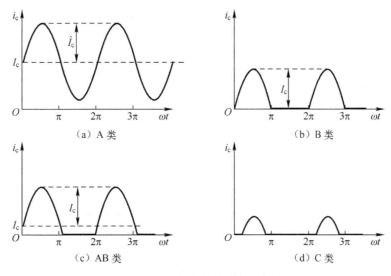

图 6-1　各类放大器的输出波形

（5）D 类、E 类功率放大器基本上都是所谓的开关模式放大器（Switching Mode Amplifier），其原理是将功率元器件当成开关使用，并借助输出级的滤波及匹配网络使输出端得到完整的输出波形。

（6）F 类功率放大器可算是 C 类功率放大器的延伸，它们的偏置方式相似，但 F 类放大器在功率管输出端与负载间加入了谐波控制网络，以此提高效率。在理论上，它们都可以达到100% 的效率，但在实际电路中仍受到开关切换时间等因素的控制而无法达到此理想值。

开始设计功率放大器电路前必须先考量其系统规格要求的重点，再来选择其电路架构。就以射频功率放大器而言，有的系统需要高效率的功率放大器，有的需要高功率且线性度佳的功率放大器，有的需要较宽的操作频带等，然而这些系统需求往往是相互抵触的。如 B 类、C 类、E 类架构的功率放大器皆可达到比较高的效率，但信号的失真却较为严重。而 A 类放大器是所有放大器中线性度最高的，但它最大的缺点是它的效率是最低的，这些缺点虽然可用各种 Harmonic Termination 电路的设计技巧予以改进，却仍无法提高到与高效率的功率放大器相当的水平，但是对系统也有不小的帮助，因为 A 类功率放大器对于许多高线性度系统来说仍是非常好的选择。所以，具有高效率、高线性度及高功率的功率放大器自然成为电路设计者所努力的一个目标。

6.1.2　放大器的主要参数

1）1dB 功率压缩点（Power Out at 1dB Compression Point，记为 P1dB）

通信系统中输出功率单位通常都以 dBm 表示：

$$10\lg P_{out}(mW) = (dBm)$$

当放大器的输入功率非常低时，功率增益为常数，放大器工作在线性区。当输入功率增加时，受到放大管非线性特性影响，放大器功率增益逐渐被压缩，限制了最大输出功率。在此区域，有线性失真、谐波和交互调变（Inter - Modulation）失真现象发生。若继续增加输入功率，则因放大管已工作在饱和区，其输出功率几乎维持不变，如图 6-2 所示。

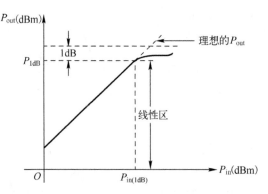

图 6-2 功率放大器的输入与输出功率关系

通常以输出增益（G_{out}）比线性增益小 1dB 的位置来定义放大器工作范围的上限，这也就是 1dB 输出功率压缩点（P1dB）。则 P1dB 点所对应的输出功率值表示式为

$$P_{1dB}(dBm) - P_{in}(dBm) = G_{out}(dB) - 1$$

2）功率增益（Power Gain）

功率增益依线性与非线性特性通常可分为以下两种。

（1）小信号增益（Small Signal Gain）：依照放大功率来放大输入功率的放大器是理想的放大器，但事实上这是不可能做得出来的。一个真正的放大器会因其放大管的特性不同而有不同的饱和区，从而会导致它在一个区段内的增益有所不同。

（2）输出功率增益比（Gain at Rated Power Out）：不同的输出功率，其增益也会有所不同。故有些放大器会特别标出其在多少的输出功率时的增益是多少。

3）效率（Efficiency）

因为在输入功率转换成输出功率的过程中，必定会有功率损耗的情形发生，且效率与线性度（Linearity）往往都是互相抵触的，因此在设计放大器电路时必须视系统要求而做适当的取舍。以下为一般放大器效率的定义：

集电极效率

$$\eta_c = \frac{P_{out}}{P_{DC}} = \frac{P_{out}}{U_{DC} \times I_{DC}}$$

功率附加效率

$$\eta_{PAE} = \frac{P_{out} - P_{In}}{P_{DC}}$$

总效率

$$\eta_T = \frac{P_{out}}{P_{DC} + P_{In}}$$

4）失真（Distortion）

信号失真主要是由有源元件的非线性引起的。其失真主要为谐波失真（Harmonic Distortion）、AM to PM Conversion、互调失真（Inter Modulation Distortion，IMD）。其解释分别如下。

（1）谐波失真：当功率放大器输入单一频率信号时，在输出端除了放大原信号外，连原信号的各次谐波也被放大了，因此极可能干扰到其他频带，故在系统中均明确规定信号的谐波衰减量。

（2）AM to PM Conversion：当输入功率较大时，因 S21 包含振幅与相角，而相移量会随振幅增加而改变，则原本的 AM 调变会转而影响 FM 调变的变化。

（3）互调失真：当放大器输入端输入两个频率分别为 $f_c + f_m$、$f_c - f_m$ 的信号时（$f_c \gg f_m$），则在放大器的输出端除了输入信号的各次谐波（谐波失真）外，还会出现因输入信号频率间的和差（交互调变）所产生的互调失真信号，它对系统产生的伤害主要集中在载波频率 f_c 附近的三次、五次等奇数阶次的互调失真信号。互调失真信号因与载波频率 f_c 太过接近，故难以利用滤波器将它消除，且又极易干扰相邻的频率。

通常电路都是以三阶互调失真来判断其线性度的。

如图 6-3 所示，可以看出三阶互调失真信号 $2f_1 - f_2$、$2f_2 - f_1$ 极为接近主频率 f_1 与 f_2，无法用滤波器加以滤除。此时，IMD3（三阶互调失真）为

$$\Delta = P_{f_1} - P_{2f_2 - f_1} \quad (\text{dBc})$$

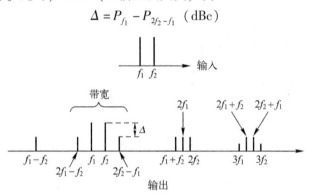

图 6-3　三阶互调失真示意图

如图 6-4 所示，三阶截断点（3rd－order Intercept Point，IP3）为基频信号功率和三阶互调失真信号功率的虚拟延长线的交点，其关系式为

$$P_{\text{IP3}}(\text{dBm}) \cong P_{1\text{dB}}(\text{dBm}) + 10.6\text{dB} \cong P_{f_1}(\text{dBm}) + \frac{1}{2} \times \Delta$$

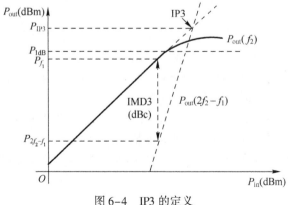

图 6-4　IP3 的定义

5）邻信道功率比 ACPR（Adjacent Cannel Power Ratio）

由于功率放大器的非线性效应影响，当信号通过功率放大器时会产生频谱"扩散"现象。ACPR 的定义为：中心频率为 f_c、频宽为 B_1 中的功率，与距离中心频率为 f_0、频宽为 B_2 中的功率的比值，如图 6-5 所示。

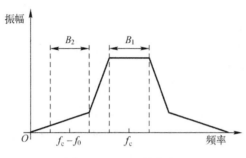

图 6-5　ACPR 的定义

6.1.3　负载牵引设计方法

通常功率放大器的目的是以获得最大输出功率为主，这将使得功率放大器的功放管工作在趋近饱和区，其 S 参数会随着输入信号的改变而改变，尤其 S21 参数会因输入信号的增加而变小。因此，转换功率增益将因功率元器件工作在饱和区而变小，不再同于输出功率与输入信号成正比关系的小信号状态。换句话说，原本功率元器件在小信号工作状态下，输入/输出端都是设计在共轭匹配的最佳情况下，随着功率元器件进入非线性区，输入/输出端的共轭匹配就逐渐不再匹配。此时，功率元器件就无法得到最大的输出功率。所以，功率级放大器在设计时，为使输出端达到最大功率输出，其最主要的关键在于输出匹配网络，这可以利用负载牵引（Load-Pull）原理找出功率放大器最大输出功率时的最佳外部负载阻抗 ZL。

Load-Pull 是决定最佳负载阻抗值最精准的方法，它用来模拟及测量功率管在大信号时的特性，例如，输出功率（Output power）、传输功率增益（Transducer power gain）、附加功率效率（Power added efficiency），以及双音交调信号分析（Two-tone signal analysis）的线性度 IMD3、IP3。

功率放大器在大信号工作时，功率管的最佳负载阻抗会随着输入信号功率的增加而跟着改变。因此，必须在史密斯图（Smith chart）上，针对给定一个输入功率值绘制出在不同负载阻抗时的等输出功率曲线（Power contours），帮助找出最大输出功率时的最佳负载阻抗，这种方法称为负载系列（Load-Pull）。

可以利用负载牵引的观念，通过高频电路设计辅助软件 Agilent ADS 来建构模拟平台。功率放大器设计的最主要目的就是得到最大的输出功率，所以需要有良好的输入/输出阻抗匹配网络。输入阻抗匹配网络的主要目的是提供够高的增益，而输出阻抗匹配网络则是要达到要求的输出功率。

6.1.4　PA 设计的一般步骤

为了完成功放特性仿真，PA 设计通常需要以下几个步骤。

（1）DesignKit 的安装。

（2）直流扫描。

（3）稳定性分析。

（4）Load-Pull。

（5）Source-Pull。

（6）Smith 圆图匹配。

（7）偏置设计。

（8）原理图 S 参数仿真。

（9）原理图 HB 仿真。

（10）原理图优化调谐。

（11）版图 Layout。

6.1.5　PA 设计参数

本例 PA 设计参数如下。

➤ 频率：960MHz

➤ 输出功率：40W

➤ 输入功率：1W

➤ 效率：>40%

➤ 电源电压：28V

根据设计要求，本例选择了飞思卡尔的 LDMOS 功率管 MRF8P9040N。

功率管 MRF8P9040N 的 DataSheet 可到"http://cache.freescale.com/files/rf_if/doc/data_sheet/MRF8P9040N.pdf? pspll = 1"下载。

飞思卡尔的 ADS2011 控件和 MRF8P9040N 的模型可到"http://www.freescale.com/webapp/sps/site/overview.jsp? code = RF_HIGH_POWER_MODELS_AGILENT&tid = RF_MDL_ADS_rfpower"下载。

功率管 MRF8P9040N 的主要指标如下。

➤ 频率：700~1000MHz

➤ 电源电压：28V

➤ 输出功率：40W

➤ 增益：19dB

6.2　直流扫描

6.2.1　DesignKit 的安装

（1）新建工程"MRF8P9040_wrk"，将飞思卡尔官网下载的 ADS2012（兼容 ADS2011）

解压安装到"MRF8P9040_wrk"中，如图 6-6 ～图 6-8 所示。

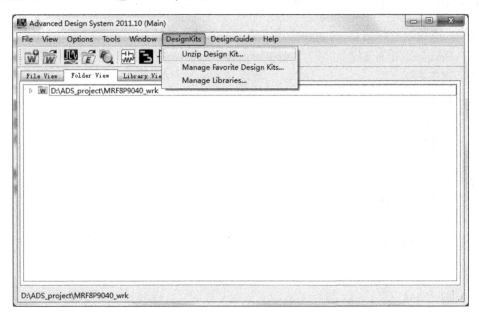

图 6-6　新建工程和 ADS2012 解压安装（1）

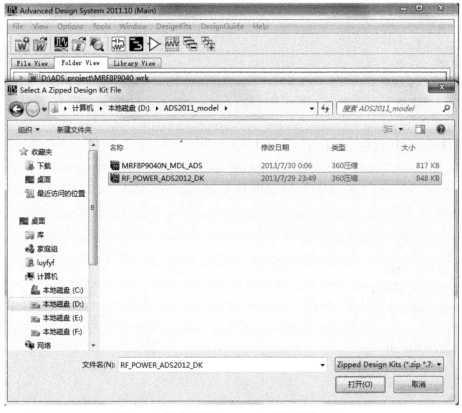

图 6-7　新建工程和 ADS2012 解压安装（2）

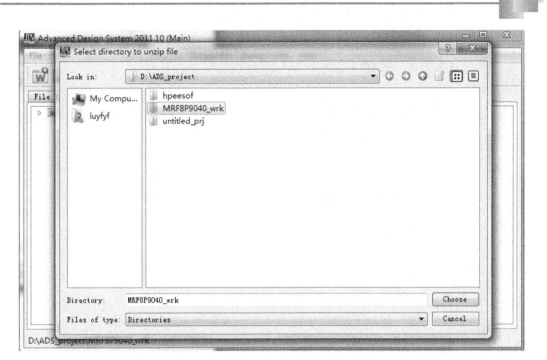

图 6-8 新建工程和 ADS2012 解压安装 (3)

（2）将官网下载的 MRF8P9040N 模型的解压安装到"MRF8P9040_wrk"中，如图 6-9 ～
图 6-11所示。

图 6-9 MRF8P9040N 模型的解压安装 (1)

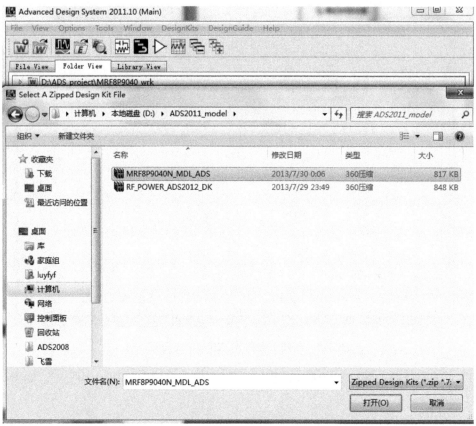

图 6-10　MRF8P9040N 模型的解压安装（2）

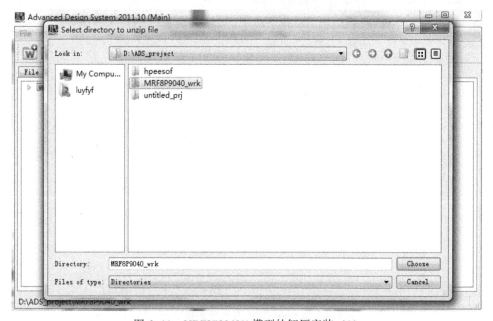

图 6-11　MRF8P9040N 模型的解压安装（3）

6.2.2　插入扫描模板

（1）在工程"MRF8P9040_wrk"中，新建原理图 BIAS，执行菜单命令【Insert】→【Template...】，如图6-12所示。

图6-12　插入直流扫描模板菜单命令

（2）弹出"Insert Template"对话框，选择"ads_templates:FET_curve_tracer"模板，单击【OK】按钮，如图6-13所示。

图6-13　选择直流扫描模板

（3）此时，光标处出现虚框，单击鼠标左键将虚框放到原理图中，如图 6-14 所示。

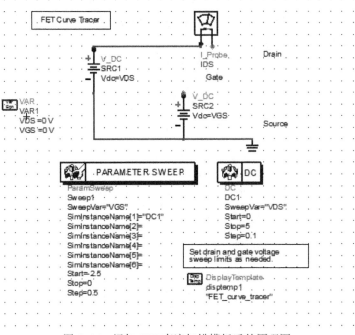

图 6-14　添加 FET 直流扫描模板后的原理图

6.2.3　放入飞思卡尔元器件模型

选择元器件列表中的 "Freescale MRF8P9040N Level2 Rev2 Model" 选项，将元器件列表中的模型和控件放入原理图中，用导线 ＼ 连接起来，如图 6-15 所示。

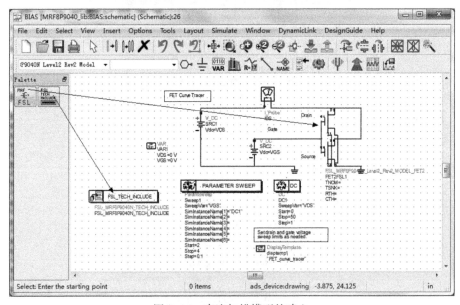

图 6-15　直流扫描模型的建立

6.2.4 扫描参数设置

（1）双击参数扫描控件 ，弹出"Parameter Sweep"对话框，修改参数，如图6-16所示，单击【OK】按钮。

（2）双击控件，弹出"DC Operating Point Simulation"对话框，修改参数，如图6-17所示，单击【OK】按钮。

图6-16 "Parameter Sweep"对话框

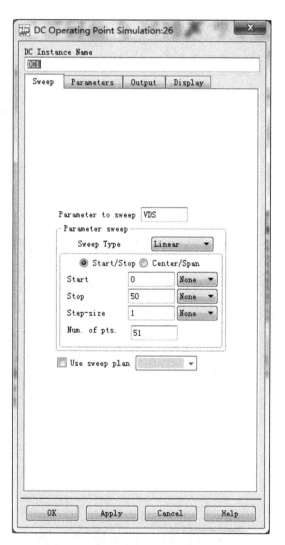

图6-17 "DC Operating Point Simulation"对话框

（3）至此，直流扫描电路模型设置完成，完成后的原理图如图6-18所示，保存原理图。

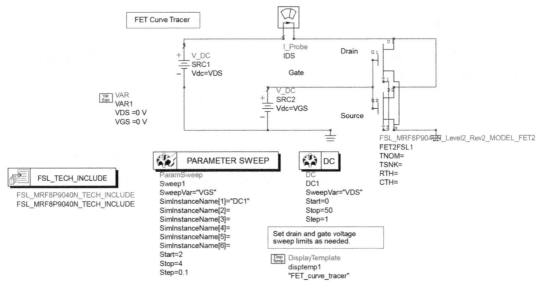

图 6-18 设置好的电路原理图

6.2.5 仿真并显示数据

（1）单击工具栏中的 ⚙ 图标或按下【F7】键开始仿真。

（2）仿真完成后，如果没有错误，会自动弹出数据显示窗口，其中就有直流扫描的 $I-V$ 曲线图表。执行菜单命令【Maker】→【New】，可以把一个三角标志放在图上，可以用键盘和鼠标控制它的位置，如图 6-19 所示。

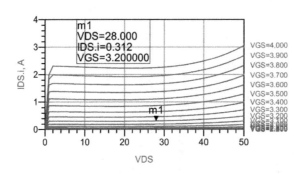

图 6-19 $I-V$ 曲线图表

（3）因为是 AB 类的功放，所以选取 $V_{GS} = 3.2V$，静态工作电流 $I_{DS} = 312mA$，和 DstaSheet 中的数据相近。

图 6-20 所示为 DataSheet 给出的静态工作点。可以看出，本例仿真出的静态工作点和资料给出的静态工作点极为接近，从而也验证了本例仿真的准确性。

（4）单击保存仿真数据文件。

Table 5. Electrical Characteristics (T_A = 25°C unless otherwise noted)

Characteristic	Symbol	Min	Typ	Max	Unit
Off Characteristics [4]					
Zero Gate Voltage Drain Leakage Current (V_{DS} = 70 Vdc, V_{GS} = 0 Vdc)	I_{DSS}	—	—	10	μAdc
Zero Gate Voltage Drain Leakage Current (V_{DS} = 28 Vdc, V_{GS} = 0 Vdc)	I_{DSS}	—	—	1	μAdc
Gate-Source Leakage Current (V_{GS} = 5 Vdc, V_{DS} = 0 Vdc)	I_{GSS}	—	—	1	μAdc
On Characteristics [4]					
Gate Threshold Voltage (V_{DS} = 10 Vdc, I_D = 170 μAdc)	$V_{GS(th)}$	1.5	2.3	3.0	Vdc
Gate Quiescent Voltage (V_{DD} = 28 Vdc, I_D = 320 mAdc, Measured in Functional Test)	$V_{GS(Q)}$	2.3	3.1	3.8	Vdc
Drain-Source On-Voltage (V_{GS} = 10 Vdc, I_D = 0.55 Adc)	$V_{DS(on)}$	0.1	0.17	0.3	Vdc

图 6-20 DataSheet 给出的静态工作点

6.3 稳定性分析

6.3.1 原理图的建立

（1）执行菜单命令【File】→【New Design】，新建原理图文件，命名为"STABILITY"，如图 6-21 所示，单击【OK】按钮。

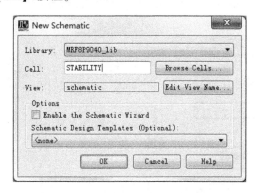

图 6-21 创建 STABILITY 原理图

（2）插入 S 参数扫描模板，执行菜单命令【Insert】→【Template】，选择"ads_templates：S_Params"，如图 6-22 所示，单击【OK】按钮。

（3）从元器件列表中的"Freescale MRF8P9040N Level2 Rev2 Model"元器件列表中调出 MRF8P9040N 和飞思卡尔识别控件，从"Lumped – Components"元器件列表中调出扼流电感 DC_Feed 和隔直电容 DC_Block，从"Sources – Freq Domain"元器件列表中调出直流电压控件 V_DC，从"Simulation – S_Param"元器件列表中调出测量稳定因子的控件 Stabfact。用导线将各个元器件连接好，如图 6-23 所示。

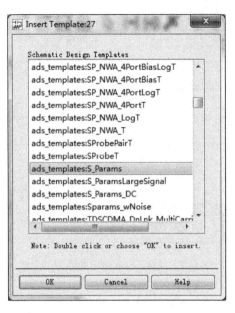

图 6-22 选择 S 参数扫描模板

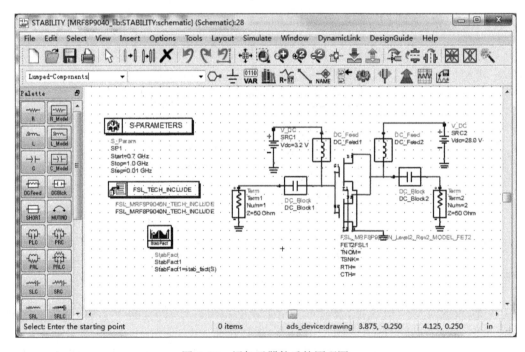

图 6-23 添加元器件后的原理图

（4）双击 S 参数扫描控件 ，在打开的对话框中设置扫描参数，起始频率为 700MHz，终止频率为 1000MHz，步进为 10MHz，设置完成后单击【OK】按钮，如图 6-24 所示。

（5）设置完成后的原理图如图 6-25 所示。

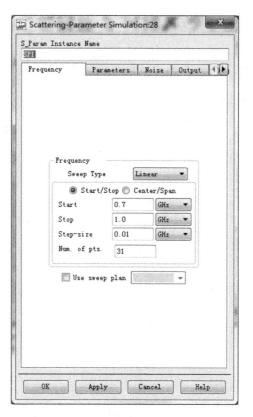

图 6-24　S 参数扫描设定

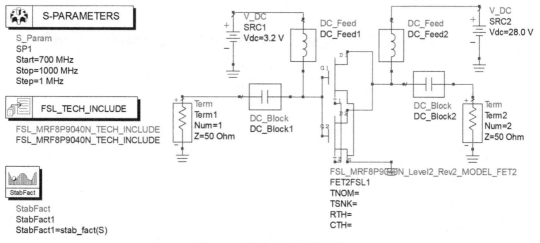

图 6-25　稳定性扫描原理图

6.3.2　稳定性分析

单击 图标或者按【F7】键进行仿真，仿真完成后在数据显示窗口中单击 ▦ 图标，弹出 "Plot Traces & Attributes" 对话框，选择要显示的 StabFact1，单击【 >> Add >> 】按钮，然后单击【OK】按钮，如图 6-26 所示。此时会显示不同频率下的稳定因子，如图 6-27 所示。

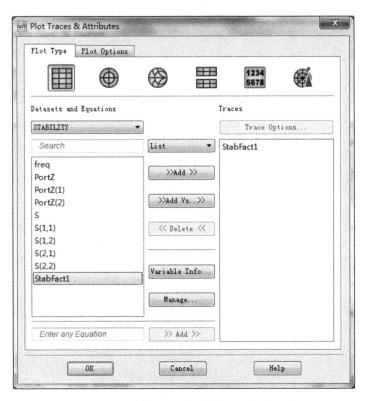

图 6-26　设置显示扫描范围内稳定性

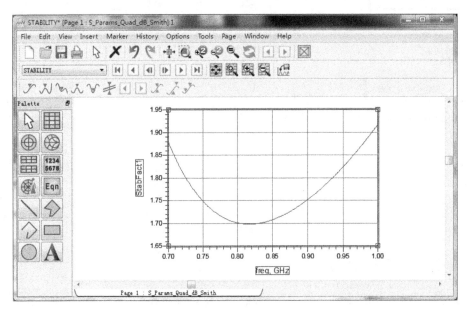

图 6-27　仿真结果

从图 6-27 中可以看出，在 700 ～ 1000MHz 频率内，StabFact1 > 1，即稳定因子大于 1，功率管在整个带内稳定。

备注：若出现 StabFact < 1，即功率管在整个带内不稳定，此时需要采取稳定性措施。常见的稳定措施是在输入端增加一个有耗的元器件，如在输入的隔直电容后再串联一个小电阻，如图 6-28 所示，其仿真结果如图 6-29 所示；或者是在靠近功率管的引脚处并联一个电容，然后串联一个小电阻到地，如图 6-30 所示，其仿真结果如图 6-31 所示，此方法容易实现，而且稳定效果很好，缺点是会降低增益，在输入功率很大时不合适。

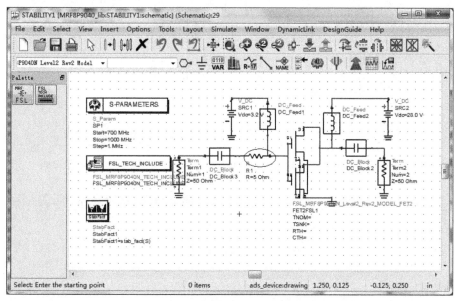

图 6-28　在输入的隔直电容后再串联一个小电阻

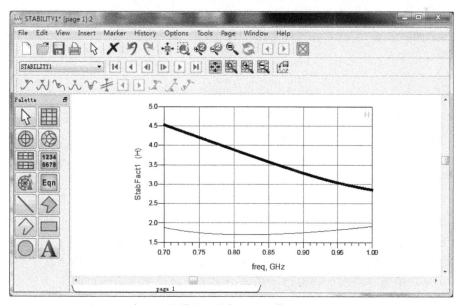

图 6-29　加入稳定措施和未加入稳定措施的稳定因子（1）

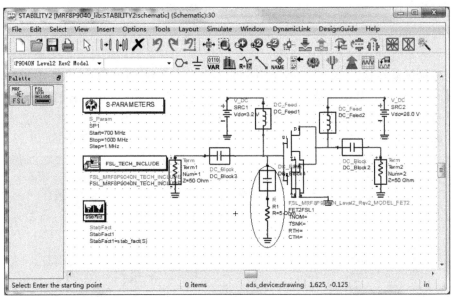

图 6-30　在靠近功率管的引脚处并联一个电容，然后串联一个小电阻接地

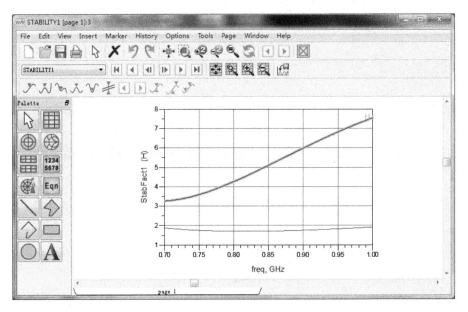

图 6-31　加入稳定措施和未加入稳定措施的稳定因子（2）

图 6-29 中的粗线是在隔直电容后面串联了一个小电阻后的稳定因子。细线是没有加稳定措施的稳定因子。对比两条曲线可以看出，加入小电阻后，功率管更稳定了。

图 6-31 中的粗线是在靠近功率管引脚处并联了一个隔直电容，然后串联一个小电阻接地的稳定因子。细线是没有加稳定措施的稳定因子。对比两条曲线可以看出，加入小电阻后，功率管更稳定了。

6.4　Load – Pull

6.4.1　插入 Load – Pull 模板

（1）在原理图中执行菜单命令【DesignGuide】→【Amplifier】，展开"1 – Tone Nonlinear Simulations"，选择"Load – Pull – PAE, Output Power Contours"模板，然后单击【OK】按钮，如图 6-32～图 6-34 所示。

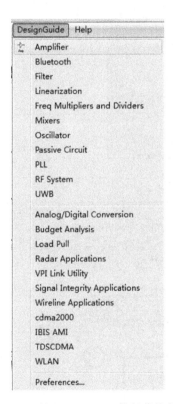

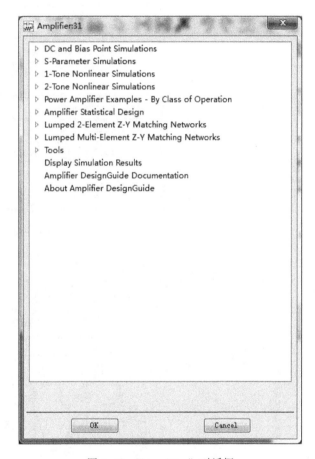

图 6-32　插入 Load – Pull 模板菜单命令　　　　　图 6-33　"Amplifier"对话框

（2）将系统自带的元器件模型删除，加入 MRF8P9040 的模型及飞思卡尔控件，如图 6-35 所示。

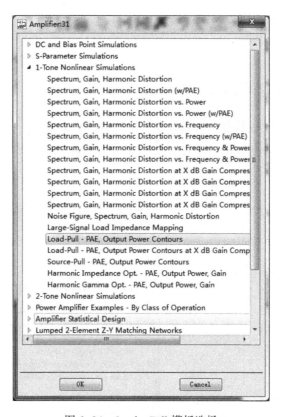

图 6-34 Load – Pull 模板选择

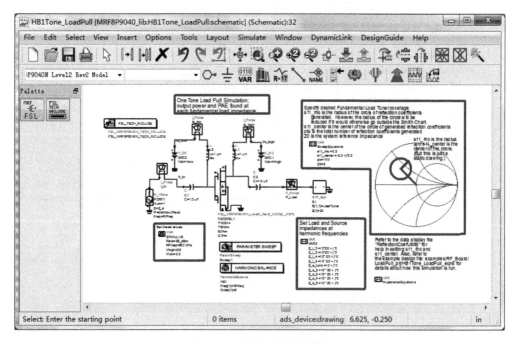

图 6-35 修改后的原理图

6.4.2　确定 Load – Pull 的负载阻抗

在 DataSheet 中，MRF8P9040 的增益约为 19dB，假设输出 40W（46dBm）是 P_{1dB}，那么，输入功率约为 $46 - 19 = 27dBm$，为了找到更大的输出功率阻抗点，选择 $28 \sim 29dBm$ 作为输入功率。

（1）双击"Set these values"中的"Var Eqn"控件，设置参数如图 6-36 所示。

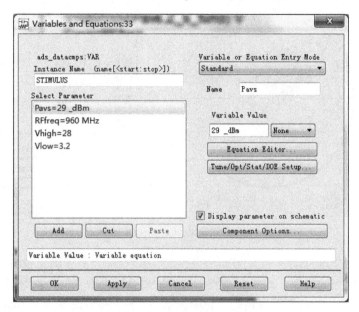

图 6-36　"Var Eqn"控件的参数设置

（2）双击 Smith 阻抗框中的"Var Eqn"控件，在 DataSheet 中看到 MRF8P9040 的输出阻抗比较小，故将圆图归一化的阻抗设置为 5Ω，然后设置好圆心和半径进行负载牵引仿真，寻找合适的阻抗点（输出功率大于 40W，效率大于 60%），这个过程需要反复修改圆心和半径。

备注：在仿真的过程中，如果仿真的区域设置过大，会出现不收敛，解决的办法是降低归一化阻抗（原来是 50Ω），并且把仿真的区域半径减小，这么做的目的都是让仿真的区域变小。

最后选取的变量设置如图 6-37 所示。

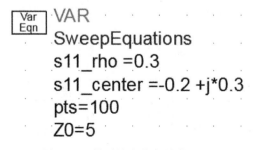

图 6-37　最后选取的变量设置

（3）在仿真的结果中，为了更好地观察圆图，将 Pdel_step、PAE_step、NumPAE_lines、NumPdel_lines 设置为0.1、2、15、15。

将 m1 点放在效率圆的圆心中，将 m2 点放在功率圆的圆心中，如图6-38所示。

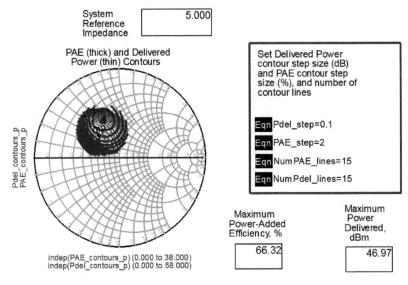

图6-38　仿真结果

（4）输出的功率接近47dBm（50W），效率为66.32%，比较满足设计要求。一般在设计时，为了输出更大的功率，取功率圆圆心的阻抗来设计。双击 m2 的图框，弹出属性对话框，选择"Format"，然后在右下角归一化阻抗 Zo 的下拉框中选择"...other"选项，将其改为原理图中的归一化阻抗5Ω，如图6-39和图6-40所示。

图6-39　修改功率圆圆心的阻抗（1）

图6-40　修改功率圆圆心的阻抗（2）

（5）m2 的图框变为 Load – Pull 负载的阻抗点，如图 6–41 所示。也就是说，输出的阻抗约为 $2.9 + j * 1.32\Omega$。

```
m2
indep(m2)=3
Pdel_contours_p=0.310 / 138.380
level=46.962200, number=1
impedance = 2.899 + j1.320
```

图 6–41　Load – Pull 的负载阻抗

（6）保存原理图和仿真数据。

6.5　Source – Pull

6.5.1　插入 Source – Pull

（1）在原理图中执行菜单命令【DesignGuide】 → 【Amplifier】，展开 "1 – Tone Nonlinear Simulations"，选择 "Source – Pull – PAE，Output Power Contours" 模板，然后单击【OK】按钮，如图 6–42 所示。

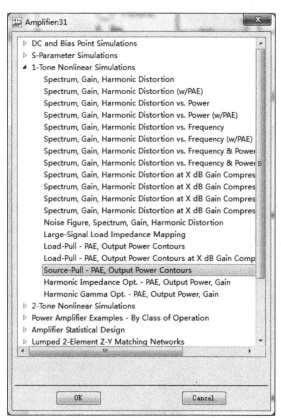

图 6–42　Source – Pull 模板选择

（2）将系统自带的元器件模型删除，加入 MRF8P9040 的模型及飞思卡尔控件，如图 6-43 所示。

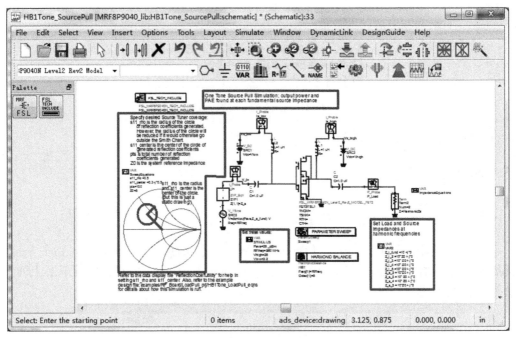

图 6-43　修改后的原理图

6.5.2　确定 Source – Pull 的源阻抗

同样，选择 28 ～ 29dBm 作为输入功率。

（1）双击 "Set these values" 中的 "Var Eqn" 控件，设置参数如图 6-44 所示。

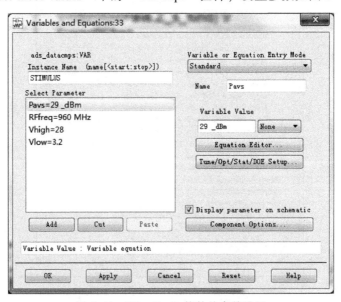

图 6-44　"Var Eqn" 控件的参数设置

（2）双击 Smith 阻抗框中的 "Var Eqn" 控件，在 DataSheet 中看到 MRF8P9040 的输入阻抗比较小，故将圆图归一化的阻抗设置为 5Ω，然后设置好圆心和半径进行源牵引仿真，寻找合适的阻抗点。这个过程需要反复修改圆心和半径。

备注：和 Load – Pull 一样，进行源牵引的区域不能太大，否则也会引起不收敛。由于输出匹配没有代入到源牵引中，所以找到的源牵引数据只是大概值。对于一般的功率管，隔离度 S12 比较好（20dB 以上），所以输出匹配不会影响输入的匹配，因此可以不管输出匹配而进行 Source – Pull 仿真。当然，如果把输出的匹配做好了，然后一起代进 Source – Pull 也是可以的。

最后选取的变量设置如图 6-45 所示。

VAR
SweepEquations
s11_rho =0.5
s11_center =0.2 -j*0.3
pts=100
Z0=5

图 6-45　最后选取的变量设置

（3）在仿真的结果中，为了更好地观察圆图，将 Pdel_step、PAE_step、NumPAE_lines、NumPdel_lines 设置为 0.1、0.5、15、15。

将 m1 点放在效率圆的圆心中，将 m2 点放在功率圆的圆心中，结果如图 6-46 所示。

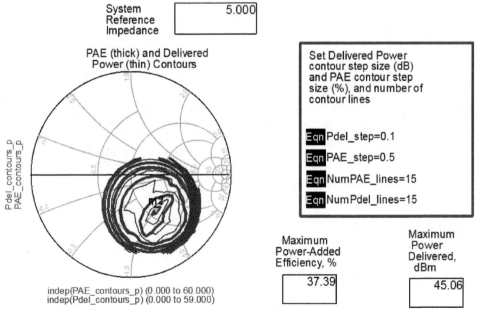

图 6-46　仿真结果

（4）输出的功率只有 45dBm，效率也只有 38%，但是对于初期设计而言，源牵引只需找出大概的圆心即可。类似 Load – Pull 取功率圆圆心的阻抗来设计。双击 m2 的图框，弹出属性对话框，选择"Format"，在右下角归一化阻抗 Zo 的下拉框中选择"…other"选项，然后将其改为原理图中的归一化阻抗 5Ω，如图 6-47 和图 6-48 所示。

图 6-47　修改功率圆圆心的阻抗（1）

图 6-48　修改功率圆圆心的阻抗（2）

（5）m2 的图框变为 Source – Pull 真实的阻抗点，如图 6-49 所示。也就是说，输出阻抗大约是 5.9 – j * 5.3Ω。

备注：DataSheet 阻抗如图 6-50 所示，将输出阻抗 2.9 + j * 1.32Ω 和输出阻抗 5.9 – j * 5.3Ω 进行对比，在误差范围内，还是相对一致的。

```
m2
indep(m2)=3
Pdel_contours_p=0.443 / -54.809
level=45.051609, number=1
impedance = 5.863 - j5.273
```

图 6-49　Source – Pull 的源阻抗

Test Impedances per Compression Level

f (MHz)		Z_{source} Ω	Z_{load} Ω
920	P1dB	4.03 – j5.45	2.24 + j0.08
940	P1dB	4.63 – j6.15	2.21 + j0.35
960	P1dB	5.57 – j5.96	2.36 + j0.47

Figure 12. Pulsed CW Output Power versus Input Power @ 28 V

图 6-50　DataSheet 阻抗

6.6　Smith 圆图匹配

6.6.1　输出匹配电路的建立

将 50Ω 匹配到 Zl 的共轭：2.9 – j * 1.32Ω。

（1）新建原理图 OUTMATCH，在"Simulation – S_Param"面板中选取 SP 控件、Zin 控件和端口 Term 放入原理图中，在面板中选取"Smith Chart Matching"加入原理图中，用导线连接好，如图 6-51 所示。

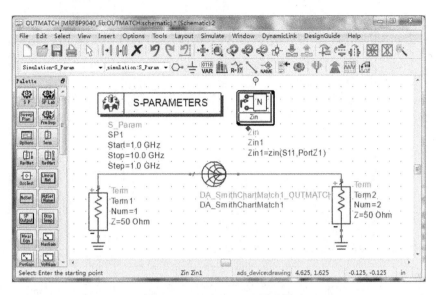

图 6-51　OUTMATCH 原理图

（2）双击 SP 控件，设置好频率参数，如图 6-52 所示。双击端口 Term1，设置好阻抗点，如图 6-53 所示。

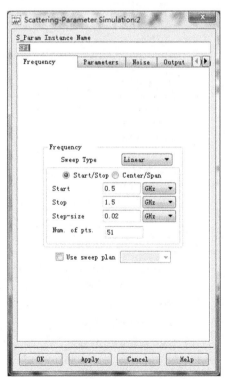

图 6-52　SP 控件频率参数的设置

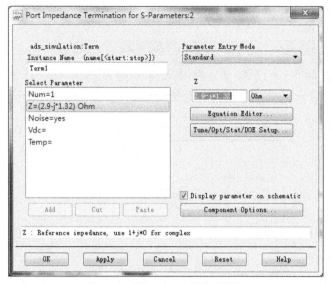

图 6-53　端口 Term1 阻抗的设置

（3）选中 "DA_SmithChartMatch1" 控件，执行菜单命令【Tools】 → 【Smith Chart...】，如图 6-54 和图 6-55 所示。

图 6-54　Smith 圆图菜单命令

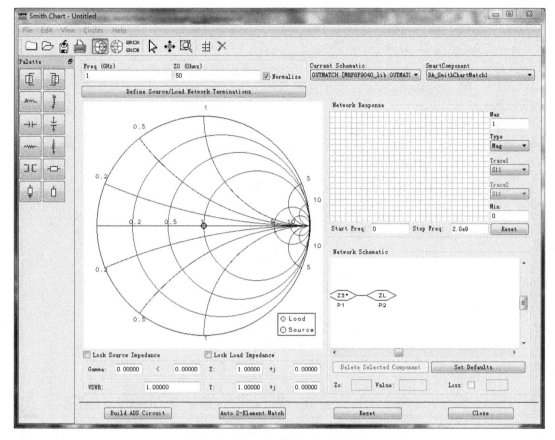

图 6-55 Smith 圆图工具

（4）依次设置频率为 0.96GHz，选中归一化"Normalize"选项，并将 Zs*（注意，*代表 Zs 的共轭）设置为源端口 Term1 的共轭 2.9 + j * 1.32Ω，然后执行菜单命令【Circles】→【Q...】，设置 Q 值为 1.5，如图 6-56 ～图 6-58 所示。

图 6-56 设置 Q 值菜单命令

图 6-57 设置 Q 值

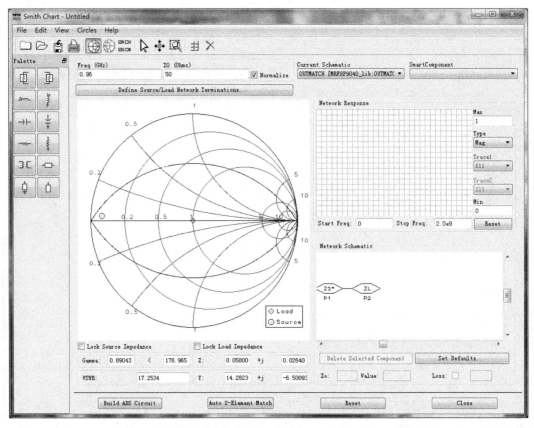

图 6-58   设置完成后的 Smith 圆图

（5）从负载端开始匹配。

并联一个电容 3.3pF；

串联一段微带，特性阻抗为 50Ω，电长度为 25°；

并联一个电容 9pF；

串联一段微带，特性阻抗为 50Ω，电长度为 9°；

并联一个电容 16pF；

串联一段微带，特性阻抗为 8Ω，电长度为 40°。

Smith 圆图中的响应如图 6-59 所示，从图中可以看出，在匹配的过程中，都是在 Q = 1.5 的圆内，没有超过圆外。保存文件为 OUTMACH，单击【Build ADS Circuit】按钮生成电路。

（6）在原理图中单击仿真，在仿真数据窗口中添加图表，选择 "S（1，1）"，如图 6-60 所示。在弹出的 S11 图表中，选择左上角的 Mark 功能，选取在 960MHz 时的读数，如图 6-61 所示。

（7）返回原理图中，选中 "DA_SmithChartMatch1"，然后选中菜单栏中的 ![icon] 进入子菜单，子电路如图 6-62 所示。

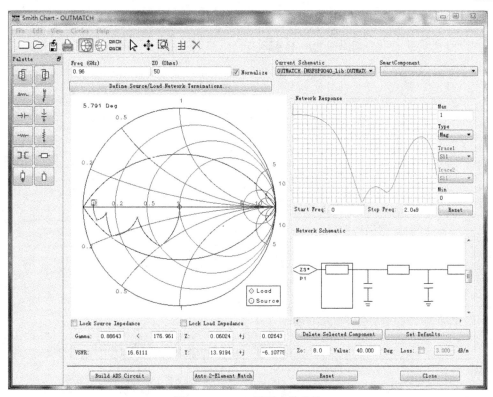

图 6-59 Smith 圆图中的响应

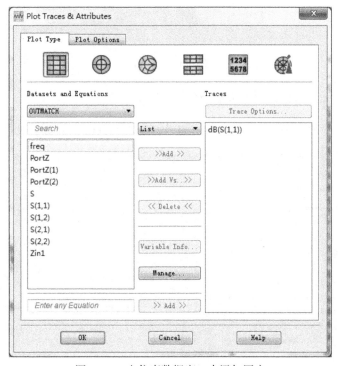

图 6-60 在仿真数据窗口中添加图表

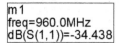

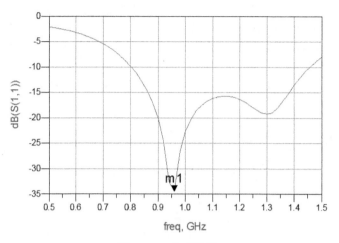

图 6-61　仿真结果

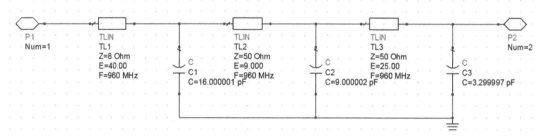

图 6-62　子电路

6.6.2　输出匹配理想传输线转化微带线

（1）执行菜单命令【Tools】→【LineCalc】，进入 LineCalc 界面，如图 6-63 所示。

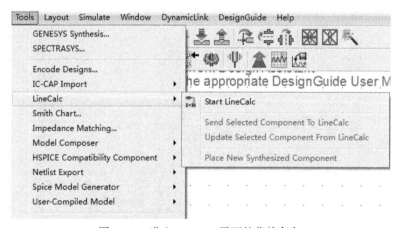

图 6-63　进入 LineCalc 界面的菜单命令

（2）假设这里选用罗杰斯 R04350 的板材，介电常数为 3.66，介质厚度为 0.762mm，正切损耗角为 0.02，依次将板材参数填入，如图 6-64 所示。

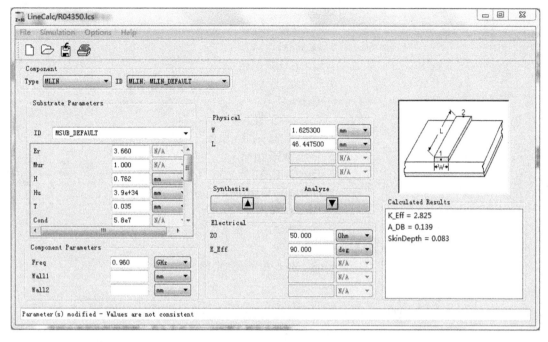

图 6-64　板材参数设置

（3）将原理图中理想传输线的特性阻抗和电长度填入 Z0 和 E_Eff 中，算出实际线宽 W 和长度 L，单位为 mm。例如，8Ω、电长度 40°理想传输线的转化如图 6-65 所示。

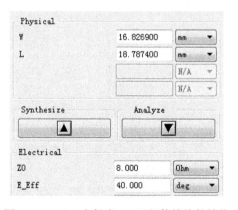

图 6-65　8Ω、电长度 40°理想传输线的转化

理想传输线 50Ω、电长度 9°对应 $W=1.62$、$L=4.64$；

理想传输线 50Ω、电长度 25°对应 $W=1.62$、$L=12.9$。

（4）将原理图中的理想传输线用实际微带线代替。在原理图中，选取面板"TLines - Microstrip"中的 MSub 和 MLIN，添加到原理图中，双击 MSub 控件和 MLIN 模型，设置参数，如图 6-66 和图 6-67 所示。

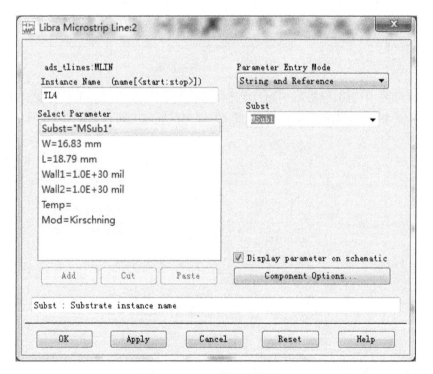

图 6-66 MSub 控制参数设置

图 6-67 MLIN 模型参数设置

把理想传输线选中,单击 ⊠ 图标,使这些理想模型失效,用导线连接微带模型,从而代替理想模型,如图 6-68 所示。

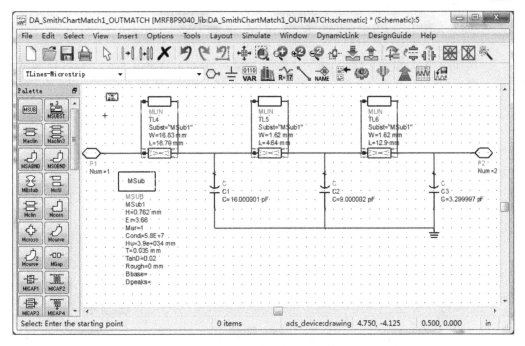

图 6-68 微带模型代替理想模型

（5）单击 图标返回上级电路，进行仿真，仿真结果如图 6-69 所示。

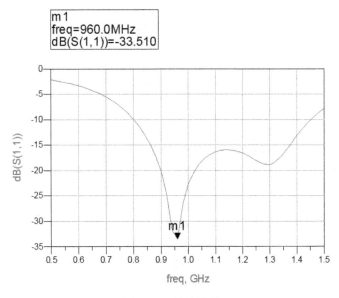

图 6-69 仿真结果

在误差允许的范围内，可以认为理想传输线和微带线的仿真结果是相同的。

6.6.3　输出匹配电路生成 symbol 模型

（1）在原理图里面添加 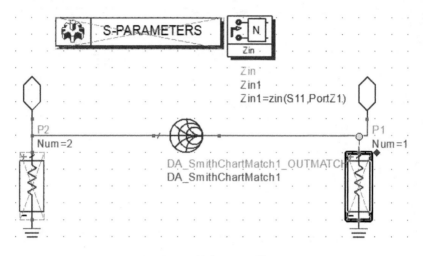，其中负载端 50Ω 对应 P1，源端 2.9 − j ∗ 1.32Ω 对应 P2，并且将 S 参数控件，以及端口 Term1、Term2 失效，如图 6−70 所示。

图 6−70　创建 symbol 模型

（2）返回 ADS 工程目录，选中"OUTMATCH"，右击选中"New Symbol"选项，如图 6−71 所示。

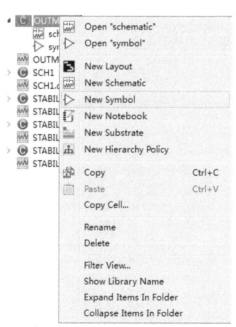

图 6−71　创建 symbol 模型菜单命令

（3）弹出"New Symbol"对话框，单击【OK】按钮，如图 6−72 所示。

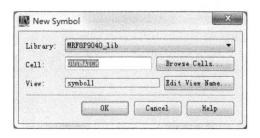

图 6-72 "New Symbol" 对话框

（4）在"Symbol Generator"对话框中选中"Quad"和"Number"选项，单击【OK】按钮，如图 6-73 所示。

图 6-73 选中"Quad"和"Number"选项

（5）ADS 系统生成模型如图 6-74 所示。

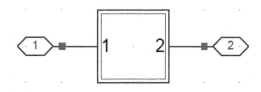

图 6-74 ADS 系统生成模型

（6）由于输出端的匹配 50Ω 是接在右边的，为了方便后续的设计，所以把这个模型关于 Y 轴进行对称操作。选中整个模型，单击 图标，关于 Y 轴对称后的模型如图 6-75 所示。

（7）保存文件。

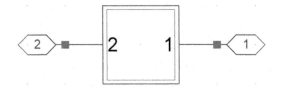

图 6-75　关于 Y 轴对称后的模型

6.6.4　输入匹配电路的建立

将 50Ω 匹配到 Zs 的共轭：$5.9 + j * 5.3Ω$

（1）新建原理图 INMATCH，在"Simulation – S_Param"面板中选取 SP 控件、Zin 控件和端口 Term 放入原理图中，在面板中选取"Smith Chart Matching"加入原理图中，用导线连好。

（2）双击 SP 控件，设置好频率参数，如图 6-76 所示。双击端口 Term1，设置好阻抗点，如图 6-77 所示。

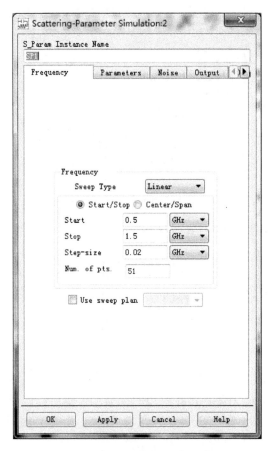

图 6-76　SP 控制频率参数的设置

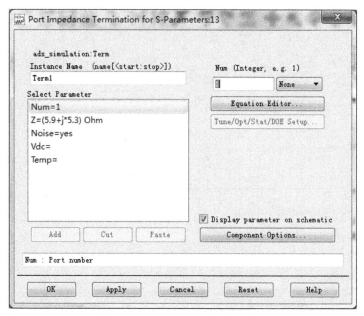

图 6-77　端口 Term1 阻抗的设置

（3）选中"DA_SmithChartMatch1"控件，执行菜单命令【Tools】→【Smith Chart...】，如图 6-78 和图 6-79 所示。

图 6-78　Smith 圆图菜单命令

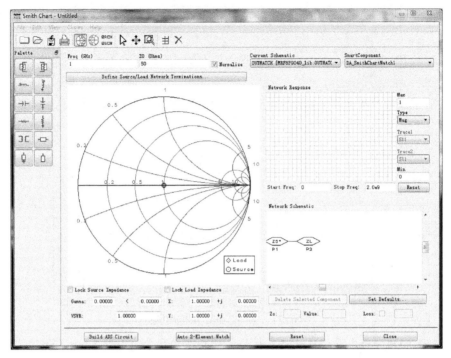

图 6-79　Smith 圆图工具

（4）依次设置频率为 0.96GHz，选中归一化 "Normalize" 选项，并将 Zs*（注意，* 代表 Zs 的共轭）设置为源端口 Term1 的共轭 $5.9 - j*5.3\Omega$，然后执行菜单命令【Circles】 →【Q...】，设置 Q 值为 1.5，如图 6-80 ～图 6-82 所示。

图 6-80　设置 Q 值菜单命令　　　　图 6-81　设置 Q 值

（5）从负载端开始匹配。

并联一个电容 3.3pF；

串联一段微带，特性阻抗为 50Ω，电长度为 30°；

并联一个电容 6pF；

串联一段微带，特性阻抗为 10Ω，电长度为 26.5°。

Smith 圆图中的响应如图 6-83 所示，从图中可以看出，在匹配的过程中，都是在 $Q =$

1.5 的圆内，没有超过圆外。保存文件为 INMATCH，单击【Build ADS Circuit】按钮生成电路。

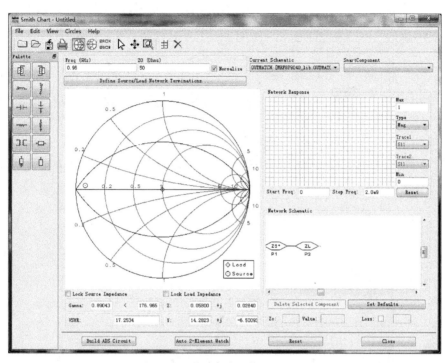

图 6-82　设置完成后的 Smith 圆图

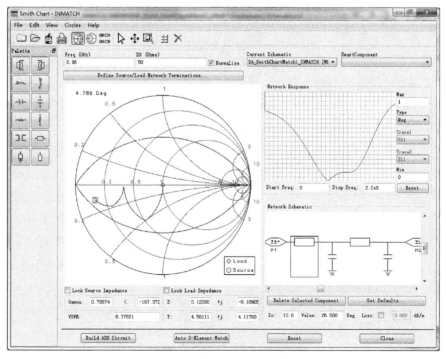

图 6-83　Smith 圆图中的响应

（6）在原理图中单击仿真，在仿真数据窗口中添加图表，选择"S（1，1）"，如图 6-84 所示。在弹出的 S11 图表中，选择左上角的 Mark 功能，选取在 960MHz 时的读数，如图 6-85 所示。

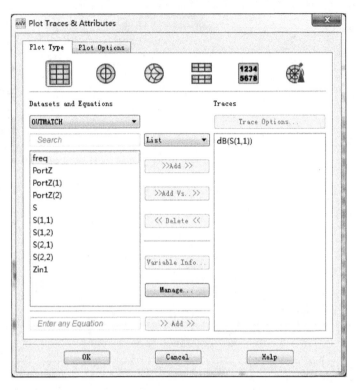

图 6-84　在仿真数据窗口中添加图表

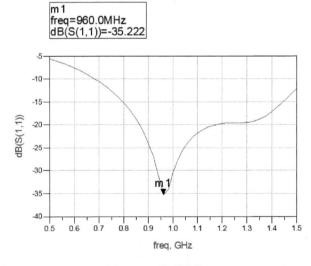

图 6-85　仿真结果

（7）返回原理图中，选中"DA_SmithChartMatch1"，然后选中菜单栏中的 进入子菜单，子电路如图 6-86 所示。

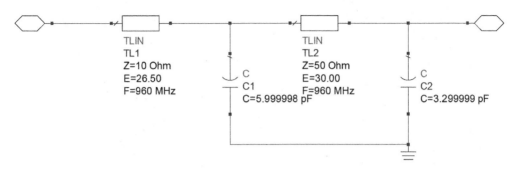

图 6-86　子电路

6.6.5　输入匹配理想传输线转化微带线

（1）执行菜单命令【Tools】→【LineCalc】，进入 LineCalc 界面，如图 6-87 所示。

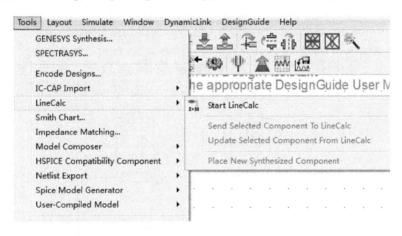

图 6-87　进入 LineCalc 界面的菜单命令

（2）假设这里选用罗杰斯 R04350 的板材，介电常数为 3.66，介质厚度为 0.762mm，正切损耗角为 0.02，依次将板材参数填入，如图 6-88 所示。

（3）将原理图中理想传输线的特性阻抗和电长度填入 Z0 和 E_Eff 中，算出实际线宽 W 和长度 L，单位为 mm。

理想传输线 50Ω、电长度 $30°$ 对应 $W=1.62$、$L=15.48$；

理想传输线 10Ω、电长度 $26.5°$ 对应 $W=13.13$、$L=12.53$。

（4）将原理图中的理想传输线用实际微带线代替。在原理图中，选取面板"TLines - Microstrip"中的 MSub 和 MLIN，添加到原理图中，双击 MSub 控件和 MLIN 模型，设置参数。参数设置完后把理想传输线选中，单击 图 图标，使这些理想模型失效，用导线连接微带模型，从而代替理想模型，如图 6-89 所示。

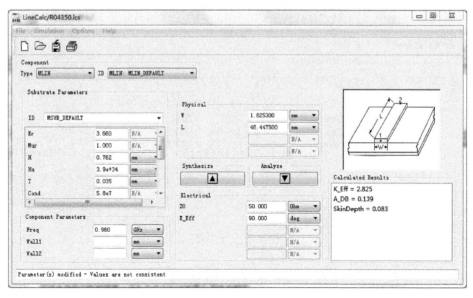

图 6-88   板材参数设置

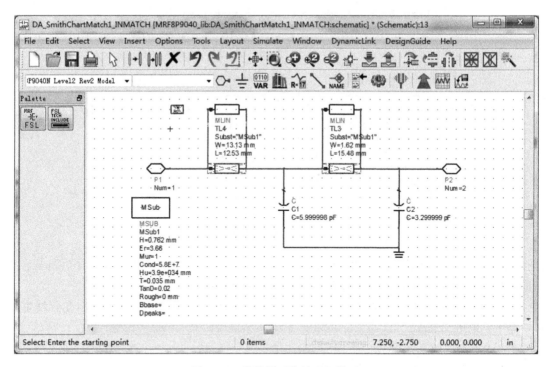

图 6-89   微带模型代替理想模型

（5）单击 图标返回上级电路，进行仿真，仿真结果如图 6-90 所示。

在误差允许的范围内，可以认为理想传输线和微带线的仿真结果是相同的。

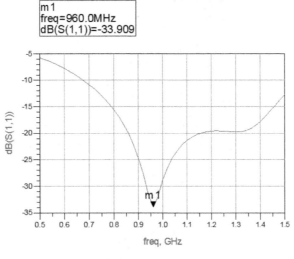

图 6-90 仿真结果

6.6.6 输入匹配电路生成 symbol 模型

（1）在原理图里面添加 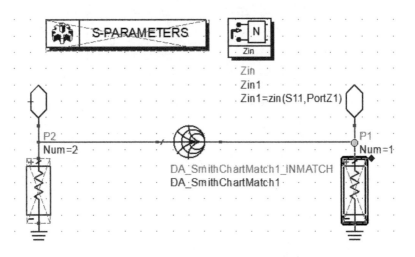，其中负载端 50Ω 对应 P1，源端 5.9 + j * 5.3Ω 对应 P2，并且将 S 参数控件，以及端口 Term1、Term2 失效，如图 6-91 所示。

图 6-91 在原理图中添加端口

（2）返回 ADS 工程目录，选中 "INMATCH"，右击选中 "New Symbol" 选项，如图 6-92 所示。

（3）弹出 "New Symbol" 对话框，单击【OK】按钮，如图 6-93 所示。

（4）在 "Symbol Generator" 对话框中选中 "Quad" 和 "Number" 选项，单击【OK】按钮，如图 6-94 所示。

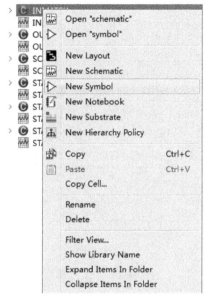

图 6-92　创建 symbol 模型菜单命令

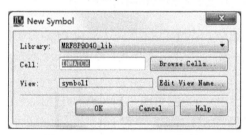

图 6-93　"New Symbol" 对话框

图 6-94　选中 "Quad" 和 "Number" 选项

（5）ADS 系统生成模型如图 6-95 所示，保存文件。

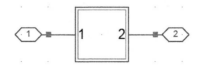

图 6-95　ADS 系统生成模型

6.7　偏置的设计

偏置的设计主要是利用到短路短截线的输入阻抗 $Z_{in} = Z_0 * \tan(BL)$。其中，Z_0 是微带特性阻抗，BL 是电长度。在此，选取微带宽度为 1mm（输出的偏置主要考虑微带宽带可承受的电流）、特性阻抗约为 65.6Ω 的微带，并且取窄带设计 960MHz 的 1/4 波长为 47.4mm，计算过程如图 6-96 所示。

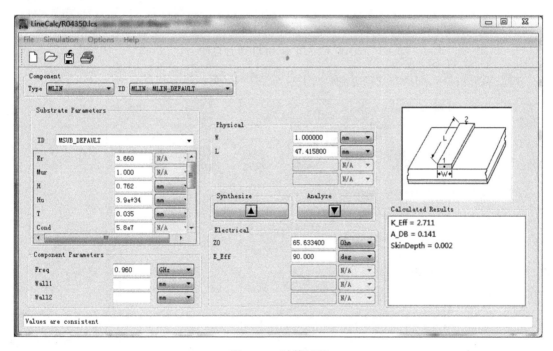

图 6-96　计算过程

为了节省 PCB 的空间，选择添加一个弧形 90° 的拐角，半径是 2.5mm。那么，3 段微带的长度可以是 33 + 3.14 * 2.5/2 + 10 = 46.925mm。

（1）新建原理图 BIAS_DESIGN，加入 S 参数仿真控制器、Zin 控件、微带线板材参数控件 MSub、MLIN 和 MCURVE 控件，分别设置好参数，然后在一端添加一个对地耦合电容 DC_Block，另一端添加一个 50Ω 的端口 Term，如图 6-97 所示。

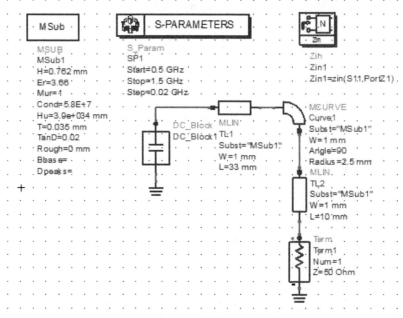

图 6-97　BIAS_DESIGN 原理图

（2）运行仿真，添加数字表格 ，在对话框中选 Zin，如图 6-98 所示。

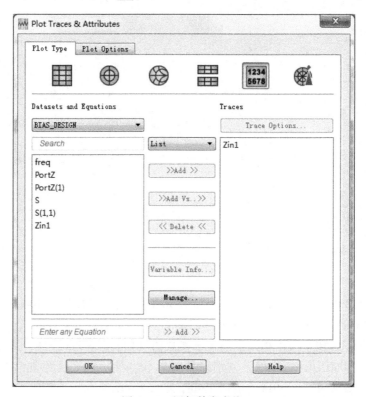

图 6-98　添加数字表格

（3）双击图 6-98 中的"Zin1"，在"Trace Options"对话框中的"Complex Data Format"选项选择"Real/Imaginary"，如图 6-99 所示。

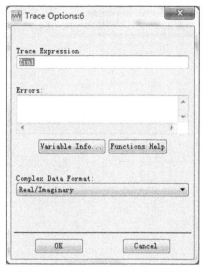

图 6-99　"Trace Options"对话框

（4）单击【OK】按钮，在 960MHz 时的输入阻抗大约是 2.245E3 + j * 2.048E3，如图 6-100 所示。

freq	Zin1
500.0 MHz	0.791 + j69.578
520.0 MHz	0.897 + j74.259
540.0 MHz	1.021 + j79.293
560.0 MHz	1.167 + j84.735
580.0 MHz	1.341 + j90.648
600.0 MHz	1.549 + j97.110
620.0 MHz	1.800 + j104.218
640.0 MHz	2.105 + j112.091
660.0 MHz	2.479 + j120.877
680.0 MHz	2.944 + j130.768
700.0 MHz	3.529 + j142.010
720.0 MHz	4.276 + j154.928
740.0 MHz	5.247 + j169.962
760.0 MHz	6.536 + j187.714
780.0 MHz	8.289 + j209.043
800.0 MHz	10.746 + j235.206
820.0 MHz	14.321 + j268.124
840.0 MHz	19.775 + j310.884
860.0 MHz	28.635 + j368.767
880.0 MHz	44.312 + j451.595
900.0 MHz	75.734 + j579.783
920.0 MHz	152.444 + j802.886
940.0 MHz	419.555 + j1.267E3
960.0 MHz	2.245E3 + j2.048E3
980.0 MHz	1.869E3 - j1.986E3
1.000 GHz	406.560 - j1.183E3
1.020 GHz	165.492 - j766.235
1.040 GHz	89.913 - j560.260
1.060 GHz	56.983 - j439.689
1.080 GHz	39.702 - j360.849

图 6-100　输入阻抗数字表格

（5）返回原理图，让 S 参数仿真控制器和端口 Term 失效，在 DC_Block 电容上面添加 P1 端口，在端口 Term1 连接处添加 P2 端口，如图 6-101 所示。

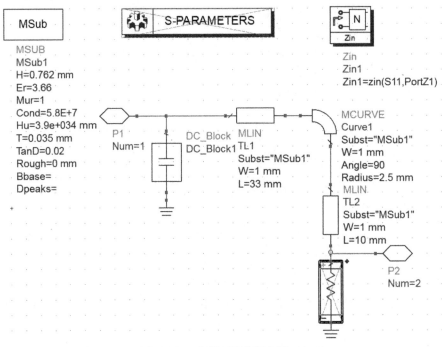

图 6-101　在原理图中添加端口

（6）返回 ADS 工程目录，选中"BIAS_DESIGN"后右击选择"New Symbol"选项，如图 6-102 和图 6-103 所示。

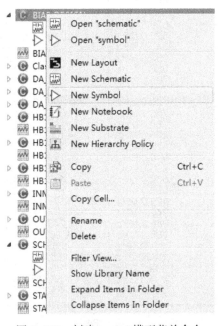

图 6-102　创建 symbol 模型菜单命令

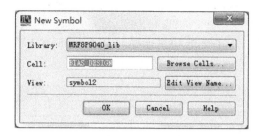

图 6-103　"New Symbol" 对话框

（7）在"Symbol Generator"对话框中选中"Quad"和"Number"，如图 6-104 所示。

图6-104　选中"Quad"和"Number"选项

（8）单击【OK】按钮，生成模型，如图 6-105 所示。保存文件。

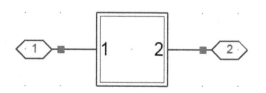

图 6-105　ADS 系统生成模型

6.8　原理图 S 参数仿真

（1）新建原理图 SCH1，添加 S 参数仿真控制器、端口 Term、MRF8P9040 和飞思卡尔控件，打开 ADS 库 📖，弹出"Component Library"对话框，如图 6–106 所示，选择里面的"Workspace Libraries"选项，将该选项里面的"BIAS_DESIGN"、"INMATCH"、"OUT-MATCH"拖进原理图中。

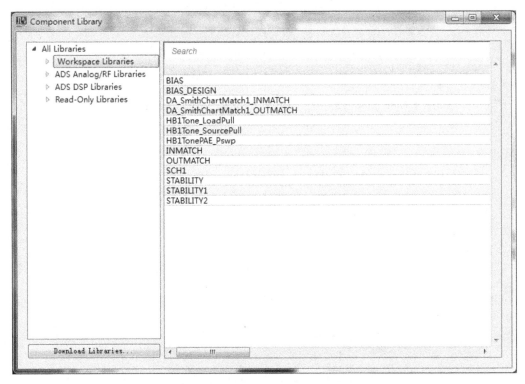

图 6–106 "Component Library"对话框

（2）在面板中选择"Sources – Freq Domain"选项，将 V_DC 加入原理图中，如图 6–107 所示。选择"Lumped – Components"选项，添加 DCBlck 元器件，如图 6–108 所示。

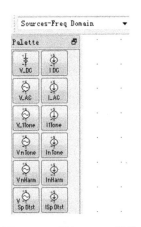

图 6–107 添加 V_DC 控件

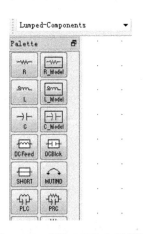

图 6–108 添加 DCBlck 元器件

（3）用导线将原理图连接起来，如图 6-109 所示（注意 INMATCH、OUTMATCH 的端口方向，1 口都是对应 50Ω，BIAS_DESIGN 1 口对应电源）。

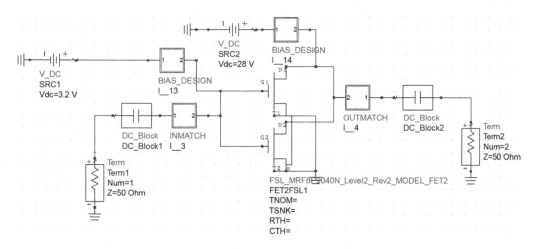

图 6-109　连接好的原理图

（4）双击 S 参数仿真控制器，设置频率参数，如图 6-110 所示。双击 V_DC 控件，设置偏置电压为 3.2V，漏极电压为 28V，如图 6-111 和图 6-112 所示。

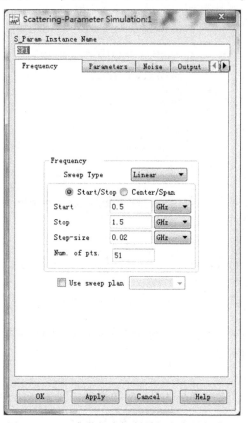

图 6-110　S 参数仿真控制器频率参数的设置

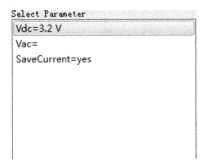

图 6-111　V_DC 控件偏置电压的设置

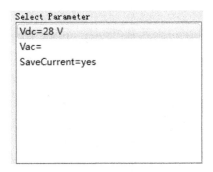

图 6-112　V_DC 控件漏极电压的设置

（5）运行仿真。在仿真数据窗口中单击▦图标拖到空白处，弹出"Plot Traces & Attributes"对话框，选择"S（2，1）"，弹出"Complex Data"对话框，选择"dB"，如图 6-113 所示，单击【OK】按钮。

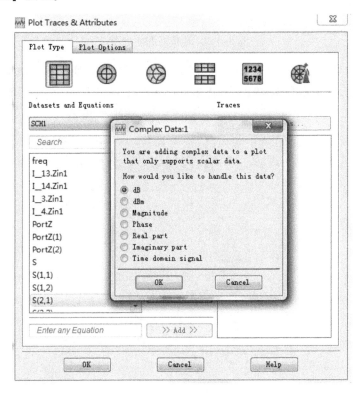

图 6-113　运行仿真

（6）单击左上角的 mark 图标 ⌐，标记在 960MHz 时的数据，如图 6-114 所示。添加 S11 的曲线，如图 6-115 所示。

（7）单击保存文件。

通过上面的步骤，可以看出在 960MHz 的频率中，回波损耗 S11 有 −18dB，已经比较好了，增益也有 18.2dB。

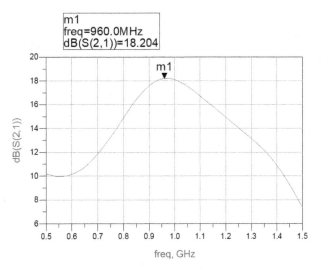

图 6-114 仿真结果（1）

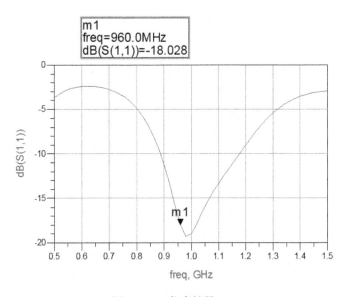

图 6-115 仿真结果（2）

（8）在原理图 SCH1 中添加 4 个 ⊶ 端口，然后让控件 V_DC、端口 Term、S 参数仿真控制器失效，如图 6-116 所示。

（9）单击保存，回到主工程目录下，选中 "SCH1"，右击选择 "New Symbol" 选项，如图 6-117 所示。

（10）在弹出的 "Symbol Generator" 对话框中，选中 "Quad" 和 "Location" 选项，如图 6-118 所示。

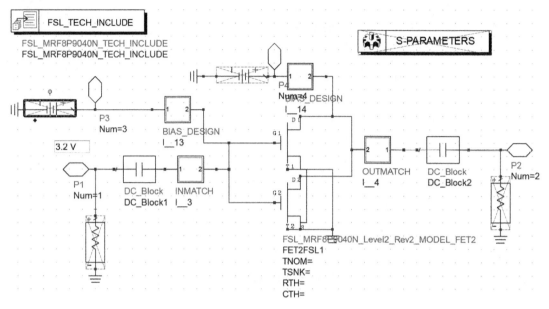

图 6-116　在原理图 SCH1 中添加端口

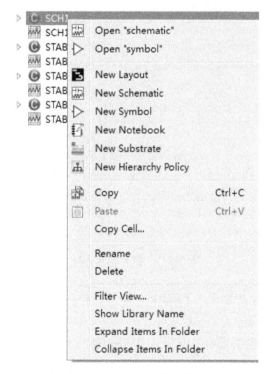

图 6-117　创建 symbol 模型菜单命令

图 6-118　选中"Quad"和"Location"选项

（11）单击【OK】按钮，生成模型，如图 6-119 所示。单击保存。

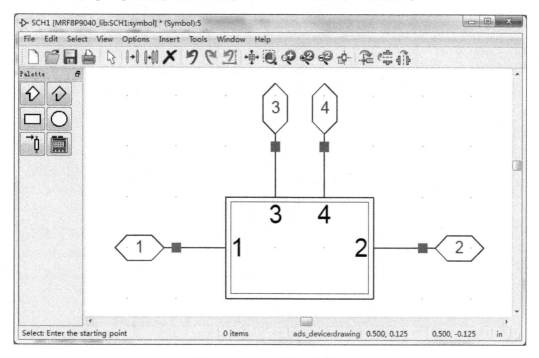

图 6-119　ADS 系统生成模型

6.9 原理图 HB 仿真

（1）在 SCH1 原理图中，单击【DesignGuide】→【Amplifier】，如图 6-120 所示。

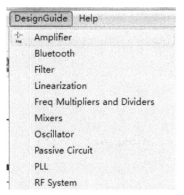

图 6-120　原理图 HB 仿真菜单命令

（2）在弹出的"Amplifier"对话框中展开"1-Tone Nonlinear Simulations"，在子菜单中选择"Spectrum，Gain，Harmonic Distortion vs. Power（w/PAE）"，如图 6-121 所示。ADS 系统自动新建谐波仿真模板。

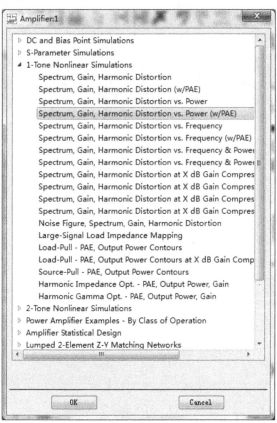

图 6-121　选择"Spectrum，Gain，Harmonic Distortion vs. Power（w/PAE）"

（3）单击 ADS 库文件 📖，将 SCH1 的模型添加到原理图中，双击 VAR1 控件设置频率、漏极电压和栅极电压，如图 6-122 所示。

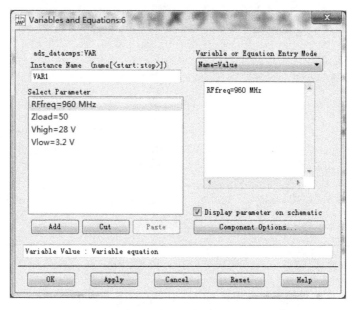

图 6-122 VAR1 控件频率、漏极电压和栅极电压的设置

（4）双击 "HARMONIC BALANCE" 控件，设置好谐波次数（次数设为 3），如图 6-123 所示。

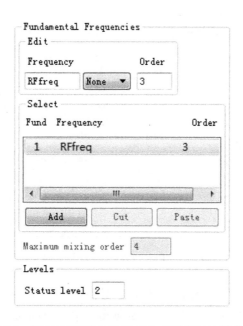

图 6-123 "HARMONIC BALANCE" 控件谐波次数的设置

（5）双击扫描计划"SWEEP PLAN"控件，设置参数如图 6-124 和图 6-125 所示。

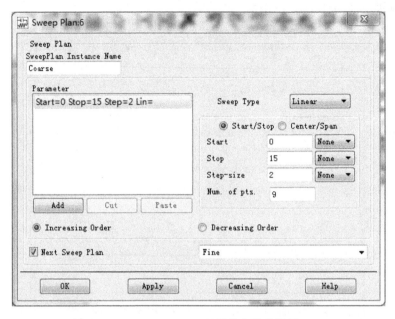

图 6-124 "SWEEP PLAN"控件参数的设置（1）

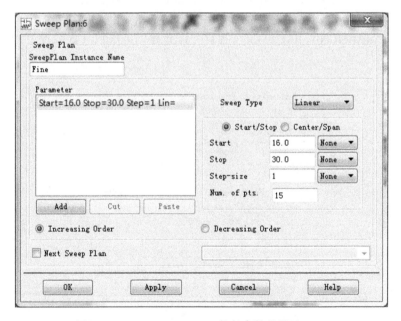

图 6-125 "SWEEP PLAN"控件参数的设置（2）

（6）将原理图中的隔直电容和扼流电感全部用 ▦ 图标短路掉，如图 6-126 所示。

（7）运行仿真。在 HB1TonePAE_Pswp 数据窗口中，"Output Spectrum，dBm"代表输出的频谱，更改 m3 的输入功率大小，可以见到谐波的变化，如图 6-127 所示。

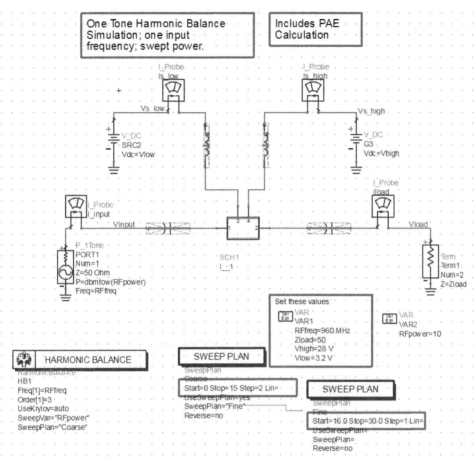

图 6-126 短路掉隔直电容和扼流电感的原理图

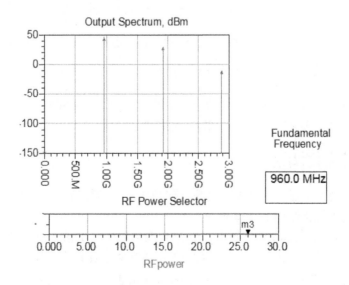

图 6-127 仿真结果（1）

"Transducer Power Gain, dB"是输出的功率和增益曲线表，在这个表中，由 m1、m2 的位置可以找出输出的 1dB 压缩点，如图 6-128 所示。

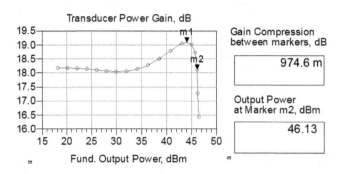

图 6-128   仿真结果（2）

"PAE"曲线表是输出功率和效率的曲线，添加 mark 点，可以找出 P1dB 下的效率，如图 6-129 所示。

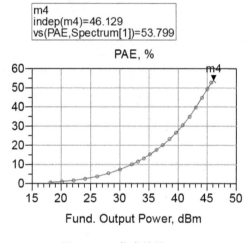

图 6-129   仿真结果（3）

从上面的表格中可以看出这个设计的输出 1dB 压缩点约为 46dBm（40W），增益大概为 18dB，效率约为 53%，这些数据和 DataSheet 的数据接近。

6.10   原理图优化调谐

上面的仿真是把各个设计的模型整合在一起初步进行参数仿真，如果指标还不行，则需要对原理图进行整体优化调谐。步骤如下。

（1）在 HB1TonePAE_Pswp 原理图中，单击 ⚓ 图标，然后单击"SHC1"的模型进入其子电路，如图 6-130 所示。单击 ⚓ 图标，然后单击"OUTMATCH"的模型进入其子电路，如图 6-131 所示。单击 ⚓ 图标，然后单击"DA_SmithChartMatch1_OUTMATCH"的模型进入其子电路，如图 6-132 和图 6-133 所示。

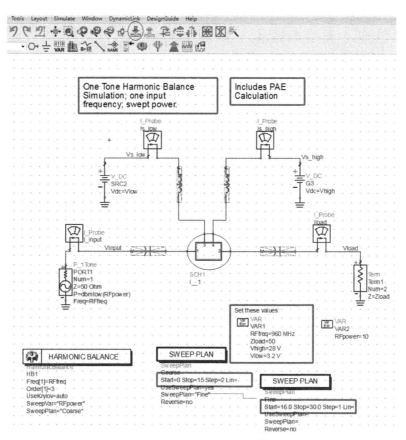

图 6-130　"SHC1"的子电路

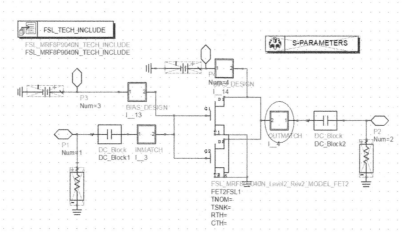

图 6-131　"OUTMATCH"的子电路

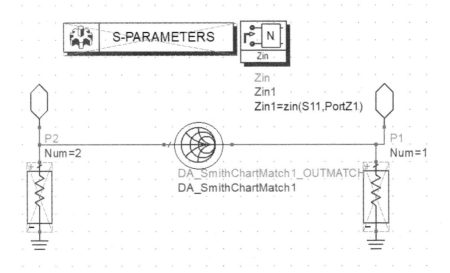

图 6-132 "DA_SmithChartMatch1_OUTMATCH" 的子电路（1）

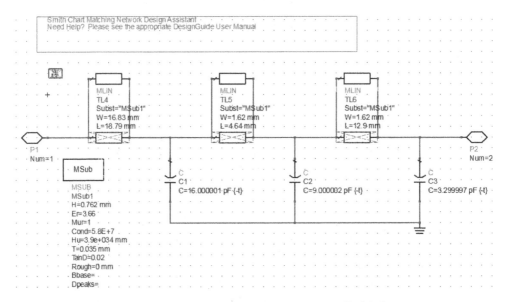

图 6-133 "DA_SmithChartMatch1_OUTMATCH" 的子电路（2）

（2）双击"C1"器件，弹出"Capacitor"对话框，单击【Tune/Opt/Stat/DOE Setup...】按钮。在"Tuning"栏"Tuning Status"选项中选择"Enabled"选项，并且设置"Minimum Value"为1，"Maximum Value"为30，"Step Value"为0.5，单击【OK】按钮，如图6-134所示。

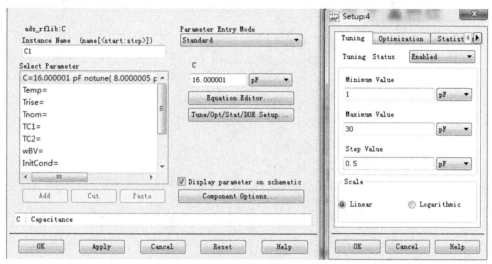

图 6-134 "C1"调谐参数的设置

C2、C3 调谐参数的操作和 C1 的类似，然后单击 🔧 图标返回到 HB1TonePAE_Pswp 原理图中。

（3）在 HB1TonePAE_Pswp 原理图中，单击 🔧 图标，会同时弹出两个窗口，一个是仿真的数据结果，一个是"Tune Parameters"对话框，如图6-135所示。

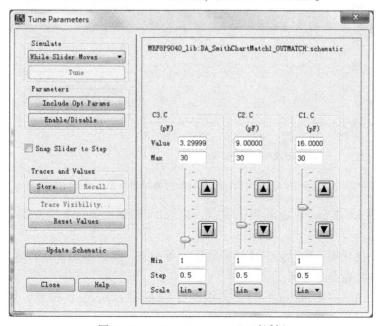

图 6-135 "Tune Parameters"对话框

（4）在这个界面中，通过改变 C1、C2、C3 的值，可以观察到仿真结果的变化。经过调谐将 C3 改为 4.3、C2 改为 12、C1 改为 25，观察仿真的数据，如图 6-136～图 6-138 所示。

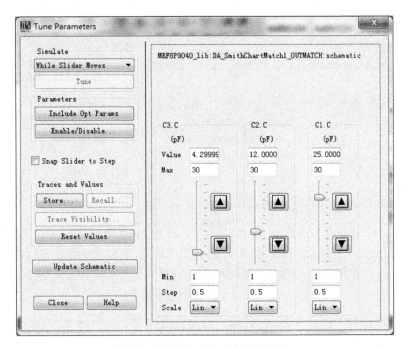

图 6-136　C3、C2、C1 值的修改

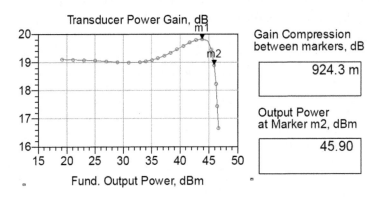

图 6-137　修改后的仿真结果（1）

增益变为 19dB 以上，在输出 P1dB 约为 45.9dBm 的情况下，效率为 58.5%，效果比原来的数据好。

备注：这个优化调谐的过程只能慢慢改变变量的值，摸索出比较好的结果。当然，笔者优化的数据不一定就是最好的。

（5）单击 "Tune Parameters" 对话框中的【Update Schematic】按钮，更新原理图中的数据。

（6）关掉 "Tune Parameters" 对话框，保存原理图和仿真数据。

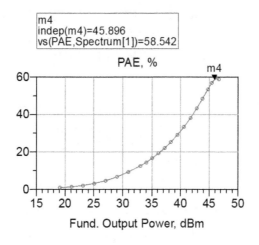

图 6-138　修改后的仿真结果（2）

6.11　版图 Layout

6.11.1　版图的生成

（1）新建原理图 SCH2，将 SCH1 中的原理图复制到 SCH2 中，如图 6-139 所示。

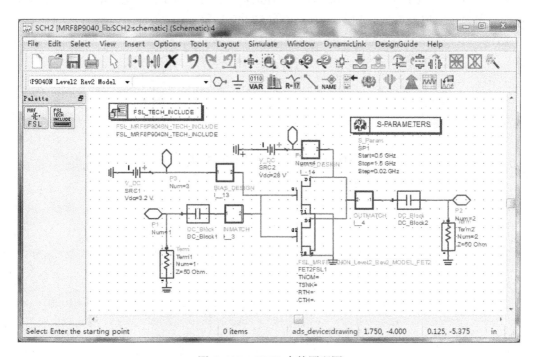

图 6-139　SCH2 中的原理图

（2）将"INMATCH"、"OUTMATCH"、两个"BIAS_DESIGN"中的子电路复制到主原理图中，去掉多余的端口、多余的S参数仿真控制器和多余的MSub控件等，然后用导线连接起来（注意匹配中50Ω的方向，INMATCH匹配中的子电路需要旋转180°），如图6-140所示。

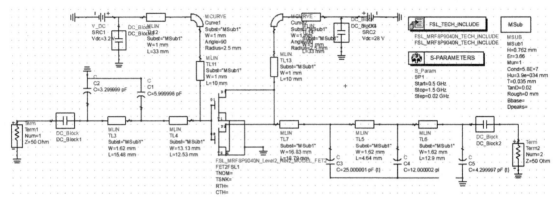

图6-140　修改后的SCH2原理图

（3）由于实际中电容存在寄生效应，故在仿真的时候尽量也仿真进去，将DC_Block理想电容替换为ATC100B系列电容，打开ADS库，在搜索栏中输入关键字sc_atc，出现ATC100B系列电容，单击拖到原理图中，然后双击，出现属性对话框，更改为51pF。

备注：选51pF是因为ATC100B 51pF电容正好谐振在960MHz，这时电容的电抗参数互相补偿，不会带入电抗参量，如图6-141和图6-142所示。

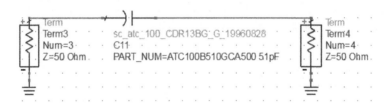

图6-141　使用ATC100B 51pF电容

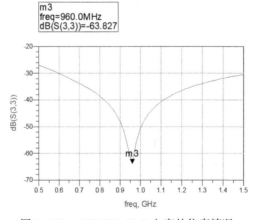

图6-142　ATC100B 51pF电容的仿真情况

（4）运行仿真，仿真结果如图 6-143 所示。

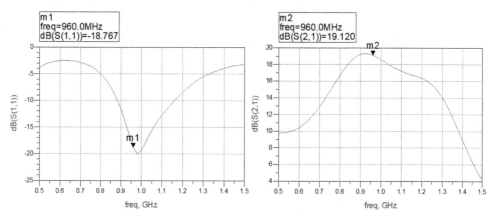

图 6-143　仿真结果

（5）将所有的端口、电容及仿真控件全部失效，只留下微带，如图 6-144 所示。

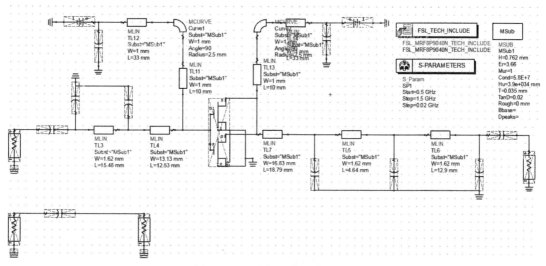

图 6-144　只留下微带的原理图

执行菜单命令【Layout】→【Generate/Update Layout...】，如图 6-145 所示。

图 6-145　执行菜单命令【Layout】→【Generate/Update Layout...】

弹出"Generate/Update Layout"对话框，单击【OK】按钮，如图6-146所示。

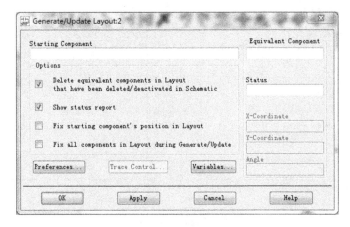

图6-146 "Generate/Update Layout"对话框

（6）生成的版图如图6-147所示（其中背景设置为白色）。

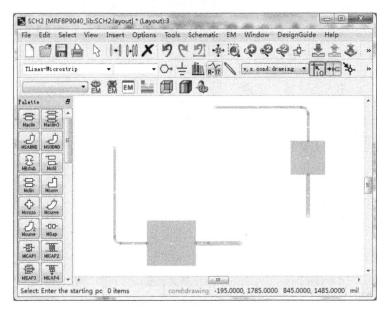

图6-147 生成的版图

6.11.2 版图的布局

布局的原则是把输入匹配和输出匹配分开，并且把偏置电路放到微带靠近引脚的边缘。

（1）激活版图中的几种连接图标，如图6-148所示。

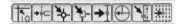

图6-148 版图中的几种连接图标

（2）输入匹配布局。先把输入图形旋转 90°：区域选中所有的输入匹配，单击"Edit"，然后单击"Rotate"一次（每单击一次，选中的图形旋转 90°），如图 6-149 所示。

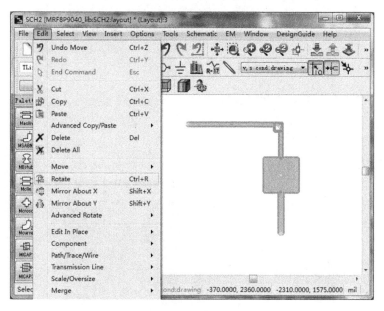

图 6-149　旋转输入匹配

旋转过后的输入匹配图形，如图 6-150 所示。

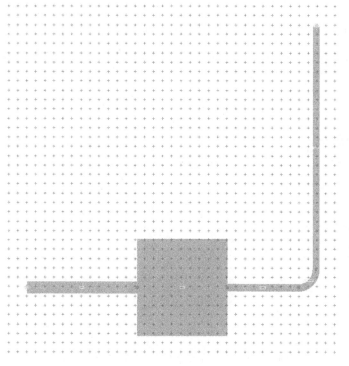

图 6-150　旋转过后的输入匹配图形

将偏置移动出去，并旋转 90°，如图 6-151 所示。

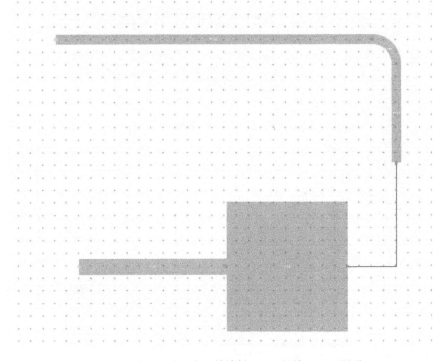

图 6-151　偏置移动出去，并旋转 90°后的输入匹配图形

选中偏置电路，执行菜单命令【Edit】→【Move】→【Move Edge】，如图 6-152 所示。

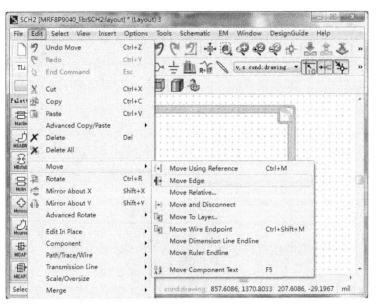

图 6-152　选中偏置电路，执行菜单命令【Edit】→【Move】→【Move Edge】

选择被移动基准点：偏置电路右下角的点，如图 6-153 所示。

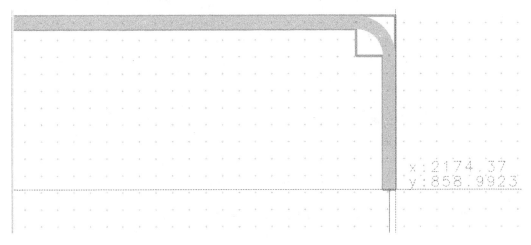

图 6-153　选择被移动基准点

选择移动后的基准点：微带的右上角的点，如图 6-154 所示。删掉版图间的连接线。

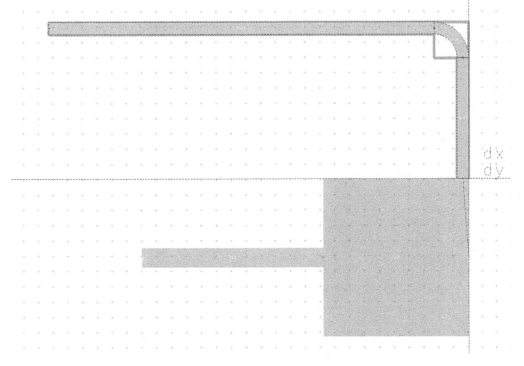

图 6-154　选择移动后的基准点

这样就完成了将偏置电路以右下角的点为基准移动到微带的右上角的过程。

（3）输出匹配的布局与输入匹配的布局类似，最后的版图如图 6-155 所示。

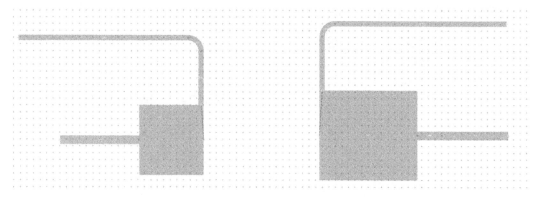

图 6-155　最后的版图

（4）依据 DataSheet 提供的 MRF8P9040 的尺寸标注，如图 6-156 所示，算出引脚的尺寸。

PACKAGE DIMENSIONS

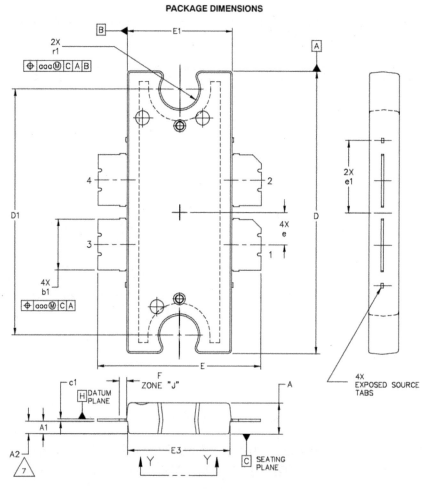

图 6-156　DataSheet 提供的 MRF8P9040 的尺寸标注

引脚间隙尺寸：$2 * (e - b1/2) = 2 * (2.69 - 4.32/2) = 1.06\text{mm}$。

然后算出引脚加间隙的尺寸：$2 * b1 + 1.06 = 9.7\text{mm} = 381.9\text{mil}$（取整数）。

MRF8P9040 的输入引脚到输出引脚的间隙为 $E_1 = 9.07\text{mm}$，为了防止加工精度的误差，取 $E_1 = 9.5\text{mm} = 374\text{mil}$。

MRF8P9040 的长度为 $D = 18.29$，取 $D = 18.8\text{mm} = 740.2\text{mil}$。

（5）选中版图的图层管理，更改为封装层，如图 6-157 所示。

单击画矩形工具图标后，执行菜单命令【Insert】→【Coordinate Entry...】，如图 6-158，6-159 所示。

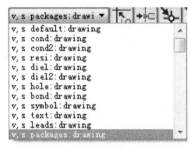

图 6-157　选中版图的图层管理，更改为封装层　　　　图 6-158　单击画矩形工具图标

图 6-159　执行菜单命令【Insert】→【Coordinate Entry...】

输入坐标"0，0"，单击【Apply】按钮，输入坐标"374，740.2"，单击【OK】按钮，如图6-160 和图6-161 所示。

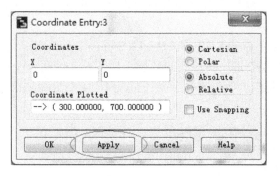

图6-160　输入坐标"0，0"

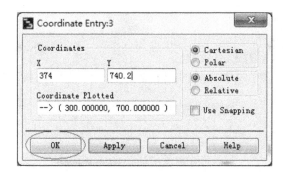

图6-161　输入坐标"374，740.2"

建立了 MRF8P9040 的封装（不包含引脚）如图6-162 所示。

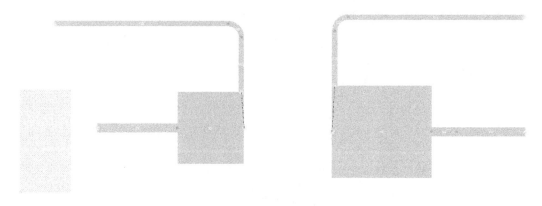

图6-162　建立了 MRF8P9040 的封装（不包含引脚）

（6）以封装的左边与右边的中点为基准，移动封装，连接输入/输出的匹配，如图6-163 和图6-164 所示。

图 6-163　连接输入/输出的匹配（1）

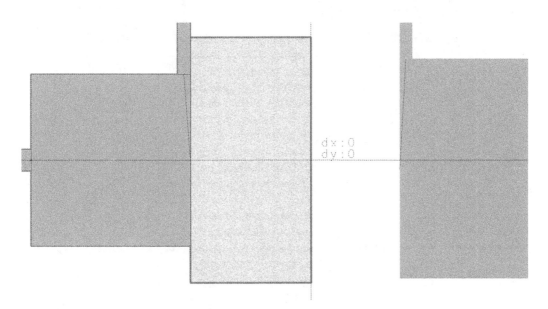

图 6-164　连接输入/输出的匹配（2）

完成操作后的图形如图 6-165 所示。

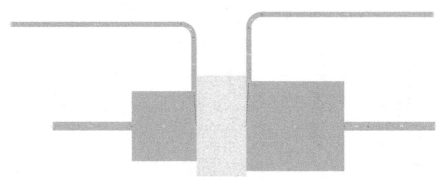

图 6-165　完成操作后的图形

（7）在 cond 层再建立一块高度为 381.9mil、长度为 1mil 的图形，操作过程类似上面的创建，如图 6-166 ～图 6-169 所示。

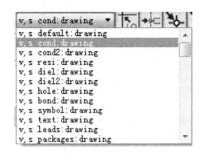

图 6-166　选中版图的图层管理，更改为封装层　　　　图 6-167　单击画矩形工具图标

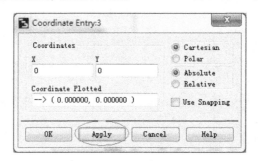

图 6-168　输入坐标"0，0"

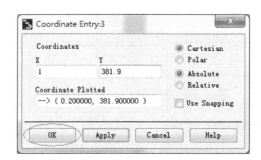

图 6-169　输入坐标"1，381.9"

创建的图形很小，注意在坐标"0，0"点处放大看，如图 6-170 所示。

图 6-170　将图形放大

（8）把这个图形以左边中点为基准移动到输入匹配的右边中点连接，如图 6-171 和图 6-172所示。

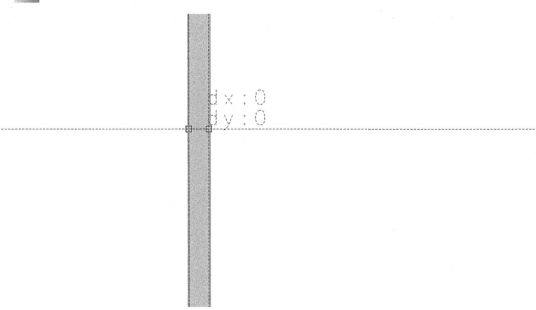

图 6-171　连接图形（1）

图 6-172　连接图形（2）

（9）复制一份刚刚的小矩形，以右边的中点为基准和输出匹配的左边的中点连接，如图 6-173 所示。

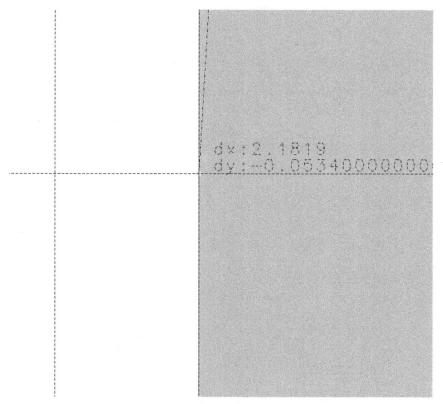

图 6-173   连接图形（3）

（10）最后的版图如图 6-174 所示。

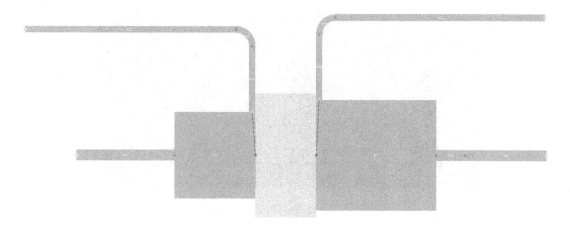

图 6-174   最后的版图

（11）保存文件。执行菜单命令【File】→【Export】，弹出"Export"对话框，如图 6-175 所示。

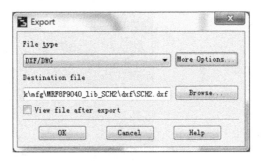

图 6-175　"Export" 对话框

其中,"File type" 设置为 DXF/DWG,文件路径根据需要修改,本例不做改动。单击【OK】按钮,生成 DXF 文件。

(12) 找到 DXF 文件"SCH2",用 AutoCAD 打开,如图 6-176 所示。

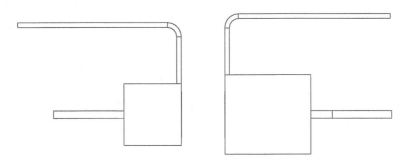

图 6-176　用 AutoCAD 打开 DXF 文件"SCH2"

(13) 修改后得出的实际版图如图 6-177 所示。

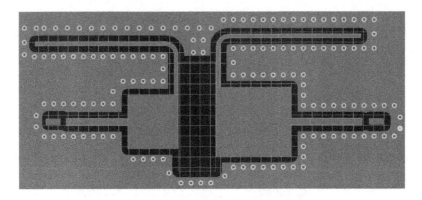

图 6-177　修改后得出的实际版图

第7章 混频器设计

混频器是射频微波电路系统中不可或缺的部件。无论是微波通信、雷达、遥控、遥感，还是侦察与电子对抗，以及许多微波测量系统，都必须把微波信号用混频器降到中低频来进行处理。因为集成式混频器体积小，设计技术成熟，性能稳定可靠，而且结构灵活多样，可以适合各种特殊应用，所以集成电路混频器是当前混频器市场中的主流。

7.1 混频器技术基础

7.1.1 基本工作原理

1. 前言

混频器作为一种三端口非线性器件（两个输入端和一个输出端），它可以将两个不同频率的输入信号变为一系列的输出频谱，其输出频率分别为两个输入频率的和频、差频及其谐波。其中，两个输入端分别称为射频端（RF）和本振端（LO），而输出端称为中频端（IF）。

通常，混频器通过在时变电路中采用非线性元件来完成频率转换，一般分成两种：无源混频器和有源混频器。无源混频器包括二极管混频器、无源场效应晶体管混频器等，它具有很好的线性度，并且可以工作在很高的频率范围内。但它一个明显的缺点是没有转换增益；有源混频器具有转换增益，可以减小来自中频的噪声影响。

2. 混频器的基本原理

混频器通过两个信号（也包括它们的谐波）相乘进行频率变换，如下式所示：

$$(A\cos\omega_1 t)(B\cos\omega_2 t) = \frac{AB}{2}\left[\cos(\omega_1 - \omega_2)t + \cos(\omega_1 + \omega_2)t\right]$$

如果输入的两个信号 A、B 频率分别为 ω_1、ω_2，则输出的混频信号的频率为 $\omega_1 - \omega_2$（下变频）或 $\omega_1 + \omega_2$（上变频），从而实现了变频功能。

在接收路径上的下变频器有两个区分得很清楚的输入端口，称为 RF 端口和 LO 端口。RF 端口接收将要进行变频的信号，LO 端口接收由本地振荡器产生的周期性波形（通常是方波）信号，IF 端口则是变频之后的中频信号输出端口，如图 7-1 所示。

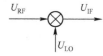

图 7-1 混频器示意

7.1.2 混频器的性能参数

1. 噪声系数和等效噪声温度比

噪声系数定义为

$$F = \frac{P_{no}}{P_{ns}} \qquad (7-1)$$

式中 P_{no}——当系统输入端噪声温度在所有频率上都是标准温度 $T_0 = 290K$ 时，系统传输到输出端的总噪声资用功率；

P_{ns}——仅由有用信号输入所产生的那一部分输出的噪声资用功率。

根据混频器具体用途的不同，噪声系数可以分为两种。

1）单边带噪声系数

在混频器输出端的中频噪声功率主要包括 3 部分。

① 信号频率 f_s 端口的信源热噪声是 $kT_0\Delta f$，它经过混频器变换成中频噪声由中频端口输出。这部分输出噪声功率为

$$\frac{kT_0\Delta f}{\alpha_m} \qquad (7-2)$$

式中 Δf——中频放大器频带宽度；

α_m——混频器变频损耗；

T_0——环境温度，$T_0 = 293K$。

② 镜像频率 f_i 处的热噪声与本振 f_p 混频后落在中频频率上，由于热噪声是均匀频谱，因此这部分噪声功率也是 $kT_0\Delta f/\alpha_m$。

③ 混频器内部损耗电阻热噪声及混频器电流的散弹噪声，还有本机振荡器所携带相位噪声都将变换成输出噪声，这部分噪声可用 P_{nd} 表示。

这 3 部分噪声功率在混频器输出端相互叠加构成混频器输出端总噪声功率为

$$P_{no} = kT_0\Delta f/\alpha_m + kT_0\Delta f/\alpha_m + P_{nd}$$

把 P_{no} 等效为混频器输出电阻在温度为 T_m 时产生的热噪声功率，即 $P_{no} = kT_m\Delta f$，T_m 称为混频器等效噪声温度。$kT_m\Delta f$ 和理想电阻热噪声功率之比定义为混频器噪声温度比，即

$$t_m = \frac{P_{no}}{kT_0\Delta f} = \frac{T_m}{T_0}$$

按照式（7-1）的规定，可得混频器单边带工作时的噪声系数为

$$F_{SSB} = \frac{P_{no}}{P_{ns}} = \frac{kT_m\Delta f}{P_{ns}} \qquad (7-3)$$

在混频器技术手册中常用 F_{SSB} 表示单边带噪声系数，其中 SSB 是 Single – Side Band 的缩写。P_{ns} 是信号边带热噪声（随信号一起进入混频器）传到输出端的噪声功率，它等于 $kT_0\Delta f/\alpha_m$。因此可得单边带噪声系数为

$$F_{SSB} = \frac{kT_m\Delta f}{\dfrac{kT_0\Delta f}{L_m}} = \alpha_m t_m \qquad (7-4)$$

2）双边带噪声系数

在遥感探测、射电天文等领域，接收信号是均匀谱辐射信号，存在两个边带，在这种应用时的噪声系数称为双边带噪声系数。

此时，上下两个边带都有噪声输入，因此 $P_{ns} = kT_0\Delta f/\alpha_m$。按定义可写出双边带噪声系数为

$$F_{\text{DSB}} = \frac{P_{\text{no}}}{2k'\,T_0\Delta f/\alpha_{\text{m}}} = \frac{1}{2}a_{\text{m}}t_{\text{m}} \tag{7-5}$$

式中　DSB——Double Side Band 的缩写。

将式（7-4）和式（7-5）相比较可知，由于镜像噪声的影响，混频器单边带噪声系数比双边带噪声系数大一倍，即高出 3dB。

为了减小镜像噪声，有些混频器带有镜频回收滤波器或镜像抑制滤波器。因此在使用混频器时应注意以下几个方面。

➤ 给出的噪声系数是单边带噪声还是双边带噪声，在不做特别说明时，往往是指单边带噪声系数。

➤ 镜频回收或镜频抑制混频器不宜用于双边带信号接收，否则，将增大 3dB 噪声。

➤ 测量混频器噪声系数时，通常采用宽频带热噪声源，此时测得的噪声系数是双边带噪声系数。

在混频器技术指标中常给出整机噪声系数，这是指包括中频放大器噪声在内的总噪声系数。由于各类用户的中频放大器噪声系数并不相同，因此通常还注明该指标是在中频放大器噪声系数多大时所测得的。

混频器和中频放大器的总噪声系数为

$$F_0 = \alpha_{\text{m}}(t_{\text{m}} + F_{\text{if}} - 1) \tag{7-6}$$

式中　F_{if}——中频放大器噪声系数；

　　　α_{m}——混频器变频损耗；

　　　t_{m}——混频器等效噪声温度比。

t_{m} 主要由混频器性能决定，也和电路端接负载有关。t_{m} 的范围大约是：厘米波段，$t_{\text{m}} = 1.1 \sim 1.2$；毫米波段，$t_{\text{m}} = 1.2 \sim 1.5$。

在厘米波段，由于 $t_{\text{m}} \approx 1$，所以可粗估整机噪声为

$$F_0 = \alpha_{\text{m}} F_{\text{if}} \tag{7-7}$$

2. 变频损耗

混频器的变频损耗定义是：混频器输入端的射频信号功率与输出端中频功率之比，以 dB 为单位时，表示式为

$$\alpha_{\text{m}}(\text{dB}) = 10\lg\frac{\text{微波输入信号功率}}{\text{中频输入信号功率}}$$

$$= \alpha_{\beta}(\text{dB}) + \alpha_{\text{r}}(\text{dB}) + \alpha_{\text{g}}(\text{dB}) \tag{7-8}$$

混频器的变频损耗由 3 部分组成，包括电路失配损耗 α_{β}、混频二极管芯的结损耗 α_{r} 和非线性电导净变频损耗 α_{g}。

1）失配损耗

失配损耗 α_{β} 取决于混频器射频输入和中频输出两个端口的匹配程度。如果射频输入端口的电压驻波比为 ρ_{s}，中频输出端口的电压驻波比为 ρ_{i}，则电路失配损耗为

$$\alpha_{\rho}(\text{dB}) = 10\lg\frac{(\rho_{\text{s}}+1)^2}{4\rho_{\text{s}}} + 10\lg\frac{(\rho_{\text{i}}+1)^2}{4\rho_{\text{i}}} \tag{7-9}$$

混频器射频输入口驻波比 ρ_{s} 一般为 2 以下。α_{β} 的典型值为 $0.5 \sim 1\text{dB}$。

2）混频二极管的管芯结损耗

管芯的结损耗主要由电阻 R_{s} 和电容 C_{j} 引起，如图 7-2 所示。在混频过程中，只有加在

非线性结电阻 R_j 上的信号功率才参与频率变换，而 R_s 和 C_j 对 R_j 的分压和旁路作用将使信号功率被消耗一部分。结损耗可表示为

$$\alpha_r(\mathrm{dB}) = 10\lg\left(1 + \frac{R_s}{R_j} + \omega_s^2 C_j^2 R_s R_j\right)(\mathrm{dB}) \tag{7-10}$$

混频器工作时，C_j 和 R_j 值都随本振激励功率 P_p 大小而变化。P_p 很小时，R_j 很大，C_j 的分流损耗大；随着 P_p 加强，R_j 减小，C_j 的分流减小，但 R_s 的分压损耗要增加。因此，将存在一个最佳激励功率。当调整本振功率，使 $R_j = 1/\omega_s C_j$ 时，可以获得最低结损耗，即

$$\alpha_{r\min}(\mathrm{dB}) = 10\lg(1 + 2\omega_s C_j R_s)(\mathrm{dB})$$

可以看出，管芯结损耗随工作频率的增加而增加，也随 R_s 和 C_j 的增加而增加。

影响二极管损耗的另一个参数是截止频率 f_c，即

$$f_c = \frac{1}{2\pi R_s C_j}$$

通常，混频管的截止频率 f_c 要足够高，希望达到 $f_c \approx (10 \sim 20)f_s$。如果 $f_c = 20f_s$ 时，将有 $\alpha_{r\min} = 0.4\mathrm{dB}$。

根据实际经验，硅混频二极管的结损耗最低点相应的本振功率为 $1 \sim 2\mathrm{mW}$，砷化镓混频二极管最小结损耗相应的本振功率为 $3 \sim 5\mathrm{mW}$。

3）混频器的非线性电导净变频损耗

净变频损耗 α_g 取决于非线性器件中各谐波能量的分配关系，严格的计算要用计算机按多频多端口网络进行数值分析。但从宏观来看，净变频损耗将受混频二极管非线性特性、混频管电路对各谐波端接情况，以及本振功率强度等影响。当混频管参数及电路结构固定时，净变频损耗将随本振功率增加而降低，如图 7-3 所示。本振功率过大时，由于混频管电流散弹噪声加大，从而引起混频管噪声系数变坏。对于一般的肖特基势垒二极管，正向电流为 $1 \sim 3\mathrm{mA}$ 时，噪声性能较好，变频损耗也不大。

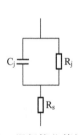

图 7-2　混频管芯等效电路

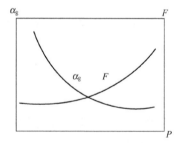

图 7-3　变频损耗、噪声系数与本振功率的关系

3. 动态范围

动态范围是混频器正常工作时的射频输入功率范围。

（1）动态范围的下限通常指信号与噪声电平相比拟时的功率。可用下式表示为

$$P_{\min} = MkT_0(\alpha_m F_{if})\Delta f_{if} \tag{7-11}$$

式中　α_m——混频器变频损耗；

　　　F_{if}——中频放大器噪声系数；

　　　Δf_{if}——中放带宽；

M——信号识别系数。

例如，混频器 $\alpha_m = 6\text{dB}$，中频放大器噪声系数 $F_{if} = 1\text{dB}$，中频带宽 $\Delta f_{if} = 5\text{MHz}$，要求信号功率比热噪声电平高 10 倍，即 $M = 10$，此时混频器动态范围下限为

$$P_{\min} = 10 \times 1.38 \times 10^{-23} \times 300 \times (4 \times 1.258) \times (5 \times 10^6)$$
$$= 1.03 \times 10^{-12} \text{W}$$
$$\approx -90(\text{dBm})$$

在不同应用环境中，动态范围的下限是不一样的。例如，在辐射计中由于采用了空间干涉调制技术，能接收远低于热噪声电平的弱信号。雷达脉冲信号则要高于热噪声约 8dB，而调频系统中接收信号载噪比为 8 ~ 12dB。数字微波通信信号取决于要求的误码率，一般情况下比特信噪比也要在 10 ~ 15dB。

（2）动态范围的上限受输出中频功率饱和所限。通常是指 1dB 压缩点的射频输入信号功率 $P_{\max}$，也有的产品给出的是 1dB 压缩点输出中频功率。两者的差值是变频损耗。本振功率增加时，1dB 压缩点值也随之增加。平衡混频器由两支混频管组成，原则上 1dB 压缩点功率比单管混频器时大 3dB。对于同样结构的混频器，1dB 压缩点取决于本振功率大小和二极管特性。一般平衡混频器动态范围的上限为 2 ~ 10dBm。

4. 双频三阶交调与线性度

如果有两个频率相近的射频信号 ω_{s1}、ω_{s2} 和本振 ω_p 一起输入混频器，这时将有很多组合谐波频率。其中，$\omega_p \pm (n\omega_{s1} \pm m\omega_{s2})$ 称双频交调分量。定义 $m + n = k$ 为交调失真的阶数，例如，$k = 2$（当 $m = 1$，$n = 1$）是二阶交调，二阶交调产物有

$$\omega_{m2} = \omega_p \pm (\omega_{s1} \pm \omega_{s2})$$

当 $k = 2 + 1 = 3$ 时，是三阶交调，其中有两项，

$$\omega_{m3} = \omega_p - (2\omega_{s1} - \omega_{s2}) \qquad \text{和} \qquad \omega_{m3} = \omega_p - (2\omega_{s2} - \omega_{s1})$$

三阶交调分量出现在输出中频附近的地方。当 ω_{s1} 和 ω_{s2} 相距很近时，ω_{m3} 将落入中频放大器的工作额带内，造成很大干扰。这种情况在射频多路通信系统中是一个严重问题，如果各话路副载波之间有交叉调制，将造成串话和干扰。上述频谱关系如图 7-4 所示。图中的 $\Delta\omega_{if}$ 是中频带宽。

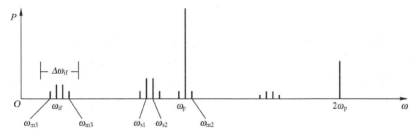

图 7-4 混频器频谱分布

1）混频器三阶交调系数

三阶交调系数 M_i 的定义为

$$M_i(\text{dB}) = 10\lg\left(\frac{\text{三阶交调分量功率}}{\text{有用信号功率}}\right) = 10\lg\frac{P_{\omega_{m3}}}{P_{if}} \qquad (7-12)$$

其值为负分贝数，单位常用 dBc，其物理含义是三阶交调功率比有用中频信号功率小的分贝数。三阶交调功率 $P_{\omega_{m3}}$ 随输入微波信号功率 P_s 的变化斜率较大，而中频功率 P_{if} 随 P_s 的变化呈正比关系，基本规律是 P_s 每减小 1dB，M_i 就改善 2dB，如图 7-5 所示。

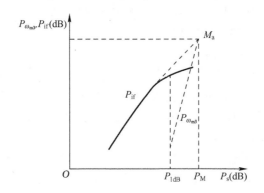

图 7-5 混频器基波和三阶交调成分随信号功率的变化

2）三阶交调截止点

M_i 值与射频输入信号强度有关，是个不固定的值。所以，有时采用三阶交调截止点 M_a 对应的输入功率 P_M 作为衡量交调特性的指标。

三阶交调截止点 M_a 是 P_{if} 直线和 $P_{\omega_{m3}}$ 直线段延长的交点，此值和输入信号强度无关。1dB 压缩点 P_{1dB} 和三阶交调截止值 P_M 都常作为混频器线性度的标志参数。通常三阶交调截止值比 1dB 压缩点值高 10～15dB，射频低频端约高出 15dB，高频段约高 10dB。

在混频器应用中，只要知道了三阶交调截止值，就能计算出任何输入电平时的三阶交调系数。由于三阶交调截止值处 M_i 为 0dB，输入信号每减弱 1dB，M_i 就改善 2dB。例如，信号功率比 P_M 小 15dB 时，M_i 将为 −30dBc。

三阶交调特性及饱和点，都和使用时的本振功率及偏压有关。混频管加正偏压时，动态范围上限下降，三阶交调特性变坏，但可节省本振功率或改善变频损耗；加负偏压时，上述情况刚好相反。另外，混频管反向饱和电流越小，接触电位越大时，要求的本振功率大，此时 1dB 压缩点提高，三阶交调特性也较好。

5. 工作频率

混频器是多频率器件，除了应指明信号工作频带以外，还应该注明本振频率可用范围及中频频率。分支电桥式的集成混频器工作频带主要受电桥频带限制，相对频带为 10%～30%，加补偿措施的平衡电桥混频器可做到相对频带为 30%～40%。双平衡混频器是宽频带型，工作频带可达多个倍频程。

6. 隔离度

混频器隔离度是指各频率端口之间的隔离度，该指标包括 3 项，信号与本振之间的隔离度、信号与中频之间的隔离度、本振与中频之间的隔离度。一般定义为本振或信号泄漏到其他端口的功率与原有功率之比，单位为 dB。例如，信号至本振的隔离度定义为

$$L_{sp} = 10\lg \frac{信号输入到混频器的功率}{在本振端口测得的信号功率}$$

信号至本振的隔离度是个重要指标，尤其是在共用本振的多通道接收系统中，当一个通道的信号泄漏到另一通道时，就会产生交叉干扰。例如，单脉冲雷达接收机中的合信号漏入差信号支路时，将使跟踪精度变坏。在单通道系统中，信号泄漏就要损失信号能量，对接收灵敏度也是不利的。

本振至射频信号的隔离度不好时，本振功率可能从接收机信号端反向辐射或从天线反发射，造成对其他电设备干扰，使电磁兼容指标达不到要求，而电磁兼容是当今工业产品的一项重要指标。此外，在发送设备中，变频电路是上变频器，它把中频信号混频成微波信号。这时，本振至微波信号的隔离度有时要求高达 80 ～ 100dB。这是因为上变频器中通常本振功率要比中频功率高 10dB 以上才能得到较好的线性变频。假设变频损耗可认为 10dB，如果隔离度不到 20dB，泄漏的本振将和有用微波信号相等，甚至淹没了有用信号。所以，还得外加一个滤波器来提高隔离度。

信号至中频的隔离度指标在低中频系统中影响不大，但是在宽频带系统中就是个重要因素了。有时，微波信号和中频信号都是很宽的频带，两个频带可能边沿靠近，甚至频带交叠。这时，如果隔离度不好，就造成直接泄漏干扰。

单管混频器隔离度依靠定向耦合器，很难保证高指标，一般只有 10dB 量级。平衡混频器则是依靠平衡电桥。微带式的集成电桥本身隔离度在窄频带内不难做到 30dB 量级，但由于混频管寄生参数、特性不对称或匹配不良，不可能做到理想平衡。所以，实际混频器总隔离度一般在 15 ～ 20dB，较好者可达到 30dB。

7. 镜频抑制度

在本节噪声系数论述中已提到过单边带混频器镜频噪声的影响，它将使噪声系数变坏 3dB。在混频器之前如果有低噪声放大器，就必须采取措施改善对镜频的抑制度。现在优良的低噪声放大器在 C 波段已能做到 $N_f = 0.5dB$。若采用无镜频抑制功能的常规混频器，整机噪声将恶化到 3.5dB。此外，如果在镜频处有干扰，甚至可能破坏整机正常工作。

抑制镜频的方式大都是在混频器前加滤波器，可采用对镜频带阻式或对信频带通式。镜频抑制度一般是 10 ～ 20dB，对于抑制镜频噪声来说已经够用。有些特殊场合，为抑制较强镜频干扰，则需 25dB 或更高。

8. 本振功率与工作点

混频器的本振功率是指最佳工作状态时所需的本振功率。

商用混频器通常要指定所用本振功率的数值范围，如指定 $P_p = 10 ～ 12dBm$。这是因为本振功率变化时，将影响到混频器的许多项指标。本振功率不同时，混频二极管工作电流不同，阻抗也不同，这就会使本振、信号、中频三个端口的匹配状态变坏。此外，也将改变动态范围和交调系数。

不同混频器工作状态所需本振功率不同。原则上，本振功率越大，则混频器动态范围增大，线性度改善，1dB 压缩点上升，三阶交调系数改善。本振功率过大时，混频管电流加大，噪声性能变坏。此外，混频管性能不同时所需本振功率也不一样。截止频率高的混频管（即 Q 值高）所需功率小，砷化镓混频管比硅混频管需要较大功率激励。

本振功率在厘米波低端为 2 ～ 5mW，在厘米波高端为 5 ～ 10mW，毫米波段则为 10 ～

20mW；双平衡混频器和镜频抑制混频器用 4 只混频管，所用功率自然要比单平衡混频管大一倍。在某些线性度要求很高、动态范围很大的混频器中，本振功率要求高达近百毫瓦。

9. 端口驻波比

在处理混频器端口匹配问题时，常常受许多因素影响。在宽频带混频器中很难达到高指标，不仅要求电路和混频管高度平衡，还要有很好的端口隔离。例如，中频端口失配，其反射波再混成信号，可能使信号口驻波比变坏，而且本振功率漂动就会同时使 3 个端口驻波比变化。例如，本振功率变化 4～5dB 时，混频管阻抗可能由 500 变到 1000，从而引起 3 个端口驻波比同时出现明显变化。所以，混频器驻波比指标一般都在 2～2.5 量级。

10. 中频输出阻抗

在 70MHz 中频时，中频输出阻抗大多是 200～400Ω，中频阻抗的匹配好坏也影响变频损耗。中频频率不同时，输出阻抗差别很大，有些微波高频段混频器的中频是 1GHz 左右，其输出阻抗将低于 100Ω。

7.1.3 镜像抑制混频器原理简介

图 7-6 所示为一个微带平衡混频器，其功率混合电路采用 3dB 分支线定向耦合器，在各端口匹配的条件下，1、2 为隔离臂，从 1 到 3、4 端口，以及从 2 到 3、4 端口都是功率平分而相位差 90°。

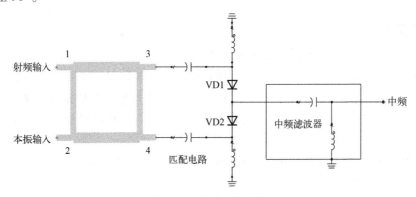

图 7-6　微带平衡混器

设射频信号和本振分别从隔离臂 1、2 端口加入时，初相位都是 0°，考虑到传输相同的路径不影响相对相位关系。通过定向耦合器，加到 D1，D2 上的信号和本振电压分别为

VD1 上的电压为

$$v_{s1} = V_s \cos\left(\omega_s t - \frac{\pi}{2}\right) \tag{7-13}$$

$$v_{L1} = V_L \cos(\omega_L t - \pi) \tag{7-14}$$

VD2 上的电压为

$$v_{s2} = V_s \cos(\omega_s t) \tag{7-15}$$

$$v_{L2} = V_L \cos\left(\omega_L t + \frac{\pi}{2}\right) \tag{7-16}$$

可见，信号和本振都分别以 $\dfrac{\pi}{2}$ 的相位差分配到两只二极管上，故这类混频器称为 $\dfrac{\pi}{2}$ 型平衡混频器。由一般混频电流的计算公式，并考虑到射频电压和本振电压的相位差，可以得到 D1 中的混频电流为

$$i_1(t) = \sum_{n,m=-\infty}^{\infty}\sum^{\infty} I_{n,m}\exp\left[jm\left(\omega_s t - \frac{\pi}{2}\right) + jn(\omega_L t - \pi)\right]$$

同样，D2 中的混频器电流为

$$i_2(t) = \sum_{n,m=-\infty}^{\infty}\sum^{\infty} I_{n,m}\exp\left[jm(\omega_s t) + jn\left(\omega_L t + \frac{\pi}{2}\right)\right]$$

当 $m = \pm 1$，$n = \pm 1$ 时，利用 $I_{-1,+1} = I_{+1,-1}$ 的关系，可以求出中频电流为

$$i_{if} = 4\left| I_{-1,+1}\right|\cos\left[(\omega_s - \omega_L)t + \frac{\pi}{2}\right]$$

7.2　混频器实例与仿真

7.2.1　案例参数及设计目标

镜像抑制混频器的主要技术指标如下。

➤ 射频信号频率：4 GHz。

➤ 本振频率：3.8GHz。

➤ 中频频率：200MHz。

➤ 噪声系数：12dB。

➤ 1dB 压缩点：–5dBm。

7.2.2　平衡混频器设计

采用移相 90°的平衡混频器，它由 5 部分组成，包括 3dB 支节耦合器、混频二极管、阻抗匹配网络、射频短路线和中频滤波器。

（1）新建项目 mixer_wrk、新建 cell_1 及原理图。

（2）执行菜单命令【Options】→【Technology】→【Technology Setup...】，并将单位设置为 mm，如图 7-7 和图 7-8 所示。

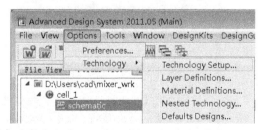

图 7-7　执行菜单命令【Options】→【Technology】→【Technology Setup...】

（3）通过 ADS DesignGuide 设计向导设计出需要的 3.7GHz 正交混合网络：3dB 枝节耦合器，如图 7-9 所示。

（4）单击图标，如图 7-10 所示，弹出"DG – Microstrip Circuits"选项。

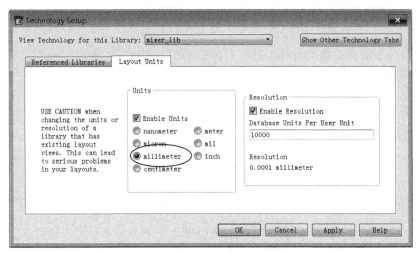

图 7-8　长度单位设置

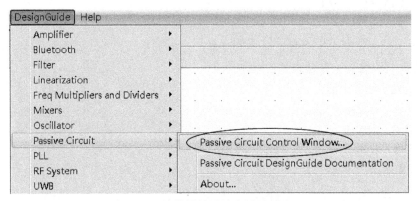

图 7-9　被动器件设计向导界面进入

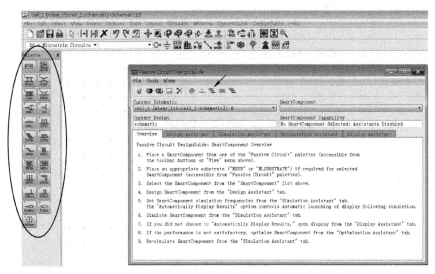

图 7-10　被动器件类型选择

（5）该实例我们采用 0.508mm 的 RO4350B 射频板材。RO4350 是一款采用编织玻璃布增强的碳氢树脂体系/陶瓷填料的 PCB 板材，在射频电路板中的应用非常广泛。介电常数和介质损耗如图 7-11 及图 7-12 所示，该参数和 AD2011 自带参数 RO4350B 存在不一致，ADS 软件提供的是错误参数。

数据资料表

性能	标准值		方向	单位	条件	测试方法
	RO4003C	RO4350B				
介电常数, ε_r (制造标称值)	3.38 ± 0.05	3.48 ± 0.05	–		10 GHz/23°C	IPC-TM-650 2.5.5.5 [2]箝位微带线测试
介电常数, ε_r（电路设计推荐值）	3.55	3.66	Z	–	8～40 GHz	差分相长度法
损耗因子, tanδ	0.0027 0.0021	0.0037 0.0031		–	10 GHz/23°C 2.5 GHz/23°C	IPC-TM-650 2.5.5.5
介电常数的温度系数	+40	+50	Z	ppm/°C	-50～150°C	IPC-TM-650 2.5.5.5

图 7-11　RO4350B 板材参数

板材可选厚度，如图 7-12 所示。

数据资料表

标准厚度	标准尺寸	标准铜厚
RO4003C: 0.008″ (0.203mm), 0.012 (0.305mm), 0.016″(0.406mm), 0.020″ (0.508mm), 0.032″ (0.813mm), 0.060″ (1.524mm) RO4350B: *0.004″ (0.101mm), 0.0066″ (0.168mm) 0.010″ (0.254mm), 0.0133″ (0.338mm), 0.0166″ (0.422mm), 0.020″(0.508mm), 0.030″ (0.762mm), 0.060″(1.524mm) 注释: 镀有LoPro箔的材料会将介电层厚度增加0.0007″(0.018mm)。	12″ X 18″ (305 X457 mm) 24″ X 18″ (610 X 457 mm) 24″ X 36″ (610 X 915 mm) 48″ X 36″ (1.224 m X 915 mm) * 0.004″(0.101mm)材料不适用于尺寸大于24″ x 18″(610 x 457mm)的板材。	½ oz. (17μm) 电解铜箔 (.5ED/.5ED) 1 oz. (35μm) 电解铜箔 (1ED/1ED) 2 oz. (70μm) 电解铜箔 (2ED/2ED) PIM 敏感型应用: ½ oz (17μm) LoPro 反转处理 EDC (.5TC/.5TC) 1 oz (35μm) LoPro 反转处理 EDC (1TC/1TC) *LoPro 箔不适用于厚度为0.004″ (0.101mm)的材料

图 7-12　板材及铜皮可选厚度

调出 MSub 控件及 DA_BLCoupler1 控件，参数设置如图 7-13 所示。

（6）单击【Design】按钮，运行自动设计，如图 7-14 所示。注意，在 SmartComponent 选项中 DA_BLCoupler1 为被选择状态。

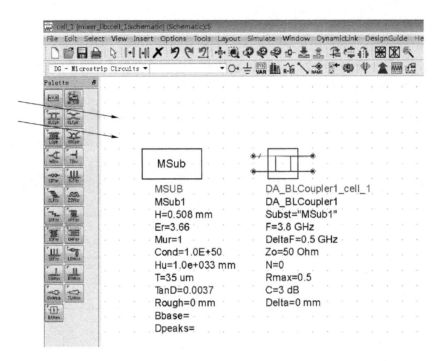

图 7-13　设置耦合器相关参数

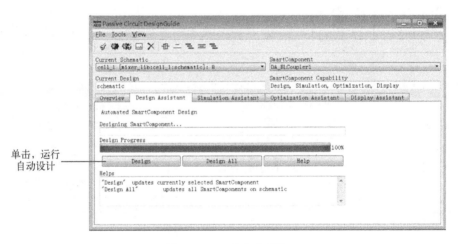

图 7-14　运行自动设计

（7）选中 DA_BLCoupler1_cell_1 控件，单击 ⬛ 图标，就可以查看底层电路。需要说明的是，DA_BLCoupler1 里面如果 Delta = 0mm，如图 7-15 所示，单击【Simulate】按钮，则会出现如图 7-16 所示的仿真结果。

（8）由图 7-16 可知，仿真出来的 S11 将会是 4.12GHz，而不是想要的 3.8GHz。此时，需要设置 Delta = 0.9mm。为增加分支长度优化性能，使得频率点落在设置的中心频率，如图 7-17 所示。

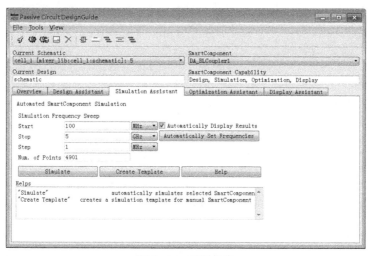

图 7-15　运行仿真

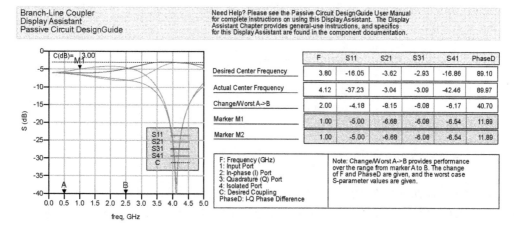

图 7-16　仿真结果

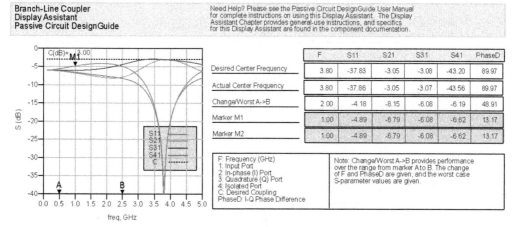

图 7-17　优化后仿真结果

（9）完成仿真后，单击 图标，就可以查看到底层电路，如图 7-18 所示。

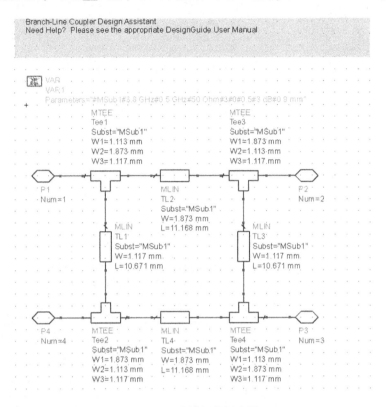

图 7-18　设计好的耦合器

（10）为了方便实际使用的连接，增加 2.5mm 长的 50Ω 的连接线 TL5、TL6、TL7、TL8，这个长度的连接线轻微改变中心频率，实际设计中可继续优化，如图 7-19 所示。

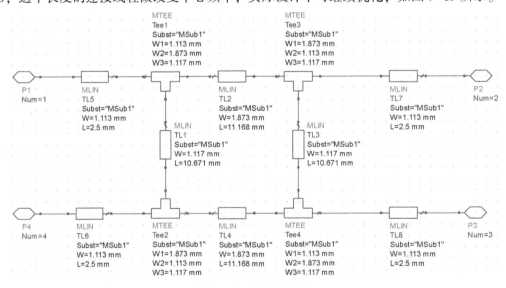

图 7-19　添加连接线

（11）执行菜单命令【Layout】→【Generate/Update Layout...】即可生成耦合器的版图模型，版图 4 个端口也加上了 50Ω 的微带线方便连接，如图 7-20 所示。

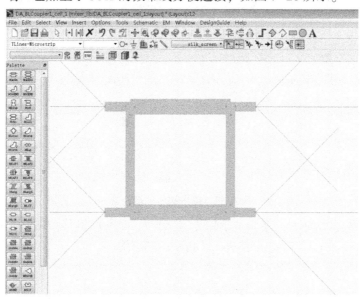

图 7-20　耦合器的版图模型

（12）回到顶层电路，设置如下。添加 4 个 Term 端口，注意端口编号顺序，接下来对增加连接线的耦合器再次仿真，如图 7-21 所示。

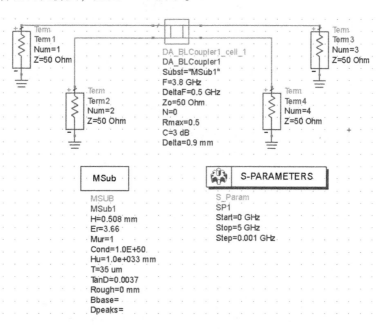

图 7-21　添加 4 个 Term 端口后的电路

（13）仿真结果，满足 3.8GHz、−3dB 的设计要求，如图 7-22 所示。

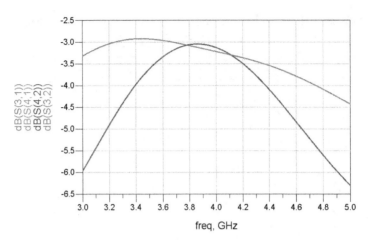

图 7-22　输出端口的耦合度

（14）根据耦合器原理：端口 1 到 3，半功率，-90°相移；端口 1 到 4，半功率，-180°相移。3.8G 时 m1 与 m2 相差 90°，如图 7-23 所示。

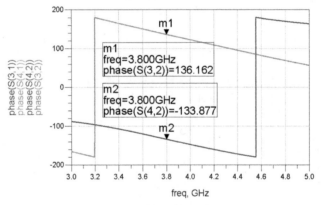

图 7-23　输出端口相位差

输出端口回波损耗 S（1，1）如图 7-24 所示。

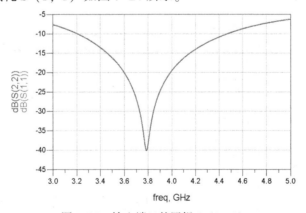

图 7-24　输入端口的回损 S（1，1）

输出端口的隔离度如图 7-25 所示。

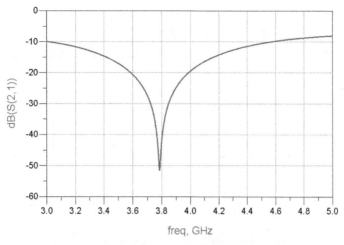

图 7-25　输出端口的隔离度

（15）参考滤波器章节，很容易利用 ADS 软件设计出满足要求的中频滤波器，本章采用低通滤波器形式，仿真原理图及结果如图 7-26 和图 7-27 所示。

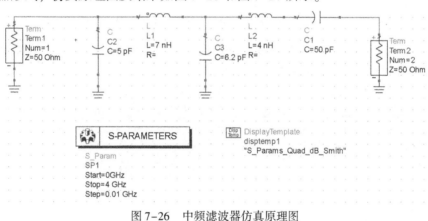

图 7-26　中频滤波器仿真原理图

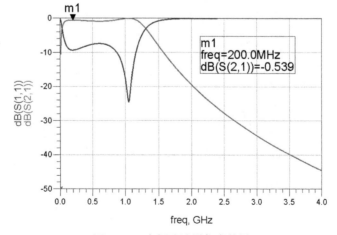

图 7-27　中频滤波器仿真结果

（16）混频器设计的关键是混频二极管非线性模型的准确性，现在很多二极管厂家都会提供相应的模型，如 Avago、Skyworks、MA/COM 等。

混频二极管的封装一般有 SOD323、SOT – 23、SOT – 143，如图 7-28 所示。

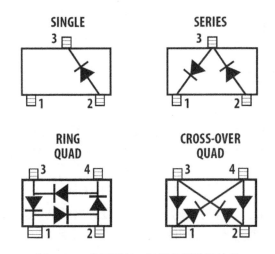

图 7-28　常用混频二极管的封装及结构

本例采用一款已知的二极管建立其 SPICE 模型：在 Devices – Diodes 元器件库下面选择 Diode_Modelt 添加到原理图，如图 7-29 所示。

首先对二极管 SPICE 模型中的常用参数含义解释如下。

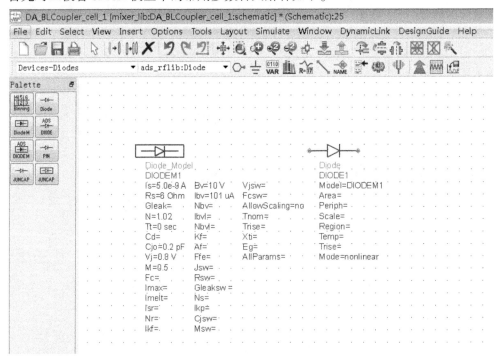

图 7-29　二极管参数设置

> I_s：反向饱和电流。
> R_s：欧姆电阻。
> N：发射系数。
> TT：渡越时间。
> C_{jo}：零偏置电容。
> V_j：结电压。
> M：电容梯度因子。
> E_g：禁带宽度。
> X_{ti}：饱和电流温度系数。
> F_C：正偏耗尽层电容公式系数。
> B_v：反向击穿电压。
> I_{bv}：反向击穿电流。
> K_f：闪烁噪声系数。
> A_f：闪烁噪声指数。

完整的二极管参数较多，一般半导体公司会提供以上几个关键参数。

（17）谐波平衡仿真控制器 HB 设置，如图 7-30 所示。

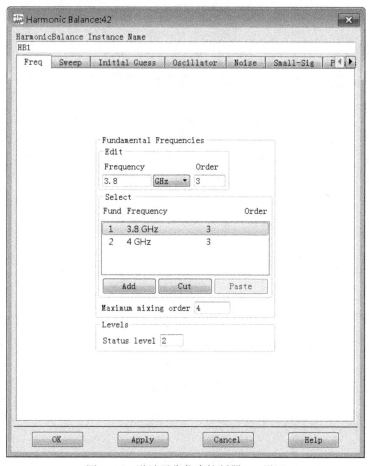

图 7-30　谐波平衡仿真控制器 HB 设置

噪声部分设置。需要设置 Noise（1），如图 7-31 所示，Noise（2）设置如图 7-32 所示。

图 7-31　Noise（1）设置

（18）建立混频完整模型，进行仿真，仿真之前，请检查各个设置是否一致。如图 7-33 所示。

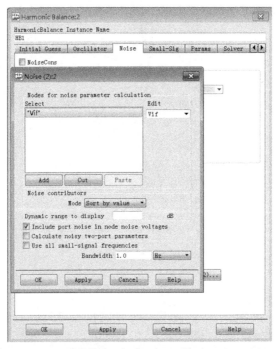

图 7-32　Noise（2）设置

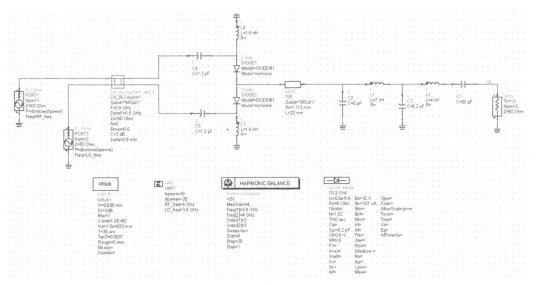

图 7-33　完整的混频原理图

（19）打开仿真结果窗口，单击▦图标，输出 Vif 节点输出频谱分量，如图 7-34 所示。

图 7-34　输出 Vif 频谱设置

输出频谱分量，如图 7-35 所示。

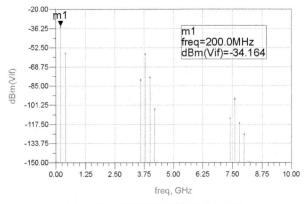

图 7-35　中频输出频谱及谐波分量

297

（20）单击 图标，从弹出对话框中选择 nf（3），得到端口 3 的噪声系数，如图 7-36 所示。

noisefreq	nf(3)
200.0 MHz	9.542

图 7-36　Vif（端口 3）的噪声系数

（21）再次单击 图标，从弹出对话框中选择双边带噪声系数 NFdsb、单边带噪声系数 NFssb，如图 7-37 和图 7-38 所示。

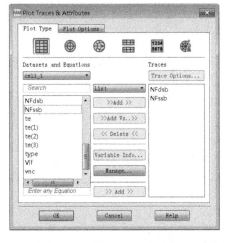

noisefreq	NFdsb	NFssb
200.0 MHz	4.917	9.542

图 7-37　选择 NFdsb 和 NFssb　　　　图 7-38　NFdsb 和 NFssb 的噪声系数

7.2.3　本振功率对噪声系数和转换增益的影响

下面修改谐波控制器 HB1 的参数，在 HB1 控制器中添加扫描变量 SweepVar 为本振 lopower。

扫描功率宽度为 -10 ～ -5dBm。观察本振功率对噪声系数和转换增益的影响。

（1）双击 HB1，单击"Sweep"选项，扫描方式选择线性，如图 7-39 和图 7-40 所示。

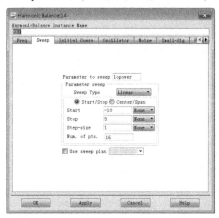

图 7-39　扫描功率设置

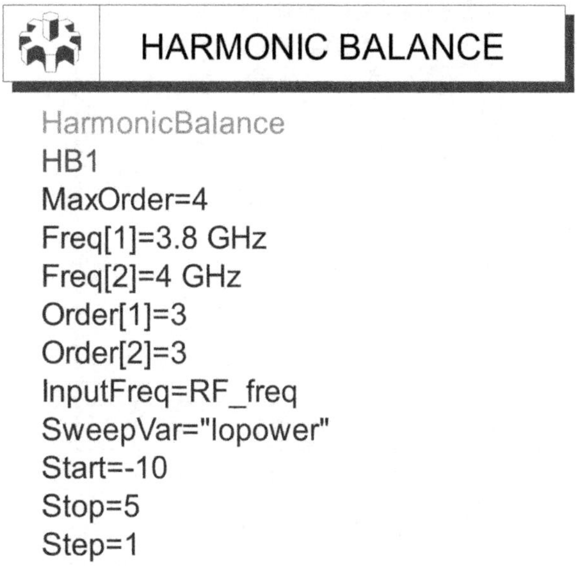

HARMONIC BALANCE
HarmonicBalance
HB1
MaxOrder=4
Freq[1]=3.8 GHz
Freq[2]=4 GHz
Order[1]=3
Order[2]=3
InputFreq=RF_freq
SweepVar="lopower"
Start=-10
Stop=5
Step=1

图 7-40　设置好的 HB1 参数

（2）运行仿真，查看本振功率对噪声系数的影响。当本振功率为 2dBm 的时候，噪声系数最小，为 8.235，如图 7-41 所示。

35
30
25
20
15
10
5
nf(3)
m2
noisefreq=200.0MHz
nf(3)=8.235
lopower=2.000000
200.0000000
noisefreq, MHz

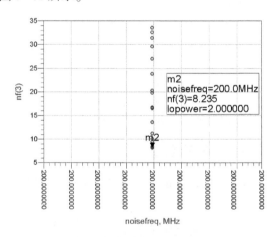

图 7-41　扫描噪声系数

（3）变频损耗（增益，也可写为 ConvGain）随本振功率变动情况。

选择 Optim/Stat/DOE，单击图标添加到原理图，编写测量方程，如图 7-42 所示。

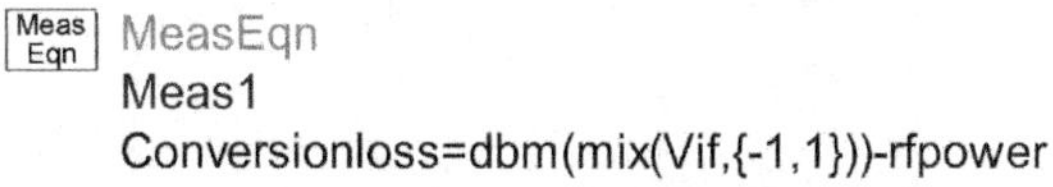

Meas Eqn
MeasEqn
Meas1
Conversionloss=dbm(mix(Vif,{-1,1}))-rfpower

图 7-42　变频损耗公式

（4）运行仿真，打开数据仿真窗口，单击图标，将 Conversionloss 添加到显示项中，如图 7-43 所示。

图 7-43　输出变频损耗

混频器变频损耗随本振功率变化情况如图 7-44 所示。

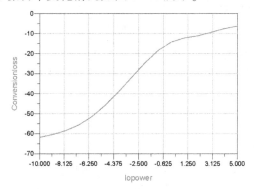

图 7-44　本振功率和变频损耗关系

7.2.4　1dB 功率压缩点的仿真

（1）执行菜单命令【File】→【Save as...】，将原理图另存为 cell_2，命名为 1dB，如图 7-45所示。

图 7-45　将原理图另存为 cell_2，命名为 1dB

（2）设计输出变量，在类"Optim/Stat/Yield/DOE"里面单击▣图标，然后编辑中频输出方程 P_IF 和转换增益方程 ConvGain，如图 7-46 所示。

图 7-46　中频输出方程 P_IF 和转换增益方程 ConvGain

（3）单击元器件列表，选择"Simulation – XDB"元器件库，将 XDB 仿真控制器添加到原理图中，设置如图 7-47 所示。

GAIN COMPRESSION

XDB
HB4
Freq[1]=RF_freq
Freq[2]=LO_freq
Order[1]=3
Order[2]=3
UseKrylov=auto
GC_XdB=1
GC_InputPort=1
GC_OutputPort=3
GC_InputFreq=RF_freq
GC_OutputFreq=0.2 GHz
GC_InputPowerTol=1e-3
GC_OutputPowerTol=1e-3
GC_MaxInputPower=100

图 7-47　XDB 仿真控制器的设置

（4）修改相关参数，完成后的原理图如图 7-48 所示。

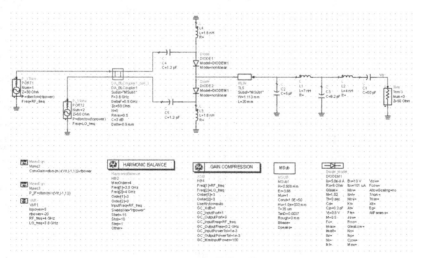

图 7-48　混频器完整原理图

（5）单击 图标进行仿真，在仿真结果窗口中单击 图标，输入 gain 和理想线性增益 line 公式。测试和计算压缩点的方法有很多种，这里采用加入 IFpower 和 rfpower 的关系图可以读出 1dB 压缩点，如图 7-49 所示。

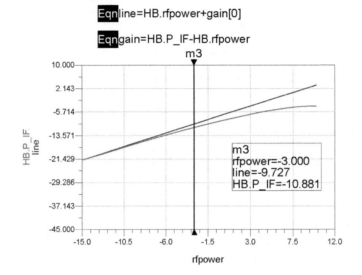

图 7-49　IFpower 和 rfpower 的关系图

（6）也可以写出公式 XDB = line – HB. P_IF，用数据列表的方式验证上面的结论，如图 7-50所示。

Eqn XDB=line-HB.P_IF

rfpower	HB.P_IF	line	XDB
-15.000	-21.727	-21.727	0.000
-14.000	-20.799	-20.727	0.072
-13.000	-19.864	-19.727	0.137
-12.000	-18.923	-18.727	0.196
-11.000	-17.980	-17.727	0.253
-10.000	-17.038	-16.727	0.311
-9.000	-16.102	-15.727	0.375
-8.000	-15.181	-14.727	0.454
-7.000	-14.280	-13.727	0.553
-6.000	-13.403	-12.727	0.677
-5.000	-12.547	-11.727	0.820
-4.000	-11.705	-10.727	0.978
-3.000	-10.881	-9.727	1.154
-2.000	-10.084	-8.727	1.357
-1.000	-9.329	-7.727	1.602
0.000	-8.612	-6.727	1.885
1.000	-7.915	-5.727	2.188
2.000	-7.213	-4.727	2.486
3.000	-6.485	-3.727	2.758
4.000	-5.825	-2.727	3.098
5.000	-5.273	-1.727	3.546
6.000	-4.796	-0.727	4.069
7.000	-4.363	0.273	4.636
8.000	-4.011	1.273	5.284
9.000	-3.822	2.273	6.095
10.000	-3.732	3.273	7.005

图 7-50　1dB 压缩点

（7）如果采用 XdB 控制器，输出 inpwr［1］、outpwr［1］，本范例的这两种输出方法结果有一定差异，因为增益一直是变化的，如图 7-51 所示。

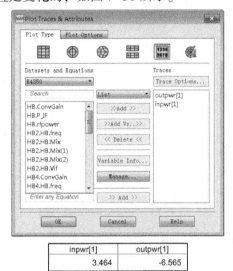

inpwr[1]	outpwr[1]
3.464	-6.565

图 7-51　XdB 控制器输出 1dB 压缩点

三阶交调的仿真如下。

本例将仿真混频器三阶交调截点，通过增益压缩可以估计三阶交调截点。一般情况下，三阶交调截点比 1dB 功率压缩点高 10dB。

（1）执行菜单命令【File】→【Save as...】，将原理图另存为 cell_2，命名为 1dB。

（2）设置 HB1 控制器，Freq 选项的设置如图 7-52 所示。

图 7-52　谐波平衡控制器设置

（3）设置完成后的控件及变量值如图 7-53 所示，注意一一对应。

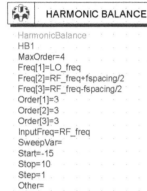
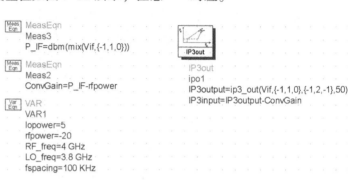

图 7-53　三阶交调仿真设置

（4）运行仿真。仿真后，IP3output 下 IP3output = ip3_out(Vif, { −1,1,0}, { −1,2,−1}, 50)式中数字的含义如下。

Mix（1）代表 LO_freq 谐波次数；

Mix（2）代表 RF_freq + fspacing 谐波次数；

Mix（3）代表 RF_freq − fspacing 谐波次数。

如图 7-54 所示。

$\{-1,1,0\} = 1 * (RF\_freq + fspacing) - (1 * LO\_freq) + 0$

$\{-1,2,-1\} = 2 * (RF\_freq + fspacing) - 1 * (RF\_freq - fspacing) - (1 * LO\_freq)$

注意，由于 fspacing 太小，数据显示是近似值。

freq	Mix(1)	Mix(2)	Mix(3)
0.0000 Hz	0	0	0
100.0 kHz	0	1	-1
200.0 kHz	0	2	-2
199.9 MHz	-1	-1	2
200.0 MHz	-1	0	1
200.0 MHz	-1	1	0
200.1 MHz	-1	2	-1
399.9 MHz	-2	0	2
400.0 MHz	-2	1	1
400.1 MHz	-2	2	0
3.600 GHz	2	-1	0
3.600 GHz	2	0	-1
3.800 GHz	1	-1	1
3.800 GHz	1	0	0
3.800 GHz	1	1	-1
4.000 GHz	0	-1	2
4.000 GHz	0	0	1
4.000 GHz	0	1	0
4.000 GHz	0	2	-1

图 7-54　谐波次数与混频频率

（5）运行仿真，单击图标输出 Vif 仿真结果，调整频率，查看 200MHz 附近交调分量情况，如图 7-55 和图 7-56 所示。

图 7-55　输出 Vif 频谱

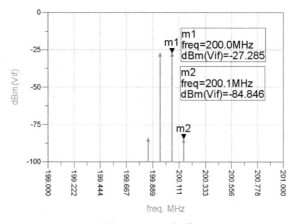

图 7-56　Vif 频谱

（6）单击圖图标，输出 ConvGain、IP3input、IP3output 仿真数据，如图 7-57 所示。

图 7-57　选择输出转换增益及 IP3

从如图 7-58 所示的仿真输出结果中可以看出，IP3input 值满足工程预估经验公式为 8.781dBm，比 1dB 压缩点高 10 ～ 15dB 左右。

freq	ConvGain	freq	IP3input	IP3output
200.0 MHz	-7.285	<invalid>Hz	8.781	1.496

图 7-58 IP3 结果

总结：

这是一个微带单平衡混频器，主要由 3dB 定向耦合器、二极管的阻抗匹配电路、输出低通滤波器组成。在本章节中，首先介绍了自动设计向导 3dB 定向耦合器，非常快捷和方便。然后是介绍一个低通滤波器的设计和仿真，比较简单，用于输出中频滤波。最后是分别仿真了这个 Mixer 的频谱分量、噪声、增益—本振功率曲线、三阶截断点等，整个过程中，电路的原理图都是不变的，改变的只是仿真器的配置和变量的配置。另外，计算噪音的时候要选上 "Nolinear"，Noise[1]噪音输入频率是射频，分析的频率是中频。Noise[2]选择输出节点是 "Vif"。这是一般的配置情况，具体的可以参考帮助文档。

另外，改变 C4、C5、L3、L4 匹配电路会很大程度影响仿真的各个参数，具体设计中可以根据需要进行折中及调整、优化。

第8章 频率合成器设计

在通信系统中，产生可变的本振信号（LO）或电路时钟的方法有倍频/混频、直接数字频率合成（DDS）和锁相环技术（PLL）。其中，倍频/混频方法杂散较大，谐波难以抑制；DDS器件工作频率较低且功耗较大，而PLL技术相对来说具有应用方便灵活与频率范围宽等优点，是现阶段主流的频率合成技术。

8.1 锁相环技术基础

目前，PLL半导体芯片的供应商主要包括模拟器件公司（ADI）、美国国家半导体公司（NS）和德州仪器（TI）等，市场上的ADF4111（ADI）、LMX2346（NS）和TRF3750（TI）系列都是目前常用的型号。

8.1.1 基本工作原理

锁相环电路基本框图由4大部分组成，即压控振荡器（VCO）、鉴相器（PD）、分频器（Div）和低通滤波器（LPF），如图8-1所示。

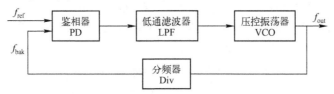

图8-1 锁相环电路基本框图

（1）压控振荡器（VCO）：产生振荡信号。它的输出频率受直流电压控制，大多数VCO的输出频率随控制电压升高而升高，即具有正斜率。

（2）分频器（Div）：对VCO的输出频率进行分频，使频率降低以便于处理。

（3）鉴相器（PD）：对输入的参考频率f_{ref}和分频后的f_{bak}进行相位比较，并根据f_{ref}与f_{bak}相位之差，产生（输出）对应的准DC电压。

（4）低通滤波器（LPF）：对鉴相器输出的电压进行滤波，为VCO提供纯净的DC控制电压，同时为系统提供一定的稳定裕量，该低通滤波器也称为环路滤波器。

PLL是一个频率/相位的自动控制系统。如果f_{out}偏离期望的频率，则f_{bak}会与f_{ref}产生一定的相差。此时，鉴相器会根据该相差输出对应的控制电压去迫使f_{out}回到期望的频率；当f_{ref}变化时，鉴相器的两个输入频率会产生一定的频差，接着鉴相器输出电压会随相差的大小而改变，迫使f_{out}变化到对应的频率，以保证f_{bak}与f_{ref}相等。也就是说，可以通过改变f_{ref}使f_{out}变化到希望的频率，同时f_{out}还能够自动跟踪f_{ref}的变化，这个特点使PLL能够用作频率合成器和调制/解调器。

8.1.2 锁相环系统的性能参数

锁相环系统具有如下几个较为重要的技术指标。

（1）频率准确度：实际输出频率 f_{out} 与标称输出频率 f_o 之差，一般由分频数 N 与参考源 f_{ref} 决定。

（2）频率稳定度：在一定时间间隔内，频率的相对变化程度 $(f-f_o)/f_o$，单位为 ppm（10^{-6}）或 ppb（10^{-9}），该指标一般由参考源 f_{ref} 决定。

（3）频率精度：相邻两个输出频率的最小间隔。对于整数分频，频率精度等于 f_{ref}；对于小数分频，频率精度可为任意小。

（4）频率范围：锁相环系统输出频率的范围。该指标由 VCO 频率范围和锁相环芯片内的分频器共同决定。

（5）换频时间：锁相环系统输出信号从一个频率切换到另一个频率时，输出从突变到重新进入稳定状态所用的时间。该指标由系统阻尼系数和环路带宽决定。

（6）频谱纯度：该指标由输出信号的相位噪声和杂散来衡量，带内相位噪声主要由参考源、鉴相器和电荷泵决定；带外相位噪声主要由 VCO 决定。

锁相环芯片的鉴相器输出通常是基于电荷泵结构的，因此本章将以电荷泵锁相环为例进行介绍。基于电荷泵结构的锁相环在锁定或接近锁定时可近似等效为一个线性的反馈系统，系统框图如图 8-2 所示。图中，K_d 是鉴相器与电荷泵的鉴相增益，$K_d = \dfrac{I_{cp}}{2\pi}$，$I_{cp}$ 为电荷泵的充放电电流；$Z(s)$ 是环路滤波器的传输函数；K_v 是 VCO 的压控增益，单位是 rad/V，因为 VCO 是一个积分环节，所以它的传输函数分母中含有一个积分算子 s；N 是环路的分频比，即 $\theta_b = \theta_o/N(f_{bak} = f_{out}/N)$。

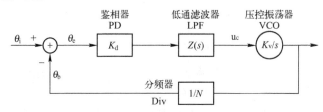

图 8-2 电荷泵锁相环的系统框图

因此锁相环的开环传递函数为

$$G_k(s) = \frac{\theta_b}{\theta_i} = K_d \cdot Z(s) \cdot \frac{K_v}{s} \cdot \frac{1}{N} = \frac{K_d K_v}{Ns} Z(s) \qquad (8-1)$$

闭环传递函数为

$$\Phi(s) = \frac{G(s)}{1 + G_k(s)} = \frac{NK_d K_v Z(s)}{Ns + K_d K_v Z(s)} \qquad (8-2)$$

典型锁相环开环传递函数的伯德图如图 8-3 所示。图中，ω_c 为环路增益降为 0dB 时的频率，即通常所说的环路带宽。幅值裕度和相位裕度是描述系统稳定程度的两个关键参数，定义如下：

$$幅值裕度 = -L[G_k(\omega_g)] \qquad (8-3)$$

$$相位裕度 = \gamma = 180 + \varphi(\omega_c) \tag{8-4}$$

其中，$L(G_k) = 20\log G_k$。

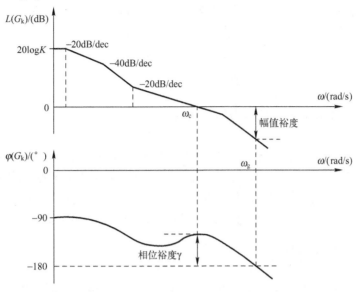

图 8-3 锁相环开环传递函数的伯德图

工程中，系统的幅值裕度一般会大于 6dB，即系统开环增益再变大两倍也不会到达不稳定状态。而相位裕度一般要求为 30°～60°，通常取 45°。如果相位裕度加大，系统响应的过渡过程则会变长。

8.1.3 环路滤波器的计算

在实际的工程应用中，分频器、鉴相器与电荷泵这 3 部分都已经被封装于锁相环 IC 里，工程师所需要做的基本上只是根据系统要求计算出合适的环路滤波器并调试。

下面以如图 8-4 所示的 2 阶无源环路滤波器为例，介绍各元器件值的求解过程。因计算过程较为烦琐，这里只给出求解方法，并不进行实际的运算。

该滤波器的传输函数为

$$Z(s) = \frac{R_2 C_2 s + 1}{R_2 C_1 C_2 s^2 + (C_1 + C_2)s} \tag{8-5}$$

则锁相环系统的开环传递函数为

$$G_k(s) = \frac{K_d K_v (1 + R_2 C_2 s)}{N(C_1 + C_2)s^2 \left(1 + \dfrac{R_2 C_1 C_2}{C_1 + C_2}s\right)} \tag{8-6}$$

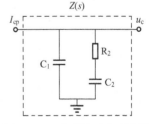

图 8-4 2 阶无源环路滤波器

令 $T_1 = \dfrac{R_2 C_1 C_2}{C_1 + C_2}, T_2 = R_2 C_2$，把上式的 s 换成 $j\omega$，则有

$$G_k(j\omega) = -\frac{K_d K_v (1 + j\omega T_2)}{N C_1 \omega^2 (1 + j\omega T_1)} \cdot \frac{T_1}{T_2} \tag{8-7}$$

从式（8-7）可看出系统的相位函数为

$$\varphi[G_k(j\omega)] = \arctan T_2\omega - \arctan T_1\omega - \pi \tag{8-8}$$

为了保证环路的稳定，通常期望在开环增益降为 0dB（$\omega = \omega_c$）时系统具有最大相位裕度（一般选为 45°），即该点是相位曲线的拐点，因此可得

$$\gamma = \pi + \varphi[G_k(j\omega_c)] = 45° \tag{8-9}$$

$$\frac{d\varphi[G_k(j\omega)]}{d\omega}\Big|_{\omega=\omega_c} = 0 \tag{8-10}$$

根据定义，开环增益在 ω_c 处降为 0dB，即

$$G_k(\omega_c) = 1 \tag{8-11}$$

由式（8-9）、式（8-10）和式（8-11）可算出环路滤波器各个元器件的值。由于环路滤波器的计算过于复杂，一般不会采用手工计算，通常会借助各种仿真软件来求解。一些 PLL IC 供应商也都会提供相应的软件工具方便用户使用，如 ADI 的 ADIsimPLL 工具。用户可以根据软件工具完成大部分的参数设定与求解，甚至到典型电路图的生成。

8.2　锁相环实例与仿真

本节以 ADI 公司的锁相环芯片 ADF4111 为例，介绍锁相环实例与仿真。限于篇幅，本章只进行了 PLL 设计的前期仿真。

8.2.1　ADF4111 芯片介绍

ADF4111 芯片为整数分频芯片，最高应用频率为 1.2GHz，读者可以 http://www.analog.com/zh 下载其数据手册。如图 8-5 所示为 ADF4111 的功能框图。

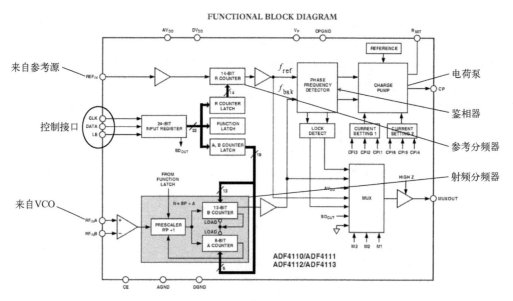

图 8-5　ADF4111 的功能框图

（1）$RF_{IN}A$ 为振荡信号输入口，其信号来自 VCO。该端口能接受的输入频率范围是 $80 \sim 1200MHz$，3V 供电时输入信号的幅度范围为 $-15 \sim 0dBm$。

（2）REF_{IN} 为参考信号输入口，其信号来自参考源（如 TCXO）。该端口能接受的输入频率范围是 $5 \sim 104MHz$，输入幅度要求至少为 $-5dBm$。

（3）鉴相器能接受的最大的输入频率为 55MHz，因此需要确保分频后 f_{ref} 和 f_{bak} 不超过该值。

（4）电荷泵电流 I_{cp} 可通过写寄存器控制，一共有 8 挡，其范围由外部电阻 R_{set} 决定。

8.2.2　案例参数及设计目标

1. 系统参数

本例窄带项目采用 PLL 芯片为 ADF4111，各个系统模块的参数如下。

➢ VCO 频率范围：$880 \sim 920MHz$。

➢ VCO 压控增益：12MHz/V。

➢ VCO 相位噪声：$-30dBc/Hz@10Hz$，$-80dBc/Hz@1kHz$，$-120dBc/Hz@100kHz$，噪底为 $-140 dBc/Hz$。

➢ 参考源频率：10MHz。

➢ 参考源相位噪声：$-90dBc/Hz@10Hz$，$-130dBc/Hz@1kHz$，$-145dBc/Hz@100kHz$，噪底为 $-150 dBc/Hz$。

➢ 系统频率间隔：200kHz。

由于 ADF4111 是整数分频芯片，因此鉴相频率应选为系统频率间隔，即 200kHz，则参考分频器的分频比应设置为 50，射频分频器的分频比应设置为 4500 ± 50；芯片的电荷泵电流选取典型值 5mA。

2. 设计目标

➢ VCO 输出频率：$900 \pm 10MHz$。

➢ 锁定时间：$<300\mu s$。

➢ VCO 相位噪声：优于 $-75dBc/Hz@1kHz$，$-110dBc/Hz@100kHz$。

➢ 采用无源 3 阶环路滤波器。

➢ 系统环路带宽为 $\omega_c = 10kHz$（环路带宽通常设置为鉴相频率 f_{ref} 的 1/20 左右）。

➢ 相位裕度为 $\gamma = 45° \sim 50°$。

8.2.3　应用 ADS 进行 PLL 设计

1. 计算环路滤波器

（1）启动 ADS，新建工程 "ADS_PLL_wrk"，保存路径默认，如图 8-6 所示。连续单击【Next】按钮，选择 "Standard ADS Layers ,0.001 micron layout resolution"，单击【Finish】按钮完成建立。

（2）新建原理图，并命名为 Frequency_Synthesizer，在原理图设计窗口执行菜单命令【DesignGuide】→【PLL】→【Select PLL Configuration】，如图 8-7 所示；接着系统弹出 "Phase Locked Loop" 对话框，如图 8-8 所示。在 "Type of Configuration" 选项卡中选择

"Frequency Synthesizer"项，即将系统类型选择为"频率合成器"。

图8-6 新建工程

（3）单击"Simulation"选项卡，选择"Loop Frequency Response"项，即将仿真类型设置为"查看环路频率响应"，如图8-9所示。

（4）单击"Phase Detector"选项卡，选择"Charge Pump"项，将鉴相器设置为基于电荷泵结构，如图8-10所示。

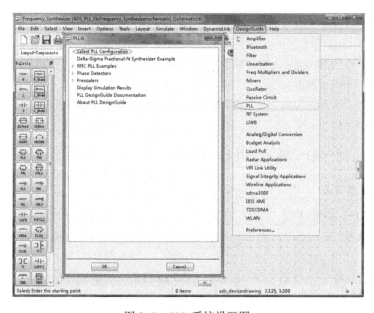

图8-7 PLL系统设置图

图 8-8　设置系统类型

图 8-9　设置仿真类型

（5）单击"Loop Filter"选项卡，选择"Passive 4 Pole"项，将环路滤波器设置为无源 3 阶滤波器，如图 8-11 所示。

（6）选择完毕后，单击【OK】按钮，系统会根据设置选项后自动生成为如图 8-12 所示的仿真原理图。

图 8-10　设置鉴相器类型

图 8-11　设置为 4 阶系统

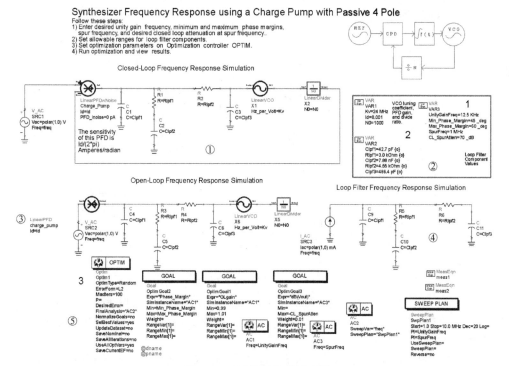

图 8-12　锁相环仿真原理图

原理图基本可分为 5 大部分。

① 用于仿真系统闭环特性，如图 8-13 所示，这里不需要修改。

② 变量设置区，用于设置环路各个参数。

③ 用于仿真系统开环特性。

④ 用于仿真环路滤波器频率响应，求得的 Filt_out 被用作计算的中间值。

⑤ 仿真所需的仿真器、优化器、优化目标及公式编辑器。

下面将详细介绍这 5 部分电路的功能与作用。

原理图第①部分里，鉴相增益、滤波器器件值、VCO 压控增益和分频值等各模块的参数都被设置成变量，统一放在第②部分的变量设置区内进行设置。信号源不需要设置。

Closed-Loop Frequency Response Simulation

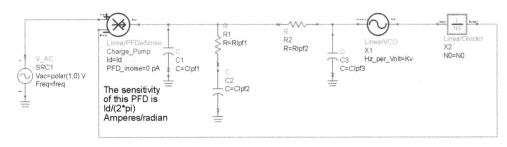

图 8-13　原理图第①部分

原理图中第②部分是系统变量设置区，应根据实际的系统参数和设计目标进行元器件参数设定，如图 8-14 所示。

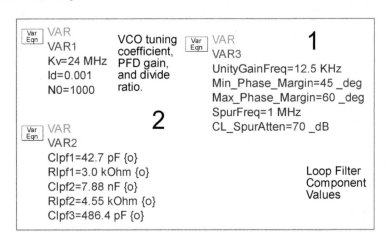

图 8-14　原理图第②部分

➤ 变量列表 VAR1 内是环路各模块的参数，"Kv" 是 VCO 调谐增益（压控增益），这里改为 24MHz；"Id" 是电荷泵电流，改为 0.001，即 1mA；"N0" 是射频分频器的分频数，改为 1000（这里一般取实际分频数的中间值）。

➤ 变量列表 VAR2 内是环路滤波器的器件值。这些器件值稍后将通过 ADS 的自动优化计算出来，这里需要预先指定器件变量的初始值和优化范围。双击 VAR2 的图标，弹出变量设置窗口，设置后如

图 8-15 所示。

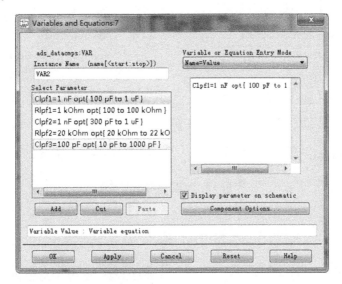

图 8-15 设置 VAR2

➤ 变量列表 VAR3 内用于设置目标参数。"UnityGainFreq"是期望的环路带宽,设置为 10kHz;
"Min_Phase_Margin"和"Max_Phase_Margin"是期望的最小与最大相位裕度,最大值改为 60_
deg;"SpurFreq"和"CL_SpurAtten"是杂散频率和杂散频率处的衰减值,一般不需要改动,保留
原值即可。

第③部分和第④部分情况与第①部分类似,不需要做任何改动。

原理图第⑤部分如图 8-16 所示。这里有 3 个交流仿真器、1 个优化器、3 个优化目标、
2 个公式编辑器和 1 个扫描计划。

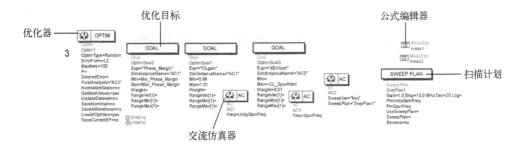

图 8-16 原理图第⑤部分

➤ 扫描计划(SWEEP PLAN):该控件用来设定扫描的范围,这里不需要做任何改动。

➤ 交流仿真器(AC):用于设定该原理图采用小信号交流仿真(AC Small – Signal Simulation)。其中,
AC1 设置为单频点仿真,频率为环路带宽的值,可以写 10kHz,也可以写 UnityGainFreq;AC3 也设
置为单频点仿真,频率为之前所设定的 SpurFreq,即 1MHz,如图 8-17 所示;AC2 设置为使用扫描
计划 SwpPlan1,扫描变量(SweepVar)为 freq,如图 8-18 所示。

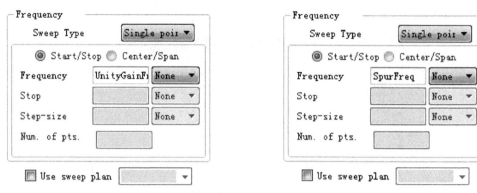

图 8-17　AC1 与 AC3 的设置

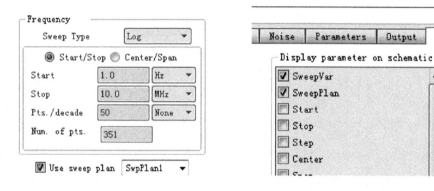

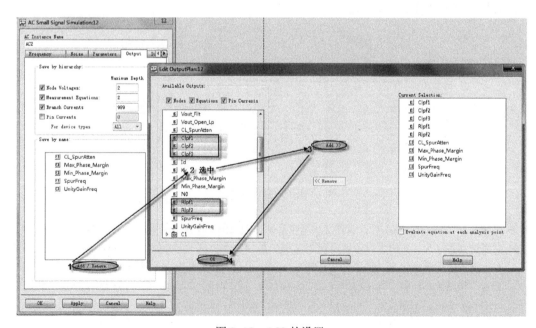

图 8-18　AC2 的设置

➤ 公式编辑器（MeasEqn）：通过公式编辑器，可以在这里编辑一些运算关系。如图 8-19 所示，在 meas1 中，OLgain 为系统的开环增益；Phase_OL 为开环输出的相位；Phase_Margin 为相位裕度。把每条关系式的显示选项 ☑ Display parameter on schematic 都选中，让所有关系式都显示在原理图上，以方便查看。

```
Meas  MeasEqn
Eqn   meas1
      OLgain=mag(Vout_OL)
      Phase_OL=phase(Vout_OL)
      Phase_unwrapped=if (Phase_OL>0) then (Phase_OL-360) else Phase_OL
      Phase_Margin=mag(-180-Phase_unwrapped)
```

图 8-19　公式编辑器 meas1

➤ 优化器（OPTIM）：用于设定优化算法的类型。自动生成的原理图模板内，优化算法类型为"Random"（随机类型），效果不理想。这里把优化算法类型改成"Hybrid"（混合类型），迭代停止次数改成"1000"，如图 8-20 所示。

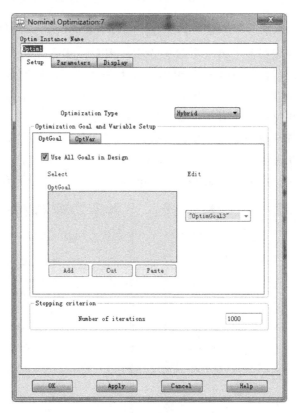

图 8-20　优化器设置

➤ 优化目标（GOAL）：用于设置优化仿真的收敛条件，可以把优化目标设置成期望的设计目标。OptimGoal1 优化参量设置为"OLgain"，即开环增益，优化设置如图 8-21 所示。从图 8-21 中可以看出，优化目标使用 AC1 所指定的频率范围（单频点 UnityGainFreq）；

在该频点（即指定的环路带宽 10kHz 处），系统的开环增益应满足 $0.999 < \text{OLgain} < 1.001$，接近 0dB。

OptimGoal2 设置如图 8-22 所示。在指定的环路带宽 10kHz 处，系统的相位裕度应满足 $45° < \text{Phase\_Margin} < 50°$。

OptimGoal3 是杂散抑制的优化设置，如图 8-23 所示。

GOAL	GOAL	GOAL
Goal	Goal	Goal
OptimGoal1	OptimGoal2	OptimGoal3
Expr="OLgain"	Expr="Phase_Margin"	Expr="dB(Vout)"
SimInstanceName="AC1"	SimInstanceName="AC1"	SimInstanceName="AC3"
Min=0.99	Min=Min_Phase_Margin	Min=
Max=1.01	Max=Max_Phase_Margin	Max=-CL_SpurAtten
Weight=	Weight=	Weight=0.01
RangeVar[1]=	RangeVar[1]=	RangeVar[1]=
RangeMin[1]=	RangeMin[1]=	RangeMin[1]=
RangeMax[1]=	RangeMax[1]=	RangeMax[1]=

图 8-21 OptimGoal1 设置　　　图 8-22 OptimGoal2 设置　　　图 8-23 OptimGoal3 设置

至此，就完成了原理图各个模块参数的设置。但是，实际上通过 ADS 提供的这个 PLL 仿真模板计算出来的元器件值是无法使用的。因为得到的相位裕度虽然在 10kHz 处满足了限定的条件，但相位裕度并不是在 10kHz 处达到最大，极有可能造成系统不稳定。所以还需添加限定条件，使相位裕度在 10kHz 处达到最大。

（7）在左侧元器件列表中选择"Simulation – AC"，在元器件面板中单击 图标，在原理图内添加一个 AC 仿真器 "AC4"，设置如图 8-24 所示。注意，在 "Output" 标签页内不要选中 "Node Voltages" 选项和 Measurement Equations" 选项，否则仿真结果无法正确显示。

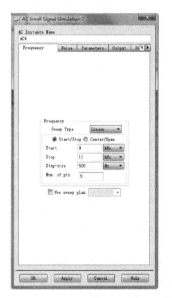

图 8-24 AC4 仿真器的基本设置

（8）在左侧元器件列表中选择"Optim/Stat/Yield/DOE"，并在元器件面板中单击 图标，添加两个优化目标，具体配置如图 8-25 所示。因为仿真器 AC4 的频率范围是 9 ～ 11kHz，仿真频率间隔是 500Hz，所以仿真的频点数是 5 个。第 2 个频点的频率为 10kHz（ADS 以 0 代表第一个），则 Phase_Margin[1]、Phase_Margin[2] 和 Phase_Margin[3] 就分别代表系统在 9.5kHz、10kHz 和 10.5kHz 处的相位裕度。通过添加这两个优化目标，可以保证系统的相位裕度在 10kHz 处达到最大值。

图 8-25　AC4 优化目标设置

（9）配置好后，单击 图标，弹出"Optimization Cockpit"窗口，进行优化。优化完成后，系统会自动弹出数据显示窗口，暂时不管仿真结果，单击"Optimization Cockpit"窗口中的 ，单击【OK】按钮，然后单击【Close】按钮关闭窗口，最后回到原理图界面，按【F7】键进行仿真，仿真完成后，数据显示窗口如图 8-26 所示。

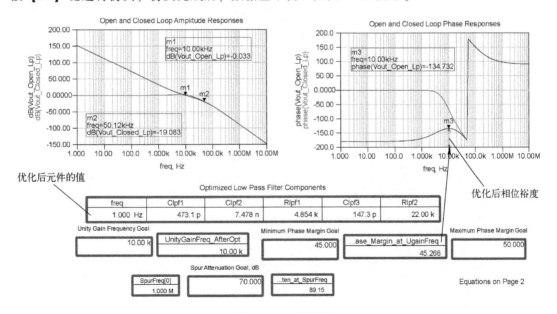

图 8-26　仿真结果

自动优化计算得到的元器件值并不是实际使用的标称值，可以选择最接近仿真值的标称值作为实际使用值。假如得到的元器件值太小、太大或计算无解，可返回原理图重新设定元器件值的范围，然后再次仿真。

2. 查看 PLL 锁定时间

（1）首先在"ADS_PLL_wrk"工程中新建一个原理图，执行菜单命令【DesignGuide】→【PLL】→【Select PLL Configuration】，在弹出的对话框中设置系统类型、仿真类型、鉴相器和滤波器，本例将仿真类型设置为"查看环路时域瞬态响应"，如图 8-27 所示，其他设置同前。

图 8-27　设置仿真类型

单击【OK】按钮，系统会根据这些选项自动生成如图 8-28 所示的仿真原理图。

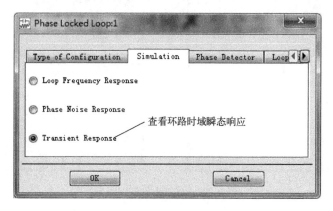

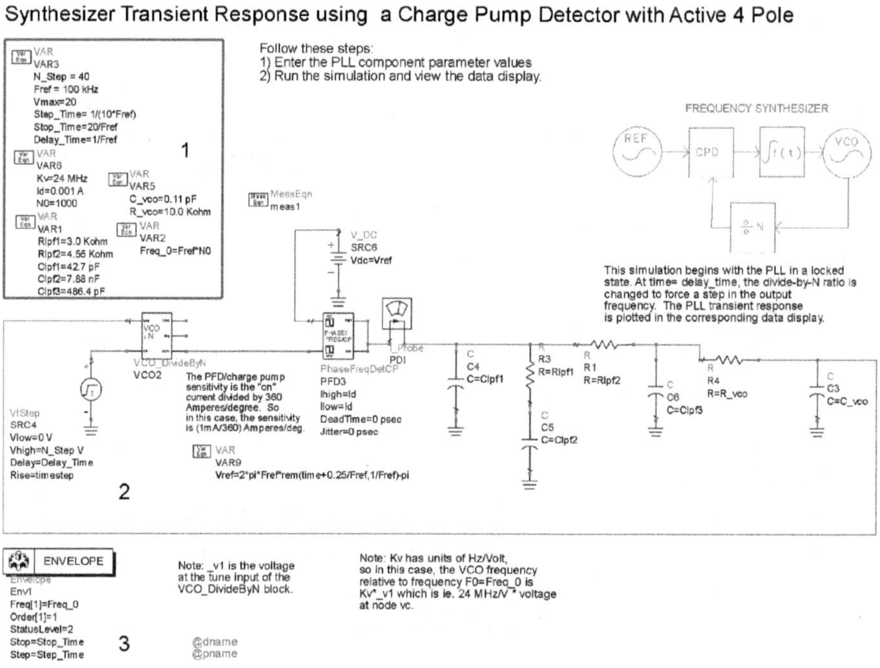

图 8-28　系统生成的仿真原理图

原理图主要分为 3 部分。

➢ 第 1 部分是 PLL 环路参数的设置区。

➢ 第 2 部分是系统仿真框图。

➢ 第 3 部分是仿真器。

下面就各个部分的参数设置和含义做详细的说明。

① 第 1 部分参数设置区如图 8-29 所示。

➢ VAR1：环路滤波器参数设置，根据图 8-26 中的 VAR2 仿真得到的数据进行设置。

➢ VAR2："Freq_0" 是 VCO 起始频率，即 VCO 在其调谐端的控制电压为 0V 时的输出频率。由于选用的 VCO 其起始频率为 880MHz，因此把该值设置为 880MHz（只要比 890MHz 小就可以）。在实际项目中应根据 VCO 的实际参数进行填写。

➢ VAR3："N_Step" 是 SRC4 的阶跃电压，配置为 0；"Fref" 是鉴相频率，改为 200kHz；"Vmax" 和 "Delay_Time" 不需要做改动；"Step_Time" 是包络仿真器 Env1 的仿真步长，设置成 1/（10 * Fref），即鉴相周期的十分之一；"Stop_Time" 是包络仿真器 Env1 的仿真结束时间，改成 100/Fref，即 100 个鉴相周期，如果该值设置太短，有可能会观察不到锁定时间。

➢ VAR5："C_vco" 和 "R_vco" 分别是 VCO2 的输入电容和输入电阻，保留原值即可。

➢ VAR6："Kv" 是 VCO2 的压控增益，根据前面的定义改为 12MHz。"Id" 是电荷泵电流，改为 5mA；"N0" 是分频比，改成 4500。

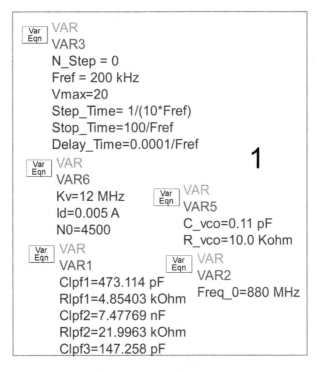

图 8-29　第 1 部分参数设置

② 第 2 部分系统仿真框图如图 8-30 所示。这里 PLL 环路被简化成 3 大部分：环路滤波器（C4，R3，C5，R1，C6）、鉴相器 + 电荷泵（PFD3）和带分频器的 VCO（VCO2）。

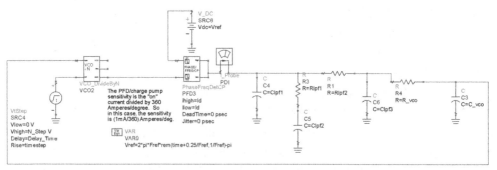

图 8-30 第 2 部分系统仿真框图

➤ VCO2：内部带有分频器，分频比受阶跃电压源 SRC4 控制。因为只查看单一频点的锁定时间，所以可以把 SRC4 旁路掉，或者把其阶梯阶跃电压"N_Step"配置成 0V。

➤ PFD3：输入一端来自 VCO2，一端来自信号源 SRC6（时域、直流）。该鉴相器只需要输入信号的频率信息。信号源 SRC6 的电压值被设置成变量，由变量 VAR9 内的关系式决定，它的频率是 Fref，即 200kHz。信号源 SRC6 也可用一个交流信号源来替代。

➤ 滤波器：各个元器件值统一在变量 VAR1 中设置。

③ 第 3 部分包络仿真器 Env1 不需要做任何改动。

（2）单击 图标进行仿真，仿真完成后，系统自动弹出数据显示窗口，如图 8-31 所示。

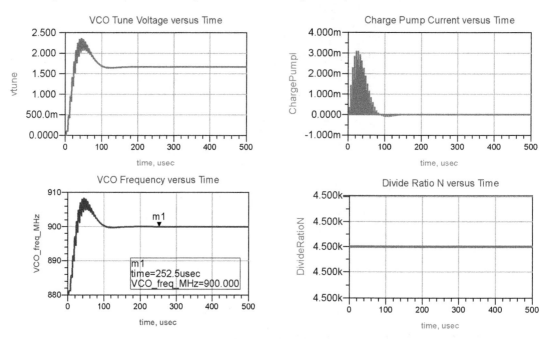

图 8-31 仿真结果

（3）执行菜单命令【Marker】→【New】，在"VCO Frequency versus Time"曲线上加入 Mark 点。向右滑动 Mark 点，当所指示的 VCO 输出频率达到 900.000MHz 并且不再变化，则可以认为此时 PLL 已经锁定。从图中可以看到，这个设计的锁定时间约为 252.5us。

3. 估算相位噪声

（1）首先在"ADS_PLL_wrk"工程中新建一个原理图，执菜单命令【DesignGuide】→【PLL】→【Select PLL Configuration】，在弹出的对话框中设置系统类型、仿真类型、鉴相器和滤波器，本例将仿真类型设置为"查看环路相位噪声"，如图 8-32 所示，其他设置同前。

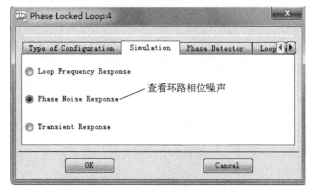

图 8-32　设置仿真类型

（2）单击【OK】按钮，系统会根据这些选项自动生成如图 8-33 所示的仿真原理图。

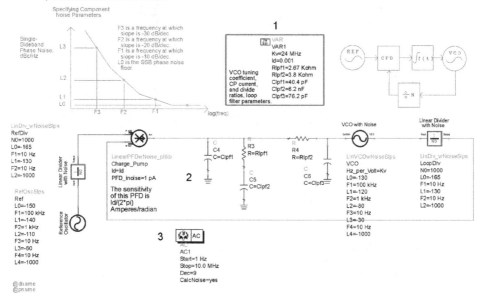

图 8-33　仿真原理图

仿真原理图分为 3 个部分。

➤ 第 1 部分是变量设置区。

➤ 第 2 部分是 PLL 环路模型。

➤ 第 3 部分是仿真器。

（3）根据前面的仿真结果，修改变量设置区内的各个参数，如图 8-34 所示。

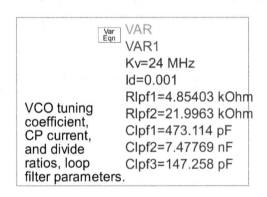

图 8-34　设置变量

（4）设置 PLL 环路模型中各个模块的参数。根据本例所使用的参考源与 VCO 的实际性能，修改对应模块的参数，如图 8-35 和图 8-36 所示。

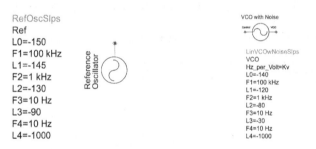

图 8-35　参考源参数设置　　　　　　图 8-36　VCO 参数设置

（5）一般情况下，无法取得芯片内 RefDiv（参考分频器）、Charge_Pump（电荷泵）、LoopDiv（主分频器）等模块的具体参数。不过仿真模板内这些模块的默认值接近业内 PLL 芯片相关模块的实际值，不做修改也可以较为准确地估算环路的相位噪声。这里对 RefDiv 和 LoopDiv 做一些修改，如图 8-37 和图 8-38 所示。

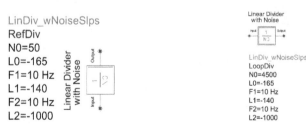

图 8-37　参考分频器设置　　　　　　图 8-38　主分频器设置

这样，PLL 环路模型部分就设置完了。需要注意的是，Ref、RefDiv、VCO 和 LoopDiv 等模块还有下层原理图，可以单击工具栏上的图标进行查看。在仿真结果显示窗口中将会用到各个内层原理图的节点。

（6）第 3 部分的仿真器不需要做任何改动，只需确认计算噪声的选项被选中即可。双击仿真器 AC1，选择"Noise"选项卡，确认"Calculate noise"项及各个噪声节点被选中，如图 8-39 所示。这样系统会自动计算各个节点的噪声。其中，"VCO. VCO_FR"节点在 VCO 模块的下层原理图中，该节点用于计算 VCO 自由振荡时的相位噪声。

图 8-39　仿真器 AC1 的"Noise"选项卡

（7）完成这些设置后，单击图标进行仿真。仿真完毕后系统自动弹出数据显示窗口，如图 8-40 所示。

从图 8-40 中的曲线可以看出，在环路带宽之内，PLL 输出信号的相位噪声主要由参考源、鉴相器（电荷泵）和分频器决定；而在环路带宽之外，相位噪声主要由 VCO 决定。也就是说，PLL 环路对参考源、鉴相器（电荷泵）和分频器的相位噪声呈低通特性，而对 VCO 本身的相位噪声呈高通特性。因此，参考源、鉴相器（电荷泵）和分频器处的低频干扰很容易耦合到输出信号上，在实际应用中需要注意这一点。

由仿真数据可知，本设计的输出信号相位噪声约为 -85.7dBc/Hz@10kHz。

本仿真的数据显示窗口有两页，单击工具栏上的◀▶按钮，切换到第 2 页，如图 8-41 所示。算式右边的变量是各个节点的噪声，包括各模块的内层原理图的相关节点。使用 what( ) 函数可以查看算式中的一些多维变量代表什么含义。例如：编辑公式 temp = what（VCOout. NC. vnc）。然后，在数据表中显示 temp 的值。可以看到，VCOout. NC. vnc 是一个

2 维变量，它的第 1 维是频率 freq，第 2 维是索引 index。其中，index 列举于左边的数据表中。由此可知，VCOout. NC. vnc[：：，7]表示所有频率处 VCO. SRC1 对 VCOout 节点贡献的噪声电压（. NC 表示 Noise Contribution）。

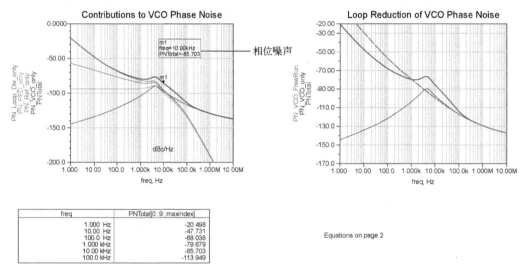

图 8-40　仿真结果

Note: You should verify that the correct indexes are entered into the equations. For example, be sure the index that corresponds to the VCO noise source is entered into the equation for the VCO's contribution to the output phase noise, PN_VCO_only.

index	VCOout.NC.name[0,::]	Index_num
0	total	0.000
1	Charge_Pump	1.000
2	LoopDiv.SRC2	2.000
3	R3	3.000
4	R4	4.000
5	Ref.SRC1	5.000
6	RefDiv.SRC2	6.000
7	VCO.SRC1	7.000
8	VCO.SRC4	8.000

Eqn Index_num=[0::inner_sweep_size(VCOout.NC.name[0,::])-1]

Eqn maxindex=sweep_size(PNTotal)-1

Eqn PN_VCO_FreeRun=10*log(0.5*VCO_FR.noise**2)

Eqn PN_VCO_only=10*log(0.5*VCOout.NC.vnc[::,7]**2)

Eqn Noise_from_Ref_Chain=sqrt(VCOout.NC.vnc[::,5]**2+VCOout.NC.vnc[::,6]**2)

Eqn PN_Ref_only=10*log(0.5*Noise_from_Ref_Chain**2)

Eqn PN_PFD_only=10*log(0.5*VCOout.NC.vnc[::,1]**2)

Eqn PN_RefChain_FreeRun=10*log(0.5*RefChain.noise**2)

Eqn PN_Loop_Div_only=10*log(0.5*VCOout.NC.vnc[::,2]**2)

Eqn PNTotal=10*log(0.5*VCOout.noise**2)

Eqn temp=what(VCOout.NC.vnc)

temp
Dependency : [freq,index]
Num. Points : [64, 9]
Matrix Size : scalar
Type : Real

图 8-41　仿真数据显示窗口第 2 页

到这里我们就用 ADS 仿真完成了锁相环的整个前期设计评估。

第**9**章　功分器与定向耦合器设计

9.1　引言

功率分配器和定向耦合器都属于无源微波器件，主要应用于功率分配和功率合成。工程上常用的功率分配器件和定向耦合器有 T 型结功分器、威尔金森功分器、倍兹孔定向耦合器、分支线混合网络、Lange 耦合器、波导魔 T 和对称渐变耦合线耦合器等。

功率分配器通常采用三端口网络，常用 3dB 等分形式，但也有不等分的形式。而定向耦合器通常采用四端口网络，它可以设计为任意功分比。

本章分别介绍了功率分配器和定向耦合器的基本原理，然后以常用的威尔金森功分器和 Lange 耦合器为例，详细地介绍了如何利用 ADS2011 软件进行威尔金森功分器和 Lange 耦合器的原理图设计、仿真、优化及版图的生成与仿真。

9.2　功分器技术基础

功率分配器简称为功分器，在被用于功率分配时，一路输入信号被分成两路或多路较小的功率信号。功率合成器与功率分配器属于互易结构，利用功率分配器与功率合成器可以进行功率合成。功分器在相控阵雷达、大功率器件等微波射频电路中有着广泛的应用。

目前提供功分器产品的知名厂商包括美国安捷伦公司（Agilent）和德国 Narda 公司，常用的代表型号有 11667A/B/C（Agilent）、4315 – 2/4306 – 2/4311B – 2（Narda）等。

相对大型微波立体器件，微带技术具有体积小、重量轻、成本低和频带宽等优点，本节以常见的微带型威尔金森功分器为例，在介绍其工作原理的基础上，利用 ADS 软件，对其具体的设计步骤和仿真流程进行了详细描述。

9.2.1　基本工作原理

威尔金森功率分配器的功能是将输入信号等分或不等分的分配到各个输出端口，并保持相同输出相位。环形器虽然有类似功能，但威尔金森功率分配器在应用上具有更宽的带宽。微带型功分器的电路结构如图 9–1 所示。其中，输入端口特性阻抗为 Z_0，两段分支微带线电长度为 $\lambda / 4$，特性阻抗分别为 Z_{02} 和 Z_{03}，终端分别接负载 R_2 和 R_3。

功分器各个端口特性如下。

（1）端口 1 无反射。

（2）端口 2、端口 3 输出电压相等且同相。

（3）端口 2、端口 3 输出功率比值为任意指定值 $1/k^2$。

由此可知

$$\frac{1}{Z_{in2}} + \frac{1}{Z_{in3}} = \frac{1}{Z_0}$$

$$k^2 = \frac{P_3}{P_2}, P_2 = \frac{1}{2}\frac{U_2^2}{R_2}, P_3 = \frac{1}{2}\frac{U_3^2}{R_3}$$

$$U_2 = U_3$$

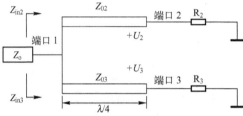

图 9-1   微带型功分器的电路结构

由四分之一波长传输线阻抗变换理论得

$$Z_{in2} \times R_2 = Z_{02}^2$$

$$Z_{in3} \times R_3 = Z_{03}^2$$

设 $R_2 = kZ_0$，则 Z_{02}、Z_{03}、R_3 为

$$Z_{02} = Z_0\sqrt{k(1+k^2)}$$

$$Z_{03} = Z_0\sqrt{\frac{(1+k^2)}{k^3}}$$

$$R_3 = \frac{Z_0}{k}$$

为了增加隔离度，在端口 2 和端口 3 之间贴加了一个电阻 R，隔离电阻 R 的电阻值为

$$R = Z_0\left(k + \frac{1}{k}\right)$$

可以看出，当 $k = 1$ 时，上面的结果化简为功率等分情况。

9.2.2   功分器的基本指标

功分器的基本指标如下。

1. 输入端口的回波损耗

输入端口 1 的回波损耗根据输入端口 1 的反射功率 P_r 和输入功率 P_i 之比来计算：

$$C_{11} = -10\log\left(\frac{P_r}{P_i}\right) = -20\log|S_{11}|$$

2. 插入损耗

输出端口的插入损耗根据输出端口的输出功率与输入端口 1 的输入功率 P_i 之比来计算：

$$C_{12} = -10\log\left(\frac{P_2}{P_i}\right) = -20\log|S_{12}|$$

$$C_{13} = -10\log\left(\frac{P_3}{P_\mathrm{i}}\right) = -20\log|S_{13}|$$

3. 输出端口间的隔离度

输出端口 2 和输出端口 3 间的隔离度根据输出端口 2 的输出功率 P_2 与输出端口 3 的输出功率 P_3 之比来计算：

$$C_{23} = -10\log\left(\frac{P_2}{P_3}\right) = -20\log\frac{|S_{12}|}{|S_{13}|}$$

4. 功分比

当其他端口无反射时，功分比根据输出端口 3 的输出功率 P_3 与输出端口 2 的输出功率 P_2 之比来计算：

$$k^2 = \frac{P_3}{P_2}$$

5. 相位平衡度

在做功率合成应用时，功分器输出端口的相位平衡度直接影响功率合成的效率。

9.3　功分器的原理图设计、仿真与优化

在了解功分器工作原理的基础上，使用 ADS 软件设计一个等分威尔金森功分器，并根据给定的指标对其性能参数进行优化仿真。

9.3.1　等分威尔金森功分器的设计指标

等分威尔金森功分器的设计指标如下。
- 频带范围：$0.9 \sim 1.1\mathrm{GHz}$。
- 频带内输入端口的回波损耗：$C_{11} > 20\mathrm{dB}$。
- 频带内的插入损耗：$C_{12} < 3.3\mathrm{dB}$，$C_{13} < 3.3\mathrm{dB}$。
- 两个输出端口间的隔离度：$C_{23} > 25\mathrm{dB}$。

9.3.2　建立工程与设计原理图

1. 建立工程

（1）运行 ADS2011，弹出 ADS2011 主窗口。

（2）执行菜单命令【File】→【New】→【Workspace】，弹出 "New Workspace Wizard" 对话框。单击【Next】按钮，"Workspace Name" 栏中输入工程名为 "equal_divider"，工作路径默认。然后连续单击【Next】按钮，在 Technology 一页中，选择 "Standard ADS Layers, 0.0001 millimeter layout resolution"，单击【Finish】按钮，完成新建工程，如图 9-2 所示。

（3）单击主窗口图标，自动弹出 "New Schematic" 窗口，将原理图名字 "cell_1" 改成 "equal_divider_norminal"，单击【OK】按钮关闭 "New Schematic" 窗口。自动弹出原理图设计窗口和原理图设计向导，在原理图设计向导中选择 "Cancel"，完成原理图设计窗口的建立。

2. 设计原理图

（1）在原理图设计窗口元器件面板列表中选择"TLines – Microstrip"，打开微带元器件面板，如图 9-3 所示。

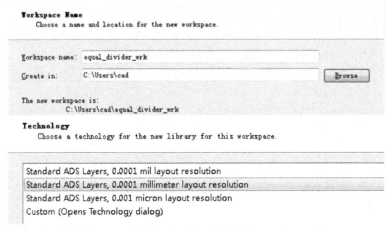

图 9-2　新工程窗口

图 9-3　"TLines – Microstrip"栏

（2）原理图设计窗口左边的微带线元器件面板中有各种微带电路元器件，本节中用到的元器件如下所示。

> ：MLIN，一般微带线。
> ：Mcurve，弧形微带线。
> ：MTEE，微带 T 型结。
> ：MSUB，微带基片。
> ：TFR，薄膜电阻。

（3）设计输入端口电路，输入端口的电路连接如图 9-4 所示。

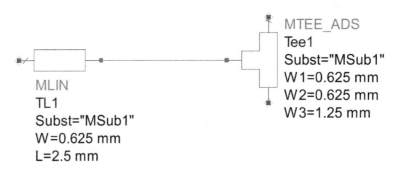

图 9-4　输入端口连接图

（4）设计阻抗变换电路，四分之一波长阻抗变化线部分的连接如图 9-5 所示，其中薄膜电阻 TFR 为两路分支线之间的隔离电阻，用来增加两个输出端口之间的隔离度。

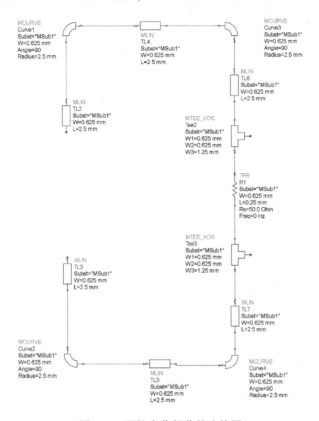

图 9-5 阻抗变化部分的连接图

（5）设计输出端口电路，两输出端口的电路为对称结构，如图 9-6 和图 9-7 所示连接。

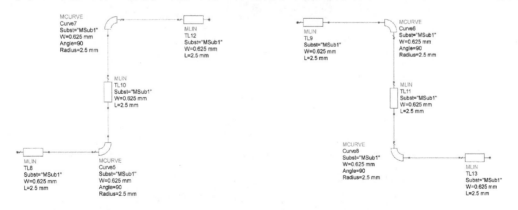

图 9-6 功分器的上支线   图 9-7 功分器的下支线

（6）然后把输入端口电路、阻抗变换电路和输出端口电路用导线连接在一起，就构成了一个完整的微带型威尔金森功分器，如图 9-8 所示。

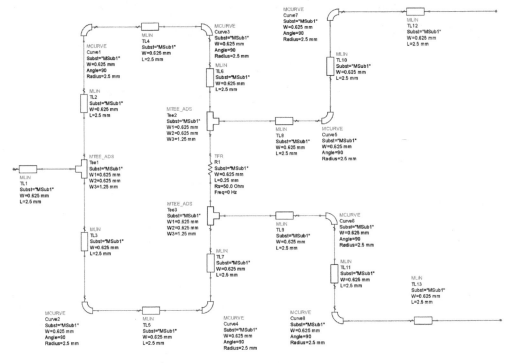

图 9-8　微带型威尔金森功分器的电路原理图

这样就完成了微带型威尔金森功分器电路原理图的整体构建。

9.3.3　基板参数设置

（1）在微带面板中选择微带线参数设置控件 MSub（微带基板），插入电路原理图中。

（2）双击原理图中的"MSub"控件，然后在弹出的对话框中设置参数，如图 9-9 所示。

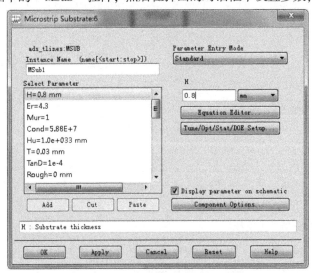

图 9-9　微带线参数设置控件对话框

> ➢ H = 0.8mm，表示微带线介质基片厚度为 0.8mm。
> ➢ Er = 4.3，表示微带线介质基片的相对介电常数为 4.3。
> ➢ Mur = 1，表示微带线介质基片的相对磁导率为 1。
> ➢ Cond = 5.88E + 7，表示微带线金属片的电导率为 5.88E + 7。
> ➢ Hu = 1.0e + 33mm，表示微带电路的封装高度为 1.0e + 33mm。
> ➢ T = 0.03mm，表示微带线金属片的厚度为 0.03mm。
> ➢ TanD = 1e - 4，表示微带线的损耗角正切为 1e - 4。
> ➢ Rough = 0mm，表示微带线的表面粗糙度为 0mm。

由功分器的理论分析可知，输入/输出端口微带线的特性阻抗为 50Ω，四分之一波长微带线的特性阻抗为 70.7Ω。

（3）在原理图设计窗口的菜单栏中执行菜单命令【Tools】 → 【LineCalc】 → 【Start LineCalc】，弹出如图 9-10 所示的 "LineCalc" 窗口。在 "Substrate Parameters" 栏中填入如图 9-9 所示的 MSub 控件的基本参数。在 "Componet Parameters" 栏的 "Freq" 项中输入功分器的中心频率为 1GHz。在 "Electrical" 栏的传输线特性阻抗 "Z0" 项中输入 50Ω，单击 ▲ 图标就可以在 "Physical" 栏的传输线宽度 "W" 项中得到 1.521330mm 的线宽，如图 9-10 所示。

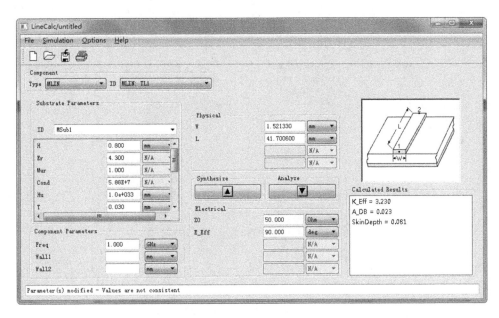

图 9-10　微带线计算工具 "LineCalc"

（4）在传输线特性阻抗 "Z0" 项中输入 70.7Ω，并在 "E_Eff" 项中输入 90deg（四分之一波长），单击 ▲ 图标得到 "Physical" 栏 的 "W" 项 为 0.788886mm，"L" 项 为 42.897100mm（约为四分之一波长）。

（5）计算出功分器各段微带线的理论尺寸后，为便于参数优化的需要，在原理图插入 "VAR" 控件。单击工具栏中的 图标，然后在原理图中单击插入的 "VAR" 控件。

（6）双击 "VAR" 控件，弹出参数设置窗口，分别将 "w1、w2、l" 设置为变量，根据

前面 "LineCalc" 的计算结果，设置 "w1 = 1.52"、"w2 = 0.79"、"l = 10"（此处不设单位，在设置每段微带线时另行设定）。

（7）完成 "VAR" 参量的输入后，依次双击原理图中功分器的各段微带线，并设置微带线的宽度 W 与长度 L，单位为 mm。具体的变量设置如图 9–11 和图 9–12 所示。

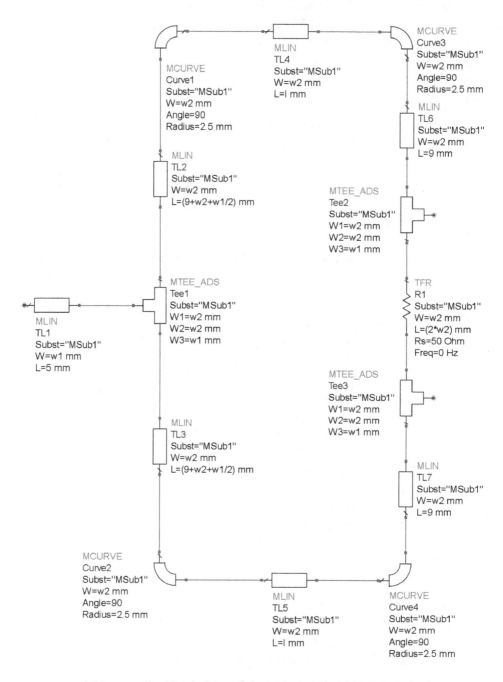

图 9–11   输入端口电路与四分之一波长电路处的微带参数设置

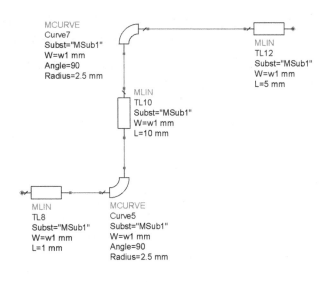

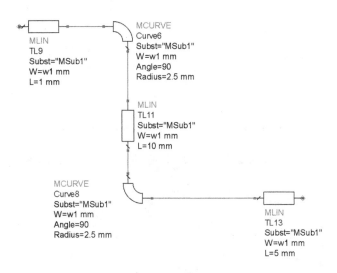

图 9–12 输出端口电路处的微带参数设置

9.3.4 功分器原理图仿真

完成原理图的设计后，就可以进行电路 S 参数的仿真了，具体步骤如下。

（1）在原理图中添加并设置 S 参数扫描控件。选择 S 参数扫描控件 插入原理图中，双击原理图中的控件"SP"，根据功分器的指标设置扫描的频率范围和步长，"Start"为 0.9 GHz，"Stop"为 1.1 GHz，"Step – size"为 0.001 GHz。

（2）选择元器件"Term" 放置在功分器的 3 个端口上，用来定义端口 1、2 和 3，然后单击 图标，放置 3 个"地"与"Term"相连接，完成的电路图如图 9–13 所示。

（3）完成所有的连接和仿真参数设置以后，就可以对电路进行 S 参数的扫描了，单击工具栏中的 图标进行电路仿真。

（4）仿真完成后，会自动弹出数据显示窗口，再单击窗口左边的"Palette"工具栏中的矩形图 图标放入数据显示窗口，会自动弹出数据图的轨迹与属性窗口，如图 9-14 所示。分别将 S（1，1）、S（2，1）、S（2，2）、S（2，3）通过单击【Add】按钮添加到数据显示窗口，最终的 S 参数仿真结果如图 9-15 所示。

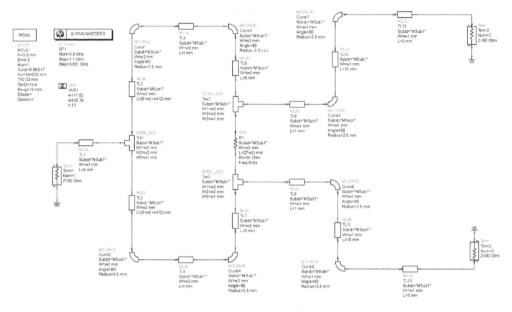

图 9-13　加入 S 参数元器件后的功分器整体原理图

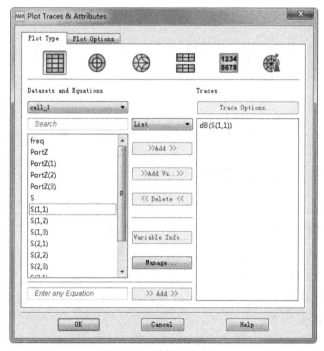

图 9-14　数据显示窗口

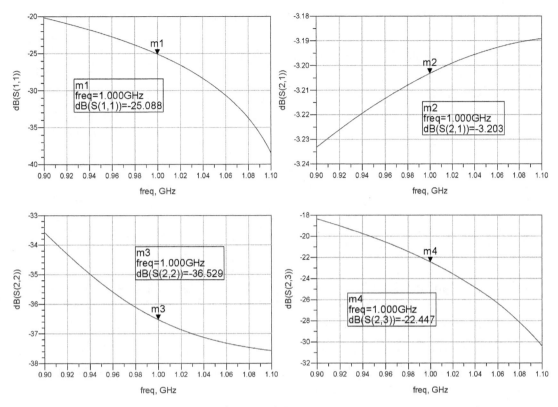

图 9-15　S 参数仿真结果图

从图 9-15 可知，两个输出端口间的隔离度（要求 $C_{23} > 25\text{dB}$）不满足设计要求，所以还需要对电路进行优化。

9.3.5　功分器电路参数的优化

打开 "equal_divider_norminal" 原理图窗口，执行菜单命令【File】→【Save As】，弹出 "Save Design As" 窗口，将原理图另存为 "equal_divider_optimization"。在 "equal_divider_optimization" 的原理图里对电路进行优化。

（1）双击 "VAR" 控件，弹出 "Varibles and Equations" 窗口，如图 9-16 所示。在 "Select Parameter" 栏中选择 w2。单击 "Tune/Opt/Stat/DOE Setup..." 按钮，弹出 "Setup" 窗口，然后选择窗口中的 "Optimization" 标签页。在 "Optimization Status" 栏中选择 "Enable"，在 "Type" 栏中选择 "Continuous"，在 "Format" 栏中选择 "min/max"，将 "Minimum Value" 和 "Maximum Value" 栏分别设置为 0.7 和 0.9，如图 9-17 所示。这样就完成了对参数 w2 的设置，单击【OK】按钮确定设置并关闭窗口。

（2）再用同样的方法设置参数 l，l 的优化范围设置为 5 ～ 20。

（3）设置完优化参数 w2 和 l，还需要选择优化方式和优化目标。从元器件面板列表中选择 "Optim/Stat/Yield/DOE" 元器件库。选择控件 "Optim"（优化设置）和控件 "Goal"（优化目标）插入原理图中。这里总共设置了 4 个优化目标，所以需要 4 个 Goal

控件，分别优化 S（1，1）、S（2，2）、S（2，1）和 S（2，3）。

图 9-16　"Varibles and Equations"窗口　　　图 9-17　"Optimization"窗口

由于电路的对称性，S（3，1）和 S（3，3）不用设置优化，S（1，1）和 S（2，2）分别用来设定输入/输出端口的反射系数，S（2，1）用来设定功分器通带内的衰减情况，S（2，3）用来设定两个输出端口的隔离度。

（4）双击控件"Optim"设置优化方法及优化次数，在"Optimization Type"栏中选择"Random"项，在"Number of iterations"栏中修改数字为 100。常用的优化方法有 Random（随机）和 Gradient（梯度）等。其中，随机法通常用于大范围搜索；梯度法则用于局部收敛。

（5）控件"Optim"设置完成后，再分别设置 4 个 Goal 控件。双击控件"Goal"，弹出参数设置窗口，根据等分威尔金森功分器的设计指标，对它的各个参数进行设置。

➤ 在"Expression"项中输入表达式"dB（S（1，1））"，表示优化的目标是端口 1 反射系数的 dB 值。

➤ 在"Analysis"项中输入"SP1"，表示针对 S 参数仿真 SP1 进行的优化。

➤ Weight 值采用默认，表示优化的几个目标没有主次之分。

➤ 单击"Indep. Vars"右边的【Edit】按钮，弹出"Edit Independent Variable"窗口。单击【Add Variable】按钮。

➤ 在左边的"IndepVar1"处，输入"freq"，将"IndepVar1"换成"freq"，用来限制优化目标的频率范围。

➤ 在"limit lines"下面的列表中，"Type"选择"<"，Max = -20，表示优化的目标是 dB（S（1，1））不超过 -20dB。

➤ Weight 值采用默认。

➤ "freq min = 0.9GHz"表示频率优化范围的最小值为 0.9GHz；"freq max = 1.1GHz"表示频率优化范围的最大值为 1.1GHz。

其余 3 个 Goal 控件的参数如图 9-18 所示，具体不再一一赘述。

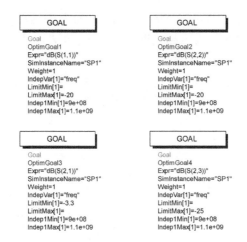

图 9-18 设置完成的 "Goal" 控件电路参数图

（6）加入优化元器件后的功分器原理图如图 9-19 所示，设置完优化目标后先单击保存按钮保存原理图，然后单击工具栏中的 图标，弹出 "Optimization Cockpit" 窗口，开始进行优化。

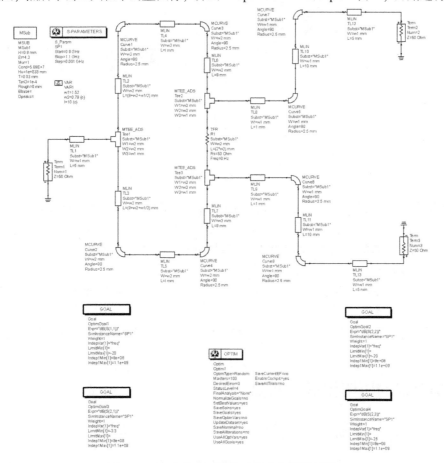

图 9-19 加入优化元器件后的功分器原理图

在优化过程中同时会打开另外一个状态窗口显示优化的结果。其中,"CurrentEF"表示与优化目标的偏差,数值越小,表示越接近优化目标,0 表示达到了优化目标。下面还列出了各优化变量的值。

当优化结束后,数据显示窗口会自动打开,最终的优化结果如图 9-20 所示。可见各项指标都满足了设计要求,并且指标在通带内相对比较平坦。

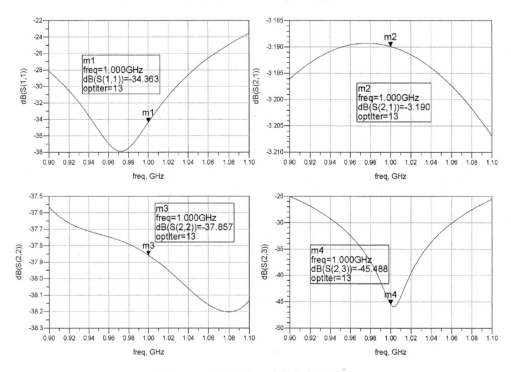

图 9-20　优化后的 S 参数仿真结果图

在优化完成后,需要单击"Optimization Cockpit"窗口菜单中的 `Update Design...` 按钮,弹出"Update Design"窗口,单击【OK】按钮关闭以保存优化后的变量值(在"VAR"控件上可以看到变量的当前值)。否则,优化后的值将不保存到原理图中。单击左下角的 `Close` 按钮,关闭"Optimization Cockpit"窗口。

如果一次优化不能满足设计指标的要求,则需要改变变量的取值范围,重新进行优化,直到满足设计要求为止。

这样就完成了等分威尔金森功分器的原理图设计、仿真及优化,并且达到了设计指标的要求。

9.4　功分器的版图生成与仿真

9.4.1　功分器版图的生成

在进行功分器版图的仿真之前,首先需要生成功分器的版图,具体的步骤如下。

(1) 单击工具栏中的失效工具"Deactivate or Activate Components" ⊠,然后单击原理图

中的用于 S 参数仿真的 "SP" 控件、3 个 "Term" 元件和 3 个 "地"，再单击原理图中用于优化的 "Optim" 控件和 4 个 "Goal" 元件。这些元件和控件被失效后，在进行版图生成时，它们就不会再出现在所生成的版图中了。

（2）确定所有无关的元件失效后，在菜单栏中执行菜单命令【Layout】→【Generate/Update Layout】，自动弹出一个设置窗口，这里应用它的默认设置，直接单击【OK】按钮。程序会自动弹出 "Status of Layout Generation" 窗口，窗口中显示了所生成版图中有效的元件数目等信息，如图 9-21 所示。将窗口中的内容与原理图比较，确认无误后单击【OK】按钮完成版图的生成。

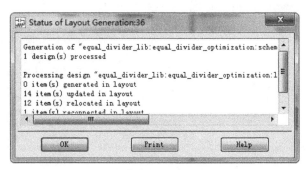

图 9-21　"Status of Layout Generation" 窗口

完成版图生成的过程后，程序会自动打开版图设计窗口，里面显示了刚刚生成的功分器版图，如图 9-22 所示。从图中可以看出，原理图中的各种传输线模型已经转化为版图中的实际微带线。

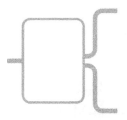

图 9-22　由原理图转换生成的功分器版图

微带线介质基片和金属片的基本参数对微带型威尔金森功分器的性能影响很大，在此必须设置版图中的微带线的基本参数。为了利用原理图的仿真结果，设置版图中的微带线参数与原理图中的 "MUSB" 控件里的参数一样。

（3）执行版图窗口中的菜单命令【EM】→【Substrate】，全部单击【OK】命令，弹出 "Substrate" 设置窗口。执行菜单命令【File】→【Import】→【Substrate From Schematic...】，弹出 "Add Substrate From Schematic" 窗口，在窗口中选择相对应的原理图就可以更新这些参数，这里选择 "equal_divider_optimization"，单击【OK】按钮，然后弹出 "equal_divider_optimization" 的 "Substrate" 设置窗口，可以在此窗口里进行叠层的设置（如图 9-23-a 所示）。鼠标左键单击选中不需要的导体，再单击右键，弹出 Unmap，右键单击 Unmap，单击【OK】按钮，去掉该层导体，最后叠层如图 9-23-b 所示。

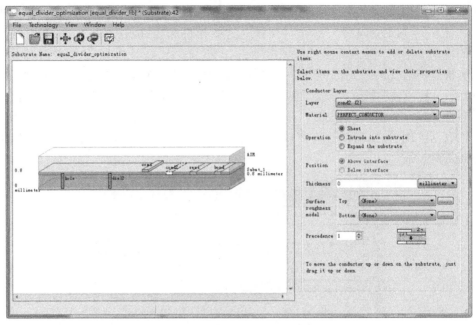

图 9-23-a   基片参数设置窗口

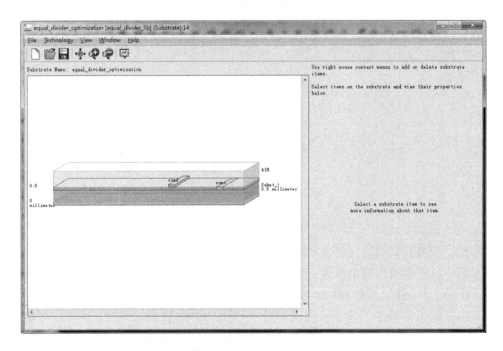

图 9-23-b   基片设置结果

（4）单击工具栏里的 图标保存设置。

设置完微带线的基本参数后，一个完整的微带型威尔金森功分器版图就形成了，接下来就对其进行 S 参数的仿真。

9.4.2 功分器版图的仿真

功分器的版图生成后，为观察功分器的性能，并能更好接近实际，需要在版图里再次进行 S 参数的仿真，具体的步骤如下。

（1）在版图设计窗口菜单栏中执行菜单命令【Insert】→【Pin】，在功分器版图中插入 3 个 "Pin"，调整 "Pin" 位置分别与端口 1、2 和 3 相连接，快捷键【Ctrl + r】可以旋转 "Pin" 方向。

（2）单击工具栏中的 图标，打开仿真控制窗口，选择 Gﬀﬀ Frequency plan ，如图 9-24 所示。在 "Type" 栏中选择 "Adaptive"，设置的起止频率与原理图中的相同，"Fstart" 为 0.9GHz，"Fstop" 为 1.1GHz。

（3）单击【Simulate】按钮进行仿真。仿真过程中会弹出状态窗口显示仿真的进程，整个仿真过程一般比较慢，需要数分钟，仿真结束后将会自动出现数据显示窗口，按【Ctrl + A】组合键全选中，按【Delete】键删除其自带模板，重新添加仿真结果，如图 9-25 所示，从图中可以看出，S 参数曲线都有不同程度的恶化。

图 9-24　版图仿真控制窗口

如果所生成的功分器版图的 S 参数结果不能满足设计指标的要求，则需要返回原理图中重新进行变量参数的优化，然后再按照上述步骤进行版图的生成与仿真，直到满足设计要求为止。

本章节例举了等分威尔金森功分器的设计与其 ADS 的仿真。非等分的威尔金森功分器的设计流程也类似本章节所述，只要通过9.2.1节的计算公式确定功分器各段特性阻抗，就能采用本章的设计步骤完成非等分威尔金森功分器的设计与仿真了。

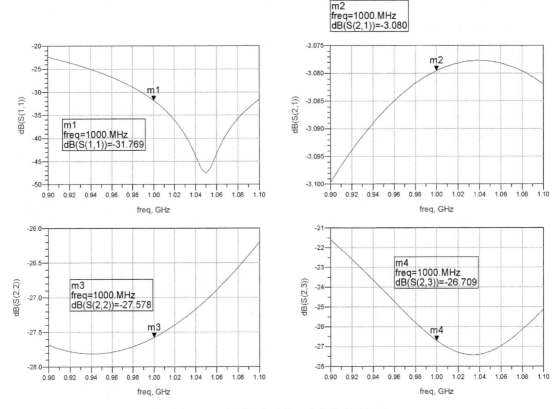

图 9-25　版图仿真后的 S 参数仿真结果图

9.5　定向耦合器技术基础

　　定向耦合器同功率分配器一样，也属于无源微波器件，通常为四端口器件，分为输入端口、直通端口、耦合端口和隔离端口。定向耦合器可以设计为任意功率分配比，被广泛应用于功率分配和功率合成。常用的定向耦合器有倍兹孔定向耦合器、分支线混合网络和 Lange 耦合器等。

　　普通的平行耦合微带线定向耦合器一般用于较弱的耦合情况（一般耦合系数小于 -10dB），本章节将要介绍的 Lange 耦合器（又称为交指耦合器）可以用于耦合较强的情况，通常设计为 3dB 耦合。Lange 耦合器不仅能有效地克服普通耦合线耦合器耦合时过于松散的缺点，而且具有一个倍频程或更宽的带宽。因此，Lange 耦合器在平衡放大器、功率分配器和平衡混频器中得到了广泛的应用。

　　本章节以常见的微带型 Lange 耦合器为例，在介绍其工作原理的基础上，利用 ADS 软件，对其具体的设计步骤和仿真流程进行详细描述。

9.5.1 基本工作原理

Lange 耦合器的结构如图 9-26 所示，输入端口①的输入功率一部分直接传送给直通端口②，另外一部分耦合到耦合端口③，在理想的定向耦合器中，没有功率传送到隔离端口④。Lange 耦合器的直通端口②与耦合端口③之间有 90° 的相位差，可见 Lange 耦合器是正交耦合器。Z_0 为输入/输出微带线的特性阻抗，W 为微带线的宽度，S 为微带线之间的间距，$\lambda/4$ 为工作带宽中心频点处的四分之一波长。

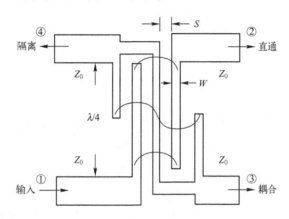

图 9-26　Lange 耦合器的结构

Lange 耦合器的耦合系数常用 C 表示，影响耦合系数 C 的参数如下。

➤ 线宽比率 W/H。

➤ 缝隙宽度比率 S/H。

➤ 基板介电常数 ε_r。

➤ 导体厚度比率 T/H。

➤ 频率。

上述 5 个参数的微小偏差会导致耦合器奇偶模阻抗的相应改变，从而在并联的耦合线数目 N 固定的情况下使耦合系数 C 和特性阻抗 Z_0 发生变化。缝隙宽度比率 S/H（H 为微带线基板的厚度）和导体厚度比率 T/H 的偏差对耦合系数 C 有较大影响，而其余 3 个参数的偏差对于耦合系数 C 的影响比较小，但对于特性阻抗 Z_0 的影响是不可忽略的。

9.5.2 定向耦合器的基本指标

定向耦合器的基本指标如下。

1. 耦合度

耦合端口③的输出功率 P_3 和输入端口①的输入功率 P_1 之比来计算，记作 C：

$$C = -10\log\left(\frac{P_3}{P_1}\right) = -20\log|S_{31}|$$

2. 隔离度

隔离端口④的输出功率 P_4 和输入端口①的输入功率 P_1 之比来计算，记作 I：

$$I = -10\log\left(\frac{P_4}{P_1}\right) = -20\log|S_{41}|$$

3. 定向度

隔离端口④的输出功率 P_4 和耦合端口③的输出功率 P3 之比来计算，记作 D：

$$D = -10\log\left(\frac{P_4}{P_3}\right) = -20\log\left|\frac{S_{41}}{S_{31}}\right|$$

4. 插入损耗

直通端口②的输出功率 P_2 和输入端口①的输入功率 P_1 之比来计算，记作 IL：

$$IL = -10\log\left(\frac{P_2}{P_1}\right) = -20\log|S_{21}|$$

5. 输入驻波比

端口②、③、④都接匹配负载时的输入端口①的驻波比，记作 ρ：

$$\rho = \frac{1 + |S_{11}|}{1 - |S_{11}|}$$

6. 工作带宽

定向耦合器的上述 C、I、D、ρ 等参数均满足要求时的工作频率范围。

9.6 定向耦合器的原理图设计、仿真与优化

9.5.1 小节以 Lange 耦合器为例介绍了定向耦合器的工作原理，本小节将使用 ADS 软件设计一个 3dB Lange 耦合器，并根据给定的指标对其性能参数进行优化仿真。

9.6.1 Lange 耦合器的设计指标

Lange 耦合器的设计指标如下。

➤ 频带范围：0～20GHz。
➤ 中心频点 f_o：12GHz。
➤ 在 8～16GHz 的倍频程内的输入驻波比：$\rho < 1.2$。
➤ 在中心频点 $f_o = 12$GHz 处的插损和耦合度：2.9dB $< IL = C < 3.1$dB。
➤ 在 8 ～ 16GHz 的倍频程内的定向度：$D > 17$dB。
➤ 在 8 ～ 16GHz 的倍频程内的隔离度：$I > 20$dB。

9.6.2 建立工程与设计原理图

1. 建立工程

（1）运行 ADS2011，弹出 ADS2011 主窗口。

（2）执行菜单命令【File】→【New】→【Workspace】，弹出"New Workspace Wizard"对话框。单击【Next】按钮，"Workspace Name"栏中输入工程名为"lange_coupler"工作路径默认。然后连续单击【Next】按钮，在 Technology 一页中，选择"Standard ADS Layers,

0.0001 mil layout resolution", 单击【Finish】按钮, 完成新建工程, 如图 9-27 所示。

（3）单击主窗口[[]]图标, 自动弹出 "New Schematic" 窗口, 将原理图名字 "cell_1" 改成 "lange_coupler_norminal", 单击【OK】按钮关闭 "New Schematic" 窗口。自动弹出原理图设计窗口和原理图设计向导, 在原理图设计向导中选择 "Cancel", 完成原理图设计窗口的建立。

Workspace Name
Choose a name and location for the new workspace.

Workspace name: lange_coupler_wrk

Create in: C:\Users\cad　　　　　　　　　　　　　　　　　Browse

The new workspace is:
　　　　　　C:\Users\cad\lange_coupler_wrk

Technology
Choose a technology for the new library for this workspace.

Standard ADS Layers, 0.0001 mil layout resolution
Standard ADS Layers, 0.0001 millimeter layout resolution
Standard ADS Layers, 0.001 micron layout resolution
Custom (Opens Technology dialog)

图 9-27　新工程窗口

2. 设计原理图

（1）在原理图设计窗口元器件面板列表中选择 "TLines – Microstrip", 打开微带元器件面板, 加入以下元器件。

➤ [图]: Mlang, 微带 Lange 耦合器。

➤ [图]: MSUB, 微带基片。

（2）在原理图设计窗口的菜单栏中执行菜单命令【Insert】→【Template】, 打开 "Insert Template" 选择窗口, 选择 "S_Params" 再单击【OK】按钮, 在原理图中插入 S 参数仿真模块。因为 Lange 耦合器是四端口结构, 插入 S 参数仿真模块后, 再复制两个 "Term" 和 "地" 元器件,（注意 4 个 "Term" 元器件的顺序）; 同时, 删除 "DisplayTemplate" 控件, 如图 9-28 所示放置。

（3）单击工具栏中的[图]图标, 把刚刚加入的各个元器件连接起来。

（4）在原理图设计窗口元器件面板列表中选择 "Simulation – S_Param", 插入 "MeasEqn" 元件[图], 再双击 "MeasEqn" 元件打开 "Simulation Measurement Equation" 窗口, 然后在 "Meas［Repeated］" 栏中输入 "Ratio = S（2, 1）/S（3, 1）", 如图 9-29 所示。完成后单击【OK】按钮关闭窗口。

（5）设计完成的微带 Lange 耦合器原理图如图 9-30 所示。其中, "Term1" 为输入端口, "Term2" 为直通端口, "Term3" 为耦合端口, "Term4" 为隔离端口, "Ratio" 用来在数据显示窗口中观察直通端口与耦合端口之间的相位差。

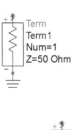

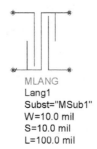

图 9-28　加入 S 参数仿真模块的 lange 耦合器原理图

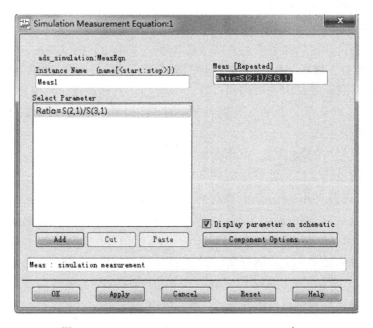

图 9-29　"Simulation Measurement Equation" 窗口

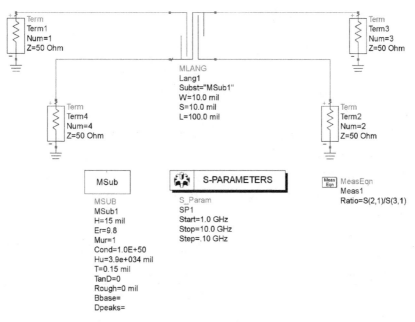

图 9-30 Lange 耦合器的 S 参数仿真原理图

9.6.3 微带的参数设置

本例选用氧化铝作为微带线的介质基板。微带线基本参数的设置在前文中已有详细介绍。双击原理图中的 "MSub" 控件，然后在 "Microstrip Substrate" 窗口中进行如图 9-31 所示设置参数。设置完成后单击【OK】按钮关闭窗口。

图 9-31 "MSub" 控件的参数设置

9.6.4　Lange 耦合器的参数设置

使用 $\varepsilon_r = 9.6$ 氧化铝基板制作 3dB Lange 耦合器时有如下的经验公式：

$$W/H = 0.107, S/H = 0.071, L = \lambda/4$$

其中，W 是微带线宽，S 为微带线之间的间距，H 为微带线基板的厚度，$\lambda/4$ 为工作带宽中心频点处的四分之一波长。

从 9.6.3 节中知道 $H = 15.0\text{mil}$，从而可以得出 $W = 1.605\text{mil}$，$S = 1.065\text{mil}$；而中心频点为 $f_0 = 12\text{GHz}$，所以 $L = 100\text{mil}$。

接下来在原理图中设置 Lange 耦合器的参数，双击原理图中的"Mlang"元件，在弹出的"Libra Microstrip Lange Coupler"窗口中如图 9-32 所示设置参数。设置完成后单击【OK】按钮关闭窗口。

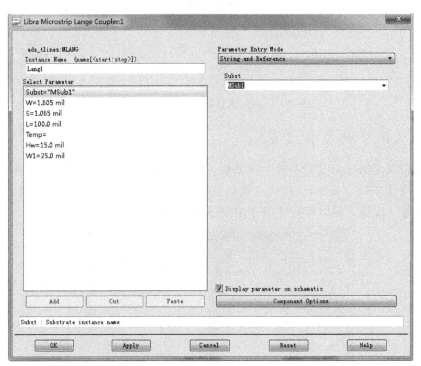

图 9-32　Lange 耦合器的参数设置

9.6.5　Lange 耦合器的原理图仿真

上面已经完成了 Lange 耦合器的原理图设计及参数设置，下面将对 Lange 耦合器进行 S 参数仿真。

前面的设计过程中已经加入了 S 参数仿真模块。所以，此处只需要设置原理图中"SP"控件的参数即可。参数设置和仿真的步骤如下。

（1）双击原理图设计窗口中的"SP"控件，打开"Scattering-Parameter Simulation"窗口，设置"Start"为 0.01GHz，"Stop"为 20GHz，"Step-size"为 0.01GHz。设置完成后

单击【OK】按钮关闭窗口，Lange 耦合器 S 参数仿真的整体原理图如图 9-33 所示。

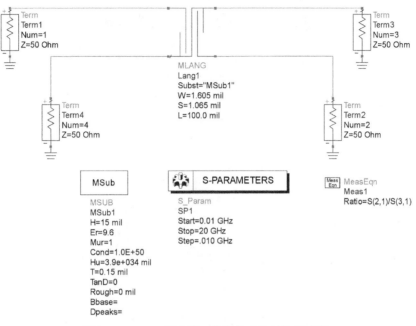

图 9-33 Lange 耦合器 S 参数仿真的整体原理图

（2）单击工具栏中的 图标开始仿真。

（3）仿真完成后，自动弹出数据显示窗口。单击 "Palette" 工具栏中的 "Eqn" 放入数据显示窗口，自动弹出 "Enter Equation" 窗口，设置参量 "swr"，如图 9-34 所示。设置完成后单击【OK】按钮关闭窗口。

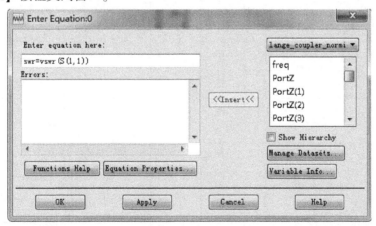

图 9-34 输入驻波比方程的设置

（4）单击窗口左边的 "Palette" 工具栏中 "Rectangular Plot" 放入数据显示窗口，在弹出的 "Plot Traces & Attributes" 窗口中单击 "Datasets and Equations" 栏中的下拉按钮选择 "Equations"，将步骤（3）中新建的参量 swr 通过【Add】按钮添加到 "Traces" 栏中，如图 9-35所示，设置完成后单击【OK】按钮关闭窗口，ADS 会自动弹出输入驻波比的参数图形。

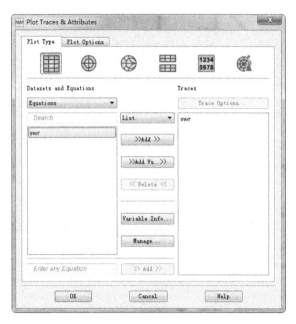

图9-35　swr在数据显示窗口的添加

（5）依次将 S（2，1）、S（3，1）和 S（4，1）通过单击【Add】按钮添加到数据显示窗口。S参数仿真结果如图9-36所示。

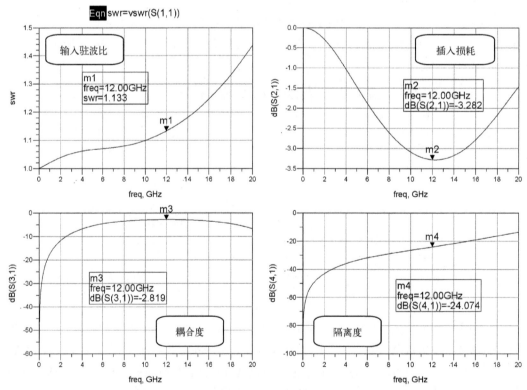

图9-36　S参数仿真结果

（6）单击"Palette"工具栏中的"Eqn"放入数据显示窗口，自动弹出"Enter Equation"窗口，设置变量"D"，用于定义定向度参数，如图 9-37 示。设置完成后单击【OK】按钮关闭窗口。按照第（4）步，将新建的变量"D"通过【Add】按钮添加到"Traces"栏中，生成的定向度参数图形如图 9-38 所示。

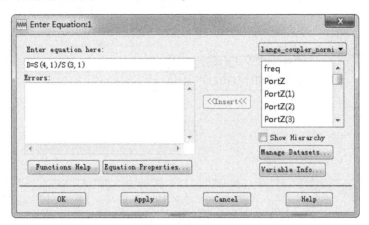

图 9-37　定向度参数设置

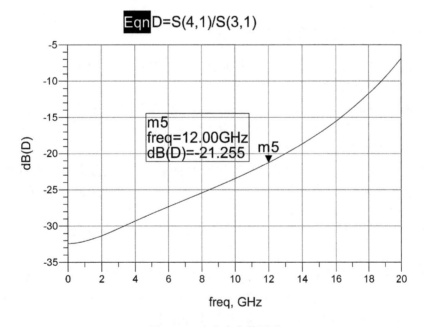

图 9-38　定向度参数图形

（7）单击"Palette"工具栏中"Rectangular Plot"放入数据显示窗口，在"Plot Traces & Attributes"窗口中将 Ratio 添加到"Traces"栏中，再在弹出的"Complex Date"窗口选择"Phase"，设置完成后单击【OK】按钮关闭窗口。生成的 Ratio 的相位参数图形如图 9-39 所示。

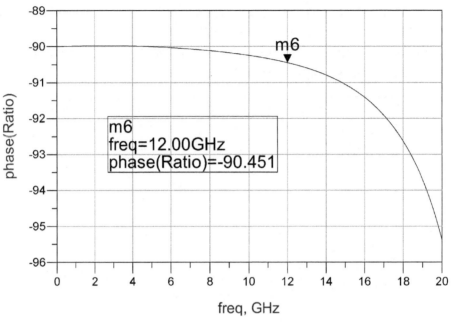

图 9-39　Ratio 的相位参数图形

9.6.6　Lange 耦合器的参数优化

从图 9-36 可以看出，采用经验公式仿真出来的结果并没有达到所要求的 3dB Lange 耦合器的指标，所以还需要对耦合器的参数进行优化。

打开 "lange_coupler_norminal" 原理图窗口，执行菜单命令【File】→【Save As】，弹出 "Save Design As" 窗口，将原理图另存为 "lange_coupler_optimization"。在 "lange_coupler_optimization" 的原理图里对电路进行优化。

通过 9.5.1 节的 Lange 耦合器的基本工作原理的介绍，已知微带线宽比率 W/H 和微带缝隙宽度比率 S/H 会对耦合系数 C 产生影响。在已经确定了微带的基本参量后，只能优化微带线宽 W 和微带线间距 S。

首先要进行优化参数的设置，在 "VAR" 控件中设定 W 和 S 这两个变量的范围，具体的优化步骤如下。

（1）单击工具栏中的【VAR】按钮，然后在原理图中单击插入 "VAR" 控件。

（2）双击 "VAR" 控件，弹出 "Varibles and Equations" 窗口，设置 "W = 1.605，S = 1.065"，如图 9-40 所示，设置完成后单击【Apply】按钮。

（3）在 "Select Parameter" 栏中先选中 W，再单击【Tune/Opt/Stat/DOE Setup】按钮，弹出 "Setup" 窗口，然后选择窗口中的 "Optimization" 选项卡。在 "Optimization Status" 栏中选择 "Enable"，在 "Type" 栏中选择 "Continuous"，在 "Format" 栏选择 "min/max"，将 "Minimum Value" 和 "Maximum Value" 栏分别设置为 0.8 和 2，如图 9-41 所示。这样就完成了对参数 "W" 的设置，单击【OK】按钮关闭窗口。

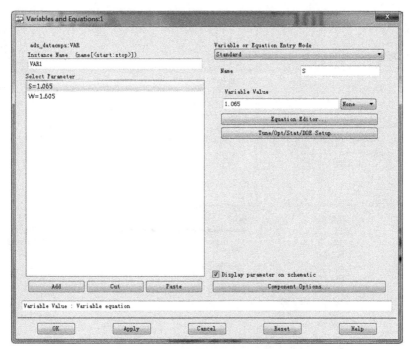

图 9-40 "W"和"S"的变量设置

图 9-41 "Optimization"窗口

（4）类似步骤（3），设置变量"S"的参数优化范围为 0.8 ～ 1.5。两个变量设置完成后在"Varibles and Equations"窗口中单击【OK】按钮返回原理图。

（5）双击原理图中的"Mlang"元件，修改元件中的"W"和"S"参数，使"W = W mil"、"S = S mil"，完成后的原理图如图 9-42 所示。

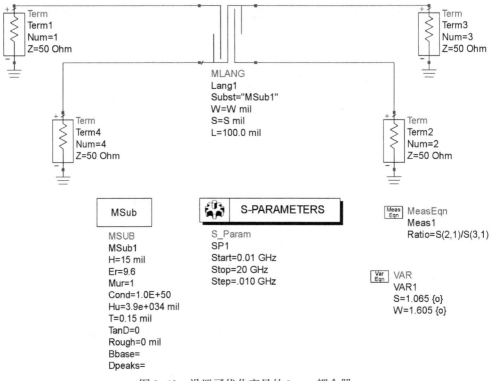

图9-42　设置了优化变量的 Lange 耦合器

设置完优化参数"W"和"S"，还需要选择优化方式和优化目标，具体步骤如下。

（1）在原理图窗口的元器件面板列表中选择"Optim/Stat/Yield/DOE"元器件库。

（2）选择控件"Optim"和控件"Goal"插入原理图中。这里总共设置了3个优化目标，所以需要3个"Goal"控件，分别优化 S（2，1）、S（3，1）和 S（4，1）。

（3）双击控件"Optim"设置优化方法及优化次数，在"Optimization Type"栏中选择"Random"项，在"Number of iterations"栏中修改数字为100。常用的优化方法有 Random（随机）和 Gradient（梯度）等。其中，随机法通常用于大范围搜索，梯度法则用于局部收敛。

（4）控件"Optim"设置完成后，再分别设置3个"Goal"控件。双击控件"Goal"，弹出参数设置窗口，根据9.6.1节中 Lange 耦合器的设计指标，按照以下内容对它的各个参数进行设置。

➤ 在"Expression"项中输入表达式"dB（S（2，1））"，表示优化插入损耗。

➤ 在"Analysis"项中输入"SP1"，表示针对 S 参数仿真 SP1 进行的优化。

➤ Weight 值采用默认，表示优化的几个目标没有主次之分。

➤ 单击"Indep. Vars"右边的【Edit】铵钮，弹出"Edit Independent Variable"窗口。单击【Add Variable】按钮，

➤ 在左边的"IndepVar1"处，输入"freq"，将"IndepVar1"换成"freq"，用来限制优化目标的频率范围。

➤ 在"limit lines"下面的列表中，"Type"选择"="，Min = − 3（Max 自动等于 − 3），表示优化的目标是 dB（S（2，1））等于 − 3dB。

➤ Weight 值采用默认。

➤ "freq min = 12GHz，freq max = 12 GHz" 表示只优化频率为 12GHz 的 dB（（S2，1））。

其余 2 个 "Goal" 控件的参数如图 9-43 所示，具体不再一一赘述。

图 9-43 设置完成的 "Goal" 控件电路参数图

（5）加入优化元器件后的 Lange 耦合器原理图如图 9-44 所示，设置完优化目标后先单击保存按钮保存原理图，然后单击工具栏中的 图标，弹出 "Optimization Cockpit" 窗口，开始进行优化。

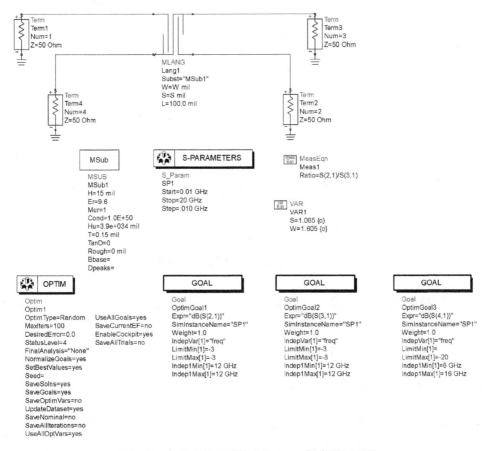

图 9-44 加入优化元器件后的 Lange 耦合器原理图

在优化过程中会打开一个状态窗口显示优化的结果。其中，"CurrentEF" 表示与优化目标的偏差，数值越小，表示越接近优化目标，0 表示达到了优化目标。下面还列出了各优化变量的值。

当优化结束后，数据显示窗口会自动打开，最终的优化结果如图 9-45 所示，从图中可见各项指标都满足了设计要求。

在优化完成后，需要单击"Optimization Cockpit"窗口菜单中的 Update Design 按钮，弹出"Update Design"窗口，单击【OK】按钮关闭以保存优化后的变量值（在"VAR"控件上可以看到变量的当前值），否则优化后的值将不保存到原理图中。单击左下角的 Close 按钮，关闭"Optimization Cockpit"窗口。

如果一次优化不能满足设计指标的要求，则需要改变变量的取值范围，重新进行优化，直到满足设计要求为止。

这样就完成了 Lange 耦合器的原理图设计、仿真及优化，并且达到了设计指标的要求。

有兴趣的读者还可以通过改变 9.5.1 节中提到的导体厚度比率 T/H，验证此参量对耦合系数 C 的影响.

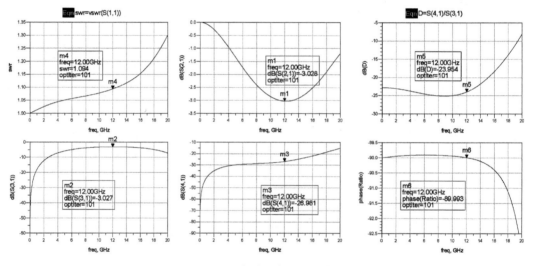

图 9-45　Lange 耦合器优化后的参数图形

9.7　功分器的版图生成与仿真

9.7.1　Lange 耦合器版图的生成

在进行 Lange 耦合器版图的仿真之前，首先需要生成 Lange 耦合器的版图，具体的步骤如下。

（1）单击工具栏中的失效工具"Deactivate or Activate Components" ，然后单击原理图中的用于"S"参数仿真的"SP"控件、3 个"Term"元件和 3 个"地"，再单击原理图中用于优化的"Optim"控件和 4 个"Goal"元件。这些元件和控件被失效后，在进行版图生成时，它们就不会再出现在所生成的版图中了。

（2）确定所有无关的元件失效后，在菜单栏中执行菜单命令【Layout】→【Generate/
Update Layout】，自动弹出一个设置窗口，这里应用它的默认设置，直接单击【OK】按钮。
程序会自动弹出"Status of Layout Generation"窗口，窗口中显示了所生成版图中有效的元件
数目等信息，如图9-46所示。将窗口中的内容与原理图比较，确认无误后单击【OK】按
钮完成版图的生成。

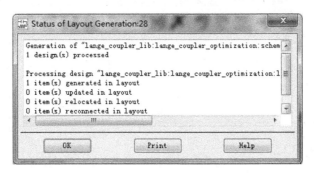

图 9-46　"Status of Layout Generation"窗口

完成版图生成的过程后，程序会自动打开版图设计窗口，里面显示了刚刚生成的 Lange
耦合器版图，如图9-47所示。从图中可以看出，原理图中的各种传输线模型已经转化为版
图中的实际微带线。

图 9-47　由原理图转换生成的 Lange 耦合器版图

微带线介质基片和金属片的基本参数对微带型 Lange 耦合器的性能影响很大，在此必须
设置版图中的微带线的基本参数。为了利用原理图的仿真结果，设置版图中的微带线参数与
原理图中的"MUsb"控件里的参数一样。

（3）执行版图窗口中的菜单命令【EM】→【Substrate】，全部单击【OK】按钮，弹出
"Substrate"设置窗口。执行菜单命令【File】→【Import】→【Substrate From
Schematic...】，弹出"Add Substrate From Schematic"窗口，在窗口中选择相对应的原理图

就可以更新这些参数，这里选择"lange_coupler_optimization"，单击【OK】按钮，然后弹出"lange_coupler_optimization"的"Substrate"设置窗口，可以在此窗口里进行叠层的设置（如图9-48-a所示）。鼠标左键单击选中不需要的导体，再单击右键，弹出 Unmap ，左键单击 Unmap，单击【OK】按钮，去掉该层导体，最后叠层如图9-48-b所示。

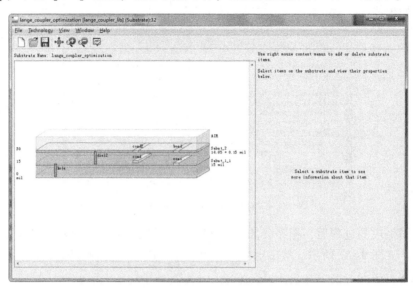

图 9-48-a　基片参数设置窗口

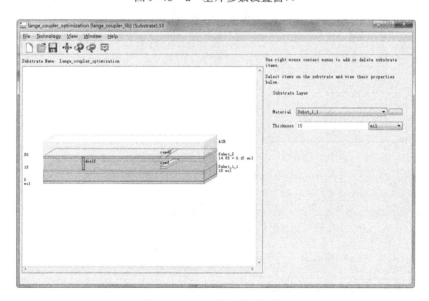

图 9-48-b　基片设置结果

9.7.2　Lange 耦合器版图仿真

Lange 耦合器的版图生成后，为观察耦合器的性能，并能更好接近实际，需要在版图里再次进行"S"参数的仿真，具体步骤如下。

（1）在版图设计窗口菜单栏中执行菜单命令【Insert】→【Pin】，在耦合器版图中插入 4 个"Pin"，快捷键【Ctrl + r】可以旋转"Pin"方向。Lange 耦合器版图端口的设置如图 9-49 所示。

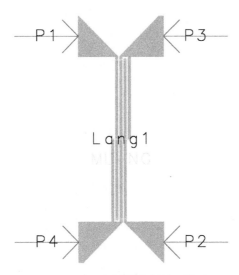

图 9-49　Lange 耦合器版图端口的设置

（2）单击工具栏中的 EM 图标，打开仿真控制窗口，选择 Substrate，在右边的下拉框选择"lange_coupler_lib: lange_coupler_optimization"；再选择 GHz Frequency plan。如图 9-50 所示。"Type"栏中选择"Adaptive"，设置的起止频率与原理图中相同，"Fstart"为 0.01GHz，"Fstop"为 20GHz。

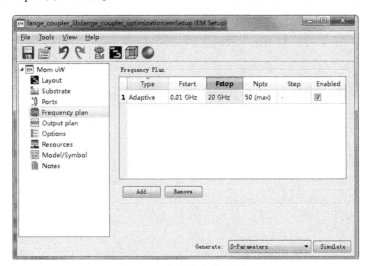

图 9-50　版图仿真控制窗口

（3）单击【Simulate】按钮进行仿真。仿真过程中会弹出状态窗口显示仿真的进程，整个仿真过程一般比较慢，需要数分钟，仿真结束后将会自动出现数据显示窗口，按【Ctrl + A】组合键全选中，按【Delete】键删除其自带模板，重新添加仿真结果，数据显示窗口中再定义一个 Ratio 的 equation。如图 9–51 所示，从图中可以看出，S 参数曲线都有不同程度的恶化。

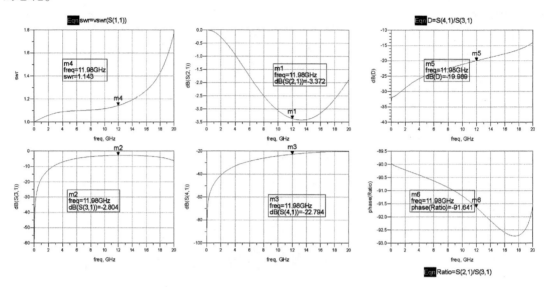

图 9–51　Lange 耦合器版图仿真后的参数图形

如果所生成的 Lange 耦合器版图的 S 参数结果不能满足设计指标的要求，则需要返回原理图中重新进行变量参数的优化，再按照上述步骤进行版图的生成与仿真，直到满足设计要求为止。这样就完成了 Lange 耦合器版图的生成与仿真。

本章节例举了 Lange 耦合器的设计与其 ADS 的仿真。其他类型微带定向耦合器的 ADS 仿真一般都可以参考本章的步骤流程进行仿真。

第10章 射频控制电路设计

射频控制电路主要用于控制通信电路中 RF 信号的幅度、相位和信号的导通、截止等。本章将主要介绍衰减器、移相器的 ADS 仿真。

10.1 衰减器的设计

10.1.1 衰减器基础

衰减器通常接在信号源与负载之间，用于衰减信号源的电压，以防止负载电路过载，也可以用来完成电路系统的阻抗匹配等。衰减量通常用分贝表示。衰减器分为无源衰减器和有源衰减器。其中，无源衰减器只由纯电阻构成，根据电阻的排列形式又分为"T"形、"π"形和桥式"T"形衰减器等（图 10-1）；有源衰减器又有宽带有源和窄带有源之分。由于无源衰减器结构较简单，本章只给出有源衰减器的 ADS 仿真实例。

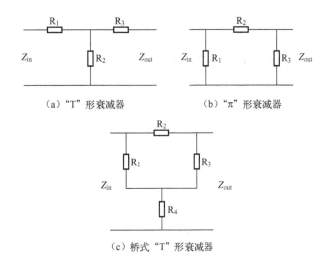

（a）"T"形衰减器　　　　（b）"π"形衰减器

（c）桥式"T"形衰减器

图 10-1　各种无源衰减器的基本结构

10.1.2 有源衰减器的设计及仿真

对于有源衰减器，采用桥式"T"形结构。要实现有源，首先要在图 10-1（c）的结构上增加偏置电路。完整的有源桥式"T"形衰减器的结构如图 10-2 所示。VD1 和

VD2 轮流导通，当 VD1 导通、VD2 截止时，电路呈现较低的插入损耗，即低衰减状态；相反，当 VD1 截止、VD2 导通时，电路呈现较高的插入损耗，即高衰减状态。这样，就可以通过调节两个二极管上的偏压实现调节电路衰减量的功能。

本节将给出一个衰减量可调的有源衰减器的 ADS 仿真实例，具体指标要求如下。

➤ 工作频带为 1 ～ 2GHz。

➤ 低衰减时频带内的衰减小于 1.1dB，且 1.4GHz 处的衰减小于 0.8dB。

➤ 高衰减时频带内的衰减大于 10dB，且 1.4GHz 处的衰减大于 12dB。

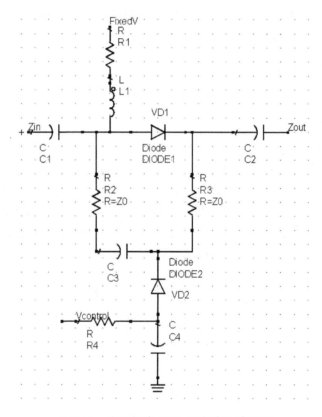

图 10-2　有源桥式 "T" 形衰减器原理图

下面就依据图 10-2 所示的原理图建立衰减量可调的有源衰减器的 ADS 模型并进行仿真。

其实，ADS 中有自带的 PIN 二极管模型，将参数填入即可，并且可以电压控制，为了展示 ADS 建立模型的过程，将手动搭建一个 PIN 二极管模型。

（1）新建 Cell，命名为 "Diode" 工程。

（2）新建原理图并创建所需的 PIN 二极管电路模型。

① 在原理图设计窗口中的 "Lumped - Components" 元器件面板列表中选择电感、电容、电阻添加到原理图中，各元器件值的设置和连接如图 10-3 所示。

② 添加一个 Var 控件，并双击 VAR 添加变量 "Rj = 80/（I^0.9）"。

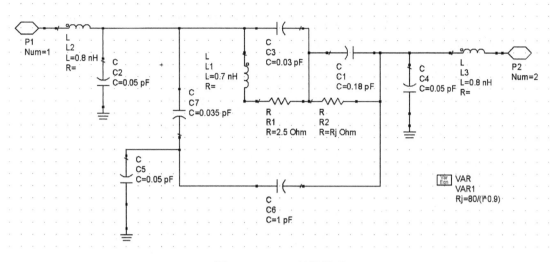

图 10-3　PIN 二极管模型

③ 按照要求画好原理图，保持并关闭原理图。

④ 在"Attenuator"上单击鼠标右键，选择建立新封装"New Symbol"，如果 10 - 4 所示。

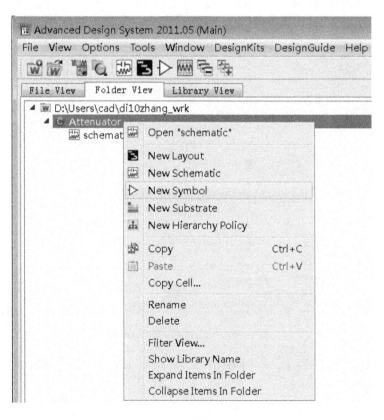

图 10-4　新建模型

⑤ 弹出"Symbol"设置对话框,选择 PIN 二极管图形,如果 10-5 所示。单击【OK】按钮,生成二极管图形,如图 10-6 所示。

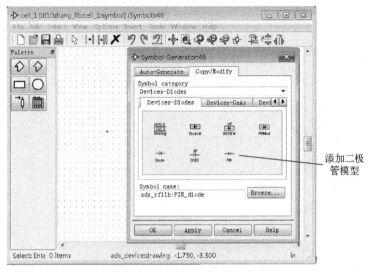

添加二极管模型

图 10-5　选择模型图形

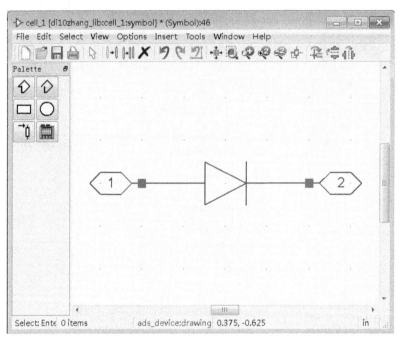

图 10-6　完成后的器件 Symbol

⑥ 执行菜单命令【File】→【Design Parameters...】,对模型的参数进行设置,如图 10-7所示。

需要设置的有"Component Instance Name:D",添加模型参数 I,预设值为 100。在"Parameter Name"框中输入"I","Default Value"框中输入"100",单击【Add】按钮,

将参数添加到内建模型中。最后选中"Display parameter on schematic"框，显示出变量值，单击【OK】按钮关闭对话框，最后单击【OK】按钮保存原理图并命名为二极管模型创建完毕，在后面的电路中就可以直接调用了。

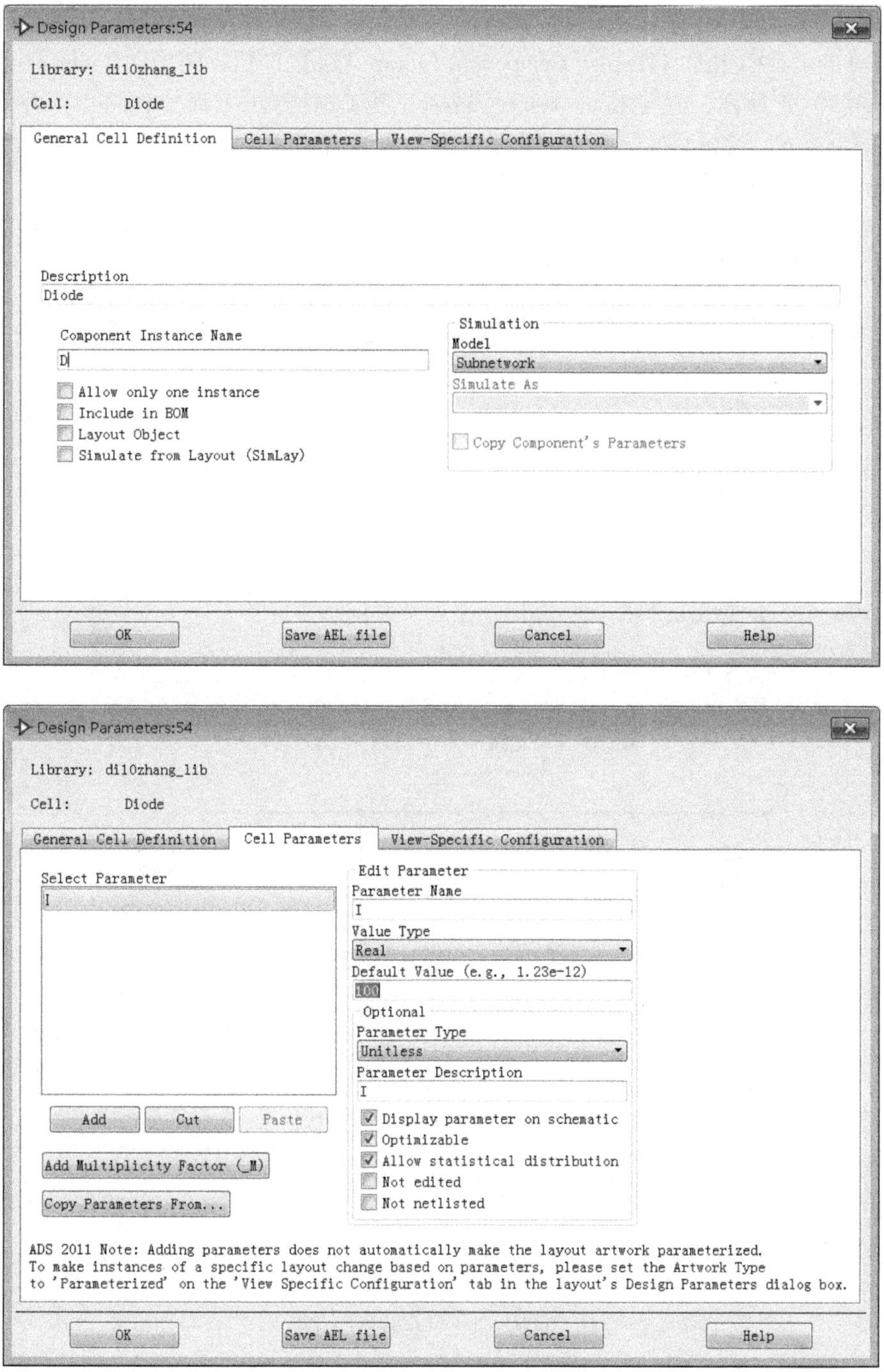

图 10-7　设置 Symbol 变量

（3）创建仿真原理图。

① 新建 Cell，并命为"Attenuator"。

② 在【Simulation – S_Param】元器件面板列表中选择 S 参数仿真控制器和 Term 端口，将它们添加到原理图中，并设置起始扫描频率为 1 GHz，终止频率为 2 GHz，步长为 2 MHz。

（4）单击工具栏中的【Display Component Library List】按钮，弹出"Component Library"窗口，如图 10-8 所示，在"Component Library"窗口中选择工程"Diode"，并右键单击"Place Component"，移动鼠标到原理图设计窗口中，就可以插入二极管了，依次插入 D1、D2，并将 D1 的 I 值设为 0.01、D2 的 I 值设为 100。

（5）在原理图设计窗口的"Lumped – Components"元器件面板列表中选择电阻并插入到原理图中，R1、R2 的电阻值为 50Ω，如图 10-9 连接，假设此时二极管 D1 截止、D2 导通。

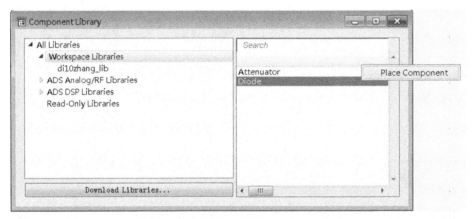

图 10-8　元器件库中添加 Symbol 器件

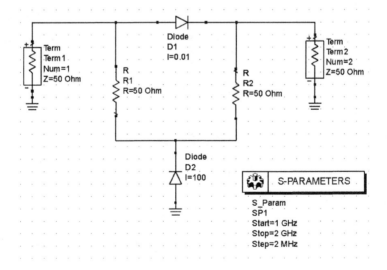

图 10-9　简化后衰减器原理图

（6）仿真并查看结果。

① 单击工具栏中的【Simulate】按钮进行仿真，仿真结束后，系统自动弹出数据显示窗

口，在数据显示窗口中选择矩形图并插入到图形显示区域中，添加变量 S（2，1），选择单位为 dB，单击【OK】按钮确定后，在图形显示窗口就出现 S（2，1）随频率的变化曲线，添加一个 Marker 并拖动到 1.4GHz 处，从图 10-10（a）中可明显看出 S（2，1）为 -12.877dB，说明此时衰减器衰减较大，整个频带内的衰减大于 10dB，满足指标要求。

② 若将图 10-9 中的 D1 和 D2 中的 I 数值对调，即假设 D1 导通、D2 截止，令 D1 中的 "I = 100"、D2 中的 "I = 0.01"。

③ 再次进行仿真，其仿真结果如图 10-10（b）所示。从图中不难看出，此时衰减较小，整个频带内的衰减小于 1.1dB，1.4GHz 处 S（2，1）= -0.707dB，满足指标要求。

至此就已经完成了衰减量可调的有源衰减器的 ADS 仿真，仿真结果基本满足指标要求。

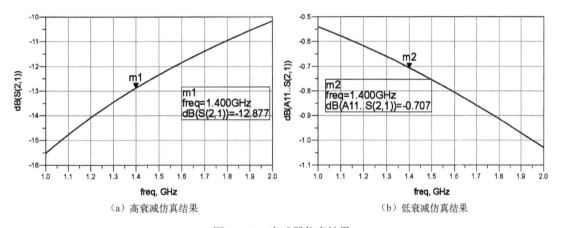

（a）高衰减仿真结果　　　　　　　　　（b）低衰减仿真结果

图 10-10　衰减器仿真结果

10.2　移相器的设计

10.2.1　移相器基础

移相器是广泛应用于微波通信、雷达和测量系统中的一种控制设备。它是一种二端口网络，用于提高输出和输入信号之间相位差，可由控制信号（直流偏置）来控制。

移相器的分类比较复杂，不同种类的移相器的工作原理也有很大差别。移相器是一种用来校正传输相位的微波组件，它一般被分为数字移相器和模拟移相器。数字型移相器其相位移差值只能通过一些预定的离散值进行改变；而模拟移相器，其相位差值可以通过相应的控制信号的连续变化以连续方式进行相位的改变。

数字移相器在相控阵天线系统得到了广泛应用。相位控制信号加到阵列的各个单元，使得辐射波束受控于电子扫描方向。在微波频段设计数字移相器有两种不同方法。第一种方法利用铁氧化磁性材料的可开关移相性能；另一种方法主要采用半导体或 MEMS 器件。一般来说，采用半导体或 MEMS 器件的移相器与铁氧体移相器相比更紧凑，具有更小的开关时间和较低的激励功率。

采用半导体器件的移相器又可以分为反射型和传输型。在反射型移相器中，其基本的设计单元是一端口网络，且其反射信号相移由控制信号产生变化。这种基本单端口移相器可用环流器，也可以用混合桥来变换成两端口控件。由于容易集成，混合电桥耦合的反射型移相器更为常用。至于一端口反射型移相器的设计，可以采用开关长度型和开关电抗型设计。对于传输型半导体移相器，其大致可以分为 3 类，即开关线型移相器、负载线型移相器和开关网络型移相器。

（1）开关线型移相器的设计，概念上最简单，开关线型移相器的基本构成如图 10-11 所示。两只单刀双掷（SPDT）开关用作信号通路，交替地经过两个中的一个。其中，Line length2 的电长度比 Line length1 长 X 度，那么如果在线间切换，将导致线间的相位偏移 $\Delta\varphi = \beta\,(l_2 - l_1)$。

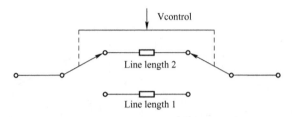

图 10-11　开关线型移相器

现在设计一个在 4GHz 处产生 22.5° 相位偏移的移相器，来进一步说明开关线型移相器的设计过程。

根据电磁理论的基本知识，$\beta = \dfrac{\omega}{v_{\mathrm{p}}}$，$v_{\mathrm{p}} = \dfrac{1}{\sqrt{\varepsilon_{\mathrm{eff}}}}$，因为 $\Delta\varphi = \beta(l_2 - l_1)$，所以 $\Delta l = \dfrac{\Delta\varphi}{\beta}$。要设计的移相器的相位偏移为 22.5°，换算成弧度为 0.3925，又因为 $\lambda_{\mathrm{air}} = \dfrac{c}{f} = 0.075\mathrm{m}$，$\lambda_{\mathrm{g}} = \dfrac{\lambda_{\mathrm{air}}}{\sqrt{\varepsilon_{\mathrm{eff}}}} = 0.0238\mathrm{m}$，$\beta = \dfrac{2\pi}{\lambda_{\mathrm{g}}}$。所以可以得到 $\Delta l = \dfrac{\Delta\varphi}{\beta} = \dfrac{\lambda_{\mathrm{g}} \cdot \Delta\varphi}{2\pi} = \dfrac{0.0238 \times 0.392}{2\pi} = 1.485 \times 10^{-3}\mathrm{m} = 1.485\mathrm{mm}$，即微带线 2 比微带线 1 长 1.485mm。

（2）负载线型移相器多用于相移量小于 45° 的设计中。这类移相器的工作原理为在微带线下加一个并联电抗（一个电感或者一个电容）使入射信号产生相移，如图 10-12 所示。

设计一个在 4GHz 相移为 22.5° 的移相器，由 $\Delta\varphi = -\tan^{-1}\left(\dfrac{b}{2}\right)$ 可得 $b = -2\tan\Delta\varphi$，所以 $b = -0.828$ 为感性电纳，将其归一化，则有 $0.8285 * 50\Omega = 41.4\Omega$。

$$L = \frac{x_l}{2\pi \cdot f} = \frac{41.4}{2\pi \cdot 4 \times 10^9} = 1.65\mathrm{nH}$$，而移相器的插入损耗为 10 $\log_{10}\left(1 + \dfrac{b^2}{4}\right)$ (dB)。

图 10-12　负载线型移相器

于是可得插入损耗为 $10\log_{10}\left(1 + \dfrac{-(0.8285)^2}{4}\right) = 0.68\mathrm{dB}$。

这类移相器的缺点在于，如果想要获得较大的相移，必须有较高的 b 值，这样就会增加插入损耗。经过计算得知，如果要获得 45°的相移，那么这时候插入损耗就有 3dB 之多。而且负载线型移相器的回波损耗特性也不十分理想。

（3）负载线型移相器的缺点在于，要想获得较大的相移，必须有较高的 b 值，这样插入损耗就会变坏，同时回波损耗特性也变得很糟糕。在电长度为 90°的传输线两端并联电纳负载可以使负载线型移相器的回波损耗得到显著改善，如图 10-13 所示。其中，等效均匀线的长度为 θ_e。设归一化电纳 $b = 0.2$，由电磁理论可得到如下公式：

$$\theta_e = \cos^{-1}(-b) \qquad Z_e = \frac{Z_o}{\sqrt{1 - b^2}} \qquad |b| < 1$$

于是可得

$$\cos\theta_{eon} = -b_{on} = -0.2\theta_{eon} \Rightarrow 101.5° \qquad \cos\theta_{eoff} = -b_{off} = 0.2\theta_{offn} \Rightarrow 78.46°$$

所以有

$$L = \frac{N}{\omega \cdot B} = \frac{50}{2\pi \cdot 4 \times 10^9 \cdot 0.2} = 9.9\text{nH} \qquad C = \frac{B}{2\pi f \cdot N} = \frac{0.2}{2\pi \cdot 4 \times 10^9 \cdot 50} = 0.159\text{pF}$$

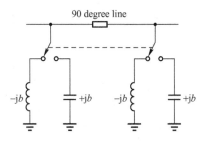

图 10-13 改进的负载线型移相器

10.2.2 移相器的 ADS 仿真

本节将给出一个改进的负载线型移相器的 ADS 仿真实例，具体指标要求如下。

➤ 工作频带为 3 ～ 5GHz，中心频率为 4GHz。

➤ 采用并联电容形式时，4GHz 处两端口间的相位差为 101°，且此时的 $S_{21} > -0.1\text{dB}$，$S_{11} < -30\text{dB}$。

➤ 采用并联电感形式时，4GHz 处两端口间的相位差为 78°，且此时的 $S_{21} > -0.1\text{dB}$，$S_{11} < -30\text{dB}$。

（1）新建 Cell，并命名为"Phaseshift"。

（2）新建原理图，并命名为"improved – switch – line – Phashi"。单击【OK】按钮。

（3）在原理图设计窗口中的"TLines – Microstrip"元器件面板列表中选择微带线"MLIN"和"MSub"并添加到原理图中，如图 10-14 所示。

（4）双击刚添加的"MSub"，按图 10-14 所示的设置微带基本参数。

（5）运行 LineCacl 工具计算电长度为 90°微带传输线的物理长度。

在原理图设计窗口中执行菜单命令【Tools】→【LineCacl】→【Start LineCacl】，自动弹出"LineCacl"窗口。选中"MLIN：MLIN_DEFAULT"，公共参数显示窗口包含了介质基片参数设置栏和元器件参数设置栏两部分。根据所用的介质参数经 LineCacl 计算得特性阻抗为 50Ω 的 90°微带线的宽度为 0.6mm，长度为 7.398mm（关于 LineCacl 工具，前面的章节已有详细的介绍，这里不做细讲，直接给出计算结果），如图 10-15 所示。

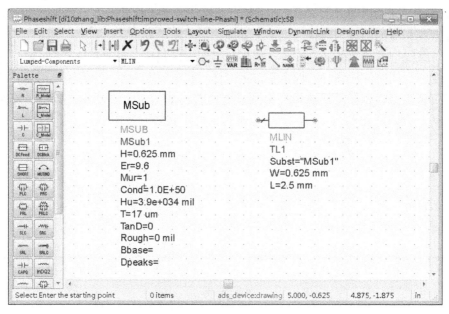

图 10-14　将"MLIN"和"MSUB"添加到原理图中

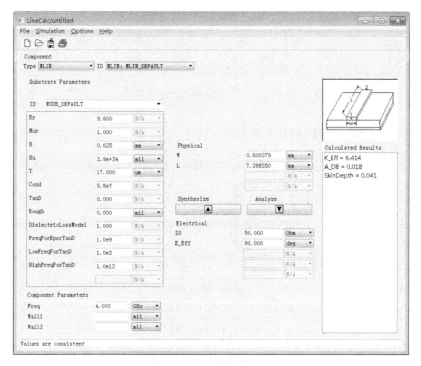

图 10-15　计算电长度为 90°的传输线

（6）按照计算的结果更改一般微带线 MLIN 的参数。

（7）在原理图设计窗口中的"Simulation – S_Param"元器件面板列表中选择 S 参数仿真控制器，设置起始频率为 3GHz，终止频率为 5GHz，扫描步长为 4MHz，并把两个 Term 端口添加到原理图中。

（8）在原理图设计窗口中的"Lumped－Components"元器件面板列表中选择两个电感 L 和两个电容 C，并添加到原理图中，单击工具栏中的 VAR 并添加变量"L"、"C"，分别赋值为 9.9 和 0.159，分别将电感、电容值修改为"L"、"C"，如图 10-16 连接起来。

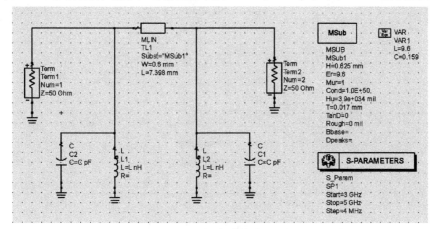

图 10-16　创建移相器原理图

（9）仿真并查看结果。

① 单击工具栏中的▨图标再依次单击电感 L1 和 L2，关掉电感，如图 10-17 所示。再单击工具栏中的【Simulate】按钮进行仿真。

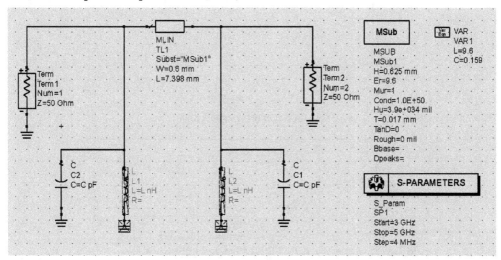

图 10-17　关掉电感 L1 和 L2

② 仿真结束后，系统自动弹出数据显示窗口，在数据显示窗口中选择矩形图并插入到图形显示区域中，添加变量 S（2，1），选择单位为 Phase，单击【OK】按钮确定后，在图形显示窗口就出现 S（2，1）的相位随频率的变化曲线，添加一个 Marker 并拖曳到 4GHz 处，可得此处的相移为 － 101.519°，依次查看，S(2,1)插入损耗非常小，S(1,1) = －33dB，满足指标要求，如图 10-18 所示。

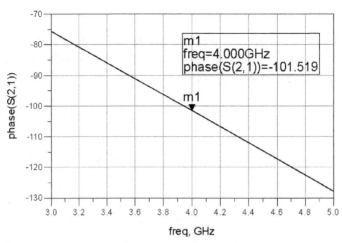

（a）负载线型移相器的相位特性

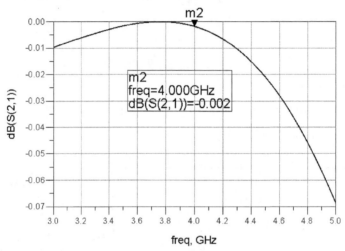

（b）负载线型移相器的插入损耗

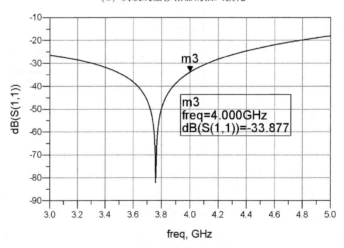

（c）负载线型移相器的回波损耗

图 10–18　仿真结果

（10）单击工具栏中的⊠图标再依次单击 L1、L2、C1、C2，关掉电容，打开电感，以切换到电感模式，如图 10-19 所示，再单击工具栏中的【Simulate】按钮进行仿真。

（11）仿真结束后，系统自动弹出数据显示窗口，在数据显示【窗口中】选择矩形图并插入到图形显示区域中，添加变量 S（2,1），选择单位为 Phase，单击【OK】按钮确定后，在图形显示窗口就出现 S（2,1）的相位随频率的变化曲线，添加一个 Marker 并拖曳到 4GHz 处，可得此处的相移为 -78°，依次查看：S（2,1）插入损耗非常小，S（1,1）为 -33dB，都满足指标要求，如图 10-20 所示。

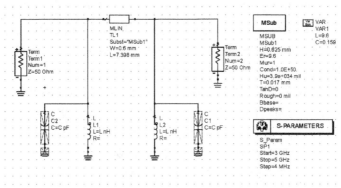

图 10-19　关掉电容打开电感

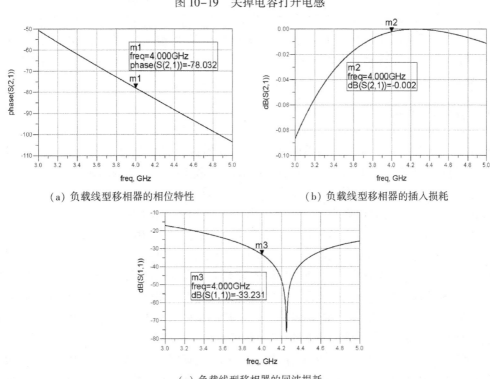

（a）负载线型移相器的相位特性　　　（b）负载线型移相器的插入损耗

（c）负载线型移相器的回波损耗

图 10-20　仿真结果

至此，就完成了改进的负载线型移相器的 ADS 仿真，仿真结果基本满足指标要求。

第11章 RFIC 电路设计

随着无线通信技术的飞速发展，射频集成电路得到广泛的关注，同时也大大增加了对低成本、低功耗、高性能通信集成电路的需求。随着 CMOS 工艺的发展，晶体管的截止频率 f_T 已经达到几十 GHz，这使得 CMOS 工艺实现单芯片集成成为可能。近几年来，CMOS RFIC 设计成为集成电路设计的热点。

在 RF 设计领域，集成化是大势所趋。随着技术的发展，RFIC 集成的内容越来越多，过去由板级电路完成的功能，现在都可以做到一块芯片里。很多 RFIC 包含了射频前端电路、数字存储电路、控制电路和其他非射频电路。RFIC 设计要求设计工程师具有 RF 领域独特的分析技术，以及 IC 设计领域的专业知识。设计工程师在设计 RFIC 电路时，往往要面对多种复杂的约束条件。电路类型、电路尺寸、工艺厂家的选择和设计风格都会影响到最终电路的性能。也就是说，RFIC 设计工程师设计的电路，具有不可预测性，很多时候要靠设计工程师的经验在多种方案中进行选择。更糟糕的是，RFIC 流片加工的时间很长，价格很高，两三次设计的流片结果不成功，很可能会使一个中等规模的设计公司倒闭。所以，在 RFIC 设计中，能够和实际流片结果基本吻合的仿真具有非常重要的意义。

11.1 RFIC 介绍

近年来，随着硅 CMOS 工艺的不断改进，MOS 器件的截止频率已完全能够满足多数现代无线通信应用要求（如 $0.13\mu m$ 工艺节点的 nMOS 截止频率可达 90GHz）。对一些要求不高的应用，如无线局域网（WLAN）射频前端收发器，CMOS 器件噪声性能等也能满足要求。目前 20GHz 以下的射频集成电路都可以用硅基 CMOS 技术来实现。

由于硅基 CMOS RFIC 工艺容易与模拟数字电路集成，所以 RFIC 今后的发展方向是片上系统，简称 SOC（System On Chip），也就是趋向于把 LNA、PA、滤波器、混频器、振荡器、控制电路、天线、基带数字信号处理、存储器等都集成在一块芯片里。这样便于大规模集成和生产，节约成本。各部分集成以后，能够使芯片内部走线做到很短，并降低功耗，最大程度上减少寄生效应，提高产品性能。但是，由于 CMOS 技术本身的缺陷，如很难得到大的驱动电流，使得分立的板级射频系统还将在相当长的时间内存在。

一般情况下，RF 电路仿真结果满足设计要求后，应用 IC 版图设计 EDA 软件（如 cadence 等）进行 IC 版图设计，然后提取版图寄生参数，将版图寄生参数加入版图，通过电磁仿真软件再进行仿真，验证结束后，导出版图网表交代工厂生产。常用 RFIC 电路设计流程如图 11-1 所示。其中，综合之前的流程可以用 ADS 软件来进行仿真和调试。

芯片版图设计完成后，将版图网表文件交给芯片加工厂商来加工制作，如联电、台积电、中芯国际等。图 11-2 所示加工完成的 8in 为硅片图。经过一系列的加工步骤后，芯片制作完成，然后进行划片、封装、测试。

现在的芯片设计大多数由没有自己芯片生产线的纯设计公司来完成，这些公司要使用 ADS 仿真，必须要芯片生产厂家提供 PDK（process design kit），PDK 是沟通 IC 设计公司、代工厂与 EDA 厂商的桥梁。这些设计工具 PDK 必须支持安捷伦的 ADS 软件。但是遗憾的是，很多芯片生产厂家不支持 ADS，由于历史原因，大多数芯片生产厂家支持 Candance。Candance 提供的模型库比 ADS 能够支持的选项多（例如，BSIM3v3 模型），所以导入 ADS 常常会有数据丢失，最终只能拿到一个近似的模型。所以，很多芯片设计者最终是使用 Candance 系列工具来设计芯片。但是，ADS 在系统仿真方面确实有很大的优点，所以 ADS 是设计射频芯片时候的强大辅助工具，是多数 RFIC 设计公司的必备软件。

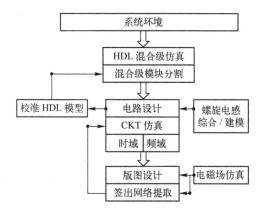

图 11-1　RFIC 设计常用流程

图 11-2　加工完成的 8in 硅片图

图 11-1 是一种比较常用的 RFIC 设计流程（仅供参考），主要的仿真设计步骤如下。

（1）系统环境指诸如 Cadence 或 Synopsys 的 EDA 设计环境。

（2）HDL（Hardware Description Language）混合级仿真采用比较高级语言的硬件描述语言（VHDL—AMS 和 verilog—AMS）进行数字模拟射频混合仿真。

（3）混合级模块划分把数字模拟功能模块进行划分。

（4）电路设计设计划分后的射频模块。

（5）CKT 仿真用 BSIM 模型（Berkeley Short－channel IGFET Model）进行仿真。

（6）时域、频域分析对设计的电路进行时域、频域分析。

（7）版图设计利用版图设计工具把所设计的电路转换为版图。

（8）签出网络提取指布局、布线后提取寄生的参数，然后把寄生参数代入电路再进行 CKT 仿真（后仿真）。

ADS 软件在从 HDL 混合级仿真到时域、频域分析步骤中都有重要的应用。本章的 ADS 例子主要是介绍电路设计、CKT 仿真和时域频域分析。

为使读者能够初步了解 RFIC 设计和仿真，本章将介绍一个基于 ADS 的 RFIC 前端电路设计的仿真实例。图 11-3 为 LNA 的内部局部电路图。

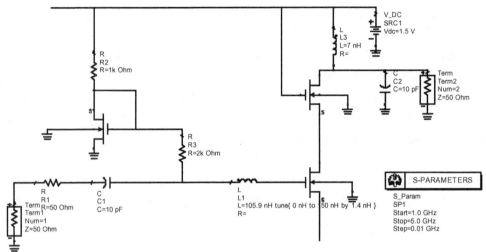

图 11-3 LNA 的内部局部电路图

11.2 共源共栅结构放大器理论分析

本节以 RFIC 常用的共源共栅结构放大器为例,说明 ADS 设计 RFIC 电路的流程。

共源共栅结构放大器如图 11-4 所示,在共源放大器 MOSFET1 的输出极(漏极)叠加一个管子 MOSFET3。其中,MOSFET3 的源极接在 MOSFET1 的漏极,而 MOSFET3 的栅极接地(本节的图 11-4 为加偏置电压 VBIAS,使 MOSFET3 饱和),MOSFET1 – MOSFET3 的输出为 MOSFET3 的漏极。本结构可以看成共源放大器 MOSFET1 和共栅放大器 MOSFET3 的串联。共源共栅结构可以减小 MOSFET1 的 Cgd1 的密勒效应,还可以提高共模抑制比(CMRR Common Mode Rejection Ratio)。共源共栅结构在低噪声放大器 IC 中有广泛的应用。

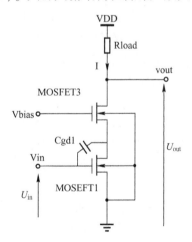

图 11-4 共源共栅结构放大器(Cascode Amplifier)

下面将简要论述共源共栅结构放大器的理论,为接下来 ADS 仿真提供理论依据。

根据密勒效应(Miller effect),输入电容的增长值为

$$C_{\mathrm{M}} = C(1 + A_{\mathrm{V}})$$

式中　A_{V}——放大器的电压放大倍数；

　　　C——反馈电容。

假设晶体管 MOSFET3 的源、漏极之间短接，则剩下的电路是一个共源放大器，其电压放大倍数为

$$A_{\mathrm{V}} = gm_1 . R_{\mathrm{LOAD}} \text{ 或者 } A_{\mathrm{V}} = \frac{gm_1}{g_{\mathrm{LOAD}}}$$

严格地说，$A_{\mathrm{V}} = \dfrac{gm_1}{go_{\mathrm{LOAD}} + go_1}$

其中，下标 1 表示是 MOSFET1 的参数，如下标是 2 表示是 MOSFET2 的参数。本章中公式的下标数字都可以照此理解。

当共源晶体管 MOSFET1 漏极连一个大阻抗 R_{LOAD} 时，密勒效应会发生。这种情况下，此大阻抗可视为负载，在较高的电阻值下，可视为有源负载。密勒效应会给 MOSFET1 引入一个并联电容，其值为 MOSFET1 的栅漏电容乘上电压放大倍数：

$$C_{\mathrm{gate-shunt}} = C_{\mathrm{gd1}}(1 + (gm_1 . R_{\mathrm{LOAD}}))$$

因此，对于给定的源阻抗 Rs 连到放大器输入端，3dB 频率截至点为

$$f_{\mathrm{3dB}} = \frac{1}{2\pi . Rs\left[C_{\mathrm{gs}} + C_{\mathrm{gd1}}(1 + (gm_1 . R_{\mathrm{LOAD}}))\right]}$$

如果负载中存在电容，则一个次高的频率截止点被引入：

$$f_{\mathrm{3dB}} = \frac{GO_{\mathrm{LOAD}}}{2\pi \cdot C_{\mathrm{LOAD}}}$$

如果 GO_{LOAD} 是有源的，则

$$f_{\mathrm{3dB}} = \frac{I_{\mathrm{D}}(\lambda_{M1} + \lambda_{M2})}{2\pi \cdot C_{\mathrm{LOAD}}} = \frac{1}{R_{\mathrm{LOAD}} \cdot 2\pi \cdot C_{\mathrm{LOAD}}}$$

器件 MOSFET1 是一个压控电流源，一个小的栅压可以产生一个大的漏电流 I_{ds}，通过 R_{LOAD}，从而产生一个大的输出电压 U_{o}，这是此结构具有电压放大作用的原因。所以，如果放一个低阻抗的电流缓冲器在 MOSFET1 和 R_{LOAD} 之间，就可以减小密勒效应。这就是 MOSFET3 被偏置到饱和状态的原因。从源端看进去的输入阻抗在这种情况下很低。

$$R_{\mathrm{IN}} = \frac{U_{\mathrm{IN}}}{I_{\mathrm{IN}}} = \frac{U_{\mathrm{gs}}}{gm_1 V_{\mathrm{gs}}} = \frac{1}{gm_1} = I_{\mathrm{D}}\lambda_{\mathrm{M3}}$$

对于一个典型器件：

$$I_{\mathrm{D}} = 100\mu\mathrm{A}, \lambda = 0.01, R_{\mathrm{IN}} = 1\mathrm{E}-6\Omega$$

一个典型的共源共栅结构放大器如图 11–5 所示。

这里晶体管 MOSFET3 作为低阻抗电流缓冲器，隔开了放大器 MOSFET1 和负载 MOSFET2。因此，此共源共栅结构放大器的增益大约为：

$$A_{\mathrm{V}} = \frac{gm_1}{go_2}$$

严格一些的定义为

$$A_V = \frac{gm_1}{go_2 + go_1}$$

所以

$$A_V = -\sqrt{\frac{K_{N1} \cdot W_1}{L_1 \cdot I_D \cdot \lambda_2}}, R_{OUT} \cong rds_3 = \frac{1}{I_D\lambda_3}$$

通过上面的介绍，读者对共源共栅放大器有了基本的了解，下面将对共源共栅放大器进行 ADS 仿真。

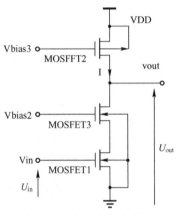

图 11-5　带有源负载的共源共栅结构放大器

在 IC 设计中，一般用晶体管来替代电阻，如图 11-5 所示，将用晶体管 MOSFET2 代替了图 11-4 中的电阻 R_{LOAD}。

图 11-5 是将要设计的电路，此共源共栅放大器电路由 3 个晶体管构成。其中，一个 PMOS（MOSFET2），两个 NMOS（MOSFET1、MOSFET3）。该集成电路共有 6 个引脚，分别是 vin、vout、VDD、gnd、Vbais2、Vbais3。

11.3　共源共栅放大器 IC 设计 ADS 实例

此电路设计将分为 3 个阶段，是一个从初步构想到参数逐渐改进和完善的过程。

11.3.1　共源共栅放大器 IC 设计目标一

第一阶段的设计目标参数如下。

$$W = L = 1\mu m,\ K_N = 220\mu A/V^2,\ K_P = 50\mu A/V^2,$$
$$\lambda = 0.05;\ U_T = 0.7V,\ I_D = 100\mu A。$$

其中，W、L 分别是晶体管的沟道宽度和长度，采用 $W = L = 1\mu m$ 是因为可以去掉沟道宽长比的影响，使问题得到简化，更多地反映出电路拓扑结构的功能和特点。但是，在实际的 RFIC 设计中，大部分工作是各晶体管沟道宽长比的设计；K_N、K_P 分别是 N 型晶体管和 P 型晶体管的电导系数；λ 是沟道长度调制系数，U_T 是阈值电压，I_D 是要求的工作电流。

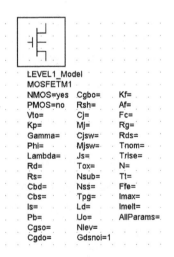

图 11-6　MOSFETM1 元件模型

下面将开始进行 ADS 设计步骤。

（1）打开 ADS2011，新建工程，并命名为"RFIC"。

（2）新建原理图并命名为"Cascode01"。

（3）选择元器件面板列表"Devices – MOS"，从元器件面板调出 MOS 器件模型"Level1" ▣ 放入原理图，如图 11-6 所示。"Level1"指 SPICE1 模型，是 SPICE 模型里较不精确的一种，实际工程中的仿真设计需要更精确的模型。此模型的参数为工艺参数，这些参数一般由半导体厂家提供，本文模型是根据 1 μm CMOS 的工艺得到的参数。

（4）双击器件模型 MOSFETM1 打开属性设置对话框，对模型参数进行设置。无需显示的参数，可以把 ☑ Display parameter on schematic 项勾选去掉，如图 11-7 所示，并单击【OK】按钮确认。

设置好 MOSFET 管的参数如图 11-8 所示。

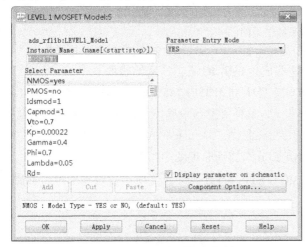

图 11-7　MOSFETM1 设置对话框

图 11-8　MOSFETM1 设置结果

MOSFETM1 模型参数的含义如下。

➤ MOSFETM1：晶体管模型的名字。

➤ NMOS = yes：指这个晶体管是 N 型晶体管。

➤ Vto：晶体管的阈值电压。

➤ Kp：晶体管的电导系数（K_N 或 K_P）。

➤ Gamma：体效应系数。

➤ Phi：$2\Phi_F$，Φ_F 是掺杂造成的费米能级与本征能级的差。

➤ Lambda：沟道长度调制系数 λ。

➤ Cgso：单位宽度的栅—源交叠电容。

➤ Cgdo：单位宽度的栅—漏交叠电容。

➤ Cgbo：单位宽度的栅—衬底交叠电容。

➤ Cj：单位面积的源/漏结电容。

➤ Mj：Cj 公式中的幂指数。

➤ Cjsw：单位长度的源/漏结侧壁电容。

➤ Mjsw：Cjsw 公式中的幂指数。

> Tox：栅氧厚度。

本文采用的工艺参数是根据 1μs CMOS 的工艺得到的，这些参数不是 IC 设计工程师随意设定的，IC 设计工程师只能改变沟道的长宽和晶体管的连接方式。

其中，根据设计要求 $K_N = 220\mu A/V^2$，$\lambda = 0.05$，$U_T = 0.7V$，这些要求只能通过选择不同的工艺来做到。

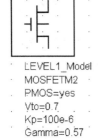

图 11-9　MOSFETM2
设置结果

（5）复制 MOSFETM1 器件，得到器件 MOSFETM2，并修改参数如图 11-9 所示。

可直接在屏幕上修改参数，注意和 MOSFETM1 不同的地方。

> 晶体管类型改为 PMOS = yes，代表此模型是 PMOS 晶体管的模型。

> Kp = $100\mu A/V^2$，比 NMOS 小的原因是 PMOS 的多数载流子是空穴，NMOS 的多数载流子是电子，电子的迁移率高于空穴大约两倍，所以 K_N 大约是 K_p 的两倍。

> 体效应系数 Gamma 改为 0.57，因为 PMOS 和 NMOS 的衬底掺杂不同，所以体效应系数也不同。

> Phi = 0.8，这是因为 NMOS 和 PMOS 的沟道掺杂不同造成的。

同样地，这些值也是由 IC 工艺厂家给定的。

定义的 MOSFETM1 和 MOSFETM2 是两个晶体管模型，还不是实体的晶体管器件。下面将要把这个晶体管模型进行实体化为器件。

（6）在面板列表选择"Devices – MOS"，面板中选择"NMOS"图标，将 MOFET1 添加到原理图中，如图 11-10 所示。

（7）双击 MOSFET1，打开属性设置窗口。设置参数，如图 11-11 所示。

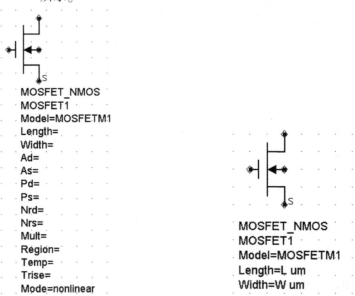

图 11-10　MOSFET1 器件　　图 11-11　MOSFET1 元件设置结果

> Model = MOSFETM1，说明这个 NMOS 管使用 MOSFETM1 模型，前面已经对 MOSFETM1 的参数都进行了赋值。

> ➤ Length = L um 指这个晶体管的沟道长度是 L um。
> ➤ Width = W um 指这个晶体管的沟道宽度是 W um。

（8）同样方法得到实体化器件 MOSFET2、MOSFET3。其中，MOSFET2 的晶体管为 P 型 MOS 管，MOSFET3 为是 N 型 MOS 管。它们的沟道长度和宽度与 MOSFET1 一致。

（9）如图 11-12 所示连接 3 个管子。按【F5】键，再左键单击器件，可移动器件上的文字标注。

（10）从元器件面板 "Sources – Freq Domain" 中将 "V_DC" 和 "V_AC" 电源添加到原理图中，如图 11-12 所示，对于 SRC4 交流信号源，其中，Vdc = VGS1 为输入的直流分量，Vac = 1V 为输入的交流分量。

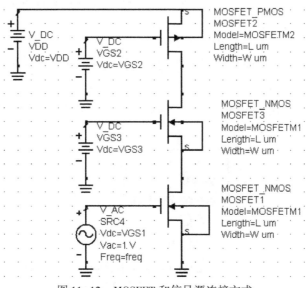

图 11-12　MOSFET 和信号源连接方式

至此，引入了 VGS1、VGS2、VGS3、W、L 和 VDD 共 6 个参数，这些参数需要在后面进行赋值。

（11）将 Var 变量添加到原理图中，变量设置结果如图 11-13 所示。

这一步给模拟参数进行了赋值。其中，"L = W = 1 um" 是设计的要求，"VDD = 5V" 是要求的工作电压。

VGS1、VGS2、VGS3 的计算如下。

因为设计要保证有 $I_D = 100\mu A$ 的电流，可以根据此电流计算出合适的 NMOS 晶体管的栅电压。

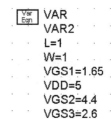

图 11-13　变量设置结果

由 $I_D = \dfrac{1}{2}\mu_n C_{ox}\dfrac{W}{L}(U_{gs} - U_T)^2 = \dfrac{1}{2}K_N\dfrac{W}{L}(U_{gs} - U_T)^2$，所以当 $I_D = I_{REF} = 100\mu A$ 时，

$$U_{gs} = U_T + \sqrt{\dfrac{I_{REF}}{\dfrac{1}{2}K_N}} = 0.7 + \sqrt{\dfrac{100E^{-6}}{110E^{-6}}} = 1.65V$$

过阈值电压为

$$U_{SAT} = U_{gs} - U_T = 1.65 - 0.7 = 0.95V$$

所以，设置 MOSFET1 的栅源电压为 VGS1 = 1.65V，并且 MOSFET3 的栅源电压设为 VGS3 $= U_{gs} + U_{SAT} = 2.6V$。

P 型晶体管的 U_{gs} 应设为

$$U_{gs} = U_T + \sqrt{\frac{I_{REF}}{\frac{1}{2}K_P}} = 0.7 + \sqrt{\frac{100E^{-6}}{50E^{-6}}} = 0.72V$$

所以，MOSFET2 的偏置电压为 VGS2 $= 5 - 0.7 = 4.3V$。

从图 11-13 可以看出，VGS2 设置的值为 4.4V，与计算值有所不同，这是由于 Level1 模型比计算公式更精确。

（12）添加 DC 模拟控制器和 AC 模拟控制器。

选择 "Simulation – DC" 面板中 "DC" 控件和 "Simulation – AC" 面板中 "AC" 控件，分别添加到原理图中。

设置 AC 模拟器，如图 11-14 所示，Start 设为 0.1MHz，Stop 设为 100MHz。

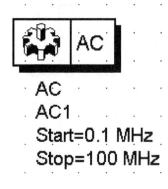

图11-14　AC 模拟器设置结果

（13）添加电流表和节点。

从元器件面板 "Probe Components" 中将 I_Probe 控件放到原理图中，得到模拟电流表，电流表名称改为 "IDS"。单击图标增加节点名称 "vout" 和 "VSAT_N"，如图 11-15 所示。

（14）最后得到的完整原理图如图 11-16 所示。

按功能键【F7】或单击 图标进行仿真，然后弹出数据显示窗口，单击图标，鼠标光标放到屏幕中再进行单击，出现对话框，选择 "AC. vout"，单击【Add】按钮，在 "Complex Data" 对话框中选择 "dB" 后单击【OK】按钮，如图 11-17 所示。

（15）单击【OK】按钮，出现增益图，如图 11-18 所示。

从图 11-18 中可以看出，0 ~ 100MHz 增益约为 16dB。

对增益和输出电阻的理论分析如下。

增益为

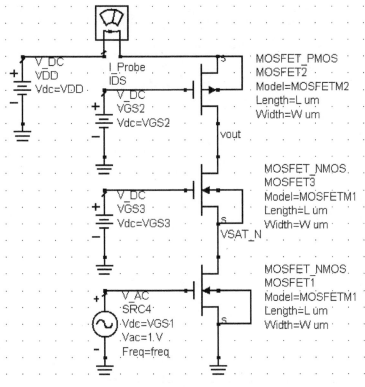

图 11-15   增加电流表和节点名称

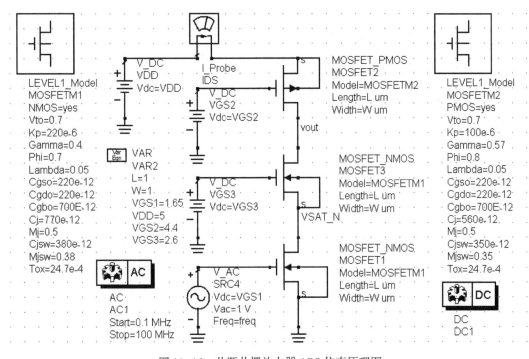

图 11-16   共源共栅放大器 ADS 仿真原理图

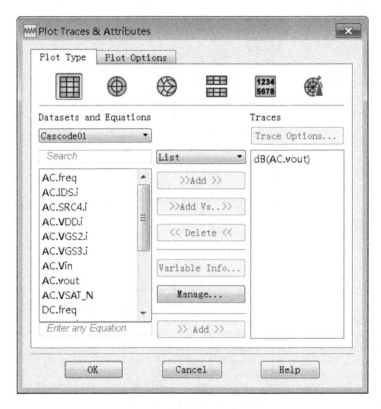

图 11-17　增益模拟结果设置

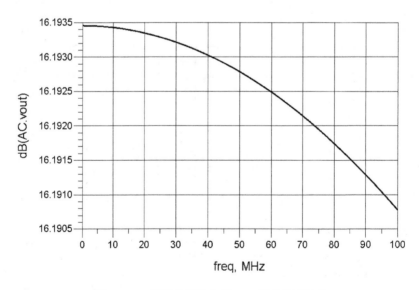

图 11-18　共源共栅放大器 ADS 增益仿真结果

$$A_V = \frac{gm_1}{go_2}$$

严格一些的定义为

$$A_V = \frac{gm_1}{go_2 + go_1}$$

所以，$A_V = -\sqrt{\dfrac{K_{N1} \cdot W_1}{L_1 \cdot I_D \cdot \lambda_2}} = -\sqrt{\dfrac{220E^{-6} \cdot 1E^{-6}}{1E^{-6} \cdot 100E^{-6} \cdot 0.05}} = 6.63 = 16.6dB$

输出电阻为

$$R_{OUT} \cong rds_3 = \frac{1}{I_D \lambda_3} = \frac{1}{100E^{-6} \cdot 0.05} = 200k\Omega$$

（16）单击 图标，放入屏幕再进行单击，出现对话框。将 DC.IDS.i、DC.vout 和 DC.VSAT_N 添加到 Traces 栏，如图 11–19 所示。

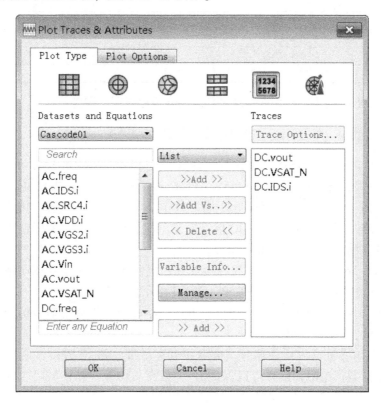

图 11–19　电路直流模拟结果设置

（17）单击【OK】，得到电路节点直流仿真结果，如图 11–20 所示。

freq	DC.vout	DC.VSAT_N	DC.IDS.i
0.0000 Hz	1.305 V	786.2 mV	100.1 uA

图 11–20　共源共栅放大器 ADS 直流节点仿真结果

从图 11–20 可以看出，此电路满足了工作电压 DC.IDS.i = 100μA 的要求，并且输出的直流电压 DC.vout 为 1.3V。

至此，就完成了三管共源共栅放大器的设计和仿真。这个电路如果要加工成芯片，芯片的基本参数如表 11-1 所示。

表 11-1　三管共源共栅放大器的基本参数

管脚	电源	5V 电压
	地	0V 电压
	VGS2 输入	接 4.4V 直流
	VGS3 输入	接 2.6V 直流
	RF 输入	接 RF 输入信号，需要叠加直流信号 1.65V
	RF 输出	输出 RF 放大信号，输出信号叠加 1.3V 直流信号
增益		16dB
工作频率		100MHz
工作电流		100μA
输出电阻		200kOhm
晶体管数目		3

如果需要，可以模拟出更多的参数，以提供给芯片应用工程师。

11.3.2　共源共栅放大器 IC 设计目标二

从以上结果可知，设计出的共源共栅放大器 IC 可以完成基本的放大功能。但是，对于 IC 应用工程师来说，要提供 VGS1 = 1.65V、VGS2 = 4.4V 和 VGS3 = 2.6V 这 3 个直流电压不是一件很容易的事，实际应用的要求是只提供 RF 输入、RF 输出、电源、地等引脚。

因此，提出第二个设计目标，对 IC 供电部分重新规划，以满足实际应用。对电源只采用 5V 供电，并且满足放大器参数的设计要求。

经过对图 11-16 的分析发现，只要在电源和地之间建立另一条直流通路，通过合理分压设计，即可以提供需要的 VGS1、VGS2 、VGS3 电压。

如图 11-21 所示，加入电阻 R1 、R2 、R3 、R4，只要设计出对应的分压值，就可以得到所需的 VGS1、VGS2 、VGS3 电压。

IC 设计中应该尽量只包括晶体管，电阻和电容尽量放到 IC 外围。所以，采用晶体管（按二极管接法）替代电阻，这样可以保证 IC 中只有晶体管，并且可以通过调整沟道宽长比来实现电压可调。

（1）执行菜单命令【File】→【Save Design As...】将"Cascode01."另存为"Cascode02."。

（2）在"Cascode02"中对电路进行设置和修改。复制 MOSFET2 和 MOSFET3 将得到 MOSFET4 ～ MOSFET6、5、6。修改完成后的原理图如图 11-22 所示。

图 11-22 中包括了左边的 3 个偏置用晶体管（MOSFET4、MOSFET5、MOSFET6）和右边 3 个放大用的晶体管（MOSFET1、MOSFET2、MOSFET3）。左边部分的晶体管按二极管接法，使得经过每个晶体管的源—漏间电压差大约为 $U_{SAT} + U_T$。晶体管之间的电压可通过调整偏置电路的 MOS 宽长比来进行调整。

（3）按功能键【F7】进行仿真，仿真结果如图 11-23 所示。

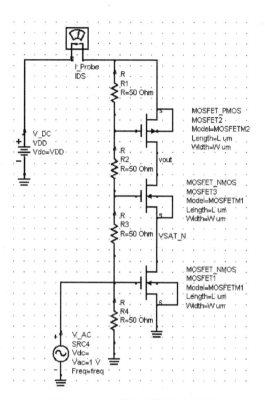

图 11-21　电阻分压设置示意图

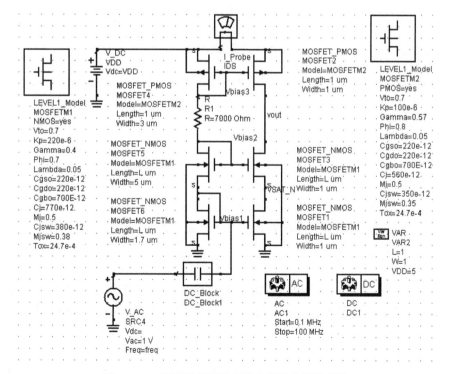

图 11-22　阶梯形偏置的共源共栅放大器原理图

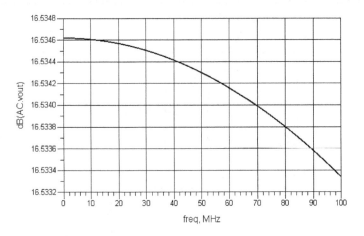

freq	DC.IDS.i	DC.vout	DC.VSAT_N	DC.Vbias1	DC.Vbias2	DC.Vbias3
0.0000 Hz	98.37 uA	1.112 V	789.3 mV	1.640 V	3.166 V	4.417 V

图 11-23　阶梯形偏置共源共栅放大器仿真结果

至此，就完成了第二个目标的设计和仿真。这个新的共源共栅放大器 IC 由 6 个晶体管构成。基本参数如表 11-2 所示。

表 11-2　阶梯形偏置共源共栅放大器的基本参数

管脚	电源	5V 电压
	地	0V 电压
	Vbias2 输入	Vbias2 和 Vbias3 之间接 7kΩ 的电阻
	Vbias3 输入	Vbias2 和 Vbias3 之间接 7kΩ 的电阻
	RF 输入	接 RF 输入信号，不需要叠加直流信号
	RF 输出	输出 RF 放大信号，输出信号叠加 1.1V 直流信号
增益		16dB
工作频率		100MHz
工作电流		100μA
输出电阻		200kOhm
晶体管数目		6

和第一个目标相比，现在可以实现单电源供电工作了，更好地满足了实际应用。

要想集成 7kΩ 的外接电阻，可以通过基准源和电流镜生成所需要的直流偏置电压。但是，基准源、电流镜需要更多的晶体管，使得设计成本增加，需要权衡采用何种方案。

11.3.3　共源共栅放大器 IC 设计目标三

从图 11-23 所示的仿真结果可以看出，放大器只有 16dB 的增益，为了提高增益，继续进行电路改进，将采用增加有源负载晶体管方法提高放大器的增益，其原理如下。

放大器增益为

$$A_V = \frac{gm_1}{go_2}$$

严格的定义为

$$A_V = \frac{gm_1}{go_2 + go_1}$$

如果增加有源负载晶体管，则

$$A_V \approx \left(\frac{gm_1}{go_2}\right)^2$$

如果原来的增益为

$$A_V = -\sqrt{\frac{K_{N1} \cdot W_1}{L_1 \cdot I_D \cdot \lambda_2}}$$

则新的增益为

$$A_V = -\frac{K_{N1} \cdot W_1}{L_1 \cdot I_D \cdot \lambda_2}$$

$$A_V \approx -\left(\frac{K_{N1} \cdot W_1}{L_1 \cdot I_D \cdot \lambda_2}\right) = -\left(\frac{220E^{-6} \cdot 1E^{-6}}{1E^{-6} \cdot 100E^{-6} \cdot 0.05}\right) = 44 = 32dB$$

通过上面的分析，提出设计目标三。

在目标二的基础上，通过增加有源负载晶体管来实现增益为 32dB 的放大器。

模拟方法如下。

（1）将原理图"Cascode02"另存为"Cascode03"。

执行菜单命令【file】→【Save Desing as...】。

（2）复制得到 MOSFET7、MOSFET8，并按照图 11-24 所示进行连线及各器件设置。

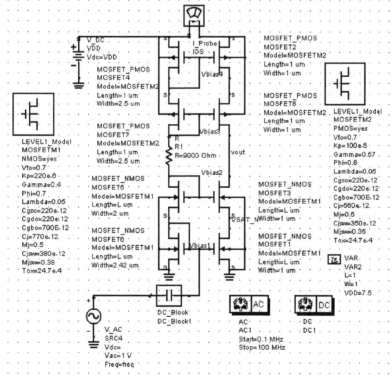

图 11-24　高增益共源共栅放大器电路原理图

增加有源负载可以增加共源共栅放大器增益。但是，这个晶体管会增加一个新的 $U_T +$ U_{SAT}，使得偏置晶体管的电压增加到7.5V。

（3）按功能键【F7】进行仿真。仿真结果如图11-25所示。

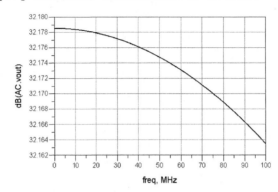

freq	DC.vout	DC.VSAT_N	DC.Vbias1	DC.Vbias2	DC.Vbias3	DC.Vbias4	DC.IDS.i
0.0000 Hz	5.401 V	1.718 V	1.611 V	3.578 V	5.725 V	6.676 V	99.09 uA

图 11-25 高增益共源共栅放大器电路仿真结果

图 11-25 所示的增益增加仿真结果所得 32dB 增益和之前的计算吻合。

值得注意的是，采用这种结构，偏置晶体管的压降都是 $U_T + U_{SAT}$。每个晶体管大约有 1.65V 的压降，致使总压降为 6.6V 左右，使得不能再使用 5V 的电源。在这个例子中，电源电压被增加到 7.5V，因为增加新的有源负载。这个问题可以采用折叠共源共栅结构来解决。在折叠共源共栅结构中，共源共栅两部分分开，中间插入了另一个电流负载。折叠共源共栅结构也是设计低压放大器时的常用结构。

至此，就完成了第三个目标的设计和仿真。

表 11-3 列出了高增益共源共栅放大器电路参数。

表 11-3 高增益共源共栅放大器电路参数

管脚	电源	7.5V 电压
	地	0V 电压
	Vbias2 输入	Vbias2 和 Vbias3 之间接 9kΩ 的电阻
	Vbias2 输入	Vbias2 和 Vbias3 之间接 9kΩ 的电阻
	RF 输入	接 RF 输入信号，不需要叠加直流信号
	RF 输出	输出 RF 放大信号，输出信号叠加 5.4V 直流信号
增益		32dB
工作频率		100MHz
工作电流		100uA
输出电阻		200kohm
晶体管数目		8

本例中，假设各晶体管沟道宽度不变，都是 1μm。实际上，设计的主要工作是通过调整沟道宽度来完成预定的实际目标。并且，RFIC 的版图设计非常重要，比普通的模拟电路和数字电路重要很多，以上的仿真仅仅是 RFIC 设计的一个开始。

本例中，主要采用 AC 仿真放大器增益，AC 仿真器的问题是仿真过程中直流工作点不变，所以可以直接设置 AC 的输入值为 1V，得到的输出值就是放大器增益。实际工作中，输入值振荡会使得直流工作点变化，这属于大信号问题。如果输入的功率过大，则本文的仿真结果需要瞬态仿真来验证。

11.3.4 共源共栅放大器 ads 模块生成

（1）首先生成放大器 symbol 模型，方法如下。

① 将原理图 "Cascode03" 另存为 "Cascode04"。

② 修改原理图，如图 11-26 所示。

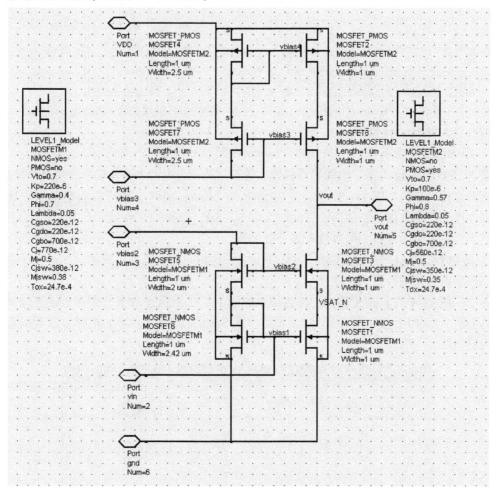

图 11-26 高增益放大器 symbol 产生原理图

修改内容包括，去掉 AC 和 DC 仿真相关内容，去掉电流表和片外电阻，将 4 个端口添加上。将晶体管宽长都改为数字，去掉参数。

③ 将原理图保存，返回"Folder View"，然后单击"Cascode04"，弹出菜单选择"New Symbol"。

出现如图 11-27 所示的 Symbol 对话框，可以选择默认设置，或者改为自己喜欢的形式。这里仅将"Symbol Type"改为"Quad"，其他默认。单击【OK】按钮得到如图 11-28 所示的 Symbol 图形。

图 11-27 Symbol 对话框

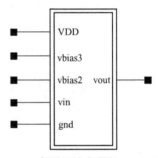

图11-28 高增益放大器的 Symbol 图形

（2）放大器 Symbol 模型使用

① 将原理图"Cascode04"另存为"Cascode05"，然后删掉所有内容。

② 单击数据库 图标，出现元器件库，选择"Workspace Libraries"，右面出现设定的 5 个原理图文件名字，如图 11-29 所示。左键单击"Cascode04"，然后再右键单击原理图页面，则在原理图中增加一个前面设好的放大器 Symbol，如图 11-30 所示。其中，X1 是放大器的名字，重复上面过程，可以放入多个放大器。

③ 增加 DC 和 AC 仿真器和源，方法与上文所述相同，这里不再赘述。

完成后的原理图如图 11-31 所示。

④ 按功能键【F7】进行仿真，仿真结果如图 11-32 所示。本书的大多数读者应该熟悉上图这种放大器使用模式，有兴趣的读者可以把 Symbol 改为放大器的模样，或者试着做一下放大器级联。

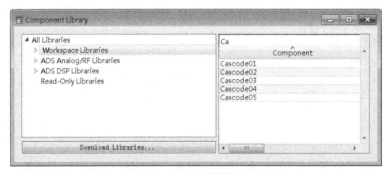

图 11-29 元器件库

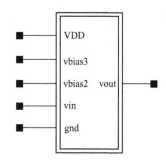

图 11-30　原理图中的放大器 Symbol

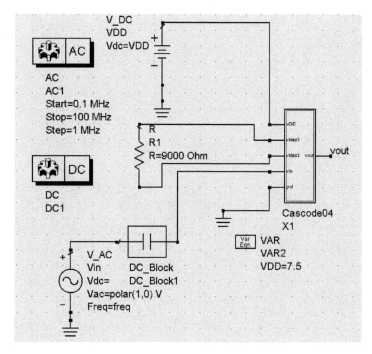

图 11-31　放大器 Symbol 仿真原理图

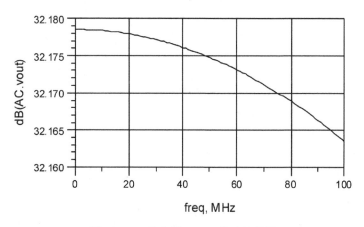

图 11-32　放大器 symbol 仿真结果图

本章通过对共源共栅放大器 IC 的 ADS 仿真，使读者对 RFIC 设计有了初步的了解。实际 RFIC 设计中，ADS 仿真的工作是设计工作的开始。可以从理论分析和 ADS 模拟中的差别看出，理论公式的掌握有助于把握仿真的过程。

RFIC 设计是艰苦的脑力劳动，需要智慧和经验并存，众多设计工程师团结协作才能做出好的产品。

第12章　TDR 瞬态电路仿真

时域反射仪，英文简写为 TDR（Time Domain Reflectometry），是一种应用很广泛的时域测量设备。基本原理类似雷达，最初这种方法被用来检测通信电缆的通断，现在已广泛应用于 PCB 信号完整性分析及传输线阻抗匹配分析。

本章先简要介绍 TDR 的基本原理，然后通过几个简单实例，介绍利用 ADS 瞬态求解器仿真 TDR 的一般方法及其步骤，希望能够帮助读者熟悉这种方法，并起到抛砖引玉的作用，本章重点放在 TDR 的仿真过程中，而非对其方法本身的深入研究。由于 TDR 应用广泛，相关内容较多，想要深入学习的读者，请查阅相关领域专业文献。

目标及任务如下。

➢ 熟悉时域反射仪的系统组成和测试原理。

➢ 利用 ADS2011 仿真传输线信号延迟。

➢ 通过实例掌握 TDR 瞬态仿真的一般方法及步骤。

➢ 学会分析 TDR 时域信号。

➢ 熟练掌握在数据显示窗口中使用公式计算器分析信号。

➢ 学会使用传输线计算器分析传输线阻抗匹配。

➢ 结合 Momentum 建模进行 TDR 仿真分析。

12.1　时域反射仪原理及测试方法

12.1.1　TDR 原理说明及系统构成

TDR 的基本原理类似雷达。雷达通常由发射机、天线和接收机 3 部分组成，发射机向外发射高频脉冲，接收机接收从被测物体返回的反射信号，通过计算入射波与反射波的间隔时间来确定物体的空间位置。如果对反射信号进一步分析，可以得到物体的形状、速度，甚至密度等信息，这些在现代民用工业和军事中都有所应用。

这里所说的 TDR 类似电缆或者传输线中的"雷达"。我们知道，当光从空气射入水中时，会有一部分光在水面反射。电信号在传输线上的传输也很相似，传输线可以看作电磁信号传输的介质，而特性阻抗就是描述这种介质的一个重要参数。TDR 可以通过监测时域信号来找到 PCB 线路中的阻抗不连续点，并计算其输入阻抗，从而进行阻抗匹配分析。当终端阻抗或负载阻抗 Z_L（传输线上的任何一被测点都可以看作一个终端或者负载）不等于线路的特性阻抗 Z_0 时，称为阻抗不匹配，便会有部分能量从负载反射回输入端，形成反射信号。当 $Z_L = Z_0$ 时，就是阻抗匹配，没有反射信号。一般线路上会存在多处不匹配点，这样就会产生多重反射信号，叠加在一起可以看作传输线上有一个入射波和一个反射波同时在传输。

时域反射仪通常由两部分组成。一部分是阶跃脉冲信号发生器，用来产生上升沿极陡的阶跃信号。另一部分是宽带高速取样器，用来接收反射信号，并在屏幕上显示，通常用高宽带取样示波器来实现，如图 12-1 所示。

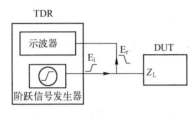

图 12-1　时域反射仪结构示意图

TDR 的测量精度主要由阶跃脉冲的上升沿时间决定。在一个上升沿时间内，阶跃信号所传播的距离就是 TDR 可分辨的最小阻抗不连续距离，称为 TDR 的分辨率。因此，一台 TDR 设备要获得更高的分辨率，那么其阶跃信号发生器所发出的阶跃脉冲的上升沿时间就必须更短。另外，高速取样器自身的上升沿时间对 TDR 的空间分辨率也有很大影响。高速取样器的带宽决定了取样时间，这里把它称为 TDR 的时间分辨率。因此，单纯看阶跃信号的上升时间或者取样器的带宽都不全面。

在 PCB 行业的测试规范 IPC–TM–650 测试手册中，提出了 TDR 设备的系统上升时间的概念，记为 T_{sys}。T_{sys} 表征了一台 TDR 设备的整体特性，T_{sys} 可以在 TDR 设备上直接测定，方法是将一个短路器端接在 TDR 设备的接口上，并对 TDR 设备获取的波形进行上升时间/下降时间测量，测得的结果就是系统上升时间和下降时间了。通过系统上升时间 T_{sys} 就可以换算出 TDR 的分辨率 $L = (v * T_{sys}) / 2$（测量中，阶跃信号在被测端一来一回走了两次，所以要除以 2）。

12.1.2　TDR 应用于传输线阻抗的测量原理

阶跃信号发生器产生一个阶跃信号 E_i 到传输线中，然后对反射信号 E_r 进行监测，同时记录延迟时间。

反射系数为

$$\rho = E_r / E_i$$

反射系数与负载阻抗的关系为

$$Z_L = Z_0 \frac{1 + \rho}{1 - \rho}$$

反射系数可以直观地反映传输线的匹配状态，如图 12-2 所示，从图中可以看出，对应不同反射系数，传输线输入端上信号的叠加。

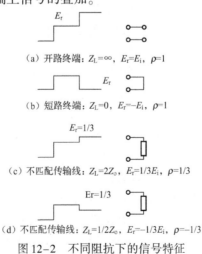

（a）开路终端：$Z_L = \infty$，$E_r = E_i$，$\rho = 1$

（b）短路终端：$Z_L = 0$，$E_r = -E_i$，$\rho = 1$

（c）不匹配传输线：$Z_L = 2Z_0$，$E_r = 1/3 E_i$，$\rho = 1/3$

（d）不匹配传输线：$Z_L = 1/2 Z_0$，$E_r = -1/3 E_i$，$\rho = -1/3$

图 12-2　不同阻抗下的信号特征

由图 12-2 可以看出，通过监测阶跃信号的变化，可以从中得出反射系数的变化，进而计算传输线特性阻抗。

在交流电路中，电容具有高通特性，而电感具有低通特性，因此在 TDR 的阶跃脉冲信号中，电容表现出短路特征，而电感表现出开路特征。表现在信号曲线上，就是小凸起代表电感效应，小凹陷代表电容效应，如图 12-3 所示。

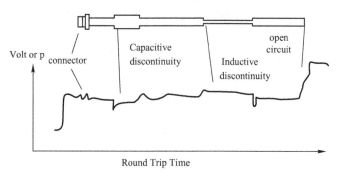

图 12-3　不连续变化传输线 TDR 信号示意图

现在，已经初步了解了 TDR 的工作原理，即通过观测传输线中的信号（反射信号与入射信号的叠加）随时间的变化来判断传输线终端的匹配状态，并得到反射系数及特性阻抗等重要参数，进行匹配电路设计。下一节，将介绍如何利用 ADS 来仿真 TDR。

12. 2　TDR 电路的瞬态仿真实例

12.1 中节主要介绍了 TDR 的工作原理，这一节将介绍怎样利用 ADS 的瞬态仿真器实现瞬态仿真功能，并介绍怎样通过仿真结果观测信号延迟并计算反射系数及特性阻抗等参数。

12. 2. 1　利用 ADS 仿真信号延迟

（1）启动 ADS2011，创建一个工程项目，命名为"TDR_wrk"，如图 12-4 所示。

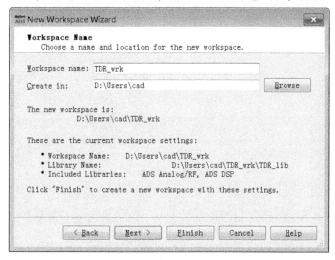

图 12-4　新建 project 窗口

单击【Finish】按钮确定后，单击 图标，新建原理图，保存为"TDR_signal_delay"。现在就可以添加元器件，完成电路图了。

① 在"Sources – Time Domain"元器件面板中，单击 图标即选中一个阶跃电压源"Vt-Step"，放置在原理图中，左键双击电压源，在弹出的窗口中设置参数"Vhigh = 1V"、"Rise = 1nsec"，如图12-5所示。

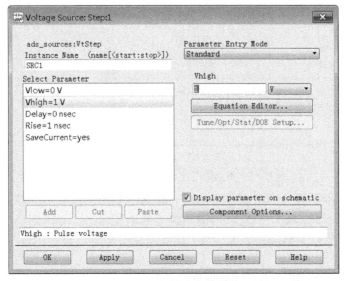

图12-5 电压源参数设置

② 在"Simulation – Transistent"元器件面板中，单击 图标选中瞬态仿真器，将其放置在原理图中，并设置参数"Start time = 0nsec"、"Stop time = 6nsec"、"Max time step = 0.01nsec"（这是采样步长），并在"Integration"选项卡中把"TimeStepControl"选为"fixed"，然后在"Display"选项卡中将其选中，即可在原理图中显示此参数，如图12-6所示。

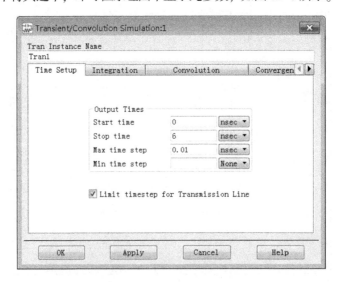

图12-6 瞬态仿真器参数设置

③ 在"TLines – Microstrip"元器件面板中，单击▦图标选取并放置 MSub 控件，使用默认参数，接着放置 MLIN 控件，并为其设置参数"W = 10mil"、"L = 2000mil"，如图 12-7 所示。

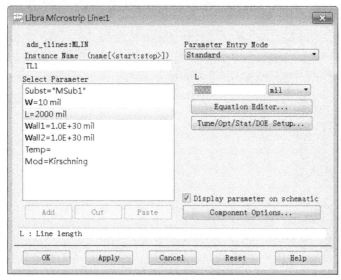

图 12-7　微带线参数设置

④ 在原理图工具栏中，单击⬚图标添加网络节点 Vin 和 Vout 到原理图中。

⑤ 从"Lumped – Components"元器件库中，添加两个 50Ohm 电阻，并连接电路，如图 12-8所示。

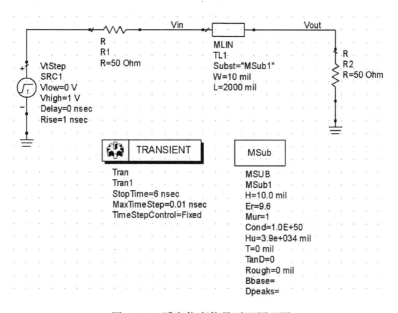

图 12-8　瞬态仿真信号延迟原理图

（2）仿真并显示结果。

① 单击原理图窗口上方工具栏的 ⚙ 图标，运行原理图仿真，仿真完成后，若无错误产生，程序会自动打开数据显示窗口，这里保存为 "signal_delay.dds"，如图 12-9 所示。

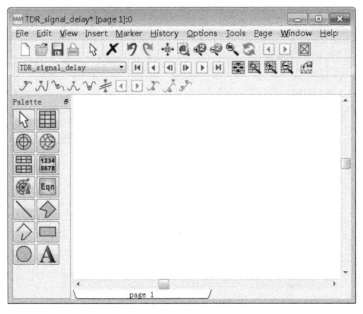

图 12-9　数据显示窗口

② 单击 ▦ 图标，放置二维直角坐标曲线，分别选择参数 "Vin"、"Vout" 后，单击【Add】按钮，如图 12-10 所示，然后确定，则会显示图 12-11 所示的数据曲线。

③ 单击 Marker 下拉项 new 或者通过快捷键【Ctrl + M】放置三角标记到曲线上用来读数，在上升沿低电位处，放置两个标记，使它们对应相同的电压，如图 12-11 所示。

④ 单击 Eqn 图标，添加公式计算器，使用 indep( ) 读取标记点数值，输入公式计算时间延迟。输入后，单击【OK】按钮，如图 12-12 所示。

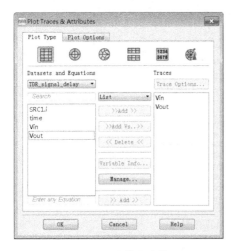

图 12-10　二维曲线参数设置

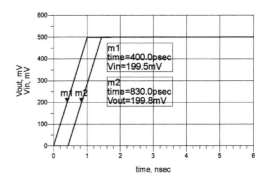

图 12-11　二维曲线图

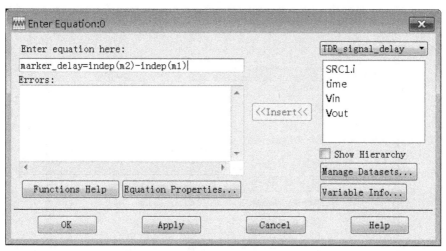

图 12-12　公式编辑窗口

⑤ 单击 图标，显示公式计算结果。在弹出窗口中，选择"Equations"，并添加 marker_delay，如图 12-13 所示。

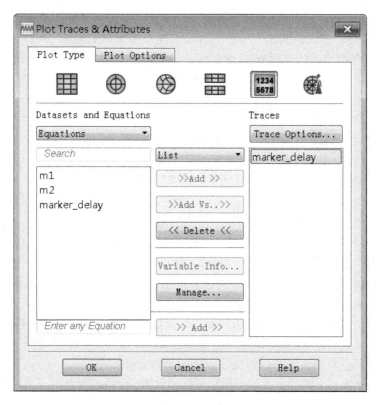

图 12-13　公式计算结果显示设置窗口

⑥ 在"Plot Options"标签页中去掉无效参数，把"Display Indep. Data"前面的勾去掉，如图 12-14 所示。

图 12-14 "Plot Options" 设置窗口

⑦ 单击【OK】按钮后，可以看到公式计算的结果，如图 12-15 所示。

Eqn marker_delay=indep(m2)-indep(m1)

marker_delay
4.300E-10

图 12-15 公式及其计算结果

⑧ 按【SHIFT】键，同时选中 m1 和 m2，通过鼠标或键盘移动它们，随着时间的增加，marker-delay 的值会不断更新，这里看到没有变化，是因为延迟是个常数 0.43ns。

（3）改变仿真参数瞬态仿真器 time step，降低分辨率。

返回原理图，左键双击 transient 仿真器，在属性设置中改变参数 MaxTimeStep 为 0.1ns，进行仿真。这时，会发现由于采样时间不够短，m1 和 m2 难以对应到同一电压值。因此，采样时间，即时间分辨率在信号延迟的仿真中起着重要作用。

（4）左键双击 MLIN 控件，改变 MLIN 控件的宽度为 20mil，单击【Simulate】按钮，再次执行仿真。

改变微带线宽度后，响应表现为电容特性，需要更长上升时间，信号才能达到 500mV。微带线宽度的改变，使传输不再匹配到 50Ohm。现在同时移动 m1 和 m2，marker_delay 变为 3.700E-10，延迟不再是个常数，它随着时间的变化而变化，如图 12-16 所示。

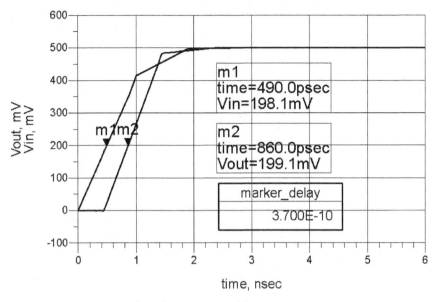

图 12-16　失配传输线上的信号延迟

（5）保存原理图和数据图表为"TDR_signal_delay"。

上面的例子说明了怎样通过一个阶跃脉冲信号测量微带传输线的时间延迟。这虽然是个很简单的电路，但是这种方法可以用于更复杂的线路分析，甚至是滤波器。一般来说，具有足够高的时间分辨率，才能够更好地测量信号延迟。

此外，前期的电路匹配设计对于测量信号延迟也很重要。因此，很有必要使用 LineCalc 工具来设计传输线参数。在使用 LineCalc 之前，首先来进行 TDR 测量，来分析失配问题。

12.2.2　通过 TDR 仿真观察传输线特性

（1）新建原理图，命名为"TDR_transient"，添加上例中用过的 MSub、Transient controller，以及 MLIN 控件，然后添加以下元件并完成电路图。

① 单击工具栏 图标，添加一个 VarEqu 控制电压 source_v = 2 V，如图 12-17 所示。

② 重新设置阶跃电压源 VtStep：Vlow = 0，Vhigh = source_v，Delay = 1ns，Rise = 0.01ns。

③ 双击 Tran，单击"Integration"选项，将"Time step control method"选择为"Fixed"。

④ 在"Tlines - Ideal"元器件面板中，单击 图标，放置一段理想微带线到原理图中，并设置参数如图 12-18 所示。这段理想传输线可以作为被测传输线的参考。删除 Vout 节点，检查电路，然后保存。

（2）单击 图标完成仿真，并显示仿真结果。

① 打开一个数据显示窗口，选择 Vin 节点。观察通过 Vin 点的时域信号，如图 12-19 所示。

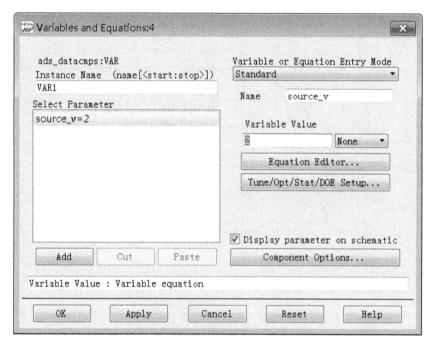

图 12-17　变量设置窗口

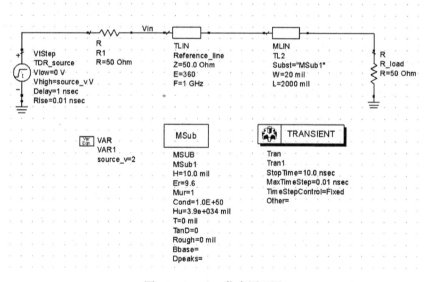

图 12-18　TDR 仿真原理图

从图 12-19 中可以看出以下几点。

➤ 0～1ns：由于设置的阶跃电压源的延迟为 1ns，所以此时信号为零。

➤ 1～2ns：阶跃信号在 1ns 时刻跳变，在极短时间内上升为 1V，然后保持不变。这个过程中，信号正在通过特性阻抗为 50Ohm 的传输线 Reference_line，向 Thin_line 传输。

➤ 2～3ns：在 3ns 时刻信号发生变化，可以判断出在 2ns 时刻处，信号在被测端 Thin_line 处反射，反射信号在 2～3ns 通过 Reference_line 回到 Vin 处。因此，在 3ns 时刻观察到 Vin 处信号变化。

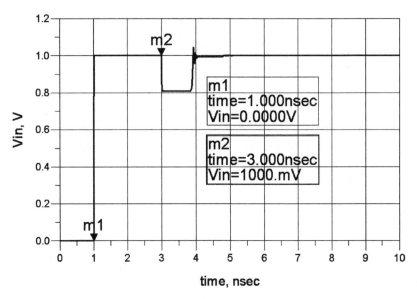

图 12-19　产生电容效应的微带线信号响应

➤ 3～4ns：在这个时间段内，信号经过 0.5ns 传过被测线 Thin_line，又经过 0.5ns 从 R_load 处反射回来，并在 R 处产生了振铃信号（ringing effect）。

在整个过程中，被测线表现出电容效应，这是由微带线的阻抗决定的。

② 将 MLIN 宽度改为 5mils，运行仿真，绘出响应曲线。随着微带宽度变窄，阻抗增加，线路表现为电感效应，如图 12-20 所示。

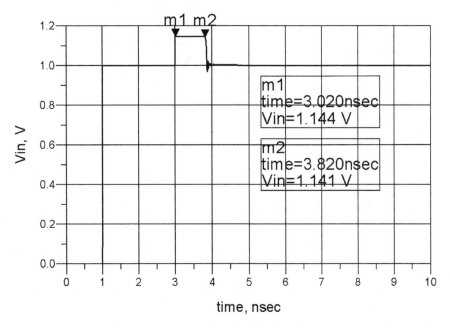

图 12-20　产生电感效应的微带线信号响应

③ 增加一段微带，这样有两个 MLIN，分别命名为"thick_line"（20 mils）和"thin_line"（5 mils），将原理图另存为"TDR_transient_simple"，如图 12-21 所示。

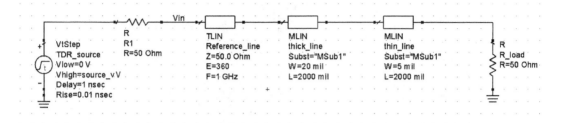

图 12-21　三段微带线 TDR 原理图

④ 运行仿真，查看仿真结果，如图 12-22 所示。可以看出，失配现象分别出现在表现出电容效应和电感效应的两段 MLINs 上，直到 5ns 后电压恢复正常。

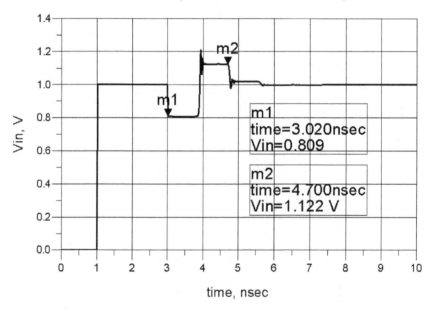

图 12-22　电容及电感效应的信号响应

关于带宽：在上面的仿真中，阶跃信号工作带宽是和电路相适应的，工作带宽由上升沿时间决定。由经验公式：0.35/risetime，可以算出有效带宽。对于 risetime = 1ns，有效带宽为 350MHz；对于 0.01ns，有效带宽升为 35GHz。因此根据传输线的截止频率，要选择合适的上升沿时间。

Eqn BW=0.35/1e-9

BW
3.500E8

图 12-23　有效带宽

⑤ 在数据显示窗口用"Eqn"计算 BW，risetime = 1ns。如图 12-23 所示。

⑥ 保存原理图及计算结果。

12.2.3　结合 LineCalc 对传输线进行匹配分析

本节将使用 LineCalc 来分析微带线（MLIN）阻抗，并根据基板和所需频段设计与负载匹配的传输线。

（1）使用 LineCalc 计算 MLIN 阻抗，并创建匹配传输线。

① 在上节"TDR_transient_simple"原理图窗口中执行菜单命令启动 LineCalc：【Tool】 -> 【LineCalc】 -> 【Start LineCalc】，启动并显示 LineCalc 窗口。

注：在 LineCalc 中，要注意默认的元件类型为 MLIN，默认基板为 MSub，但是初始值可能与原理图中所设定的不同，需要将其参数重新调整一致。

② Substrate Parameters：将基板参数设为与原理图中一致，本例中都为默认设置，所以不用更改。

③ Component Parameters：Freq 设为 1GHz。

④ Physical：设置"W = 20 mil"、"L = 2000 mil"。

⑤ 单击【Analyze】按钮，程序将自动计算传输线的电气特性，并输出特性阻抗 Z0 和有效电长度 E_Eff 的值，如图 12-24 所示。可以看出，传输线的特性阻抗为 34Ohm，没有匹配到 50Ohm，电长度为 160deg。

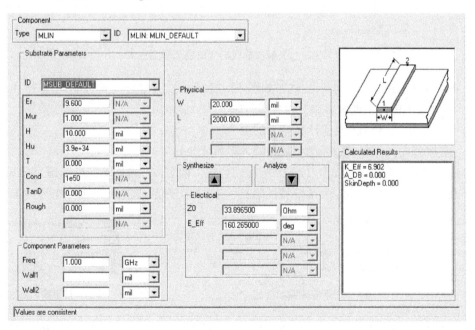

图 12-24　传输线计算器 LineCalc 窗口

（2）最小化 LineCalc（之后要用到）。

（3）修改原理图，如图 12-25 所示，并利用公式计算某时间段内信号传输距离，以及反射系数、特性阻抗等参数。

① 修改原理图，仅保留一段 20×2000mil 的被测传输线，其他元器件不变。

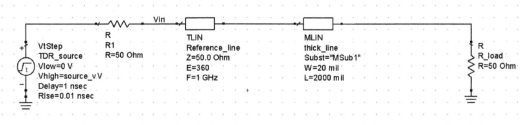

图 12-25　传输线匹配分析 TDR 原理图

② 再次仿真，放大坐标，并添加两个标记，如图 12-26 所示。

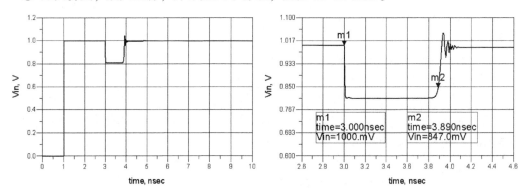

图 12-26　失配传输线响应曲线及局部放大

③ 在数据显示窗口添加 4 个公式，如图 12-27 所示。通过介电常数和光速 $3*10e8m/s$，计算信号在微带上的传输速度，以及两种单位制下的传输距离。

④ 可以滑动 m1 和 m2 观察计算结果的变化。

（4）添加公式，计算反射系数 rho 和输入阻抗 z_line。

① 在数据显示窗口添加如图 12-28 所示的公式。随着 m3 的移动，可以通过公式计算任意一点阻抗 z_line。其中，Zo 为系统特性阻抗，rho 为反射系数，ref_v 为源电压的 1/2。

Eqn Er=9.6
Eqn velocity=3e8/sqrt(Er)
Eqn distance_mtrs=(velocity*(indep(m2)-indep(m1)))/2
Eqn distance_mils=distance_mtrs*(1e5/2.54)

distance_mtrs	distance_mils
0.043	1696.336

Eqn z_line=Zo*((1+rho)/(1-rho))
Eqn Zo=50
Eqn rho=(m3-ref_v)/(ref_v)
Eqn ref_v=source_v[1]/2

图 12-27　计算传输距离公式　　　　　　　图 12-28　计算输入阻抗公式

② 单击 ▦ 图标添加表格，显示 rho、z_line、ref_v，并移动 m3，观察它们的变化，通过这种方法，可以观察任意点的反射系数和输入阻抗。如图 12-29 所示。

③ 读者可以自己改变被测微带线 MLIN 的宽度为 5mils，或者添加两段 MLIN，利用这种方法观察它们的响应。

（5）使用 LineCalc 设计匹配传输线。

① 返回 LineCalc 窗口，不改变基板参数，信号频率设为 1GHz，与上面计算 Z0 和 E_Eff 过程相反，输入 "Z0 = 50Ohm"、"E_Eff = 360deg"，单击三角按钮 "Synthesize"，就可以得

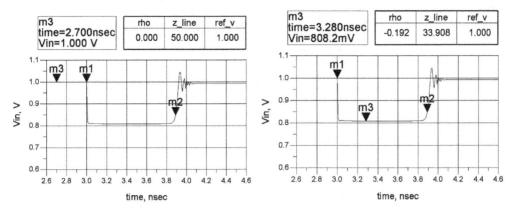

图 12-29　观察反射系数及输入阻抗

到微带线的长度和宽度，如图 12-30 所示。

② 回到原理图，删除初始的 MLIN。

③ 在原理图窗口工具栏，执行菜单命令【Tools】 -> 【LineCalc】 -> 【Place New Synthesized Component】。新生成元器件将会浮现在光标处，在所需位置单击鼠标，使其添加到电路中。

④ 再次运行仿真，并在数据显示窗口观察仿真结果，如图 12-31 所示。可以看出，新的 MLIN 完全匹配到 50Ohm，反射系数几乎为零，信号曲线没有不连续点。

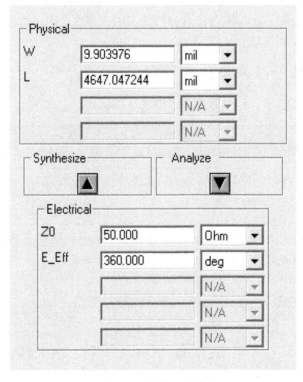

图 12-30　微带尺寸计算

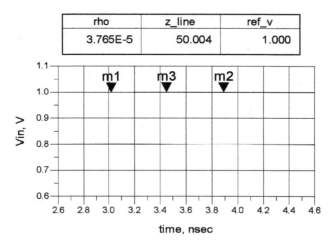

rho	z_line	ref_v
3.765E-5	50.004	1.000

图 12-31　匹配后无反射信号

（6）关闭 LineCalc，保存原理图和仿真结果。

上例中，利用 LineCalc 实现了匹配传输线尺寸的计算，并通过 TDR 的仿真结果监测信号，证实了传输线的设计参数达到了匹配要求。

12.3　TDR 仿真中利用 Momentum 建模的实例

通过上一节的学习，对 TDR 电路仿真的过程有了初步的了解。这一节将介绍一个应用 Momentum 建模，然后进行 TDR 瞬态仿真分析的实例。在这之前，首先对其进行一般的瞬态仿真，以便对仿真结果作比较。

12.3.1　TDR 一般瞬态仿真过程

（1）在 "TDR_wrk" 下，创建原理图 "TDR_Schematic"，如图 12-32 所示。

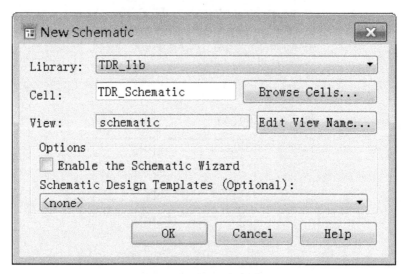

图 12-32　新建原理图窗口

① 在"TLines – Multilayers"元器件面板中，单击 ▣ 图标放置双层基板到原理图中，点鼠标左键，双击元件两下，在弹出的属性窗口中设置参数，如图 12-33 所示。

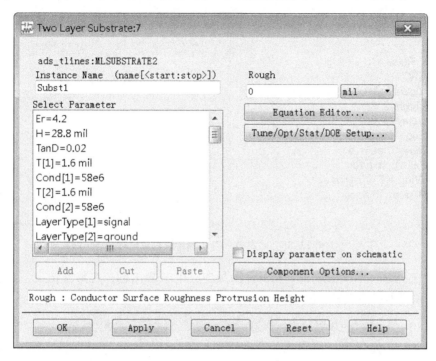

图 12-33　基板参数设置窗口

② 在"TLines – Multilayers"元器件面板中，单击 ▣ 图标，将 3 段 ML1CTL_C 微带线添加到原理图，分别设置为 TL1 、 TL2 、 TL3，参数设置如图 12-34 所示。

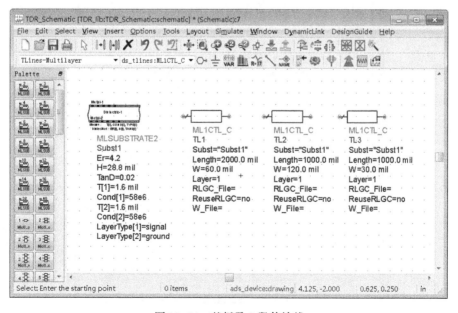

图 12-34　基板及 3 段传输线

③ 在"Source – Time Domain"元器件面板中，单击图标，放置阶跃脉冲信号源到原理图中，并设定其参数，如图12-35所示。

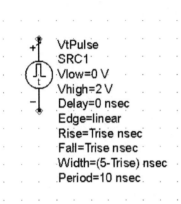

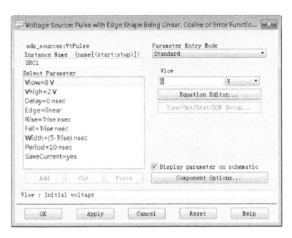

图12-35　阶跃脉冲电压源参数设置窗口

④ 在"Simulation – Transient"元器件面板中，单击图标，将瞬态仿真器放置到原理图中，瞬态仿真器参数设置如图12-36所示。

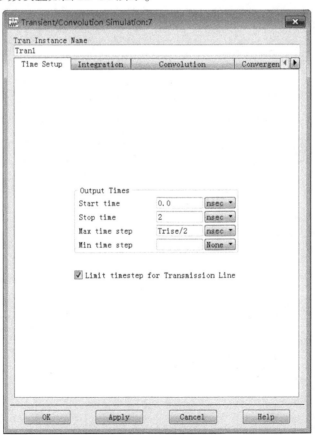

图12-36　瞬态仿真器参数设置窗口

⑤ 单击工具栏中的 VAR 图标，放置变量到原理图，设置变量名并赋值，如图 12-37 所示。

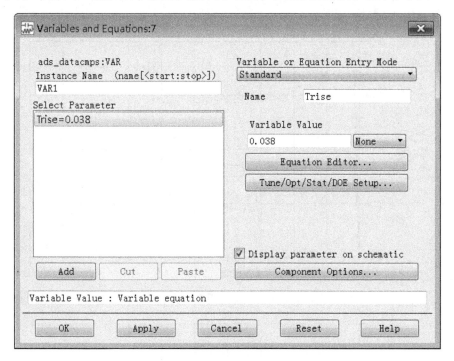

图 12-37　变量设置窗口

⑥ 添加电阻 R1、R2，以及节点 Vsrc、V1、V2，并连接各元器件，完成电路图，如图 12-38所示。

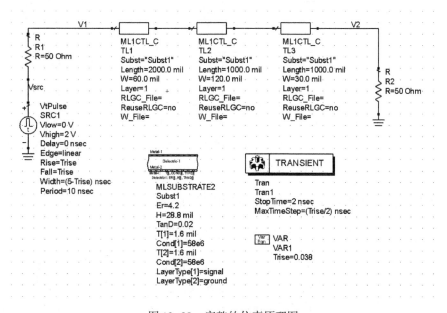

图 12-38　完整的仿真原理图

（2）单击 图标开始仿真，仿真完成后，插入矩形显示框 ，并将 Vsrc、V1、V2 添加到响应曲线，如图 12-39 所示。

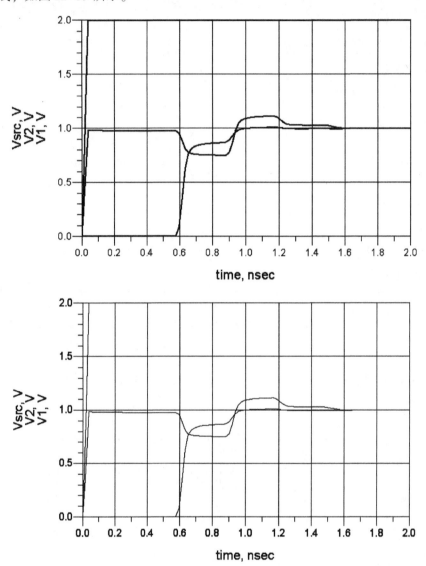

图 12-39　未使用 Momentum 的原理图仿真结果

读者可根据前两节的内容，自己分析反射信号与入射信号的叠加过程。

12.3.2　利用 Momentum 的 TDR 仿真过程

（1）更改原理图 "TDR_Schematic"，保留 3 段微带段，并在传输线两端添加端口 P1、P2，如图 12-40 所示，基板和仿真器参数不变。修改完成后另存原理图为 "TDR_Schematic_mom"。

（2）在菜单栏中执行菜单命令【Layout】 -> 【Generate/Update Layout】生成版图，将弹出两个窗口，提示用户确认初始点及版图元器件，直接单击【OK】按钮，即可生成传输线 Layout 版图，如图 12-41 所示。

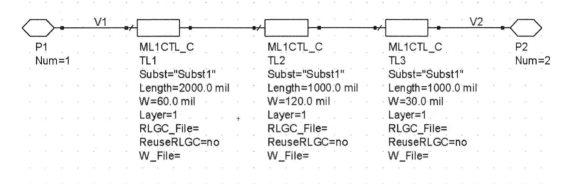

图 12-40　三段失配微带线建模原理图

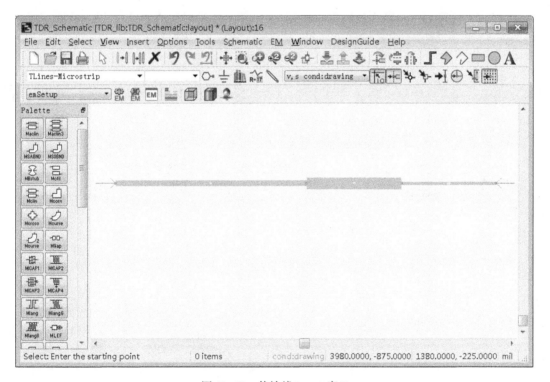

图 12-41　传输线 layout 窗口

（3）利用 Momentum 仿真 S 参数，并在元器件库中由仿真结果生成元器件。

① 在 layout 窗口工具栏中，单击 图标，设置材料和层叠属性，如图 12-42 所示。

② 在弹出的窗口 "Material Definitions" 中修改基板参数，介电常数 Real 为 4.2，损耗正切 TanD 为 0.02，如图 12-43 所示。

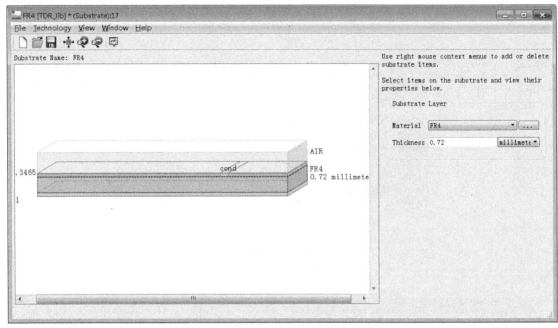

图 12-42　选择修改基板

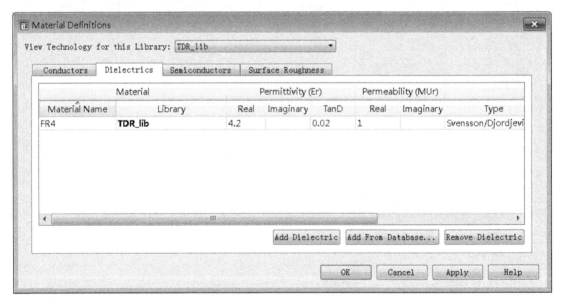

图 12-43　基板板材参数设置窗口

③ 单击 "cond"，切换到布线层属性，设置完成后，单击【OK】，如图 12-44 所示。

④ 在菜单栏中，单击 图标，并在弹出的参数设置窗口中，选择 "Frequency plan" 设置仿真频率范围为 0 ～ 5GHz，Npts 设为 100，单击【Simulate】按钮进行仿真，如图 12-45 所示。

⑤ 仿真结束后，重新单击 EM 控制器，在 "Model/Symbol" 选项下，单击 "Create Now"，创建 EM 模型和 Symbol，如图 12-46 所示，以便导入到原理图做联合仿真。

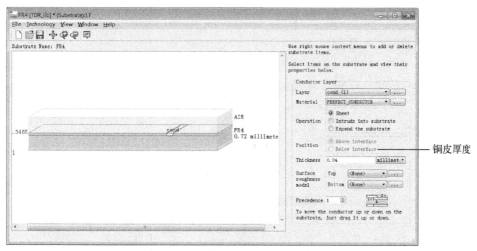

图 12-44　顶层铜皮属性设置窗口

图 12-45　仿真参数设置窗口

注：Momentum 仿真中，仿真时间相对较长，根据计算机性能有所差异，读者可根据需要更改采样点数目和迭代次数，减少仿真时间。

图 12-46　根据仿真结果生成元器件模型

（4）新建 cell。在原理图中添加仿真所生成的传输线元器件模型，完成电路图，并命名新原理图为"TDR_Schematic_mom_5GHz"。

① 在原理图窗口的工具栏，单击▥图标打开元器件库"Component lib"，或者在工具栏执行菜单命令【Insert】->【Component】->【Component Library】，同样可以打开元器件库，如图 12-47 所示。

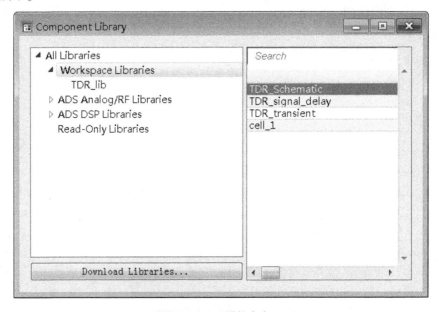

图 12-47　元器件库窗口

② 在元器件库中"Component"栏中找到刚生成的元器件"TDR_Schematic"，单击右键选择"Place Component"，放置到原理图中，然后按照图 12-48 所示的完成原理图。

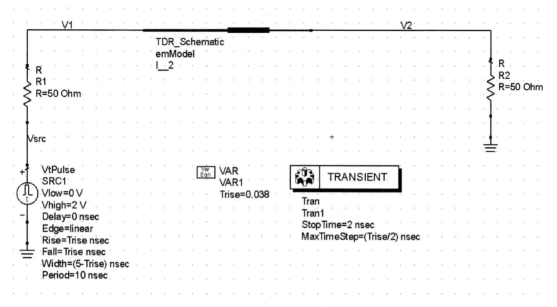

图 12-48　结合 0～5GHz 仿真模型的原理图

③ 在执行联合仿真的时候，注意选择 EM 模型，否则仿真无法运行，如图 12-49 所示。

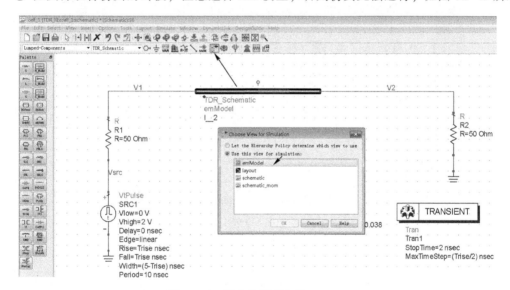

图 12-49　联合仿真时选择 emModel

④ 输出仿真结果。

（5）返回 layout 窗口，在 EM 控制器窗口中修改仿真频率范围为 0 ～ 10GHz，单击【Simulation】按钮，完成仿真，如图 12-50 所示。

（6）重复上面的步骤，生成新的元器件模型到元器件库，修改原理图，将 0 ～ 5GHz 传输线模型替换为新生成的 0 ～ 10GHz 模型，如图 12-51 所示，执行仿真。

（7）在数据显示窗口，查看 Vsrc、V1、V2 节点处的时域信号响应，并将两次利用 Momentum 的瞬态仿真结果和之前直接进行瞬态仿真的结果作比较，如图 12-52 所示。

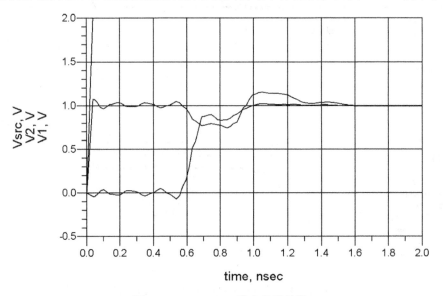

图 12-50　0～5GHz 联合仿真结果

图 12-51　仿真参数修改设置

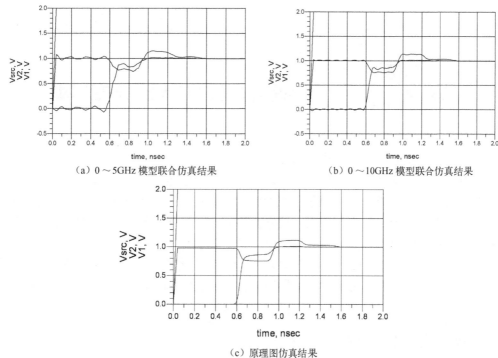

（a）0～5GHz 模型联合仿真结果　　　　　　（b）0～10GHz 模型联合仿真结果

（c）原理图仿真结果

图 12-52　三种仿真模型结果的比较

通过上面的比较，可以看出，0～5GHz 的仿真结果很不理想，原因是阶跃信号源的扫描带宽，由经验公式计算为：0.35/Trise＝0.35/0.038＝9.2GHz，利用 Momentum 仿真时，传输线截止频率一定要大于瞬态仿真中阶跃信号的带宽。

利用 Momentum，可以针对不同的传输介质建模，对其进行 TDR 仿真分析。但是，Momentum 仿真过程相对耗费较长时间，因此，在实际应用中要根据自己的需要选择引入 Momentum 建模，或直接采用 ADS 提供的传输线模型。

通过这一章，熟悉了利用 ADS2011 仿真 TDR 电路的过程和信号分析方法。其中，对于仿真结果的分析最为重要，通过信号确认失配点，并要善于利用 ADS 提供的公式计算器，通过各个节点处的信号来计算反射系数、输入阻抗、时间延迟等参数。实际应用中，可以根据已知的参数设计模型，仿真并计算出所需要的参数来作为实际工作中的参考。这里需要强调的是，仿真只能提供一种参考和指导方向，实际工作中，不能照搬仿真结果，必须根据实际测量对参数进行调整，对于微带线阻抗控制，一般的 PCB 工厂都有其工艺修正值。

第13章 通信系统链路仿真

收发系统包括发射系统、信道、接收系统。

在发射系统中，发射机是一个非常重要的子系统，无论是语音、图像，还是数据信号，要利用电磁波传送到远端，都必须使用发射机产生信号，然后经调制放大送到天线。发射机一般具有如下性能参数：频率、带宽、功率、效率、辐射杂散等。其实现架构可分为超外差、零中频和数字中频等。

接收机将通过信道传播的信号进行接收，提取出有用信号。接收机一般具有如下性能参数：接收灵敏度、选择性、交调抑制、噪声系数等。其实现架构也可分为超外差、零中频和数字中频等。

13.1 通信系统指标解析

13.1.1 噪声

噪声通常是由器件和材料中的电荷或载流子的随机运行所产生的。根据产生机制的不同分为热噪声、散粒噪声、闪烁噪声、等离子噪声、量子噪声等。

1. 噪声功率

$$N_0 = kTB \tag{13-1}$$

式中　k——波尔兹曼常数 1.380×10^{-23} J/K；

　　　T——热力学温度（K）；

　　　B——系统的带宽（Hz）。

在很多实际情况下，通常用等效噪声温度来表征噪声功率。

$$T_e = \frac{N_0}{kB} \tag{13-2}$$

2. 噪声系数

噪声系数是对系统的输入和输出之间的信噪比递降的一种量度。

$$F = \frac{\dfrac{S_{in}}{N_{in}}}{\dfrac{S_{out}}{N_{out}}} \tag{13-3}$$

将噪声系数转化为等效噪声温度。

$$T_e = (F-1)T_0 \tag{13-4}$$

式中　T_0——290K。

在级联情况下，整个系统的噪声系数及等效噪声温度为

$$F = F_1 + \frac{F_2 - 1}{G_1} + \frac{F_3 - 1}{G_1 G_2} + \cdots \tag{13-5}$$

$$T_e = T_{e1} + \frac{T_{e2}}{G_1} + \frac{T_{e3}}{G_1 G_2} + \cdots \tag{13-6}$$

13.1.2　灵敏度

在 $T_0 = 290K$ 的情况下，1Hz 带宽产生的噪声功率为

$$N_0 = kT_0 B = 1.38 \times 10^{-23} \text{J/Hz} \times 290K \times 1Hz = 4.0 \times 10^{-21} \text{W}$$
$$= -204\text{dBW} = -174\text{dBm} \tag{13-7}$$

而接收机的灵敏度计算为

$$S = -174\text{dBm} + NF + SNR + 10\log(BW) \tag{13-8}$$

式中　NF——接收机噪声系数；

　SNR——满足一定条件误码率所需的最低信噪比；

　BW——接收机工作带宽。

13.1.3　线性度

系统的线性度一般用 1dB 增益压缩点（P1dB）和三阶交截点（IP3）来描述。

1. 1dB 增益压缩点（P1dB）

在实际系统中，输出响应严格正比于输入激励的理想化线性系统并不存在，一般的系统可以简单地描述成

$$y(t) = \alpha_0 + \alpha_1 x(t) + \alpha_2 x^2(t) + \alpha_3 x^3(t) + \cdots \tag{13-9}$$

当输入信号为 $x(t) = A\cos(\omega t)$，系统输出为

$$y(t) = \left(\alpha_0 + \frac{1}{2}\alpha_2 A^2 \right) + \left(\alpha_1 A + \frac{3}{4}\alpha_3 A^3 \right)\cos(\omega t)$$
$$+ \frac{1}{2}\alpha_2 A^2 \cos(2\omega t) + \frac{1}{4}\alpha_3 A^3 \cos(3\omega t) + \cdots \tag{13-10}$$

因此，基频信号的系统增益为

$$\alpha_1 A + \frac{3}{4}\alpha_3 A^3 \tag{13-11}$$

对于大多数系统，α_1 和 α_3 的符号相反，系统增益随着信号幅度 A 的增加而下降。如果用对数来表示系统的输入和输出信号幅度，可以清楚地看到输出功率随输入功率增大而偏离线性关系的情况。当输出功率与理想的线性情况偏离达到 1dB 时，系统的增益也下降了 1dB，此时的输入信号功率值称为 1dB 增益压缩点（P1dB）如图 13-1 所示。在 P1dB 点，信号幅度计算公式为

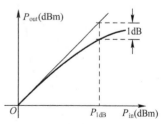

图 13-1　1dB 压缩点的确定

$$20\log(\alpha_1 A) - 20\log\left(\alpha_1 A + \frac{3}{4}\alpha_3 A^3 \right) = 1\text{dB} \tag{13-12}$$

$$\frac{\alpha_1 A}{\alpha_1 A + \frac{3}{4}\alpha_3 A^3} = 10^{\frac{1}{20}}$$

$$A_{1dB} \approx 0.38 \sqrt{\left|\frac{\alpha_1}{\alpha_3}\right|} \tag{13-13}$$

2. 三阶交截点（IP3）/TOI（third order intercept point）

当系统输入两个频率靠得很近的信号时，在系统输出中除了会产生基波及其各次谐波外，还会产生频率之间的交调成分。

假设输入信号为

$$x(t) = A(\cos(\omega_1 t) + \cos(\omega_2 t)) \tag{13-14}$$

将该信号输入到式（13-9）表示的系统中，得到系统输出信号为

$$y(t) = (\alpha_0 + \alpha_2 A^2) + \left(\alpha_1 A + \frac{9}{4}\alpha_3 A^3\right)(\cos(\omega_1 t) + \cos(\omega_2 t))$$

$$+ \frac{1}{2}\alpha_2 A^2 (\cos(2\omega_1 t) + \cos(2\omega_2 t)) + \alpha_2 A^2 \cos(\omega_1 \pm \omega_2)$$

$$+ \frac{3}{4}\alpha_3 A^3 (\cos(2\omega_1 \pm \omega_2) + \cos(2\omega_2 \pm \omega_1)) + \cdots \tag{13-15}$$

从以上输出信号可以看出，在双音输入的情况下，系统输出产生了二阶、三阶及更高阶的产物，由于偶数阶交调产物离基频比较远，可以很方便地通过滤波器滤除，而奇数阶产物通常在滤波器通带内，很难滤除，尤其是以三阶产物幅度最大。因此，系统重点考虑的是三阶交调的影响。

以 dB 为单位的坐标中，基频信号和三阶交调信号的斜率不同。因此，随着信号幅度 A 的增加，两条线必有一个交点，这个点就是三阶交截点（IP3），可以用输入功率表示（IIP3）或输出功率表示（OIP3），如图 13-2 所示。

在三阶交截点上，输入信号幅度的计算公式为

$$\alpha_1 A = \frac{3}{4}\alpha_3 A^3$$

$$A_{IP3} = \sqrt{\frac{4}{3}\frac{\alpha_1}{\alpha_3}} \tag{13-16}$$

在实际系统中，可以根据图 13-3 所示计算方法推导出 IIP3 的简单计算公式为

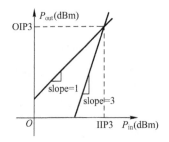

图 13-2　三阶交截点的确定

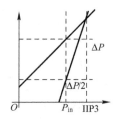

图 13-3　IIP3 的简单计算方法

$$IIP3 \approx P_{in} + \frac{\Delta P}{2} \tag{13-17}$$

上面的推导是基于两个输入信号的幅度相等的前提。在实际系统中，经常发生的一种情况是有用信号的幅度很小，而频率相差很近的干扰信号的幅度很大，这样会产生大信号阻塞。当输入信号为 $x(t) = A_1\cos(\omega_1 t) + A_2\cos(\omega_2 t)$，其中 $A_2 \gg A_1$，则系统输出信号为

$$y(t) = \alpha_0 + \left(\alpha_1 A_1 + \frac{3}{4}\alpha_3 A_1^3 + \frac{3}{2}\alpha_3 A_1 A_2^2\right)\cos\omega_1 t + \cdots \tag{13-18}$$

通常情况下，α_1 和 α_3 符号相反，又因为 $A_2 \gg A_1$，所以 $\alpha_1 A_1 + \frac{3}{4}\alpha_3 A_1^3 + \frac{3}{2}\alpha_3 A_1 A_2^2$ 的值将变得很小，也就是基频的系统增益会急剧减小，即有用信号被干扰信号阻塞了。

在级联情况下，整个系统的 IIP3 计算公式为

$$\frac{1}{\text{IP3}} = \frac{1}{G_2 \times \text{IP3}_1} + \frac{1}{\text{IP3}_2} \tag{13-19}$$

对于复杂调制下的系统，除了上面的指标表现其线性度外，还有如邻道功率比（ACPR：信道带宽内信号功率和距中心频率 Δf 处 ΔB 带宽内泄露或扩散的信号功率）和噪声功率比（NPR：测量非线性形成的带内干扰）等。

13.1.4 动态范围

受噪声和交调失真的影响，系统的工作范围限制在一定范围内，输入功率的低端必须大于噪声电平，高端应该在交调失真限制极限以下。根据应用范围的不同，动态范围的定义也分为多种形式。

1. 线性动态范围（LDR）

在噪声功率和 1dB 增益压缩点之间的范围定义为线性动态范围。

$$\text{LDR} = \frac{P_{1\text{dB}}}{N_0} \tag{13-20}$$

2. 无寄生动态范围（SFDR）

无寄生动态范围的定义为三阶交调功率与输出噪声相等时，输入信号与等效输入噪声之比，即在该范围内交调产物的功率值一直小于噪声值，可以认为没有交调产物，交调产物也可以看作是寄生产物，这也是无寄生动态范围的物理意义。

图 13-4 所示为无寄生动态范围的确定，计算公式为

$$\text{SFDR} = \frac{P_{\text{in}}}{P_{2\omega_1-\omega_2}}\bigg|_{P_{2\omega_1-\omega_2}=N_0} = \frac{2}{3}(\text{IIP3} - N_0)\,(\text{dB}) \tag{13-21}$$

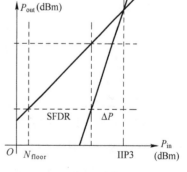

图 13-4 无寄生动态范围的确定

13.2 系统链路设计

13.2.1 传播模型

在无线通信系统中，存在各种复杂环境，因此信号的传播在不同环境下也各有不同，下面简单列举在不同环境下的传播模型。

1. 电磁波的传播

➢ 反射：障碍物远大于信号波长。

➢ 绕射：障碍物具有尖锐边角的物体。

➢ 散射：障碍物为许多细小的物体，如雨点。

2. 路径损耗模型

在自由空间中，天线所接收到的信号功率为

$$P_r = \frac{P_t G_t G_r}{[4\pi(d/\lambda)]^2} = \frac{c^2 P_t G_t G_r}{16\pi^2} \frac{1}{d^2} \frac{1}{f_c^2} \tag{13-22}$$

式中 P_t——发射功率；

$\qquad G_t$——发射天线增益；

$\qquad G_r$——接收天线增益；

$\qquad c$——光速；

$\qquad d$——传输距离；

$\qquad \lambda$——载波波长；

$\qquad f_c$——载波频率。

对数形式下的公式为：

$$P_{r,dBm} = 10\log P_t - 20\log f_c - 20\log d + 10\log(G_t G_r) + 147.56 \tag{13-23}$$

其中，f_c 的单位为 Hz；d 的单位为 m。

因此，路径衰减可以表示为（考虑天线的增益）

$$PL_{dB} = P_{t,dBm} - P_{r,dBm} = 20\log f_c + 20\log d - 10\log(G_t G_r) - 147.56 \tag{13-24}$$

可以发现，在自由空间中，距离增加一倍，路径衰减增加 4 倍，即 6dB，因此自由空间中的路径衰减指数为 2。表 13-1 列出一些常见环境中的路径衰减指数。

表 13-1 常见环境中的路径衰减指数

环　　境	路径衰减指数	环　　境	路径衰减指数
自由空间	2	楼宇间视距	1.6～1.8
城市环境	2.7～3.5	楼宇阻隔环境	4～6
繁华城市环境	3～5		

路径损耗模型主要应用于小区覆盖范围、频率复用系数的确定等。

3. 遮蔽效应模型

信号随距离的衰减并不是平滑的。当信号穿越各种障碍物（如建筑物、山丘、树林等），或被反射时，会使损失能量，许多次的损失之和如果用对数表示，服从高斯（Gaussian）分布，其平均值即为对应的路径损耗。

遮蔽效应模型主要应用于功率控制、为系统规划提供更详细的分析等。

4. 多径衰落模型

发射天线发送的信号在到达接收天线之前会被不同的障碍物反射多次，形成多条路径，每条路径的信号都经过不同程度的衰减和延迟（相移），它们在接收天线处叠加，相位接近时信号增强，相位相反时信号减弱。在几个波长的范围内，信号幅度（包络）的起伏可以达到几十分贝。

多径衰落模型主要应用于物理层设计，如编码器、解调器、交织编码器等。

13.2.2　链路计算实例

假设系统工作频率 f_c 为 2GHz，收发天线距离 d 为 20km，发射天线增益 G_t 和接收天线增益 G_r 均为 20dBi，发射功率 P_t 为 30dBm。

采用路径损耗模型，则根据式（13-24），在自由空间中的路径损耗为

$$PL_{dB} = 20\log f_c + 20\log d - 10\log(G_t G_r) - 147.56$$
$$= 20\log(2 \times 10^9) + 20\log(20 \times 10^3) - 20dBi - 20dBi - 147.56$$
$$= 186 + 86 - 187.56 = 84.44dB$$

因此，接收天线接收到的功率为

$$P_{r,dBm} = P_{t,dBm} - PL_{dB} = 30dBm - 84.44dB = -54.44dBm$$

在实际系统中，为了可靠性，需要为系统链路提供足够的裕量，一般为 10～30dB，这里假设采用 20dB 裕量，则天线的接收功率为 -74.44dBm。假设基带解调芯片输入功率需要大于 -20dBm，为了满足要求，接收机前端低噪、滤波、放大部分总增益要达到 55dB 以上。保险起见，这里可以取 60dB。

13.3　ADS 常用链路预算工具介绍

ADS 在 2004 版本后就增加了专门的链路预算工具，在 2011 版本中得到了进一步的增强，下面简单介绍链路预算的各种工具。

13.3.1　BUDGET 控制器

BUDGET 控制器可以非常方便地实现对一个射频收发系统的链路预算，DEBUG 控制器提供了如下功能。

（1）提供大量的链路预算函数，方便用户测试。

（2）支持对参数的调谐、扫描、优化、统计分析。

（3）支持 AGC 环路预算，方便用户确定系统特定频率的功率。

（4）可以将仿真结果与 Excel 进行无缝连接，方便后续处理。

BUDGET 控制器位于"Simulation-Budget"面板中，如 13-5 图所示。

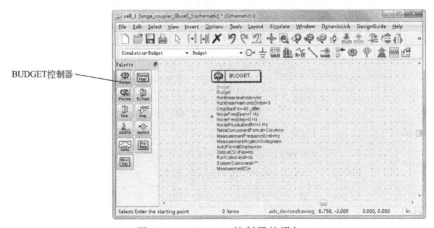

图 13-5　BUDGET 控制器的添加

双击 BUDGET 控制器，出现对控制器参数设置的对话框，主要有"Setup"、"Measurements"、"Display" 3 个标签页，如图 13-6 所示。

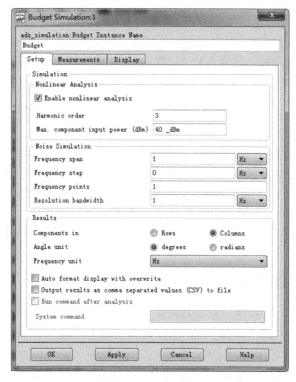

图 13-6　BUDGET 控制器"Setup"标签页

表 13-2 列出了"Setup"标签页中各参数及其说明。

表 13-2　"Setup"标签页中各参数及其说明

参　数	说　明
Enable nonlinear analysis	选中复选框，进行系统非线性分析；　不选中，则进行系统线性分析
Harmonic order	设置非线性分析中的谐波阶数
Max. component input power（dBm）	最大元器件输入功率。进行非线性分析时，必须大于元器件 1dB 压缩点（P1dB）5dB 以上
Frequency span	用于噪声仿真的频率范围（中心频率为信号频率）
Frequency step	用于噪声仿真的频率步长
Frequency points	可选，用于噪声仿真的频率点数，输入数值后根据频率范围自动计算出频率步长
Resolution bandwidth	用于噪声仿真的计算带宽
Components in	设置测量参数在输出表格中是按照行还是列排列
Angle unit	设置输出的角度单位是度还是弧度
Frequency unit	设置输出频率的单位

续表

参　数	说　明
Auto format display with overwrite	选中后，仿真结果按照特定的格式输出，并覆盖同名的 .dss 文件
Output results as comma separated values（CSV）to file	仿真结果输出到 CSV 文件中
Run command after analysis	选中"Output results as comma separated values（CSV）to file"后，该选项可选，在仿真结束后调用用户自定义命令，主要是对 CSV 文件的后处理
System command	选中"Run command after analysis"后，该选项可选，填写具体命令对仿真数据进行后处理，如导入 Excel

"Measurements"标签页如图 13-7 所示，各参数及其说明如表 13-3 所示。

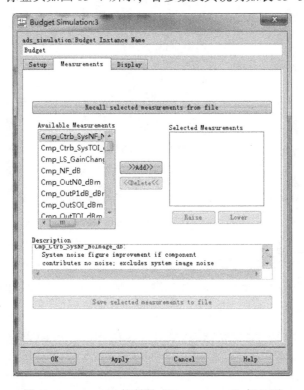

图 13-7　BUDGET 控制器"Measurements"标签页

表 13-3 列出了"Measurements"标签页中各参数及其说明。

表 13-3　"Measurements"标签页中各参数及其说明

参　数	说　明
Recall selected measurements from file	从文件中导入需要测量的链路预算参数
Available Measurements	BUDGET 控制器内部包含的链路预算参数计算函数
Selected Measurements	用户已经选择的需要计算的链路预算参数，利用 Raise 和 Lower 调整参数在输出表格中的位置
Description	对选中参数计算函数的描述
Save selected measurements to file	将设置结果保存到文件中，方便以后调用

"Display"标签页中设置哪些参数显示在原理图中，设置某个参数显示需选中其左边的复选框，如图 13-8 所示。

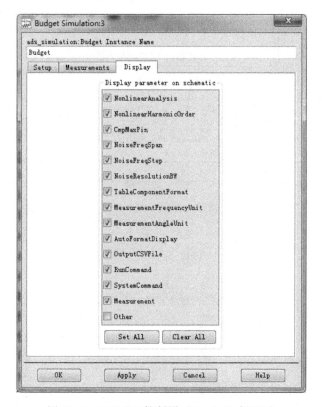

图 13-8　BUDGET 控制器 "Display" 标签页

13.3.2　混频器及本振

在 "Simulation – Budget" 元器件面板中提供了 "MixerWithLO" 元器件，集成了混频器和本振的功能，如图 13-9 所示。

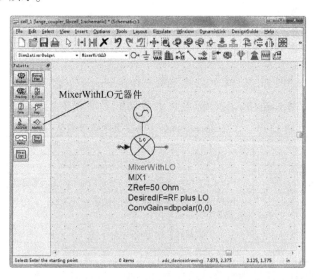

图 13-9　"MixerWithLO" 元器件的添加

双击元器件，在弹出的对话框中可以设置噪声系数（NF）、本振频率（LO_Freq）、二阶交截点（SOI）、三阶交截点（TOI）、输入/输出反射系数（SP11，SP22）、转换增益（ConvGain）等参数。

13.3.3　AGC 环路预算工具

"Simulation - Budget" 元器件面板中提供了 "AGC_Amp" 和 "AGC_PwrContrl" 两个工具，用来进行 AGC 环路控制，如图 13-10 所示。

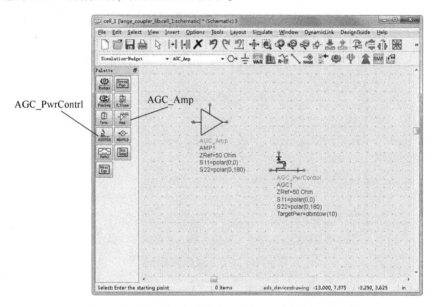

图 13-10　"AGC_Amp" 和 "AGC_PwrContrl" 元器件的添加

双击元器件可以设置放大器的最小增益（Min_dB）、最大增益（Max_dB）、噪声系数（NF）、二阶交截点（SOI）、三阶交截点（TOI）、控制器的目标输出功率（TargetPwr）等参数。

13.4　一个简单系统的链路预算

本节将演示如何通过上面给定的工具对一个简单的系统进行链路预算。该系统包括射频输入端口、第一级滤波器、LNA、混频器、第二级滤波器、中频放大器、中频信号输出。通过 ADS 仿真实现系统的链路预算，可以快速得到当前设计系统的链路参数，以便为后续系统实现提供指导。

新建工程步骤如下。

（1）运行 ADS2011，弹出 ADS2011 主窗口。

（2）执行菜单命令【File】→【New】→【Workspace】，弹出 "New Workspace Wizard" 对话框。单击【Next】按钮，在 "Workspace Name" 栏中输入工程名为 "Budget"，工作路径默认，单击【Finish】按钮，完成新建工程。

（3）单击主窗口图标，自动弹出"New Schematic"窗口，将原理图名字"cell_1"改成"Simple_Budget"，单击【OK】按钮，关闭"New Schematic"窗口。自动弹出原理图设计窗口和原理图设计向导，在原理图设计向导中选择"Cancel"，完成原理图设计窗口的建立。

13.4.1 输入端

（1）在"Sources－Freq Domain"元器件面板中，选择"P_1Tone"控件，如图 13-11 所示。

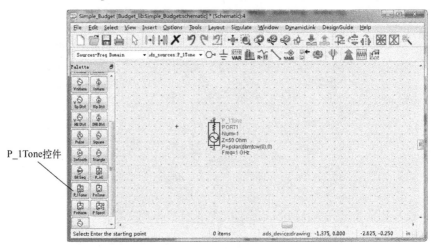

图 13-11　输入端口的添加

（2）单击标题栏的图标，添加变量"Power_RF = － 30 _dBm"和"RFfreq = 2000MHz"，设置"P_1Tone"的输出功率值及输出频率，如图 13-12 所示。需要注意的是，在单位 dBm 前需要加下画线，即_dBm；否则软件会提示单位出错。

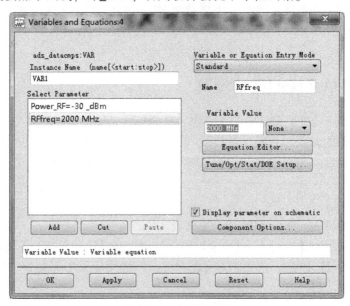

图 13-12　变量的设置

（3）双击"P_1Tone"控件，对其进行参数设置，源阻抗设置为 50 Ohm，输出功率通过 dbmtow（）函数将 dBm 为单位表示的功率（Power_RF）转化为 W 为单位的功率；输出信号频率（Freq）用变量 RFfreq 表示，便于统一修改或参数扫描；为了分析系统的噪声，使能端口热噪声（Noise），并将系统仿真温度（Temp）设置为 16.85°，也就是 290K。用户还可以通过"Display parameter on schematic"设置当前参数是否在原理图上直接显示，如图 13-13 所示。

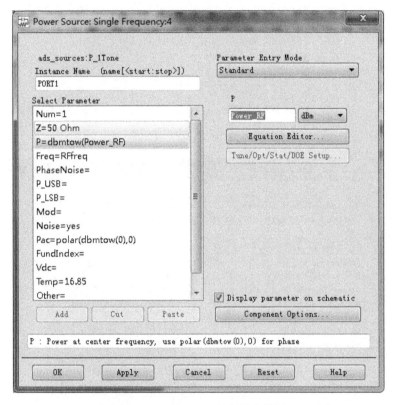

图 13-13　"P_1Tone"控件的参数设置

13.4.2　第一级滤波器

（1）选择"Filters_Bandpass"元器件面板，单击元器件面板上的"BPF_Butterworth"带通滤波器，添加到原理图中，如图 13-14 所示。在该面板中还有切比雪夫滤波器、椭圆滤波器等。不过，这些均是行为模型，只根据用户设置的参数表现出相应的性能，并没有用具体元器件实现，这在系统的前期链路设计中是非常有用的。用户可以通过"DesignGuide"中的 Filter 设计出实际元器件搭建的滤波器。

（2）双击添加的滤波器图标，对其参数进行设置。中心频率（Fcenter）设为 RFfreq，即与输入端口的信号频率一致，滤波器通带带宽（BWpass）为 20MHz，通带带宽的边沿定义为衰减（Apass）达到 3dB 处，阻带带宽（BWstop）为 100MHz，阻带的起始边沿为衰减达到 20dB 处，阶数（N）为 5，插入损耗（IL）为 2dB，如图 13-15 所示。

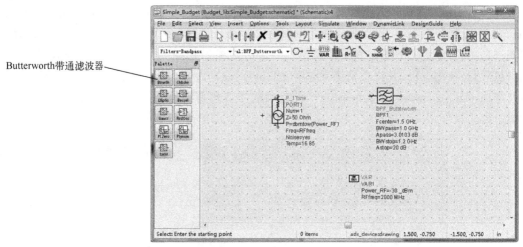

Butterworth带通滤波器

图 13-14　第一级滤波器的添加

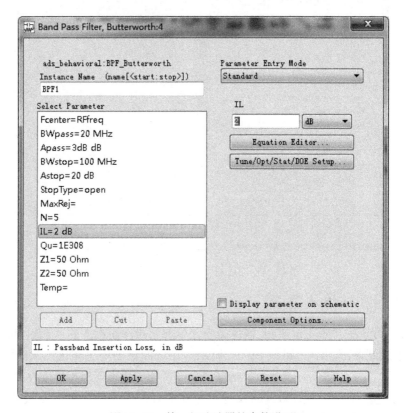

图 13-15　第一级滤波器的参数设置

13.4.3　第一级放大器

（1）第一级放大器用于将接收的微弱信号进行放大，便于与后面进行混频。不过，第一级放大器的噪声对整个系统的噪声影响很大，因此一般都采用低噪声放大器。在"System – Amps & Mixers"元器件面板中选择"Amplifer2"，加入放大器，如图 13-16 所示。

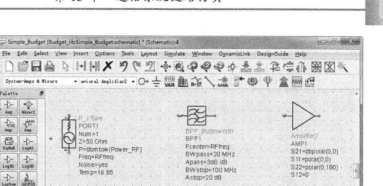

图 13-16　第一级放大器的添加

（2）双击添加的放大器，对其参数进行设置。S21 设置成 dbpolar（15，0），即增益为15dB；S11、S22、S12 均为 0，表示放大器输入/输出匹配，并且无反向泄露；NF = 2dB，设置表征非线性的参数基于输入端（ReferToInput = INPUT）；TOI 即为上文所说的 IIP3，设置成 5dBm；GainCompPower 设置为 −10dBm，同样也是基于输入端的，如图 13-17 所示。

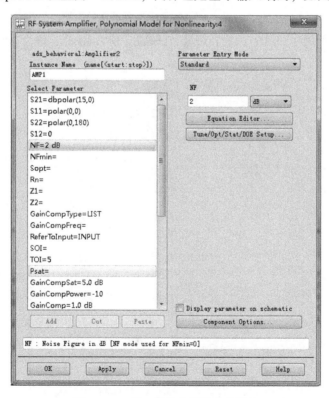

图 13-17　第一级放大器的参数设置

13.4.4　本振及混频

（1）本地振荡器产生本振频率，通过混频器和接收的信号频率进行混频，将射频信号变换到中频信号。在"Simulation－Budget"元器件面板中选择"MixerWithLO"，单击添加到原理图中，如图13-18所示。

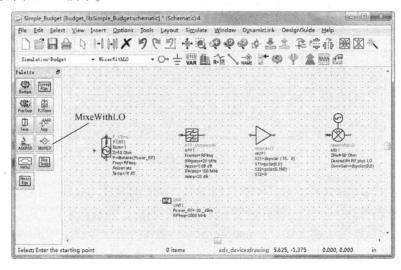

图 13-18　"MixerWithLO"元器件的添加

（2）双击原理图中的"VAR"，设置变量"LOfreq = 1800 MHz"，作为本振的频率，如图13-19所示。

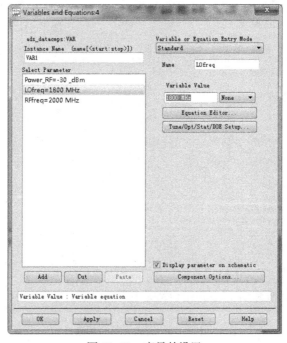

图 13-19　变量的设置

（3）双击添加的本振和混频器图标，对其参数进行设置。输入/输出电阻（ZRef）为 50Ω；输出的信号选择混频后的下边频，即接收信号和本振信号相减 RF minus LO；转化增益设为 7dB；噪声系数为 8dB；设置表征非线性的参数基于输入端，因此 TOI 即为 IIP3，为 0dBm；本振输出频率设为变量 LOfreq，以方便调整或参数扫描，如图 13-20 所示。

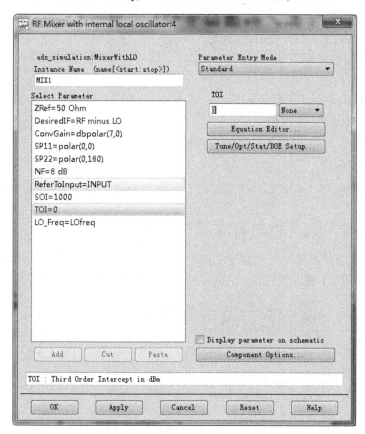

图 13-20　"MixerWithLO" 的参数设置

13.4.5　第二级滤波器

第二级滤波器滤除一些混频后交调产生的无用信号，并起到信道选择的作用。具体添加及参数设置操作见第一级滤波器，参数设置如图 13-21 所示。

13.4.6　第二级放大器

第二级放大器将混频输出的中频信号进一步放大，以满足后续的解调芯片对输出信号的要求。该级放大器的噪声系数没有第一级要求严格，而且在中频，增益也可以做得更大。具体参数如图 13-22 所示。

BPF_Butterworth
BPF2
Fcenter=RFfreq-LOfreq
BWpass=20 MHz
Apass=3 dB
BWstop=100 MHz
Astop=20 dB
N=5
IL=4 dB

图 13-21　第二级滤波器参数设置

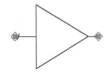

Amplifier2
AMP2
S21=dbpolar（30，0）
S11=polar(0,0)
S22=polar(0,180)
S12=0
NF=2 dB
ReferToInput=INPUT
TOI=6
GainCompPower=-10

图 13-22　第二级放大器参数设置

13.4.7　BUDGET 控制器设置

BUDGET 控制器的具体参数已在上文解释，这里直接给出其具体设置参数。

（1）双击 BUDGET 控制器，在"Setup"标签页中的参数进行设置，如图 13-23 所示。

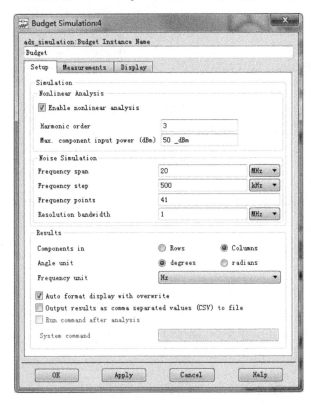

图 13-23　BUDGET 控制器"Setup"标签页参数设置

（2）单击"Measurements"标签页，对该页参数进行设置，选中左边的可测量参数，单击【Add】按钮，使仿真器计算该参数。选中一个参数时，会在"Description"中描述该参数的物理意义，如图 13-24 所示。表 13-4 介绍了本例中添加的参数的物理意义。

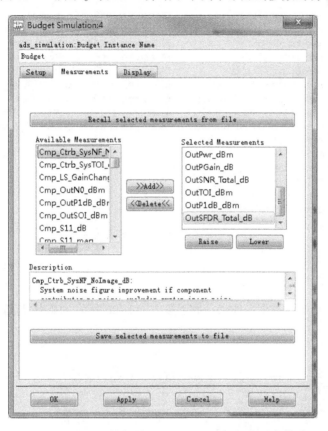

图 13-24　BUDGET 控制器"Measurements"标签页参数设置

表 13-4　BUDGET 控制器测量参数及其意义

参　　数	意　　义
Cmp_NF_dB	元器件的噪声系数，单位为 dB
Cmp_S21_dB	元器件的 S21，单位为 dB
Cmp_OutTOI_dBm	元器件的输出三阶交截点，单位为 dBm
NF_RefIn_NoImage_dB	从系统输入到元器件输出的噪声系数，单位为 dB
OutNPwrTotal_dBm	从系统输入到元器件输出的噪声总功率，单位为 dBm
OutPwr_dBm	从系统输入到元器件输出的功率，单位为 dBm
OutPGain_dB	从系统输入到元器件输出的增益大小，单位为 dB
OutSNR_Total_dB	从系统输入到元器件输出的信噪比，单位为 dB
OutTOI_dBm	从系统输入到元器件输出的三阶交截点，单位为 dBm
OutP1dB_dBm	从系统输入到元器件输出的 1dB 压缩点，单位为 dBm
OutSFDR_Total_dB	从系统输入到元器件输出的无杂散动态范围，单位为 dB

（3）最后得到的 BUDGET 控制器参数显示如图 13-25 所示。

```
BUDGET

Budget
Budget
NonlinearAnalysis=yes                    Measurement[3]="Cmp_OutTOI_dBm"
NonlinearHarmonicOrder=3                  Measurement[4]="NF_RefIn_NoImage_dB"
CmpMaxPin=50 _dBm                         Measurement[5]="OutNPwrTotal_dBm"
NoiseFreqSpan=20 MHz                      Measurement[6]="OutPwr_dBm"
NoiseFreqStep=500 kHz                     Measurement[7]="OutPGain_dB"
NoiseResolutionBW=1 MHz                   Measurement[8]="OutSNR_Total_dB"
TableComponentFormat=Columns             Measurement[9]="OutTOI_dBm"
MeasurementFrequencyUnit=Hz              Measurement[10]="OutP1dB_dBm"
MeasurementAngleUnit=degrees             Measurement[11]="OutSFDR_Total_dB"
AutoFormatDisplay=yes
OutputCSVFile=no
RunCommand=no
SystemCommand=
Measurement[1]="Cmp_NF_dB"
Measurement[2]="Cmp_S21_dB"
```

图 13-25　BUDGET 控制器参数显示

13.4.8　整体电路图

将上面添加的元器件用导线连接，得到如图 13-26 所示的整体电路图，未显示参数按照默认值。

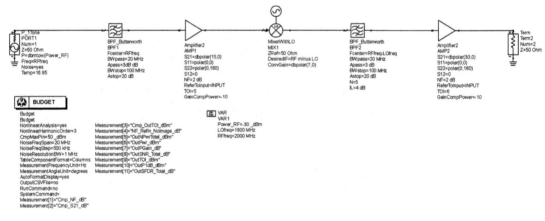

图 13-26　整体电路图

13.4.9　仿真结果及分析

（1）单击 图标，进行仿真，仿真结束，弹出如图 13-27 所示的仿真结果对话框，由于在 BUDGET 控制器的 "Setup" 标签页中选择了 "Auto format display with overwrite"，仿真结果自动按照规定方式显示。对话框中共有三页结果。第一页 "Measurement tables" 通过列表的形式写出所测量的参数的值；第二页 "Summary tables" 显示了整个系统的参数仿真结果；第三页 "Measurement plots" 通过图形化的方式显示出计算的参数值。

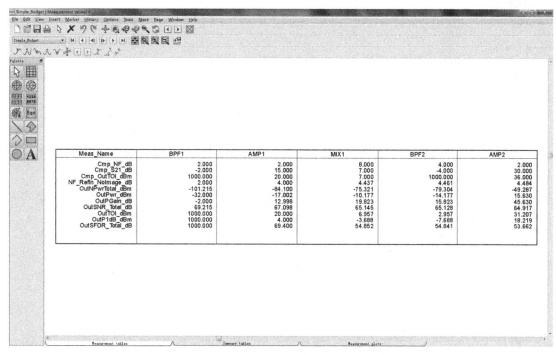

图 13-27　仿真结果显示

（2）单击 "Measurement tables" 标签页，出现如图 13-28 所示的结果。

Meas_Name	BPF1	AMP1	MIX1	BPF2	AMP2
Cmp_NF_dB	2.000	2.000	8.000	4.000	2.000
Cmp_S21_dB	-2.000	15.000	7.000	-4.000	30.000
Cmp_OutTOI_dBm	1000.000	20.000	7.000	1000.000	36.000
NF_RefIn_NoImage_dB	2.000	4.000	4.437	4.461	4.484
OutNPwrTotal_dBm	-101.215	-84.100	-75.321	-79.304	-49.287
OutPwr_dBm	-32.000	-17.002	-10.177	-14.177	15.630
OutPGain_dB	-2.000	12.998	19.823	15.823	45.630
OutSNR_Total_dB	69.215	67.098	65.145	65.128	64.917
OutTOI_dBm	1000.000	20.000	6.957	2.957	31.207
OutP1dB_dBm	1000.000	4.000	-3.688	-7.688	18.219
OutSFDR_Total_dB	1000.000	69.400	54.852	54.841	53.662

图 13-28　"Measurement tables" 结果显示

① 第一栏 Cmp_NF_dB 表示每个元器件的噪声系数，结果显示 BPF1 的 NF 为 2dB，与其插入损耗一致；AMP1 的 NF 为 2dB；MIX1 的 NF 为 8dB；BPF2 的 NF 为 4dB；AMP2 的 NF 为 2dB，这些与原理图中元器件参数设置一致。

② Cmp_S21_dB 表示每个元器件的 S21，正数表示增益，负数表示插损，也与原理图设置一致。

③ Cmp_outTOI_dBm 表示每个元器件基于输出端的 TOI，即 OIP3。在原理图中设置的元器件 TOI 为基于输入端，即 IIP3，则 OIP3 = IIP3 + S21。如 AMP1 的 IIP3 为 5dBm，S21 为 15dB，因此其 OIP3 = 5dBm + 15dB = 20dBm。其中，对于线性元器件，如 BPF，其 TOI 自动设置成一个极大值 1000dBm。

④ NF_RefIn_NoImage_dB 表示从系统输入到元器件输出的噪声系数。如 AMP2 的输出噪声系数为 4.484dB，其计算过程可以参照式（13-5）。

$$NF = F_1 + \frac{F_2 - 1}{G_1} + \frac{F_3 - 1}{G_1 G_2} + \frac{F_4 - 1}{G_1 G_2 G_3} + \frac{F_4 - 1}{G_1 G_2 G_3 G_4}$$

$$= 10^{0.2} + \frac{10^{0.2} - 1}{10^{-0.2}} + \frac{10^{0.8} - 1}{10^{-0.2} \times 10^{1.5}} + \frac{10^{0.4} - 1}{10^{-0.2} \times 10^{1.5} \times 10^{0.7}} + \frac{10^{0.2} - 1}{10^{-0.2} \times 10^{1.5} \times 10^{0.7} \times 10^{-0.4}}$$

$$= 1.585 + \frac{1.585 - 1}{0.631} + \frac{6.310 - 1}{19.953} + \frac{2.512 - 1}{100} + \frac{1.585 - 1}{39.811}$$

$$= 2.808 = 4.484 dB$$

计算结果和软件仿真结果一致。需要注意的是，在计算中所有以 dB 为单位的变量需要转化为数值表示。

⑤ OutNPwrTotal_dBm 表示从系统输入到元器件输出的带宽内噪声功率总和。如 AMP1 的输出噪声功率为

$$N_0 = kBG_{BPF1} G_{AMP1} T_0 + kBG_{BPF1} G_{AMP1}(F_{BPF1} - 1) T_0 + kBG_{AMP1}(F_{AMP1} - 1) T_0$$

$$= kBT_0 [G_{BPF1} G_{AMP1} F_{BPF1} + G_{AMP1}(F_{AMP1} - 1)]$$

$$= kBT_0 G_{AMP1} [G_{BPF1} F_{BPF1} + (F_{AMP1} - 1)]$$

$$= 10\log(1.38 \times 10^{-23} \times 20 \times 10^6 \times 290) + 15 + 2 (dB) = -84.1 dBm$$

同样，计算结果和仿真结果一致。

⑥ OutPwr_dBm 表示系统输入到元器件输出的信号功率。原理图中设置输入端口信号功率为 –30dBm，经过 BPF 的 2dB 插损后变为 –32dBm，再通过 AMP1 的 15dB 增益后变为 –17dBm，依此类推。

⑦ OutPGain_dB 为系统输入到元器件输出总的增益之和，即从系统输入到该元器件（包括该元器件）之间所有元器件的 S21 之和。

⑧ OutSNR_Total_dB 表示从系统输入到元器件输出的信噪比，也即 OutPwr_dBm 和 OutNPwrTotal_dBm 之差。

⑨ OutTOI_dBm 表示从系统输入到元器件输出的 TOI（三阶交截点），这里默认 TOI 的值基于元器件输出，即 OIP3。如 MIX1 的 TOI 可以根据式（13-19）计算如下。

$$TOI_{MIX1\_out} = \left(\frac{1}{G_{MIX1} TOI_{AMP1\_out}} + \frac{1}{TOI_{MIX1}} \right)^{-1}$$

$$= \left(\frac{1}{10^{0.7} 10^{1.5}} + \frac{1}{10^{0.7}} \right)^{-1} = 4.856 = 6.863 \ (dB)$$

⑩ OutP1dB_dBm 表示基于输出的 1dB 增益压缩点。同样，OutP1dB 也可以由以下公式得出。

$$OP1dB(dB) = 10\log \left(\frac{1}{\dfrac{1}{OP1dB_1 \times G_2 \times G_3} + \dfrac{1}{OP1dB_2 \times G_3} + \dfrac{1}{Op1dB_3}} \right)$$

其中，式中的参数均要将 dB 转为十进制数再计算。

⑪ OutSFDR_Total_dB 表示基于输出的无寄生动态范围。具体计算公式可以参考式（13-21）。

（3）单击仿真结果下面的"Summary tables"标签页，出现整个系统的性能参数仿真结果，如图 13-29 所示。

System_Name	System_Value
SystemInN0_dBm	-173.975
SystemInNPwr_dBm	-100.965
SystemInP1dB_dBm	-26.781
SystemInSOI_dBm	1000.000
SystemInTOI_dBm	-14.793
SystemNF_dB	6.022
SystemOutN0_dBm	-121.953
SystemOutNPwr_dBm	-49.287
SystemOutP1dB_dBm	18.219
SystemOutSOI_dBm	1000.000
SystemOutTOI_dBm	31.207
SystemPGain_SS_dB	46.000
SystemPGain_dB	45.630
SystemPOut_dBm	15.630
SystemS11_dB	-260.227
SystemS11_mag	9.742E-14
SystemS11_phase	89.527
SystemS12_dB	-400.000
SystemS12_mag	0.000
SystemS12_phase	0.000
SystemS21_dB	45.630
SystemS21_mag	191.201
SystemS21_phase	-5.097
SystemS22_dB	-400.000
SystemS22_mag	0.000
SystemS22_phase	0.000

图 13-29　"Summary tables"结果显示

这里列出了系统的基于输入和输出的噪声功率（SystemInNPwr_dBm、SystemOutNPwr_dBm）、1dB 增益压缩点（SystemInP1dB_dBm、SystemOutP1dB_dBm）、三阶交截点（System-InTOI_dBm、SystemOutTOI_dBm）、系统噪声系数（SystemNF_dB）、系统增益（SystemPGain_dB）、系统输出功率（SystemPOut_dBm），以及系统的 S 参数等。

（4）单击"Measurement Plots"标签页，结果如图 13-30 所示。该图表将在"Measurement tables"标签页中的参数画成图表的方式方便用户查看分析。

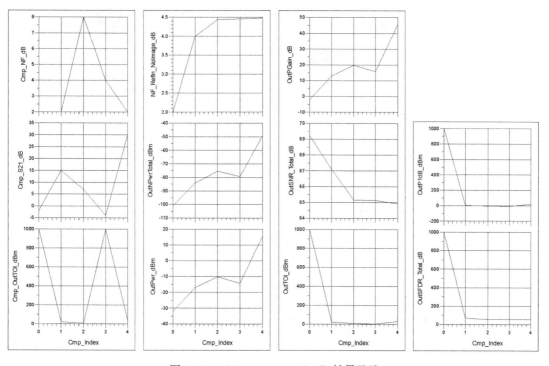

图 13-30　"Measurement Plots"结果显示

13.5 AGC 自动增益控制

在 AGC 环路控制中一般有两种形式：一种是直接检测信号功率的大小，根据其大小进行增益控制；在一些复杂的通信系统中，一般有专门的功率控制信道，在该信道中发送导频，接收机通过检测导频的大小来实现对有用信号信道的增益控制。

13.5.1 无导频模式下的功率控制

AGC 环路控制主要通过"AGC_Amp"和"AGC_PwrControl"控件实现，这两个控件的添加和参数设置可以参考 13.3 节。

（1）单击主窗口 图标，自动弹出"New Schematic"窗口，将原理图名字"cell_1"改成"AGC_No_pilot"，单击【OK】按钮，关闭"New Schematic"窗口。自动弹出原理图设计窗口和原理图设计向导，在原理图设计向导中选择"Cancel"，完成原理图设计窗口的建立。

（2）在原理图中添加"AGC_Amp"和"AGC_PwrControl"控件。

对"AGC_PwrControl"进行参数设置，"AGC_PwrControl"中的参数 Fnom、BW、DampingFactor、NormalizedZero 和 ExternalGain 在链路预算仿真中不会使用，因此不用对这些参数进行设置。主要设置参数 TargetPwr，即目标输出功率，在这里采用默认值 dbmtow（10），即 10dBm，如图 13-31 所示。

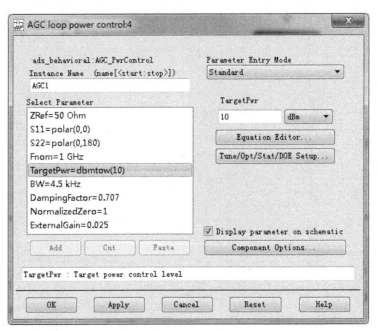

图 13-31 "AGC_PwrControl"的参数设置

（3）AGC_AMP 参数设置，设置其增益范围为 -40 ~ 40dB，TOI 为 30.6，如图 13-32 所示。

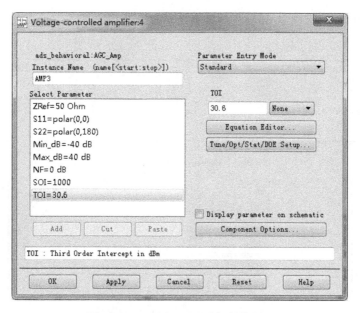

图 13-32　"AGC_AMP" 的参数设置

（4）读者根据图13-33 搭建和设置电路，这里就不一一列出。关于元器件的添加和参数设置请参考 13.4 节的相关内容。注意，未显示参数都为默认值。

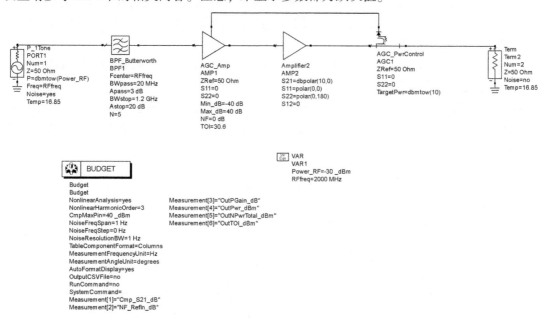

图 13-33　整体电路图

（5）该系统射频信号输入频率为 2GHz，输入功率为 –30dBm。单击 图标，得到仿真结果如图 13-34 和图 13-35 所示。

从结果中可以看出，通过 "AGC_PwrControl" 的控制，"AGC_Amp" 的增益固定在 30dB，整个系统的增益为 40dB。因为输入功率为 –30dBm，所以输出功率为 10dBm，正好

满足 "AGC_PwrControl" 中 10dBm 目标输出功率的要求。

AGC增益为30 dB

Meas_Name	BPF1	AMP1	AMP2	AGC1
Cmp_S21_dB	-2.656E-6	30.008	10.000	0.000
NF_RefIn_dB	0.000	0.000	0.000	0.000
OutPGain_dB	-2.656E-6	30.000	40.000	40.000
OutPwr_dBm	-30.000	-1.413E-5	10.000	10.000
OutNPwrTotal_dBm	-173.975	-143.967	-133.967	-133.967
OutTOI_dBm	1000.000	30.600	40.600	40.600

输出功率为10 dBm

图 13-34 "Measurement tables" 结果显示

System_Name	System_Value
SystemInN0_dBm	-173.975
SystemInNPwr_dBm	-173.975
SystemInSOI_dBm	1000.000
SystemInTOI_dBm	0.592
SystemNF_dB	0.000
SystemOutN0_dBm	-133.967
SystemOutNPwr_dBm	-133.967
SystemOutSOI_dBm	1000.000
SystemOutTOI_dBm	40.600
SystemPGain_SS_dB	40.008
SystemPGain_dB	40.000
SystemPOut_dBm	10.000

图 13-35 "Summary tables" 结果显示

13.5.2 有导频模式下的功率控制

在导频模式下增加另一个信道发送导频, "AGC_PwrControl" 通过检测导频的功率来控制 "AGC_Amp" 的增益, 从而实现对有用信号的功率控制。导频信道需要在输入端 P_nTone 中的第二个频率源中设置。

（1）单击主窗口图标，自动弹出 "New Schematic" 窗口，将原理图名字 "cell_1" 改成 "AGC_pilot"，单击【OK】按钮，关闭 "New Schematic" 窗口。自动弹出原理图设计窗口和原理图设计向导，在原理图设计向导中选择 "Cancel"，完成原理图设计窗口的建立。

（2）选择 "Sources – Freq Domain" 元器件面板，单击 "PnTone" 图标进行添加，如图 13-36 所示。

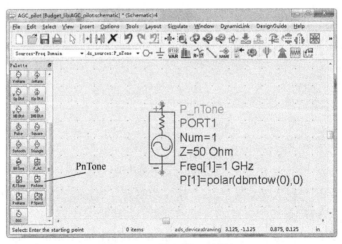

图 13-36 输入端口的添加

（3）双击 P_nTone，进行参数的设置，包括信号的频率（RFfreq）和功率（Power_RF），以及导频（RFfreq）的频率及功率（Power_Pilot）。为了方便调整或参数扫描，均采用变量的方式赋值。如图 13-37 所示。

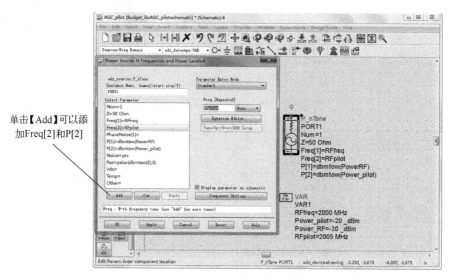

图 13-37　输入端口参数的设置

（4）读者根据图 13-38 搭建和设置电路，这里就不一一列出。关于元器件的添加和参数设置请参考 13.4 节的相关内容。注意，未显示参数都为默认值。

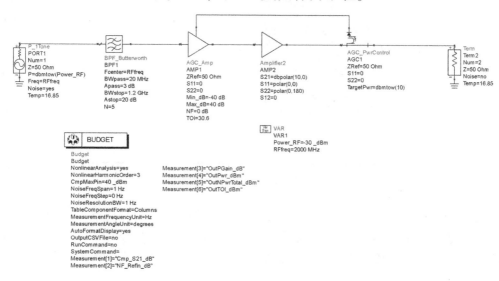

图 13-38　整体电路图

（5）单击 🌐 图标得到如图 13-39 和图 13-40 所示的仿真结果。

结果显示，"AGC_Amp" 的增益为 20dB，系统输出功率为 0dBm，符合设计值。"AGC_PwrControl" 是根据导频的输出信号功率作为目标输出信号功率的，其对 "AGC_Amp" 的增

AGC增益为20 dB

Meas_Name	BPF1	AMP1	AMP2	AGC1
Cmp_NF_dB	0.000	3.000	0.000	0.000
Cmp_OutTOI_dBm	1000.000	30.600	1000.000	1000.000
Cmp_S21_dB	2.908E-6	20.008	10.000	0.000
NF_RefIn_dB	0.000	3.000	3.000	3.000
OutPGain_dB	2.908E-6	20.007	30.007	30.007
OutPwr_dBm	-30.000	-9.993	0.007	0.007
OutPGainChange_dB	0.000	-0.001	-0.001	-0.001
OutNPwrTotal_dBm	-173.855	-150.907	-140.907	-140.907
OutTOI_dBm	1000.000	30.600	40.600	40.600

输出功率为0 dBm

图 13-39 Measurement tables 结果显示

System_Name	System_Value
SystemInN0_dBm	-173.855
SystemInNPwr_dBm	-173.855
SystemInSOI_dBm	1000.000
SystemInTOI_dBm	10.592
SystemNF_dB	3.000
SystemOutN0_dBm	-140.907
SystemOutNPwr_dBm	-140.907
SystemOutSOI_dBm	1000.000
SystemOutTOI_dBm	40.600
SystemPGain_SS_dB	30.008
SystemPGain_dB	30.007
SystemPOut_dBm	0.007
SystemS11_dB	-220.433
SystemS11_mag	9.514E-12
SystemS11_phase	88.842
SystemS12_dB	-400.000
SystemS12_mag	0.000
SystemS12_phase	0.000
SystemS21_dB	30.007
SystemS21_mag	31.648
SystemS21_phase	-1.158
SystemS22_dB	-400.000
SystemS22_mag	0.000
SystemS22_phase	0.000

图 13-40 Summary tables 结果显示

益控制也是根据导频的输入/输出信号功率的值的。导频的输入信号功率为 -20dBm，目标输出功率设置为 10dBm，因此整个系统的增益应该为 30dB，除去"AMP1"的增益，"AGC_Amp"的增益为 20dB。因为有用信号的输入功率为 -30dBm，所以经过系统 30dB 的增益后输出即为 0dBm。

13.6 链路参数扫描

在实际情况下，收发系统工作时信号的功率、频率等都可能会发生变化。例如，接收机需要在其规定范围内对最小信号功率和最大信号功率都能完成正常接收。因此，在链路预算中，需要了解系统工作在最大和最小的功率值上时，其性能指标的变化情况。ADS 在链路预算中可以方便地实现对各种工作参数的扫描，迅速计算出各种工作参数下系统的性能指标，让设计者找出链路中的关键元器件，进行重点设计与分析。

13.6.1 功率扫描

实际系统中，最常见的就是接收机接收到或发射机发送的信号功率不恒定，如手机的接收和发送功率随着离基站的不同距离而不断变化，即"远近效应"及功率控制技术。

（1）单击主窗口图标，自动弹出"New Schematic"窗口，将原理图名字"cell_1"改成"Power_Sweep"，单击【OK】按钮，关闭"New Schematic"窗口。自动弹出原理图设计窗口和原理图设计向导，在原理图设计向导中选择"Cancel"，完成原理图设计窗口的建立。

（2）参照 13.4 节的步骤建立一个发射机系统。与 13.4 节系统的主要区别在于，这里的例子为发射系统。因此，在"MixerWithLO"中的"DesiredIF"中选择"RF plus LO"，图中第一级放大器 R1 为具体放大器电路封装而成，在"TX/RX Subsystems"面板中单击"AMP"添加到原理图，如 13-41 所示。读者根据图 13-41 搭建和设置电路，这里就不一一列出。关于元器件的添加和参数设置请参考 13.4 节的相关内容。注意，未显示参数都为默认值。

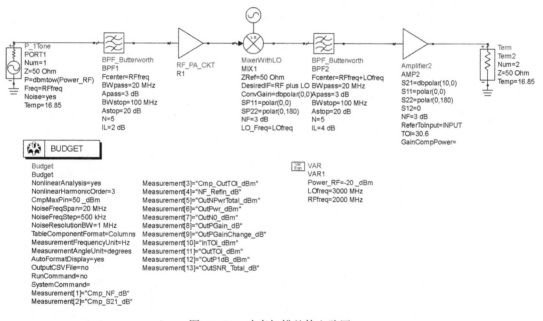

图 13-41　功率扫描整体电路图

（3）在"Simulation – Budget"元器件面板里找到控件，对信号输入功率变量 Power_RF 设置参数扫描，起始功率为 –20dBm，终止功率为 10dBm，步长为 5dBm，如图 13-42 所示。并双击 PARAMETER SWEEP，在其"Simulations"标签页中的"Simulation 1"中填入 Budget，使其与 Budget 控件关联。

（4）单击图标，得到如图 13-43 所示的仿真结果。

在图 13-43 中显示了部分仿真结果。在结果中，根据每一个输入功率 Power_RF 的值，相应地计算出了在该情况下的系统链路参数，可以清楚地查找系统在何种输入功率下存在问题，提出相应解决方案。

图 13-42　功率参数扫描设置

Meas_Index	Meas_Name	BPF1	R1	MIX1	BPF2	AMP2
Power_RF=-20.000						
0	Cmp_NF_dB	2.000	2.937	3.000	4.000	3.000
1	Cmp_S21_dB	-2.000	29.552	0.000	-4.000	10.000
2	Cmp_OutTOI_dBm	1000.000	23.565	0.000	1000.000	40.600
3	NF_Refln_dB	2.000	4.940	4.947	4.951	4.957
4	OutNPwrTotal_dBm	-101.206	-68.470	-68.752	-72.749	-62.742
5	OutPwr_dBm	-22.006	7.338	-8.293	-12.293	-2.293
6	OutN0_dBm	-173.982	-141.483	-141.476	-145.472	-135.466
7	OutPGain_dB	-2.006	27.338	11.707	7.707	17.707
8	OutPGainChange_dB	0.001	-0.214	-15.845	-15.845	-15.846
9	InTOI_dBm	-27.573	-29.573	0.019	34.600	30.600
10	OutTOI_dBm	1000.000	23.565	-0.019	-4.019	5.979
11	OutP1dB_dBm	1000.000	11.677	-10.635	-14.635	-4.635
12	OutSNR_Total_dB	79.200	75.808	60.459	60.456	60.449
Power_RF=-15.000						
0	Cmp_NF_dB	2.000	2.937	3.000	4.000	3.000
1	Cmp_S21_dB	-2.000	29.552	0.000	-4.000	10.000
2	Cmp_OutTOI_dBm	1000.000	23.565	0.000	1000.000	40.600
3	NF_Refln_dB	2.000	-68.470	-68.752	-72.749	-62.742
4	OutNPwrTotal_dBm	-101.206	-68.470	-68.752	-72.749	-62.742
5	OutPwr_dBm	-17.010	11.610	-8.293	-12.293	-2.293
6	OutN0_dBm	-173.982	-141.483	-141.476	-145.472	-135.466
7	OutPGain_dB	-2.010	26.610	6.707	2.707	12.707
8	OutPGainChange_dB	-0.003	-0.942	-20.845	-20.845	-20.846
9	InTOI_dBm	-27.573	-29.573	0.019	34.600	30.600
10	OutTOI_dBm	1000.000	23.565	-0.019	-4.019	5.979
11	OutP1dB_dBm	1000.000	11.677	-10.635	-14.635	-4.635
12	OutSNR_Total_dB	84.195	80.080	60.459	60.456	60.449
Power_RF=-10.000						
0	Cmp_NF_dB	2.000	2.937	3.000	3.000	3.000
1	Cmp_S21_dB	-2.000	29.552	0.000	-4.000	10.000
2	Cmp_OutTOI_dBm	1000.000	23.565	0.000	1000.000	40.600
3	NF_Refln_dB	2.000	4.940	4.947	4.951	4.957
4	OutNPwrTotal_dBm	-101.206	-68.470	-68.752	-72.749	-62.742
5	OutPwr_dBm	-12.093	13.745	-8.293	-12.293	-2.293
6	OutN0_dBm	-173.982	-141.483	-141.476	-145.472	-135.466
7	OutPGain_dB	-2.093	23.745	1.707	-2.293	7.707
8	OutPGainChange_dB	-0.086	-3.807	-25.845	-25.845	-25.846
9	InTOI_dBm	-27.573	-29.573	0.019	34.600	30.600
10	OutTOI_dBm	1000.000	23.565	-0.019	-4.019	5.979
11	OutP1dB_dBm	1000.000	11.677	-10.635	-14.635	-4.635
12	OutSNR_Total_dB	89.112	82.215	60.459	60.456	60.449
Power_RF=-5.000						
0	Cmp_NF_dB	2.000	2.937	3.000	4.000	3.000
1	Cmp_S21_dB	-2.000	29.552	0.000	-4.000	10.000
2	Cmp_OutTOI_dBm	1000.000	23.565	0.000	1000.000	40.600
3	NF_Refln_dB	2.000	4.940	4.947	4.951	4.957
4	OutNPwrTotal_dBm	-101.206	-68.470	-68.752	-72.749	-62.742
5	OutPwr_dBm	-7.316	14.744	-8.293	-12.293	-2.293
6	OutN0_dBm	-173.982	-141.483	-141.476	-145.472	-135.466
7	OutPGain_dB	-2.318	19.744	-3.293	-7.293	2.707
8	OutPGainChange_dB	-0.311	-7.808	-30.845	-30.845	-30.846
9	InTOI_dBm	-27.573	-29.573	0.019	34.600	30.600
10	OutTOI_dBm	1000.000	23.565	-0.019	-4.019	5.979
11	OutP1dB_dBm	1000.000	11.677	-10.635	-14.635	-4.635
12	OutSNR_Total_dB	93.887	83.214	60.459	60.456	60.449

在数据显示窗口里拖曳可以查看更多结果

图 13-43　功率扫描仿真结果

13.6.2　频率扫描

在有些情况下，接收机接收的频率也会发生变化，如"多普勒频移"、频分复用系统中接收或发送信号信道的变换等。很多接收机都有专门的 AFC（自动频率控制）模块来控制系统的本振与信号频率保持同步。因此，在链路预算中需要测试系统工作在不同频率时的工作参数，保证工作的稳定性。

（1）单击主窗口图标，自动弹出"New Schematic"窗口，将原理图名字"cell_1"改成"Frequency_Sweep"，单击【OK】按钮，关闭"New Schematic"窗口。自动弹出原理图设计窗口和原理图设计向导，在原理图设计向导中选择"Cancel"，完成原理图设计窗口的建立。

同样，建立功率扫描时所用的系统，设置发射频率变量 RFfreq，起始频率为 1.98GHz，终止频率为 2.02GHz，步长为 4MHz，如图 13-44 所示。

图 13-44　频率参数扫描设置

（2）单击仿真按钮，仿真结果如图 13-45 所示。

Meas_Index		Meas_Name	BPF1	R1	MIX1	BPF2	AMP2
RFfreq=1.980E9							
	0	Cmp_NF_dB	2.000	2.938	3.000	4.000	3.000
	1	Cmp_S21_dB	-2.000	29.548	0.000	-4.000	10.000
	2	Cmp_OutTOI_dBm	1000.000	23.248	0.000	1000.000	40.600
	3	NF_Refin_dB	4.951	-68.451	-68.740	4.966	4.967
	4	OutNPwrTotal_dBm	-101.201	-68.451	-68.740	-72.736	-62.730
	5	OutPwr_dBm	-22.009	7.345	-8.293	-12.293	-2.293
	6	OutN0_dBm	-173.981	-141.469	-141.469	-145.466	-135.460
	7	OutPGain_dB	-2.009	27.345	11.707	7.707	17.707
	8	OutPGainChange_dB	-0.003	-0.203	-15.841	-15.841	-15.842
	9	InTOI_dBm	-27.570	-29.570	0.024	34.600	30.600
	10	OutTOI_dBm	1000.000	23.248	-0.021	-4.021	5.978
	11	OutP1dB_dBm	1000.000	11.767	-10.639	-14.639	-4.639
	12	OutSNR_Total_dB	79.192	75.795	60.447	60.443	60.436
RFfreq=1.984E9							
	0	Cmp_NF_dB	2.000	2.936	3.000	4.000	3.000
	1	Cmp_S21_dB	-2.000	29.546	0.000	-4.000	10.000
	2	Cmp_OutTOI_dBm	1000.000	23.303	0.000	1000.000	40.600
	3	NF_Refin_dB	2.000	4.958	4.966	4.959	4.967
	4	OutNPwrTotal_dBm	-101.199	-68.458	-68.746	-72.742	-62.736
	5	OutPwr_dBm	-22.005	7.341	-8.293	-12.293	-2.293
	6	OutN0_dBm	-173.978	-141.481	-141.474	-145.470	-135.464
	7	OutPGain_dB	-2.005	27.341	11.707	7.707	17.707
	8	OutPGainChange_dB	-0.002	-0.205	-15.839	-15.839	-15.839
	9	InTOI_dBm	-27.568	-29.568	0.023	34.600	30.600
	10	OutTOI_dBm	1000.000	23.303	-0.020	-4.020	5.978
	11	OutP1dB_dBm	1000.000	11.749	-10.642	-14.642	-4.642
	12	OutSNR_Total_dB	79.193	75.799	60.453	60.449	60.442
RFfreq=1.988E9							
	0	Cmp_NF_dB	2.000	2.936	3.000	4.000	3.000
	1	Cmp_S21_dB	-2.000	29.545	0.000	-4.000	10.000
	2	Cmp_OutTOI_dBm	1000.000	23.363	0.000	1000.000	40.600
	3	NF_Refin_dB	2.000	4.947	4.953	4.957	4.963
	4	OutNPwrTotal_dBm	-101.198	-68.464	-68.750	-72.746	-62.740
	5	OutPwr_dBm	-22.003	7.338	-8.293	-12.293	-2.293
	6	OutN0_dBm	-173.976	-141.483	-141.477	-145.473	-135.467
	7	OutPGain_dB	-2.003	27.338	11.707	7.707	17.707
	8	OutPGainChange_dB	-0.002	-0.207	-15.838	-15.838	-15.839
	9	InTOI_dBm	-27.567	-29.567	0.022	34.600	30.600
	10	OutTOI_dBm	1000.000	23.363	-0.020	-4.020	5.978
	11	OutP1dB_dBm	1000.000	11.733	-10.642	-14.642	-4.642
	12	OutSNR_Total_dB	79.195	75.801	60.457	60.453	60.446
RFfreq=1.992E9							
	0	Cmp_NF_dB	2.000	2.935	3.000	4.000	3.000
	1	Cmp_S21_dB	-2.000	29.546	0.000	-4.000	10.000
	2	Cmp_OutTOI_dBm	1000.000	23.426	0.000	1000.000	40.600
	3	NF_Refin_dB	2.000	4.944	4.951	4.955	4.961
	4	OutNPwrTotal_dBm	-101.199	-68.467	-68.753	-72.749	-62.742
	5	OutPwr_dBm	-22.002	7.337	-8.293	-12.293	-2.293
	6	OutN0_dBm	-173.977	-141.485	-141.478	-145.474	-135.468
	7	OutPGain_dB	-2.002	27.337	11.707	7.707	17.707
	8	OutPGainChange_dB	-0.001	-0.209	-15.839	-15.839	-15.839
	9	InTOI_dBm	-27.567	-29.567	0.021	34.600	30.600
	10	OutTOI_dBm	1000.000	23.426	-0.020	-4.020	5.979
	11	OutP1dB_dBm	1000.000	11.718	-10.642	-14.642	-4.642
	12	OutSNR_Total_dB	79.196	75.804	60.460	60.456	60.449

图 13-45　频率扫描仿真结果

图 13-45 显示了部分仿真结果。在结果中，根据每一个输入信号频率 RFfreq 的值，相应地计算出了在该情况下的系统链路参数。

13.7 链路预算结果导入 Excel

很多链路预算最后都以是表格的形式提交，以便更好地进行技术交流。ADS 里面同样提供了这样的功能，可以方便地将链路预算的结果导入到 Excel 表格中。

13.7.1 控制器设置

（1）双击 Budget 控制器，弹出如图 13-46 所示的对话框。

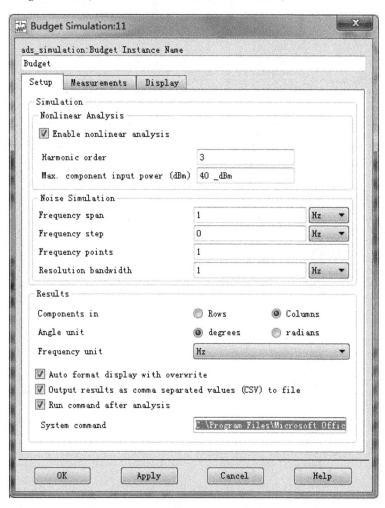

图 13-46　Budget 控制器参数设置

（2）选中 "Output results as comma separated values（CSV）to file" 及 "Run command after analysis" 前的复选框，并在 "System command" 后面填写 Excel 软件的安装地址，如 C：\Program Files\Microsoft Office\Office\Excel. exe。单击【OK】按钮，完成设置。

13.7.2　Excel 操作

（1）回到 ADS2011 主窗口，执行菜单命令【File】->【Open】->【Example】，找到 ADS 安装目录下/examples/Tutorial/RF_Budget_Examples_wrk.7zap 的文件，单击打开，弹出 "Unarchive workspace name" 窗口，设定保存路径，单击【OK】按钮，单击 Yes 打开 "RF_Budget_Examples_wrk"。

（2）在刚保存的路径下，找到文件 SetUp_Budget_Sheets.xls 复制到 C:\Program Files\Microsoft Office\Office\XLStart 目录下，这个文件定义了一些链路的图形，使得生成 Excel 链路预算表格时可以调用这些图片。打开该文件，如图 13-47 所示。

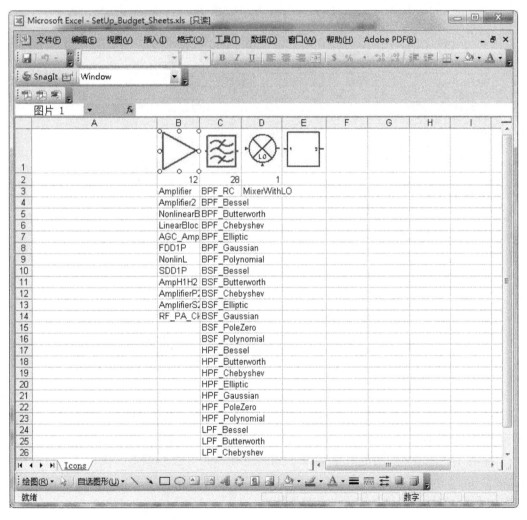

图 13-47　SetUp_Budget_Sheets 文件

如果所用的器件超出了这里的器件范围，可以自己编辑，增加图片，在图片下面的单元格中填写器件的个数和器件名称，Excel 打开时会自动寻找器件名称并显示名称所在列的图形。

（3）重新打开 "Budget_wrk"，如打开 "AGC_pilot" 原理图，双击 Budget 控制器，参数

设置如 13.7.1 节所述，单击 ADS 的仿真按钮。仿真结束后会自动打开两个 Excel 文档，一个即为 SetUp_Budget_Sheets. xls，另一个则是根据项目名称生成的 Excel，此时虽然数据导入到了表格中，但数据排列不整齐，按【Ctrl + R】组合键，出现如图 13-48 所示的整齐的表格。

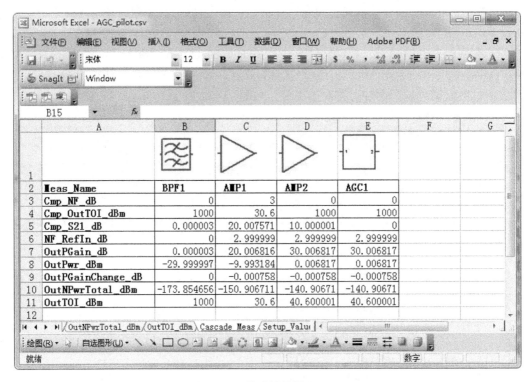

图 13-48　仿真结果导入 Excel

切换如图 13-49 所示的标签，还可以看到各种指标的图形化表示。

图 13-49　查看其他导出结果

（4）单击保存该 Excel 文档，相应的链路预算数据便已导出。

以上的这些例子只是简单地介绍了 ADS 关于系统链路预算方面的一些基本操作，包括整个系统链路的预算、AGC 增益控制、功率和频率参数的扫描，以及最后结果的导出。不过，ADS 关于链路预算的功能并不局限于此，还有一些参数的调谐、优化、统计分析等，以及结合其他控件进行更加复杂的系统分析，希望读者能够进一步探索，更加灵活有效地运用 ADS 以便对实际系统设计提供可靠的指导。

第14章　Momentum 电磁仿真

高级设计系统（ADS）主要由原理图界面（Schematic）和版图界面（Layout）组成。这两个界面是完成一个设计必须掌握的，前面的章节中主要侧重于原理图界面的设计，对版图界面的应用说明较少，因此在本章中将侧重于介绍 Layout 设计。ADS Layout 界面仿真采用的方法主要是 Momentum（矩量法）。在 ADS 2008 版以后，新加入了采用有限元（FEM）方法的 EMDS（电磁设计系统）。通过本章的学习，读者能够掌握 Momentum 的一些基本知识，学会使用 ADS 进行射频微带滤波器的设计。

14.1　Layout 界面简介

本节将介绍 Layout 界面的基本构成，以及 Layout 界面中常用工具的使用。通过本节的学习，读者能够熟悉 ADS2011 Layout 的基本结构，并列举一个微带滤波器的实例说明其应用。

1. 创建 Layout 文件

打开 ADS2011，创建 Mom_wrk 的工程文件夹。单击 图标，直接创建一个 Layout 文件。

进入到 Layout 界面后，将看到一个如图 14-1 所示的窗口。接下来主要介绍 Layout 界面的各种工具的功能及其使用方法 。

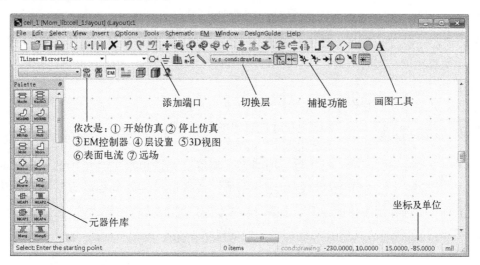

图 14-1　Layout 界面

2. Layout 菜单栏

Layout 界面中的菜单栏包括【File】、【Edit】、【Select】、【View】、【Insert】、【Options】、【Tools】、【Schematic】、【EM】、【Window】、【DesignGuide】、【Help】。下面主要介绍这些菜单栏的主要功能。

> 【File】：包含了版图文件的新建、打开、关闭、保存、打印、导入、导出等功能。
> 【Edit】：包含了编辑过程中的一些基本操作，如复制、粘贴、旋转、移动、布尔代数等。
> 【Select】：包含选定或取消选定 Layout 界面中的元器件的功能。
> 【View】：包含设置版图界面视图的功能，可以进行放大、缩小等操作。
> 【Insert】：包含了版图中的各种画图工具、坐标输入、测量等。
> 【Options】：包含了版图中的属性设置、层设置、格点大小设置等。
> 【Tools】：包含了版图设计规则检验（DRC）、版图连接性检验、创建元器件等。
> 【Schematic】：用于由版图生成原理图的各种操作和设置。
> 【EM】：仿真控制设置、基板设置、3D 视图查看等。
> 【Window】：包含打开版图、原理图、数据窗口等。
> 【DesignGuide】：包含了导线应用的设计向导，里面有两个案例。
> 【Help】：包含了帮助信息、开始窗口、网站资源和版权等信息。

3. Layout 工具栏

Layout 工具栏中的按钮包含了一些常用的功能，这些功能也可以通过菜单栏全部找到，Layout 工具栏如图 14-2 所示。Layout 工具栏中的很多按钮的功能和原理图中窗口中的工具栏按钮的功能是一样的，请参照本书第 2 章的介绍。

图 14-2　Layout 工具栏

下面将对一些在 Layout 仿真中经常要用到的一些工具进行介绍，这些工具的使用是进行 Layout 仿真必须掌握的。

1）作图工具

在 Layout 界面中，在作图区插入图形有两种方法：

> 通过使用工具栏中的作图工具。
> 使用菜单栏中的插入命令。

图 14-3　工具栏中的作图工具

对于每一种图形，都可以直接单击工具栏中的作图工具，在作图区绘制相应的图形；或者通过插入坐标的方法画出精确的图形（在工具栏中选择所需作图工具，如图 14-3 所示，然后执行菜单命令【Insert】->【Coordinate Entry】），这种方法将在后面实例中详细介绍。

2）放大缩小工具

在 Layout 界面中建立模型的时候，经常要用到放大缩小工具，在 ADS2008 版本中有两种方法实现图形的放大缩小：

> 在工具栏中，可以找到放大缩小的工具，选择需要使用的工具，然后框选住需要放大缩小的区域，具体如图 14-4 所示。
> 使用鼠标的滚轴滚动实现放大缩小，该功能是 ADS2008 以后新增的功能。

3）旋转对称工具

在 Layout 界面中建立模型的时候，经常遇到需要将一个图形旋转一个角度，或者该图形本身是一个对称的图形，这时就需要使用到工具栏中的旋转对称工具 。下面将详细介绍该工具的使用。

> 旋转工具 的使用：ADS2008 中默认旋转角度为 90°，可以自己设置这个旋转角度。执行菜单命令【Edit】->【Advanced Rotate】->【Set Rotation Angle】。在对话框中填上需要设置的旋转角度即可。
> 对称工具通常使用在图形本身是对称的情况，这个时候只需画出图形的一部分，再利用对称工具就可以得出整个图形。其中， 是关于水平线对称工具， 是关于垂直线对称工具。

4. Layout 元器件版面列表

如图 14-5 所示，元器件版面列表下拉框中包含了很多元器件版面，我们可以从版面列表中选择一个版面，再从所选择的版面中选择所需要的元器件。

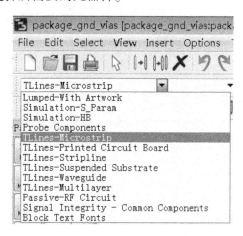

图 14-4　放大缩小工具　　　　　图 14-5　元器件版面列表

5. Layout 属性设置

从菜单栏中执行菜单命令【Options】->【Preferences】显示 Layout 属性窗口，如图 14-6 所示，这个窗口由 11 个按钮选项组成，单击一个按钮将出现相对应的面板。

如图 14-7 所示，选择了显示面板按钮，可以在该面板中的颜色栏中设置 Layout 的前景色和背景色等。也可以选择"Grid/Snap"，合理的格点设置有利于作图，如图 14-7 所示。

6. Layout 层设置

Layout 仿真中，我们经常遇到的模型结构不是简单的单层或者双层，而是复杂的多层结构。例如，一个多层的天线设计。这个时候就需要进行层设置。为了方便，通常对层进行重命名，以简单易记的名字来对层进行命名。对于层较多的结构，通常选择 Outline 的方式，Layout 层设置窗口如图 14-8 所示。对于采用 Momentum 仿真，所有的层都是默认金属层，

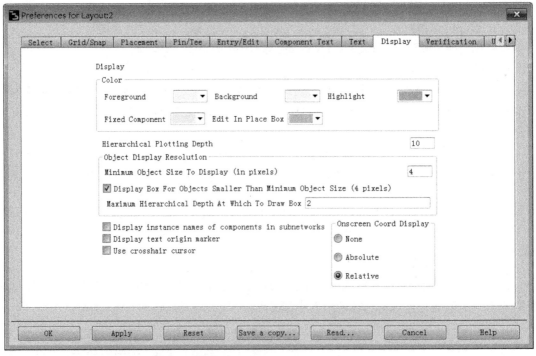

图 14-6　Layout 属性对话框

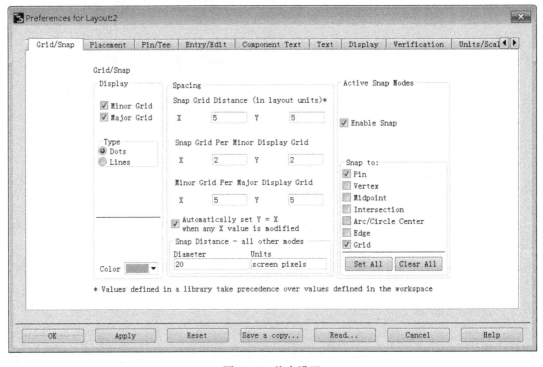

图 14-7　格点设置

但是对于采用 FEM 来仿真，这些层就可以是介质层和金属层。

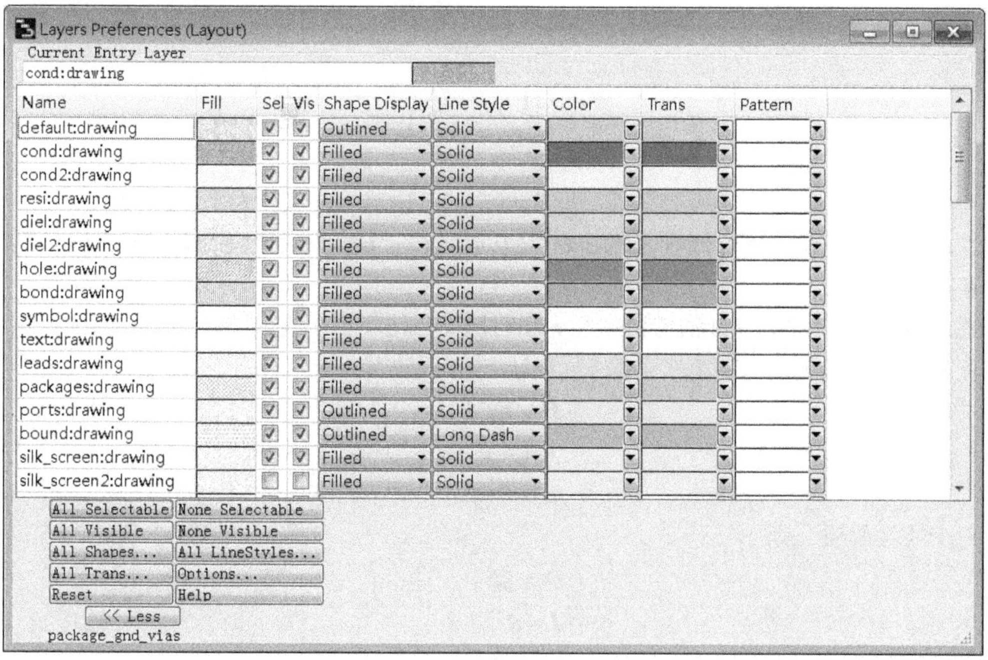

图 14-8　Layout 层设置窗口

7. Layout 仿真

Layout 中的仿真主要采用的是 Momentum 方法，在 ADS2008 以后版本中加入了 FEM 方法进行仿真。对于一些复杂的三维结构，可以使用 FEM 来建模仿真；对于一些简单的平面结构，如无源器件中的微带天线、滤波器、公分器等，采用 Momentum 仿真更加方便。

14.2　Momentum 主要功能和应用

本节我们将进入 Momentum 的学习中，主要介绍 ADS2011 中的 Momentum 的主要功能。通过本节的学习，能够了解矩量法，熟悉 ADS2011 中 Momentum 的主要特点及功能。

14.2.1　矩量法介绍

大多数电气和电子工程设计师应用电路理论模型来分析各种无源和有源电路。这种模型简单易行，不需要大量的理论背景，很容易实现。然而，它们不能预测频率很高的电路特性，更不用说分析辐射现象。电磁场（EM）模型主要被天线和微波工程师所采用，它从物理结构着手分析，提供了包括传播、辐射、寄生效应的性能。然而，大多数 EM 问题是没有解析解的，采用的是数值逼近的方法。

1. 麦克斯韦基本方程、构成关系及边界条件

电磁场分析的数值方法有很多种，但它们的核心都是以麦克斯韦方程为基础的。麦克斯韦方程是电磁场领域的基本方程，表现为积分和微分形式。式（14-1）写出了麦克斯韦的

微分形式。

$$
\left.\begin{aligned}
\mathrm{curl}\boldsymbol{E} &= -\frac{\partial \boldsymbol{B}}{\partial t} \\
\mathrm{curl}\boldsymbol{H} &= \boldsymbol{J} + \frac{\partial \boldsymbol{D}}{\partial t} \\
\mathrm{div}\boldsymbol{D} &= \rho \\
\mathrm{div}\boldsymbol{B} &= 0
\end{aligned}\right\}
\tag{14-1}
$$

式中，$\boldsymbol{E}$ 为电场强度；$\boldsymbol{H}$ 为磁场强度；$\boldsymbol{D}$ 为电通密度；$\boldsymbol{B}$ 为磁感应强度；$\boldsymbol{J}$ 为体电流密度；ρ 为体电荷密度。

式（14-1）中的所有方程与位矢径 r 和时间 t 有关。为了得到一个完整的系统，4 个基本方程的各个矢量满足下列组成关系：

$$
\left.\begin{aligned}
\boldsymbol{D} &= \boldsymbol{D}(\boldsymbol{E}) \\
\boldsymbol{J} &= \boldsymbol{J}(\boldsymbol{E}) \\
\boldsymbol{B} &= \boldsymbol{B}(\boldsymbol{H})
\end{aligned}\right\}
\tag{14-2}
$$

对于线性媒质，则

$$
\left.\begin{aligned}
\boldsymbol{D} &= \xi\boldsymbol{E} \\
\boldsymbol{J} &= \sigma\boldsymbol{E} + \boldsymbol{J}_{\mathrm{i}} \\
\boldsymbol{B} &= \mu\boldsymbol{H}
\end{aligned}\right\}
\tag{14-3}
$$

式中，ξ、σ、μ 分别表示媒质的介电常数、电导率、磁导率；$\boldsymbol{J}_{\mathrm{i}}$ 是外加电流密度，与电路理论中的电流源是一致的。

从式（14-1）中的第二个和第三个方程，可以得到连续性方程：

$$
\mathrm{div}\boldsymbol{J} = -\frac{\partial \rho}{\partial t}
\tag{14-4}
$$

在电路理论中，这个方程和基尔霍夫定理有关。

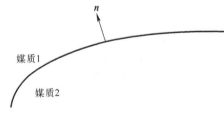

图 14-9　两种媒质的交界面

如果 $\boldsymbol{E}$、$\boldsymbol{H}$、$\boldsymbol{D}$、$\boldsymbol{B}$、$\boldsymbol{J}$ 是位矢量的微分方程，则方程（14-1）和方程（14-4）是有效的，但是这些矢量在不同媒质的交界面上的不连续性必然导致微分形式方程在这些界面上失效，如图 14-9 所示。

在不同的媒质交界面上，可以用边界条件替代麦克斯韦微分方程。边界条件与场矢量的法分量和切分量有关，矢量形式表示如下：

$$
\begin{aligned}
\boldsymbol{n} \times \boldsymbol{E}_1 - \boldsymbol{n} \times \boldsymbol{E}_2 &= 0 \\
\boldsymbol{n} \times \boldsymbol{H}_1 - \boldsymbol{n} \times \boldsymbol{H}_2 &= \boldsymbol{J}_{\mathrm{s}} \\
\boldsymbol{n} \cdot \boldsymbol{D}_1 - \boldsymbol{n} \cdot \boldsymbol{D}_2 &= \rho_{\mathrm{s}} \\
\boldsymbol{n} \cdot \boldsymbol{B}_1 - \boldsymbol{n} \cdot \boldsymbol{B}_2 &= 0
\end{aligned}
\tag{14-5}
$$

式中，$\boldsymbol{n}$ 表示分界面法线单位矢量，方向由媒质 2 指向媒质 1；$\boldsymbol{J}_{\mathrm{s}}$ 表示传导面电流密度。

在理想电导体中，时变电磁场不存在。假设媒质 2 是一个理想的电导体，则式（14-5）可以表示为

$$\left. \begin{array}{l} \boldsymbol{n} \times \boldsymbol{E}_1 = 0 \\ \boldsymbol{n} \times \boldsymbol{H}_1 = \boldsymbol{J}_s \\ \boldsymbol{n} \cdot \boldsymbol{D}_1 = \rho_s \\ \boldsymbol{n} \cdot \boldsymbol{B}_1 = 0 \end{array} \right\} \tag{14-6}$$

2. 线性算子方程

电磁场问题的数值求解方法可以分为两种：第一种直接针对电磁场；第二种针对场源。在这两种情况下，待求方程为关于未知量的线性算子方程。两类方程属于线性算子方程，其通式可以写为

$$L(f) = g \tag{14-7}$$

式中，L 为算子；g 为源或激励，一般认为它是已知方程；f 为场或响应，它为待求的方程。算子的线性遵循麦克斯韦方程及构成方程的线性关系，这里仅考虑线性媒质。对于第一种数值方法，L 是微分算子，它通常涉及三个空间坐标的导数。对时域分析来说，涉及对时间的导数，f 是场矢量或电位，g 是一个已知量（由入射波引起的场和电位）。第二种数值方法，L 是积分算子，f 是场源，g 是一个已知激励。

3. 矩量法的基本步骤

经典的电磁场计算方法很难处理具有复杂边界的实际工程问题，随着计算机技术的发展，电磁场数值分析得到飞速发展。前面介绍了一些电磁场的基本理论，下面将重点介绍一些关于 MOM 法的具体步骤，通过了解 MOM 的基本步骤，能更加深刻地理解电磁场理论。

矩量法是求解微分方程和积分方程的一种重要数值计算方法，是美国学者 R. F. Harrington 于 1968 年针对电磁场问题提出来的。矩量法利用离散和选配两个独立的运算过程，可根据具体情况决定运算的先后次序，一般是先离散后选配。

1）离散过程

将 f 在 L 的定义域中展开成某一组已知的简单函数 f_1，f_2，f_3，…的组合：

$$f = \sum_{n=1}^{N} \alpha_n f_n \tag{14-8}$$

式中，α_n 为待定系数；f_n 被称为展开函数或基函数。

对于精确解式（14-8）为无穷项之和，而 f_n 形成一个基函数的完备集；对于近似解式（14-8）为有限项之和：

$$\sum_{n=1}^{N} \alpha_n L(f_n) = g \tag{14-9}$$

离散过程是关于 N 个未知数 α_n 的一个方程。为了求解这 N 个未知数，需要建立 N 个方程，这由下面的选配过程来完成。

2）选配过程

首先定义一个内积运算 $<f, g>$：

$$< f(*), g(*) > = \int_{\Omega} f(*) g(*) \mathrm{d}\Omega \tag{14-10}$$

式中，Ω 为 $f(*)$ 和 $g(*)$ 的定义域。然后在 L 的值域内定义一组检验函数或称权函数 w_1，w_2，w_3，…。对方程（14-9）两边取内积：

$$\sum_{n=1}^{N} \alpha_n < w_m, L(f_n) > = < w_m, g > \qquad m = 1, 2, \cdots, M \tag{14-11}$$

这就是选配过程或检验过程。这一结果得到关于 α_n 的 M 个方程，如果基函数和权函数的项数相同，则此方程可以写成如下的矩阵形式：

$$[l_{mn}][\alpha_n] = [g_m] \tag{14-12}$$

式中，

$$[l_{mn}] = \begin{bmatrix} < w_1, Lf_1 > & < w_1, Lf_2 > & \cdots & < w_1, Lf_n > \\ < w_2, Lf_1 > & < w_2, Lf_2 > & \cdots & < w_2, Lf_n > \\ \cdots & & \cdots & & \cdots \\ < w_2, Lf_1 > & < w_2, Lf_2 > & \cdots & < w_2, Lf_n > \end{bmatrix} \tag{14-13}$$

$$[\alpha_n] = \begin{bmatrix} \alpha_1 \\ \alpha_2 \\ \alpha \\ \alpha_n \end{bmatrix}, [g_m] = \begin{bmatrix} < w_1, g > \\ < w_2, g > \\ < w, g > \\ < w_n, g > \end{bmatrix} \tag{14-14}$$

如果矩阵 $[l_{mn}]$ 是非奇异的，其逆矩阵 $[l_{mn}]^{-1}$ 存在，则 $[\alpha_{nm}]$ 由下式给出：

$$[\alpha_{nm}] = [l_{nm}]^{-1}[g_{nm}] \tag{14-15}$$

$[\alpha_{nm}]$ 求出后，f 可以由式（14-8）求出。

基函数可以是全域基或分域基。全域基是在 f 的整个定义域内都有定义的函数，通常是各种级数的展开，如傅里叶级数、切比雪夫多项式、泰勒级数、勒让德多项式等。分域基是在 f 的定义域内各划分单元上才有定义的函数。常用分域基有矩形脉冲、三角形脉冲、正弦脉冲等。常用的权函数有 δ 函数脉冲和基函数相同的函数。采用 δ 函数作权函数时又称为点匹配法或点选配法，实质是在 M 个选配点上让方程（14-11）成立；权函数采用和基函数相同的函数又称为伽辽金法。

14.2.2 Momentum 的特点

Momentum 是高级设计系统（ADS）的重要部分，它提供了设计现代通信系统的电磁仿真。它可以用来计算一般平面电路的 S 参数，包括微带线、槽线、共面波导和其他拓扑结构。ADS Layout 中提供了过孔和空气桥，它们用来连接层与层之间的拓扑结构，所以可以仿真多层 RF/微波印刷电路板、混合多模块芯片和集成电路。Momentum 为我们提供了整套的工具来预测高频电路板、天线和 ICs 的性能，如图 14-10 所示。

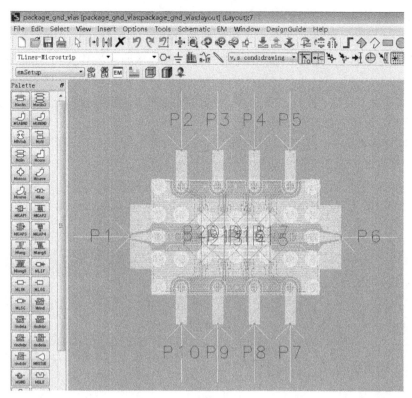

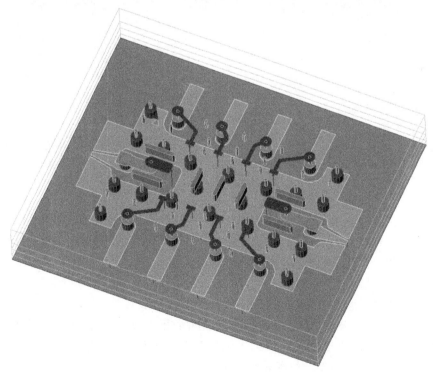

图 14-10　封装仿真

Momentum 优化功能扩展了它的能力，使它成为一个真正的设计自动化工具。Momentum 优化功能可以自动优化多个几何参数，它能帮助我们得到满足电路、器件的性能目标的最优结构。通过使用参数化的版图中的元器件，我们也能从原理图中执行 Momentum 优化功能。

Momentum 可视化功能为用户提供三维视角的仿真结果，这使得我们能够查看导体或槽缝中的动态电流和远场的二维或三维方向图。

Momentum 有很多非常强大且实用的功能，现举 3 个主要的例子予以说明。

（1）版图元器件和原理图元器件协同仿真（Co－Simulation）。

版图元器件和原理图元器件协同仿真，打破了版图元器件和原理图元器件之间的藩篱。在电路仿真中，可以引入具有物理意义布局元器件来模拟；在 ADS 中只要按下某个键就可以将版图元器件引入。如图 14-11 所示。

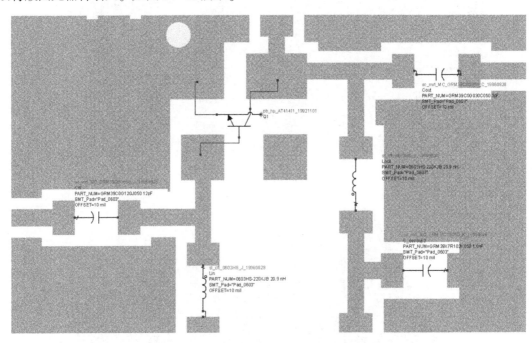

图 14-11　版图元器件和原理图元器件协同仿真

实际应用时，如将 PCB 板的布局加入电路设计中去做电路协仿真，或者将封装参数加入核心晶片设计（Core Chip Design）去做协仿真，就可以将版图元器件的一些物理效应，如走线间的耦合和串扰纳入考虑。此外，PCB 版图元器件的效应可以使用 Momentum 仿真的结果或实际测量的结果。

（2）仿真真实物理世界的侧壁耦合（Side Wall Coupling）。

Momentum 可以计算开放空间及含有两个面或四个面侧壁的结构，这使得侧壁的寄生耦合、镜像电流，以及密闭腔的效应可以纳入考虑，这对实际线路设计的考量是很重要的。现在还可以导入 EMpro 软件模型，仿真屏蔽特性。

（3）可产生 SPICE 模型，和其他仿真设计工具整合。

Momentum 仿真产生的 S 参数，可以用来产生 SPICE 相容的电路形式，所以利用 Momentum 的结果可以和 SPICE 共同仿真。

① Momentum 的主要优点如下。

➢ 当电路超过电路模型范围或者没有电路模型的情况下，依然能对电路进行仿真。

➢ Momentum 能确定组件之间的寄生耦合效应。

➢ 超越简单的分析和验证，Momentum 使得电路设计自动化。

➢ Momentum 使得我们能形象地看到电流流动和三维显示远场辐射。

② Momentum 的主要特点如下。

➢ 它是一个基于矩量法的 2.5D 电磁仿真器。

➢ 通过自适应频率采样得到快速、精确的仿真结果。

➢ Momentum 优化工具通过改变设计的几何尺寸从而实现性能指标。

➢ 提供了全面的数据显示工具。

➢ 通过方程和表达式的输入，能对仿真数据进行运算、处理。

➢ 充分融入了 ADS 电路仿真环境，允许电磁/电路联合仿真和联合优化。

14.2.3　Momentum 的功能

1. Momentum 中的基板

基板描述了电路存在的媒质。如多层电路板的基板，它由多层金属印制线、绝缘介质、接地板、连接印制线的过孔、包围板子的空气组成。我们可以通过基板的定义来指定它们的特性，如基板上的层的数量、介质介电常数、电路每一层的高度。

基板是由介质基板层和金属层组成。基板的层定义了介质媒介、接地板、空气或者其他的层材料。金属层是介质基板层之间的导体层。图 14-12 所示是基板的一个例子，它包含了四层介质和过孔相连的两条微带线。

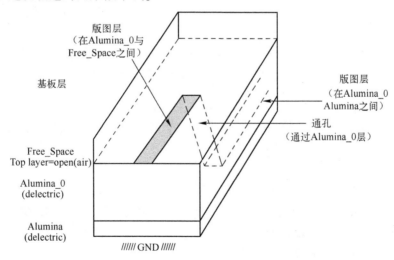

图 14-12　基板

基板可以保存并且可以应用于其他的电路。ADS2008 中包含了各种各样的预定义好的基板，可以直接调用，或者也可以根据自己设计的需要改变基板。

（1）定义一个基板的步骤如下。

① 定义基板的介质层。

② 将版图层映射到金属层。

③ 指定金属层的电导率。

（2）选择一个预定制基板。

Momentum 包含了许多的预定制好的基板，因此没有必要从头开始去创建一个新的基板。基板文件夹以后缀 .slm 结束。如图 14-13 所示，打开预定义基板的步骤如下。

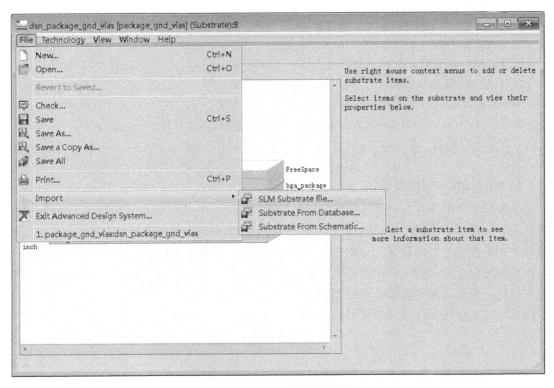

图 14-13　导入预定义好的基板

① 在基板设置窗口，执行菜单命令【File】->【Import】。

② 如果想打开 ADS 提供的基板，将会显示一个基板文件的列表；也可选择工程中已经保存的基板模板。

（3）创建/修改层。

也可以从头开始自定义一个基板或者编辑一个已经存在的基板。一个基板必须至少有一个顶面层和一个底面层。ADS2011 全新改版，可视化层定义，非常方便简洁。如图 14-14 所示，定义基板层步骤如下。

① 单击工具栏基板编辑 图标。

② 如果这是一个新的定义，基板层区域将显示三个默认的层。

➢ AIR（顶面层），它被定义成一个开边界。

➢ Alumina（介质层），代表了有限厚度的介质层。

➤ Cover（底面层），定义了一个封闭的边界，通常设置为 GND。

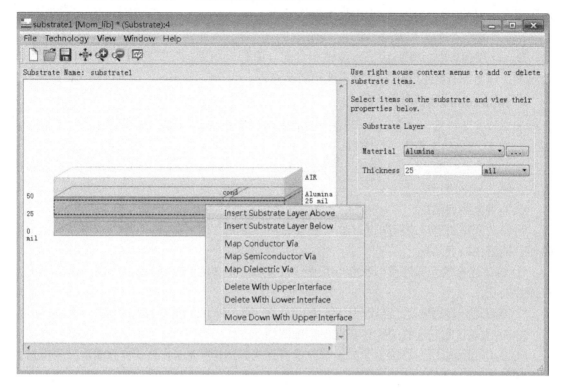

图 14-14　编辑定义板层

编辑层定义步骤如下。

① 选择关心的层，右边会有相应的设置项目。

② 创建一个基板，将编辑这些层，并重新命名，并按照需求增加层。

③ 当完成了基板定义，单击【OK】按钮，关闭对话框。

（4）定义开放边界。

开放边界描述的是无限厚的层，如空气。通过编辑边界的相对导磁率和相对介电常数，开放边界可以用于定义其他气体或无限厚的媒质。其步骤如下。

① 选择 AIR 或其他开放边界层。

② 从边界列表里选择 。

③ 从介电常数列表框里，选择或定义边界相对介电常数等参数。

④ 单击【OK】按钮，接受开放边界的定义。

（5）定义界面层。

界面层有一定的厚度，其特性可以用相对介电常数和导磁率来描述。厚度可以是任意值，但需要考虑下列问题。

➤ Thin substrates 是厚度小于 $1\mu m$ 的基板，需要特殊的网格考虑。应该避免使用小于 $0.1\mu m$ 的基板。

➤ Thick substrate 厚度应小于 1/2 波长。

（6）定义封闭的边界。

封闭的边界表示一个平面，如地面。它是零厚度层。可以把它定义为良导体，或者指定电导率和板材的阻抗特性，把它定义为损耗导体。

（7）删除、增加，以及移动层，添加过孔。

Layout 层包含的所有形状、元器件和过孔（它们是电路的组成部分）必须映射到基板金属层，如果没有映射，仿真时就不能被包括在内。

2. Momentum 中的端口

端口能够使能量流进和流出电路，能量作为仿真过程的一部分应用于电路。使用 Momentum 解算的电路至少有一个端口。

定义端口包括两步：端口加在已画好的电路上；在 Momentum 中指定端口的阻抗、校准方式，使之与电路相适应。

（1）对电路加端口。

可以从原理图窗口或版图窗口给电路加端口。当给使用 Momentum 仿真的电路加端口的时候，请记住以下几点。

① 端口连接的元器件或形状必须是版图中的层，这些层被映射到金属层。端口不能直接连接通孔。

② 确认端口在边缘处已经放好，端口的箭头在物体的外面，指向内部，并且与边缘成直角。

③ 确认端口和它连接的物体在同一个版图层上。

④ 端口必须应用在物体上，如果端口没有连接到物体，Momentum 将自动地吸附端口到最近的物体上。

⑤ 在使用 Momentum 仿真的电路中不要使用地的端口元件（【Insert】->【Ground】）。地元件在版图中是不会被 Momentum 识别出的。

（2）端口校准。

在 Momentum 中，有两种不同的集总的源使用校准线对电路进行馈电：接地源和悬浮的源。接地的源对于低频来说，工作得很好。然而，在高频的时候，当端口到地之间的距离变得很大的时候，这种源由于在校准过程中存在不希望的基板耦合，它所提供的结果是低精度的。悬浮源在高频时，工作得很好（不希望的基板耦合被减少了）。然而，它在低频时却工作不好，因为容性的内部阻抗阻断了低频电流的流动。

Momentum 默认在这两种源中自动转换，这依靠于仿真的频率范围。源的类型能够通过使用下面的环境变量明确地控制：

MOM3D_USE_SOURCETYPE = 0（grounded, low frequency calibration source）

MOM3D_USE_SOURCETYPE = 1（floating, high frequency calibration source）

这些变量可以在下面这些地方中的任意一个位置设置：

$ HPEESOF_DIR/*config/momentum. cfg*

$ HOME/*hpeesof/config/momentum. cfg*

（3）决定使用端口的类型。

Momentum 有 5 种端口校准类型。端口的目的就是向电路注入能量，并且允许能量在电路里流进和流出。我们能够根据电路的类型及端口在电路中的功能为电路选择合适的端口。一般地，我们需要选择最匹配设计的端口类型。端口设置如图 14-15 所示。

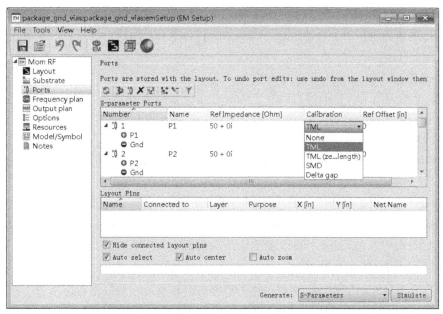

图 14-15　端口设置

3. 盒子和波导

设置电路的基板时，我们只设置了基板的垂直尺寸，而没有设置它的水平尺寸。因此，基板层在水平面上是无限延伸的。对于很多设计来说，这样设置并不影响仿真，但是有一些情况下，需要设定水平方向大小。对于这些情况，可以用盒子和波导来实现。

利用盒子和波导可以设置基板水平方向上的边界。可以利用盒子设置基板 4 个面的边界，也可以利用波导设置基板两边的边界。这些设置只在 Momentum（微波）模式下有用，而对于 Momentum RF 模式没有影响。

更明确一些，可以利用盒子定义 4 个垂直正交的理想金属面作为基板水平方向上的边界。如果沿着 Z 轴俯视电路图，会看到这 4 个垂直面形成了一个矩形。盒子只能应用在基板定义的接地板和终止阻抗的地方。因此，4 个垂直的金属壁加上顶层和底层的接地板构成了一个盒子，由此得名。壁是边面，顶层和底层的接地面是盒子的上表面和下表面。

尽管对于一个波导，只设置两个平行的面，但是情况也类似。因此，基板只限制在这两个平行面内，而与这两个面平行的水平方向上，基板仍然会无限延伸。顶层和底层的基板仍然需要定义成接地板。这两个边面和顶层、底层结合一起形成了一个波导。

（1）添加盒子。

盒子定义了电路基板 4 个面上的边界。在一个电路中，只能选择盒子和波导中的一种。盒子只能应用在基板的顶层和底层都定义为接地板或者终止阻抗的情况。盒子的壁是理想金属。接地板可以定义成理想金属，也可以定义成损耗金属。

给电路增加一个盒子可以分析包围电路的金属所带来的影响。盒子的谐振对以谐振频率为中心的一小块频带范围内的 S 参数有很大的影响。在仿真过程中，盒子侧壁上的所有电流都会被考虑在内。

➢ 给电路添加盒子。

① 执行菜单命令【EM】–>【Box – Waveguide】–>【Add Box】。

② 绘制盒子。

➢ 编辑盒子。

一旦盒子被应用了，就不可以改变它的尺寸了。如果想改变它的大小，必须先删除这个盒子，然后新建一个。

➢ 删除盒子。

执行菜单命令【EM】–>【Box – Waveguide】–>【Delete Box】，盒子将会从 Layout 窗口中移除。

➢ 查看盒子 Layout 层的设置。

盒子被定义为 Layout 层，默认名字是"Momentum_box"。可以预览 Layout 层的设置，但它是一个受保护层，所以不可以改变这个层的设置。

查看盒子层的具体步骤如下。

① 执行菜单命令【Options】–>【Layer Preferences】。

② 从"Layer list"中选取"Momentum_box"。这个层的设置就会显示出来。

（2）添加波导。

可利用波导在电路基板的两个平行面定义边界。波导与盒子一样，只能应用在基板的顶层和底层都定义为接地板或者终止阻抗的时候。波导壁是理想金属。接地板可以定义成理想金属，也可以定义成损耗金属。在仿真过程中，波导侧壁上的所有电流方向都会被考虑在内。

➢ 给电路添加波导。

① 执行菜单命令【EM】–>【Box – Waveguide】–>【Add Waveguide】。

② 选取波导的方向，单击【X – axis】按钮，绘制平行于 X – axis 的波导平面。单击【Y – axis】按钮，绘制平行于 Y – axis 的波导平面。

➢ 编辑波导。

一旦波导被应用了，就不可以改变它的尺寸了。如果想改变它的大小，必须先删除这个波导，然后新建一个。

➢ 删除波导。

执行菜单命令【EM】–>【Box – Waveguide】–>【Delete Waveguide】，盒子将会从 Layout 窗口中移除。

➢ 查看波导 Layout 层的设置。

波导被定义为 Layout 层，默认名字是"Momentum_box"。可以预览 Layout 层的设置，但它是一个受保护层，所以不可以改变这个层的设置。

查看波导层的具体步骤如下。

① 执行菜单命令【Options】–>【Layer Preferences】。

② 从"Layer list"中选取"Momentum_box"。这个层的设置就会显示出来。

（3）关于盒子和波导。

有些情况下需要仿真一个封闭在盒子里或者波导里的电路。

➢ 实际电路就被封装在一个金属盒中。

➢ 电路附近的金属侧壁可能影响到电路的性能 。

➢ 盒子可能产生谐振。

➢ 需要考虑传播模式。

4. 网格

网格是一种类似于三角形和矩形网格的图形，每个三角形或矩形是一个单元。每个单元的形状基于电路的几何形状，也可以选择为用户定义的参数，所以每个电路都有独一无二的网格用于计算。网格应用到电路中是为了计算每个单元的电流和确定仿真中的单元间的耦合效应。如图 14-16 所示。

创建网格包含两方面的内容：定义网格参量；预计算网格。

没有必要先设定网格参数，通常使用默认参数。为了方便查看该网格，可以在仿真之前预算网格；否则，网格将作为仿真过程中的一部分而计算。

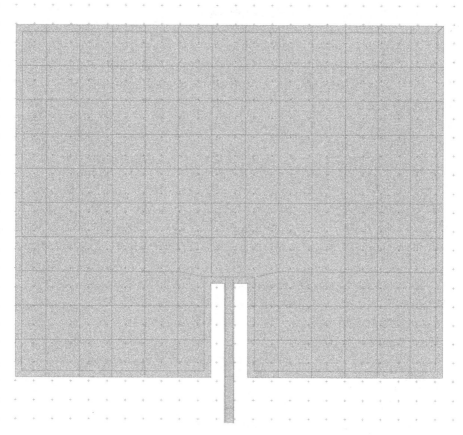

图 14-16　网格划分

（1）定义网格。

单元数越多，仿真越精确，但是过多的单元会降低仿真的效率，而相应提高的精度却是有限的。所以，可以选择不创建网格参数，默认值会自动创建网格。

如果选择定义网格参数，可以把它们设定为如下几个方面。

➤ 整个电路。

➤ Layout 上的所有对象。

➤ 单个对象。

没有必要所有的对象都指定参数。例如，可以只在一个对象上设置网格参数，其他对象使用默认的网格参数。

（2）定义整个电路的网格参数。

全局网格参数变量影响整个电路，设置全局变量如图 14-17 所示。

➤ 在"Mesh Frequency"部分输入网格频率，并选择频率单位。每个频率对应的波长决定网格的密度。通常，把网格的频率值设成最高频率，然后再仿真。

➤ 设置每个波长的单元数。这个值也可以确定网格密度。下例说明了波长和每个波长的单元数之间的关系：如果电路是 3 个波长，每个波长的单元数是 20，那么电路将会分成 60 个单元。

➤ 电路中的每个曲面将会被分段来建立网格。任何圆弧面的角度栏中，应输入单个平面的度数。每面最大是 45°。度数越低，网格越稠密，得到的解越好。

➤ 使用"Edge Mesh"可以沿物体的边缘添加较为密集的网格。由于大多数电流沿物体的边缘流动，加强边缘的网格可以提高仿真的速度和准确性。如果要边缘网格自动生成，"Edge Width"处空白即可；否则，应指定边缘的宽度和单位。注意：如果边缘宽度大于波长/波长上的划分数目所确定的单元尺寸，那么所指定的边缘网格不会被使用，因为这种边缘网格效率非常低。如果必须使用边缘网格的值，那么减少波长上的划分数目（特指每波长的单元数）。

➤ "Transmission Line Mesh"是用来指定沿着几何图形宽度方向处的划分数目。这对于直线型的电路来说是一个很好的方法。

➤ 使用"Thin Layer Overlap Extraction"是为了在下面情况出现时提取物体。

① 不同层次重叠的两个物体。

② 用薄基板分开的物体。

如果这样可以应用的话，对于重叠区域，将改变物体的几何形状获得更精确的模型。

➤ 使用"Mesh Reduction"是为了使用少的划分单元获得更优的网格，改善内存的使用，减少仿真时间。

➤ 使用"Horizontal side currents（thick conductors）"是为了激活厚导体的横向电流。

➤ 如果想恢复到默认参数，单击【Reset】按钮。

➤ 单击【OK】按钮，建立全局变量。

（3）定义 Layout 层的网格参数。

网格参数只影响相应的 Layout 层上的对象。如果已经有全局变量，那么在 Layout 层上的局部变量有优先权。

建立 Layout 层上的变量步骤如下。

① 执行菜单命令【Momentum】 –>【Mesh】 –>【Setup】。

② 单击"Layer"。

③ 在 Layout 层列表下选择需确定网格参数的金属层。

④ 在"Mesh Density"处输入每个波长的细胞个数，这个值用于确定网格的密度。波长和每波长细胞之间的关系，用下面这个例子来说明。如果 Layout 层上的电路是二个波长，每波长细胞数为 20，这层的电路就将分为 40 个细胞。

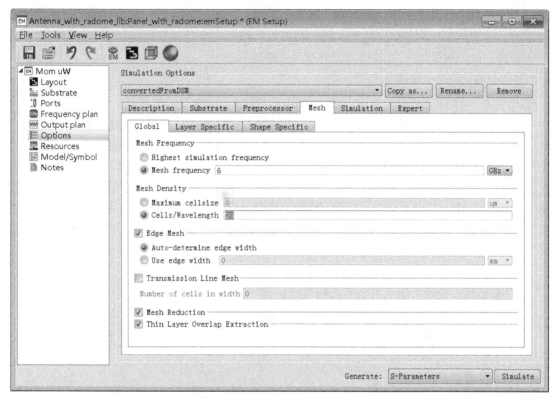

图 14-17　Mesh 设置

⑤ 使用 "Edge Mesh"，会在沿着同层边缘处添加相对密集的网格。由于大多数电流沿物体的边缘流动，因此使用 "Edge Mesh" 可以提高仿真的速度和准确性。

⑥ 使用 "Transmission Line Mesh"，可用来指定本层沿几何形状宽度方向的细胞数目。对于线状电路是最合适的。输入宽边的单元数目，将被划分为宽度场的细胞数。这是本层电路中沿宽度方向的细胞总数。

⑦ 如果想要在选定的 Layout 层上更改设置，单击【Reset】按钮返回默认状态或是使用 "Clear" 消除设置。

⑧ 同样，选择其他层，重复以上这些步骤设置网格参数。

⑨ 单击【OK】按钮，完成 Layout 层的网格参数设置。

5. Momentum 仿真

仿真过程结合格林函数及网格设置，用于求解电路中的电流。其中，格林函数用于计算电路中的基板，网格设置用于计算电路。运用这些电流计算，可以算出电路的 S 参数。

运行仿真之前，必须满足以下标准。

➢ 必须指定正确的基板设置。

➢ 必须至少有一个端口。

➢ 必须定义网格。

➢ 必须指定仿真频率范围。

一次仿真可以设置多个扫频计划。每个范围中，要指明针对单个频率点或一个频率范围的求解。每个扫频计划都可以选择一种扫频类型，单个仿真过程可以运行多个扫频计划。

设置一个扫频计划，如图 14-18 所示，步骤如下。

① 单击仿真控制器 EM 图标。

② 选择一种扫频类型，选项有自适应型、对数型、直线型、单点型。

Adaptive 自适应型是首选的扫频类型，它使用一种快速的、高精确度的方法，在"Star"和"Stop"项输入开始和结束频率，以往版本一般默认自适应仿真的最大点数为 25，ADS2011 增加为 50。Log 对数型仿真基于一个频率范围内，在"Star"和"Stop"项输入开始和结束频率；linear 直线型仿真在一个频率范围内选定若干个仿真频率点，这些频率点以指定的步长线性增长，在"Star"和"Stop"项输入开始和结束频率，并且选定相应的单位，在"Step"项输入步长，也要选定单位；Single 单点型在单个频率点仿真，输入频域值并选择单位。

③ 当设定好了之后，单击【Add to Frequency Plan List】按钮。

④ 重复以上步骤，插入其他的扫频计划。

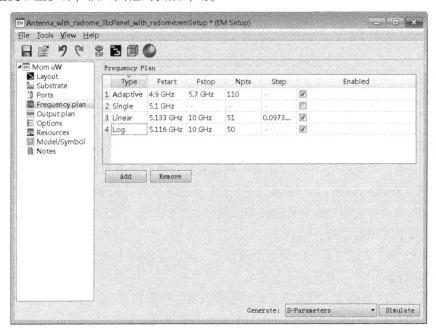

图 14-18　仿真频率设置

6. ADS 原理图和 layout 联合仿真

第一种方法是通过 emModel，在 Layout 的 Momentum 窗口中执行菜单命令【Component】 -> 【Creat/update】进行设置，包括其在原理图中显示的大小（Size），基板（Substrate）设置等。其中，需要注意的是，Momentum 中只能绘制微带线、带状线之类能用于矩量法划分的元件，而对带封装的电阻、电容、电感等其他器件不能在 Layout 中进行矩量法仿真，笔者仿真一个滤波器的时候将电感、电容加在一起进行矩量法仿真，结果完全不对，估计是软件将电感、电容也进行划分了，而不是调用其 S 参数。Layout 中绘制的应该就像一块没有焊接任何元器件的电路板，需要通过 emModel 调进原理图，再在每个焊点连上各种元器件，进行仿真。其中，需要在 Layout 的每个元器件的焊点都加上 Port。通过 emModel 既可以对无源、有源电路进行仿真，还能考虑到连线、布局的分布参数效应。

第二种方法是通过 SNP。在 Data Item 中的 SNP 控件可以导入 Layout 仿真所得到的 S 参数模型，格式为 xxx. ds。不过这个只适用于 Layout 图中不用连接电阻、电容等元器件的情况。

7. Momentum 优化

对于一个简单的平面结构的电磁模型来说，Momentum 优化是一个很有用的工具。Momentum 优化将自动的调整版图，通过设定的目标值来提高电路的性能，并且支持使用 Momentum 微波方式和 Momentum 射频模式。

8. Momentum 可视化

Momentum 可视化让我们能观察和分析以下类型的仿真数据。

➢ S 参数。

➢ 电流。

➢ 天线远场及其他的天线参数。

➢ 传输线数据。

这些数据可以用 2 维及 3 维等多种图形格式来表示，一些类型的数据还可以用列表的形式显示。

（1）启动 Momentum 可视化。

单击 ▣ 图标，当前的设计必须完整地仿真一次才能在 Visualization 中查看数据。如果一个设计以前已经完整地仿真过，可以直接打开 Visualization 来查看数据，如图 14-19 所示。

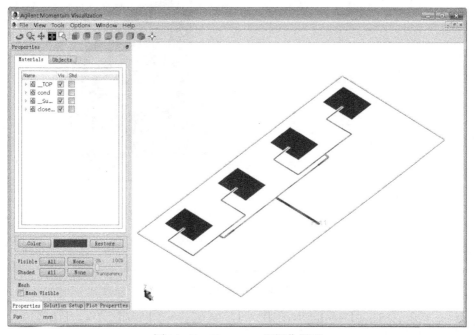

图 14-19　Momentum 可视化界面

（2）Momentum 可视化支持的画图类型。

图 14-20 解算设置窗口

Momentum 可视化支持三种基本的画图类型，如下所示。

➤ 表面电流图——这种图表示出了导体表面的电流的密度。

➤ 箭头图——这种图用矢量代表了导体表面的电流的密度。

➤ 网格图——这种图可以显示出 Momentum 的网格，这些网格用来计算表面电流值。

（3）解算设置图。

解算设置用于为所需画的图形选择电流激励，通过简单地选择端口和频率，激励将改变且图形将自动更新。可以在"Port Setup"下拉框中选择单端口激励和多端口激励的方式，如图 14-20 所示。

（4）远场图。

当打开 Momentum 可视化窗口的时候，在右边将显示出两个三维图。其中，一个是模型的三维图，另外一个是远场三维方向图。窗口中画出的三维远场图默认是电场 E 的方向图，如图 14-21 所示。

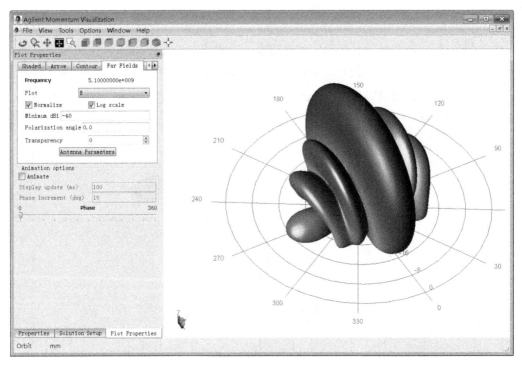

图 14-21 远场设置

9. 电磁仿真设计系统——FEM

FEM 是安捷伦新推出的 3D EM 仿真器，可帮助设计人员对有源电路进行共同仿真，同时可以精确地预测射频模块中嵌入式无源元器件的 3D EM 交互情况，从而最大程度地提高无线子系统的性能。集成的 3D EM 仿真器经过改进，可支持设计人员更快地分析尺寸更大的电路，并且保留了他们熟悉的设计流程。该性能提高了总体设计和验证过程的生产效率。

FEM 还可说明射频模块的有限介电边界（finite dielectric boundaries），此外，它还可用于验证 Momentum 的精度，前提是分析时需要假设无限的介电平面层，并带有一个新型有限元网和高容量迭代求解器，可为 RF SIP（射频系统封装）和射频模块设计提供更高的精度、更快的速度和更大的容量。

FEM 最常见的应用是基于 LTCC（低温共烧陶瓷）的射频模块和具有嵌入式无源结构的基板。在当今生产的射频模块中随处可见它们的身影，其使用平面射频分部宏来绘制这些结构，从而可以提高效率，这些宏能够自动绘制射频元器件（例如螺旋电感和折测线），而使用普通的 3D 绘制和仿真工具构建这一过程则非常耗时。

FEM 是安捷伦公司第一代电磁集成设计系统，采用全三维有限元解，它为射频和微波工程领域进入全三维电磁技术提供了有效的解决方案。对于任意性形状的、无源结构的电磁仿真，FEM 是一个完全的解决方案。一个全三维电磁场的工具完全融入到了 ADS 设计环境中，其特性如下。

➤ 直接从 ADS Layout 中使用。
➤ 全新的、友好的 3D 浏览器。
➤ 为协同仿真建立参数化的元器件。
➤ 类似 Momentom 的设计流程。
➤ 可查看电流、区域、辐射模型。
➤ 可查看数据显示结果。

可在 Layout 中画图、仿真，在 ADS 的 FEM 中查看三维立体图，如图 14-22 所示。

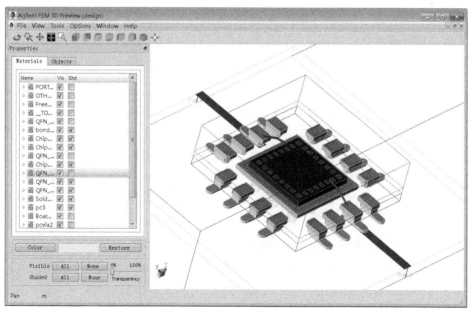

图 14-22　在 FEM 中查看三维立体图

FEM 将全波三维电磁仿真能力提供到了 ADS 中，它是 Agilent EEsof EDA 的主打产品，在高频混合信号电路设计自动化（EDA）中，无论是技术还是创新都处于领导地位。图 14-23 为在多层用户自定义的切面上观察 EM 区域。FEM 的功能如下。

图 14-23　在多层用户自定义的切面上观察 EM 区域

> 全波三维有限元分析方法，以先进的、直接的电磁模拟器迭代来求解速度和容量。
> 具有较强的鲁棒性和高效的三维网格产生器。
> 自适应频率扫频可确定所有的谐振频率。
> 对称平面可加快仿真速度、提高产品性能。
> 三维参数化组件中常用的结构，如锡、焊料、连接器等可加快三维设计的输入、与电路元器件协同优化等。

14.2.4　Momentum 仿真流程

Momentum 命令可以从版图（Layout）窗口中选择。下面具体介绍使用 ADS 中 Momentum 仿真一个设计的具体流程。当然这个流程中的有些顺序不是必需的。

1. 选择 Momentum 或者 Momentum RF 模式

Momentum 有两种仿真模式：Momentum RF 和 Momentum Microwave。Momentum Microwave 采用 full - wave 算法，计算结果更准确，且能计算出辐射场；Momentum RF 采用 quasi - static 算法，效率更高，一般用于频率不是太高，且不需要考虑辐射效应的场合。

我们可以基于设计目标选择不同的模式。对于要求全波电磁仿真（包括微波辐射效应）的设计，选择使用 Momentum Microwave 方式。对于几何复杂、电小、无辐射的设计，选择使用 Momentum RF 方式。对于一个可以忽略辐射效应的微波模型，也可以选择 Momentum RF 方式进行快速仿真，以及节省计算机资源。两种模式可以互相转换。

2. 在 Layout 界面中创建一个物理模型

这里以一个平面图的物理尺寸开始，例如，一个贴片天线或者多层印刷电路板的走线，有三种方式可以进入 ADS 版图设计。

> 从原理图转换到版图设计中。
> 在版图环境中直接画出设计图。

> 从其他的仿真器或设计系统中导入到版图设计中，先进设计系统能导入各种各样格式的文件。

3. 定义基板特性

基板是媒介，电路是附着在其上的。例如，一个多层的 PC 板由各种各样的金属层、绝缘层、电介质材料和接地板组成。为了仿真一个设计，需要一个完全的基板定义。基板定义包含了基板的层的数量和每个层的构成。

4. 解算基板

Momentum 通过格林函数来辨别具体频率范围内的基板，这些计算存储在一个数据库里，并应用于后续的仿真中。

5. 配置端口属性

端口能够将能量注入到电路中，这对于分析电路的特点非常重要。当创建电路的时候，需要将端口应用于电路，然后在 Momentum 中配置端口的属性。在 ADS Layout 中有几种不同的端口校准类型，可以根据不同的应用来选择不同的端口。

6. 加盒子或者波导

加盒子或者波导能够在基板上沿着水平面定义边界。如果没有盒子或者波导，基板将被视为在水平面方向是无穷延伸的。这种处理对于许多设计是可接受的，但是可能有些情况，在仿真的过程中边界需要被考虑进去。一个盒子定义了 4 个垂直、正交的边界，这 4 个互相垂直的面围绕着基板的四周。波导定义了两个垂直的面，这两个面在基板的两边。

7. 设置和生成电路网格

网格图案形式有矩形和三角形，它们将设计分解成很多小的单元。网格能够保证仿真的有效性，可以自定义网格参数，也可以使用默认的设置，让 Momentum 自动地产生优化的网格。

8. 仿真电路

设置好仿真频率参数。例如，仿真的频率范围和扫频的类型。当设置完成后，可以运行仿真。仿真过程使用了格林函数计算基板和网格，并且电流也将被计算出来。之后，S 参数将基于电流被计算出来。如果选择了自适应频率取样的扫频类型，系统将产生一个快速的、准确的仿真。

9. 创建 Momentum 元器件

Momentum 元器件可以在原理图环境中使用，它可以联合所有标准的 ADS 有源和无源元器件进行仿真（包括寄生效应的仿真）。在仿真过程中，Momentum 工程将自动地被调用来产生 Momentum 元器件的 S 参数，这通常也被叫作联合仿真（co – simulation）。

10. 观察结果

使用数据显示窗口或者可视化窗口可以查看 S 参数和远场方向图。

11. 优化

对于一个平面结构的电磁设计的最优化来说，Momentum 优化是一个有效的工具。Momentum 优化将自动地调整版图，通过设定的目标值来提高电路的性能，并且支持使用 Momentum 微波方式和 Momentum 射频模式。

12. 方向图

一旦知道电流后，电磁场就能被计算出来。它们能在球坐标系中表示出来。

13. Momentum 可视化

Momentum 可视化能够查看电流、远场和天线的参数。

第15章 微带天线仿真实例

微带天线的概念在20世纪50年代被提出来，至今已经发展了半个多世纪。20世纪70年代以来，微带天线的研究有了迅猛的发展，不断涌现出新结构、新性能的微带天线。如今，在无线通信领域已经广泛的应用微带天线，这表明微带天线已经成为天线甚至通信领域的一个重要课题。

常用的微带天线在一个薄的介质板基板上，一面覆上金属薄层作为接地板，另外一面采用刻蚀的办法做出各种形状的贴片，利用微带或者同轴对贴片进行馈电，这就是最基本的微带贴片天线。另外还有一类微带天线是微带缝隙天线，就是在接地板上开各种各样的槽，通过微带线进行馈电。以上按照特征将微带天线分成了两类：微带贴片天线和微带缝隙天线。其实还可以根据形状、工作原理来对微带天线进行划分，本书将不一一讲述。

前一章已经对ADS软件的Momentum功能进行了很详细的介绍，本章中我们将ADS Momentum应用到微带天线的设计中。

15.1 天线基础

天线是无线通信中的重要部分，天线的性能直接影响着整个无线通信的性能。因此，首先介绍一下天线的主要性能参数。一般来说，天线的性能参数包括方向特性、增益、回波损耗、频带宽度、效率、极化特性等。下面就分别简单介绍一下这些性能参数，并通过两个微带天线仿真的实例详细介绍如何利用ADS2011 Layout来仿真微带天线。

1. 天线的方向特性

任意电流分布产生的电磁场的矢量位由式（15-1）计算，其远区近似为

$$A_r \approx \frac{\mu_0}{4\pi r} e^{-jk_0 r} \int_v J(r') e^{-jk_0 r \cdot r'} dv' \tag{15-1}$$

式中，积分号外的因子仅与距离 r 有关，积分号内的因子仅与传播方向有关，用于决定天线的方向特性。由于天线的定向特性，在与天线相同距离 r 的球面上，场强大小是不相同的。一般来说，天线的辐射场在球坐标系中总可以表示为

$$E = A(r) \cdot f(\vartheta, \varphi) \tag{15-2}$$

式中，$A(r)$ 为幅度因子，$f(\vartheta, \varphi)$ 为方向因子，称为天线的方向性函数。

方向性系数是用来表征天线辐射能量集中的程度，其定义为，在相同的辐射功率下，某天线在空间某点产生的电场强度的平方与理想无方向性点源天线（该天线的方向图为一球面）在同一点产生的电场强度的平方的比值，即

$$D(\vartheta, \varphi) = \frac{E^2(\theta, \varphi)}{E_0^2} \bigg|_{\text{相同的辐射功率}} \tag{15-3}$$

天线在各个方向的辐射场强不相同，方向性系数与方向有关，与天线方向函数的平方成正比。通常以天线在最大辐射方向上的方向性系数作为这一天线的方向性系数，方向性系数通常用分贝来表示：

$$D_{max} = 10\log \frac{4\pi}{\int_0^{2\pi}\int_0^{\pi} F^2(\theta,\varphi)\sin\theta d\theta d\varphi} \qquad (15-4)$$

式中，$F(\theta,\varphi)$ 为归一化方向性函数；$F^2(\theta,\varphi)$ 为归一化功率方向性函数。

天线的增益定义和方向性系数相似，不同的是实际天线和理想天线场强平方的比值是在相同输入功率条件下进行的，增益可以用式（15-5）来表示：

$$G(\vartheta,\varphi) = \frac{E^2(\theta,\varphi)}{E^2_0}\bigg|_{\text{相同的辐射功率}} \qquad (15-5)$$

天线的效率也是天线的一个很重要的参数，天线的效率定义为天线的辐射功率与天线的输入功率之比，可以用式（15-6）来表示：

$$\eta = \frac{P_r}{P_{in}} \qquad (15-6)$$

定义了天线的效率之后，天线的增益和天线的方向性系数有如下关系：

$$G = \eta D \qquad (15-7)$$

若不考虑天线的损耗，那么从式（15-7）中可以看出，天线的增益和方向性系数是相等的。但是，实际上的任何天线都是不相等的，原因是我们不可能做出无损耗的天线。

2. 天线的阻抗特性

天线的阻抗也是天线的重要参数，天线的阻抗特性直接影响着天线的回波损耗、天线的带宽，因此接下来将主要介绍天线的阻抗特性。

将天线辐射功率等效为一个电阻吸收的功率，这个等效电阻就称为天线的辐射电阻，辐射功率和辐射电阻的关系为

$$P_r = \frac{1}{2}I^2 R_r \qquad (15-8)$$

天线的输入电压和输入电流之间的比值就是天线的输入阻抗，是决定天线和馈线匹配状态的重要参数。理想情况下，我们希望输入阻抗为一实数，但通常情况下，输入阻抗既有实部也有虚部，一般可以表示成式（15-9）：

$$Z_{in} = \frac{P_r + P_d + 2jw(w_m - w_e)}{\frac{1}{2}I_0 I_0^*} \qquad (15-9)$$

天线的回波损耗是和阻抗相关的一个重要参数。回波损耗越小，说明反射的能量越小。一般要求在所需要的频带内 S11 达到 −10dB 以下，也就是回波损耗在 10dB 以上，但是对于一些特殊的场合，需要设计天线的回波损耗达到 15dB 以上，如移动通信基站天线。回波损耗定义如式（15-10）：

$$RL = -20\log S_{11} \qquad (15-10)$$

$$S_{11} = \frac{Z_{in} - Z_0}{Z_{in} + Z_0} \qquad (15-11)$$

式中，Z_{in} 是天线的输入阻抗；Z_0 是特性阻抗，通常特性阻抗为 50Ohm 或 75Ohm。

3. 天线频带宽度

天线频带宽度的定义有多种，最基本的定义是根据天线参数允许变动范围来确定的，这些参数可以是方向图、主瓣宽度、副瓣电平、方向性系数、增益等，最通常定义的带宽是阻抗带宽，这个带宽和回波损耗相关，通常定义带宽范围内回波损耗需要达到 −10dB 以下。

天线的带宽通常用相对带宽来表示：

$$B = \frac{f_{max} - f_{min}}{(f_{max} + f_{min})/2} \qquad (15\text{-}12)$$

天线的分类目前也习惯于按照相对带宽来分类。

➢ 窄带天线：　　$0\% \leqslant B \leqslant 1\%$。
➢ 宽带天线：　　$1\% \leqslant B \leqslant 25\%$。
➢ 超宽带天线：$25\% \leqslant B \leqslant 200\%$。

4. 天线极化特性

天线的极化特性是指天线的辐射电磁波的极化特性。根据天线辐射的电磁波是线极化的或圆极化的，相应的天线称为线极化天线或圆极化天线。

由于电场和磁场在远场区的时候有恒定的关系，因此通常都以电场矢量端点轨迹的取向和形状来表示电磁场的极化特性，电场矢量方向和传播方向构成的平面称为传播平面。电磁波的极化方式有 3 种：线极化、圆极化、椭圆极化。实际上圆极化是椭圆极化的一种特例，这里将它单独列为一种方式是因为圆极化在天线中很常见。电场矢量恒定指向某一方向的波称为线极化波。在工程上常以地面为参考对线极化波划分，包括水平极化波和垂直极化波。电场矢量和地面平行的称为水平极化波；电场矢量和地面垂直的称为垂直极化波。在移动通信中，通常希望天线辐射出来的电磁波具有垂直极化的特性，因为水平极化的电磁波损耗很大。在通信领域，还经常应用到极化分集，将两个极化正交的天线用来同时接收同一个信号，产生极化分集增益；若电场矢量具有两个不同幅度且相位相互正交的分量，则在空间某定点上合成的电场矢量的方向将以场的频率旋转，其电场矢量端点的轨迹为椭圆，而随着波的传播，电场矢量在空间的轨迹为一条椭圆螺旋线，这种波称为椭圆极化波；若电场矢量具有两个相同幅度且相位相互正交的分量，则在空间某定点上合成的电场矢量的方向将以场的频率旋转，其电场矢量端点的轨迹为圆，此时称为圆极化波。

椭圆极化特性可以由 3 个参数来表示：轴比（AR）、倾角、旋转方向。轴比是椭圆的长轴和短轴的比值，工程上定义这个比值为小于 3dB 的时候就为圆极化；倾角是参考方向与椭圆长轴间的夹角，旋转方向分为左旋和右旋，通常采用的是 IEEE 标准的极化定义，即"当观察着沿波的传播方向由发射端向接收端看去，在某一固定横截面上电场矢量的旋转方向为顺时针时极化方向就称为右旋，否则为左旋"。

交叉极化定义为与参考极化垂直的极化。与参考源的场平行的场分量称为主极化场，与参考源的场垂直的场分量称为交叉极化。单个线极化波或圆极化波通过一个非理想的传输过程之后，线极化波会分解成一个与原来极化相同的极化分量及一个与原来计划正交的正交极化分量。理想的圆极化波会变成椭圆极化波。如果两个正交的信道同时接收信号，那么将会发生串扰的现象，即一个信道对其正交的信道产生了干扰，描述这种干扰的参数是交叉极化隔离度及交叉极化鉴别率。

15.2 微带贴片天线仿真实例

在上一小节中，对天线的基础知识做了一个简单的介绍，这些基本理论是在接下来的实例中将要涉及的，读者如果需要深刻地理解天线的原理，可以查阅相关的天线书籍和文章。在本小结中，我们将利用 FR4 介质基板，设计一个工作在 2.4GHz 的窄带矩形微带贴片天线。通过本例的学习，将熟悉微带贴片天线设计的基本流程，掌握 ADS Momentum 在微带天线设计中的使用。矩形微带贴片天线可以单独作为天线，也可以作为微带天线阵列的阵元。如果天线的增益比较小，可以考虑将微带贴片天线组成阵列。

1. 设计实例

用 FR4 介质基板（$E_r = 4.4$，$\tan\delta = 0.02$，$h = 1.6\text{mm}$）在 ADS Layout 中设计一个工作在 2.4GHz，相对带宽大于 1% 的矩形贴片微带天线，馈电方式采用微带馈电，如图 15-1 所示。

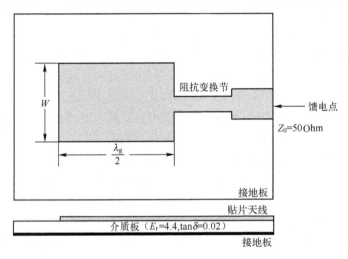

图 15-1　贴片微带天线结构

2. 分析

矩形微带天线的长度 L 在理论上取值为 $\lambda_g/2$。W 一般取值应小于 $\lambda_g/2$，当 W 大于 $\lambda_g/2$ 时，将会产生高次模而导致场的畸变。对于工作在 2.4GHz 的矩形微带天线，其介质波长为 $\lambda_g = \dfrac{\lambda}{\sqrt{\varepsilon_r}} = 6\text{cm}$，所以贴片的长度 $L = \lambda_g/2 = 3\text{cm}$，$W$ 取 2.5cm。

3. ADS 仿真具体步骤

（1）新建一个工程。

① 打开 ADS2011，新建一个工程并命名为"Patch_antenna_wrk"，如图 15-2 所示，在该工程中新建一个 cell 并命名为"Patch"。

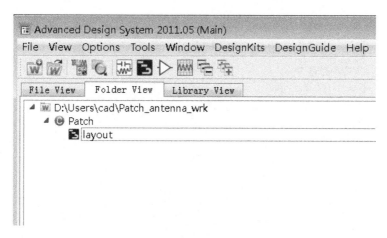

图 15-2 新建 Layout 文件

② 执行菜单命令【Options】→【Technology】→【Technology setup. . .】，选择单位为 mm，如图 15-3 所示。

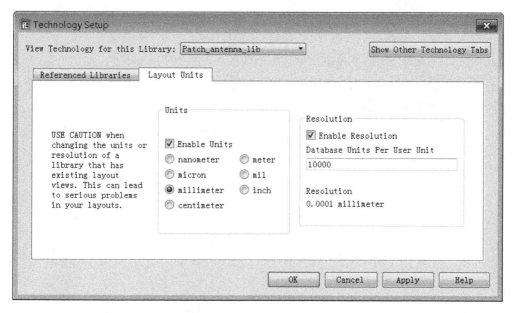

图 15-3 修改 Layout 单位

（2）创建贴片模型。

① 由于贴片天线的结构比较简单，只需要画出贴片部分，接地板可以使用 ADS 中默认的 GND。对于多层天线，为了方便，通常进行 Layout 层设置，设置包括设置 Layout 层中图形显示方式和 Layout 层重命名。图形显示方式有 3 种：以实心图显示、以轮廓线显示、两者都显示。当天线是多层的时候，为了观察的方便，通常选择以轮廓线方式显示。执行菜单命令【Options】→【Layer Perferences. . .】，如图 15-4 所示。

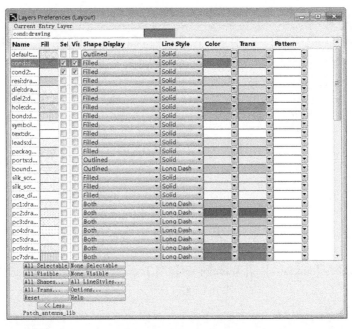

图 15-4　设置 Layout 层显示方式

② 在工具栏中的当前层下拉窗口中选择当前的 Layout 层为 cond 层，如图 15-5 所示。

③ 单击工具栏中的矩形工具 ▭ 图标，在选中菜单栏中执行菜单命令【Insert】→【Coordinate Entry...】，如图 15-6 所示。

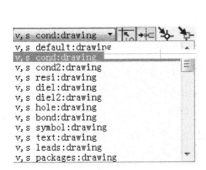

图 15-5　选择当前 Layout 层

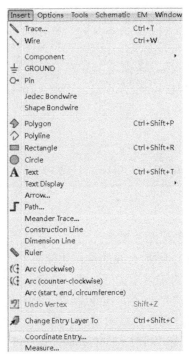

图 15-6　选择坐标输入命令

④ 在坐标输入窗口中输入矩形的初始点（0，0），单击【Apply】按钮，输入矩形的终点（30，25），单击【OK】按钮，如图 15-7 所示。

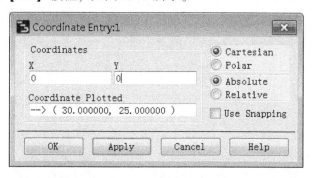

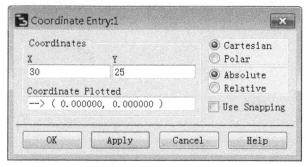

图 15-7　输入坐标值

⑤ 完成之后，将可以在 Layout 里看到画好的贴片，如图 15-8 所示。

图 15-8　Layout 中的贴片铜皮

（3）基板设置。

① 在菜单栏中单击 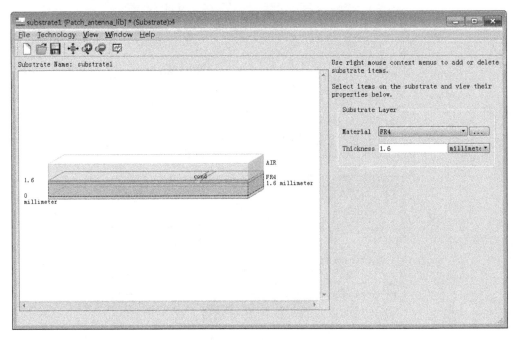 图标，如图 15-9 所示。

图 15-9　选择基板设置

② 设置基板的基本参数，该基板由空气层、铜皮层、FR4 介质层、接地板组成。单击 $\cdots$ 将 Alumin 介质层命名为 FR4，如图 15-10 所示，并设置介质厚度为 1.6mm，介电常数为 4.4，以及损耗角正切为 0.02。接地板不需要设置，ADS 默认就有一层接地板 Cover，如图 15-9 所示。

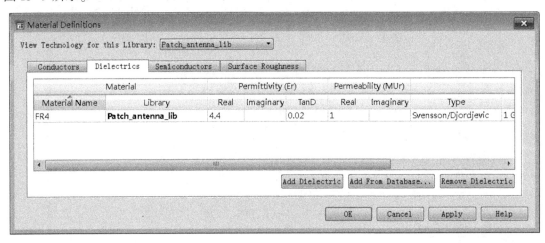

图 15-10　基板设置窗口

（4）设置 PCB 金属层。

把 Layout 层映射到金属层，也就是把 cond 层粘贴到 FR4 介质板上，ADS 默认 cond 在第一层，简单起见，厚度设置为 0，实际 PCB 铜后一般为 1 盎司，1.4mil，如图 15-11 所示。

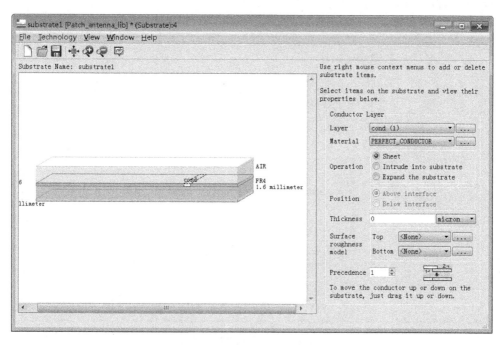

图 15-11　PCB 表层金属属性设置

（5）添加激励端口。

① 单击工具栏中的 port ○ 图标，对贴片天线加端口，将端口加在贴片天线宽度的中间位置。如何能捕捉到中间位置，方法有很多技巧，读者可自行体会和摸索，如图 15-12 所示。

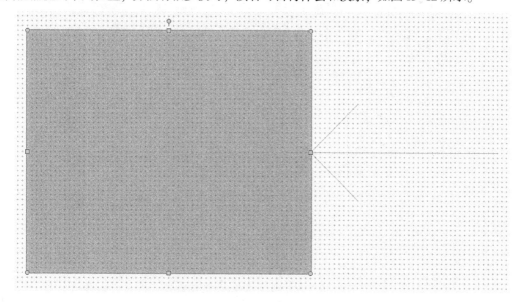

图 15-12　加端口

② 单击工具栏中的 图标，设置端口属性，P1 的参考是 GND 地平面，端口阻抗设置为 50Ω，端口校正方式选择 TML，如图 15-13 所示。

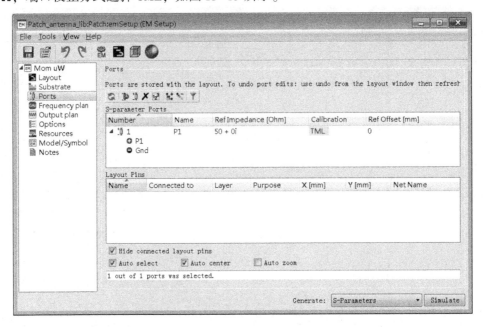

图 15-13　设置端口属性

（6）设置仿真频率范围。

① 打开 EM 控制器，选择 "Frequency plan"，将看到在屏幕上显示仿真控制窗口。在该窗口中，需要配置仿真频率范围，以及扫频的方式，如图 15-14 所示。

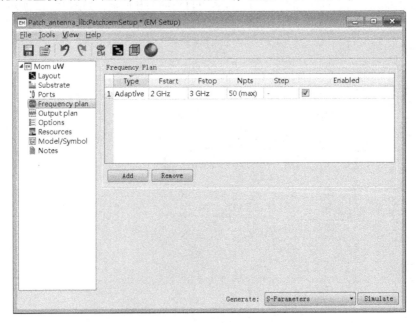

图 15-14　S 参数仿真控制器

② 在图 15−14 的上方，仿真器选择 Momentum Microwave，单击【Simulate】按钮进行 Momentum 仿真，仿真结果如图 15−15 所示。从图中可以看出，S 参数中心频率为 2.4GHz，但是 S(1,1)参数性能很差，远小于 −10dB。因此，后续将要进行匹配和优化设计。

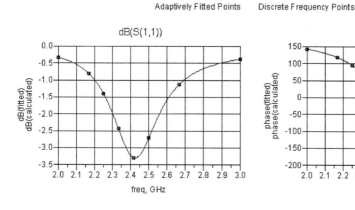

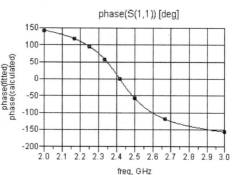

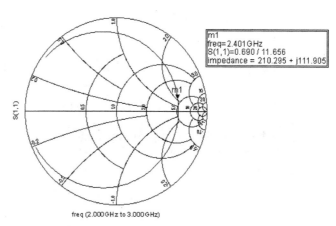

图 15−15　S(1,1)仿真结果

（7）匹配设计。

① 在刚刚仿真完的"Data display"的菜单栏中执行菜单命令【Tool】→【Data file tool】，如图 15−16 所示，利用这个 dftool 工具导出 Momentum 仿真完后的 S 参数文件。

② 打开一个新的 cell 及原理图，命名为"patch_matching"，在"Data Item"中选择 1 端口按钮，并把它放入原理图中，如图 15−17 所示。在原理图中双击 S1P 控件，进入 S1P 控件的属性窗口，如图 15−18 所示，在"File Name"中选择之前导出的 S1P 文件。

③ 利用 ADS 中的 Smith chart 工具对贴片进行匹配。可以通过多种匹配网络来实现贴片阻抗到 50Ω 馈线的变换，但是为了简单，这里只选取微带线匹配，即通过一段微带线将贴片阻抗变换到 50Ω。从图 15−15 中可以看出，微带贴片天线在 2.4GHz 处的阻抗为 210 + j * 112Ω（这个值会因为设置扫描的点数不一样而有所差别），利用 ADS 中的 Smith chart 工具

对天线在 2.4GHz 处进行匹配，执行菜单命令【Tools】→【Smith chart】，匹配结果如图 15-19 所示。

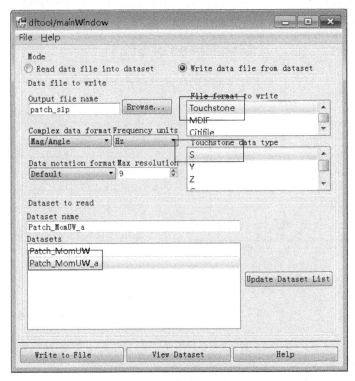

图 15-16　导出贴片天线的 S1P 文件

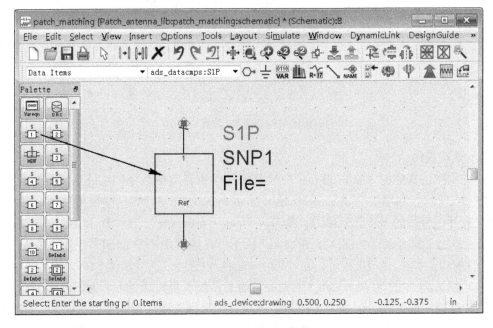

图 15-17　选择 SNP 控件

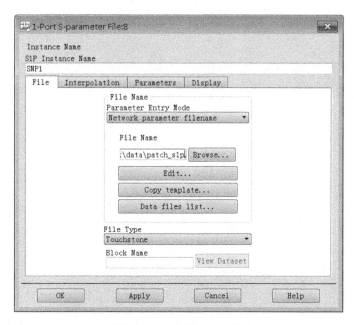

图 15-18　选择 S1P 文件

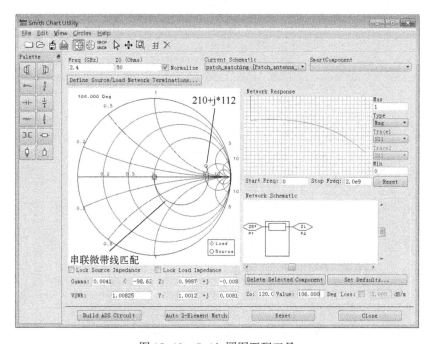

图 15-19　Smith 圆图匹配工具

④ 从图 15-19 可以看出，需要加一条特性阻抗为 120Ω 电长度为 106°的微带线来实现天线输入阻抗到 50Ω 的匹配，同时需要利用 ADS 的 LinCalc 工具计算出这条微带线的具体宽度和长度，如图 15-20 所示，最终原理图如图 15-21 所示。这里 50Ω 的微带馈线可以设置任意长度，按【F7】键启动 S 参数仿真，得出的匹配结果如图 15-22 所示。

可以看到仿真结果偏离了预先频率 21MHz，修改 TL1 L = 21mm，得到最终的仿真结果。

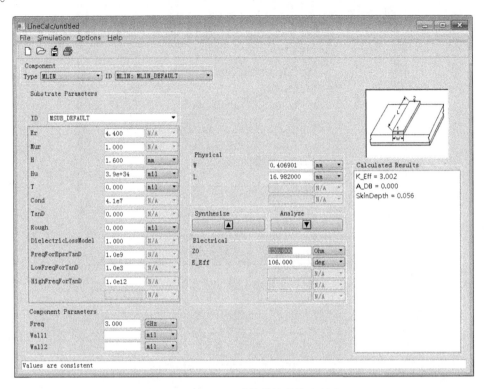

图 15-20　LineCal 计算特性阻抗和长度

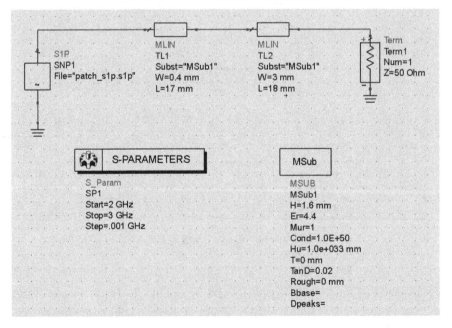

图 15-21　原理图中匹配

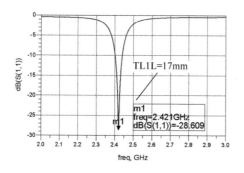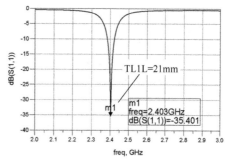

图 15-22　匹配后的 S(1,1)

（8）带上匹配重新进行 MOM 仿真。

① 打开前面仿真过的微带贴片的 Layout 文件，按照原理图中的尺寸在 Layout 中画出匹配枝节的图形，如图 15-23 所示。

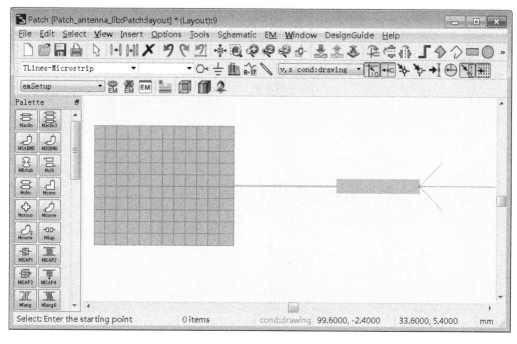

图 15-23　按照原理图尺寸 Layout 图形

② 将扫频方式选择成线性的，原因是在后处理时需要用到 2.4GHz 这个频点。如果选择自适应的类型，将没有这个频点。Momentum 仿真后的性能比原理图仿真的性能在深度上不同，频率也有所偏离，会更接近实际测试结果，这主要是由于 Momentum 仿真采用的是"场"的仿真，考虑到了匹配枝接和天线之间的耦合特性，而原理图是纯粹的"路"的仿真，这也是 Momentum 的优点所在。

③ 运行仿真，查看结果，按照原理图匹配频率有所偏低，调节匹配微带线的长度为 11mm，天线谐振在 2.401GHz。优化后匹配，配微带后最终 Layout 图形如图 15-24 所示。最终用 Momentum 仿真的结果如图 15-25 所示。

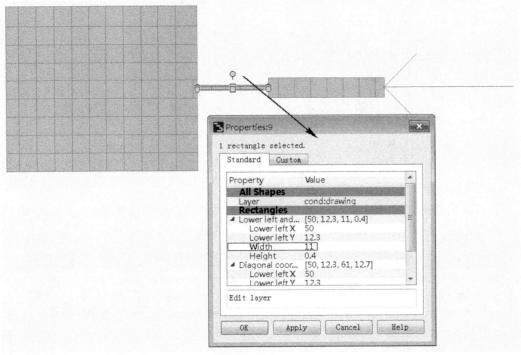

图 15-24　优化后匹配微带后最终 Layout 图形

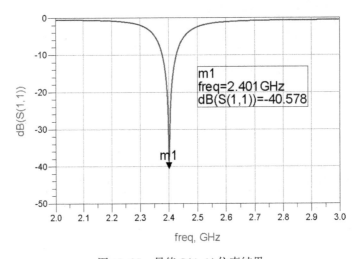

图 15-25　最终 S(1,1)仿真结果

（9）Momentum 后处理平台。

① 单击远场工具栏 🔍 图标，将显示远场计算设置窗口，如图 15-26 所示，在该窗口中设置需要查看的频率、电压、源阻抗等参数，设置这些参数是为了查看天线的远场特性。

② 单击图 15-26 中的【Compute】按钮，进入三维的可视化窗口，该窗口是基于 Mom 的三维界面。在左方的图形显示区中，将看到天线的方向图，如图 15-27 所示。从图中可以看到贴片微带天线只在半个空间辐射，另外半个空间的辐射性很弱。

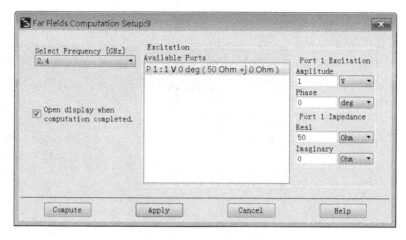

图 15-26 远场计算设置窗口

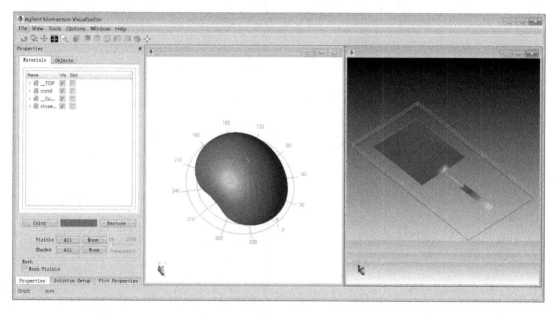

图 15-27 贴片天线的辐射方向图

③ 在天线设计中，天线上的电流分布也是所关心的，因为天线上的电流分布直接影响了辐射方向图、阻抗等参数。因此，通常需要查看天线上的电流分布。在三维可视化窗口的左侧是电流设置窗口，可以在该窗口中选择需要观看的电流的现实方式。可以设置电流以箭头的方式出现，并且可以设置箭头的大小；可以设置电流大小按照对数的尺度画出，还可以设置动态显示电流，这样方便观察电流在一个周期的变化。

将频率选择为 2.400000e + 009，设置电流显示方式为带箭头显示，电流大小按照对数尺度显示，三维的画图窗口中将显示如图 15-28 所示的电流分布。

④ 如图 15-29 所示，单击【Antenna Parameters】按钮，弹出天线参数框，可以查看天线的增益、方向性等。

图 15-28　$f = 2.4\mathrm{GHz}$ 的电流分布

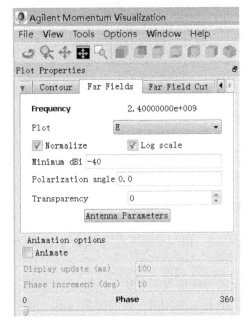

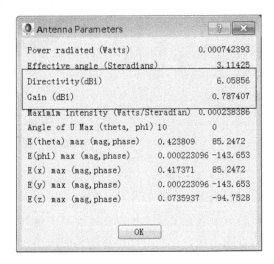

图 15-29　查看天线的增益、方向性等参数

15.3　无线通信中的双频天线设计实例

在前节中，只是通过一个微带缝隙天线的实例介绍了 ADS2011 在天线设计中的一些基

本的功能应用，对于天线自身的工作原理没有做过多的介绍，有关这方面，读者可以查阅相关的书籍及文章。在前两节中我们用 ADS2011 仿真的天线工作在单一频段上，但是实际很多无线通信系统中的天线并不只是工作在单一的频段上，因为大多数无线通信系统工作的频段并不是连续的，而是分散的几个频段。

下面将设计一款无线通信中的双频天线，其频段覆盖了 ISM（工业、科学、医用频段）的主要两个频段：2.400 ～ 2.4835 GHz 和 5.725 ～ 5.850 GHz。2.4GHz 为各国共同的 ISM 频段，目前相当多的无线通信系统工作在此频段，如 WLAN、Bluetooth、ZigBee、RFID 等。

1. 设计实例

使用微带缝隙天线实现一个双频工作的天线，设计指标如下。

➢ 频带范围为 2.400～2.4835 GHz 和 5.725～5.850 GHz。

➢ 回波损耗在两个频带范围内低于 −15dB（VSWR<1.5）。

➢ 最大增益不低于 2.5dBi。

普通的缝隙天线如图 15-30 所示，在有限大的良导体上开一个缝隙，通过微带对缝隙馈电，但这样通常难得到一个很宽的带宽。因此，在图 15-30 的基础之上，再对金属板开一个三角形的缝隙来拓展带宽，如图 15-31 所示。拓展缝隙天线的带宽的方法有很多，使用偏心双线馈电的方法也是一种常用的方法。

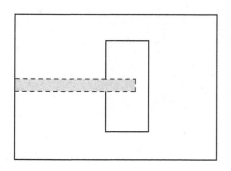

图 15-30　普通的缝隙天线

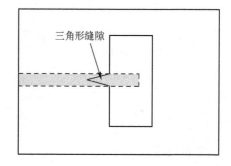

图15-31　加一个三角形缝隙的缝隙天线

2. ADS 设计步骤

（1）新建一个工程。

新建一个 cell，命名为"Two_Band_antenna"，并将单位选择为毫米，如图 15-32 所示，在新建的 cell 中新建一个 Layout 文件，命名为"Two_Band_antenna"。

（2）Layout 层设置。

按照图 15-33 所示的对 Layout 层进行设置，具体方法已经在前面章节中详细介绍过了，这里就不再重复。

（3）建立缝隙天线模型。

① 图 15-34 中的缝隙微带天线的缝隙包含一个矩形和一个三角形，矩形可以轻易地使用作图工具中的矩形作图工具做出。但是，在作图工具中没有专门的三角形的工具，为了方便，这里可以使用多边形作图工具来将整个缝隙部分画出来，如图 15-35 所示，把整个缝隙接地板的坐标标出。

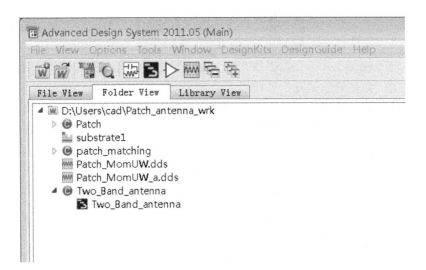

图 15-32 新建 Layout

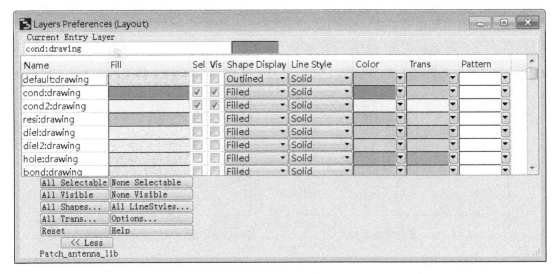

图 15-33 Layout 层设置

② 首先在 cond 层画出接地板，接地板是一个矩形。从图 15-35 中可以看出，接地板的始末坐标分别为（0，0）和（65，50），在作图工具中选择矩形作图工具 ▭ 图标，执行菜单命令【Insert】→【Coordinate Entry】，输入矩形接地板初始坐标值（0，0），单击【Apply】按钮，输入接地板的终点（65，50），单击【OK】按钮，如图 15-36 所示。双击已经创建好的接地板图形，将出现图形的属性框，检查当前图形是否为 cond 层，如图 15-37 所示。

③ 切换到 cond2 [v, s cond2:drawing ▾]，单击作图工具中的多边形作图工具 ◇ 图标，执行菜单命令【Insert】→【Coordinate Entry】，如图 15-38 所示，将缝隙部分的坐标按照一定的顺序（顺时针或逆时针）分别输入。双击画好的缝隙的图形，确定缝隙所在的 Layout 层设置为 cond2，因为运用 Boolean Logical 工具时要求两个做布尔代数的图形必须是在不同的 Layout 层上的，图 15-39 是已经创建好的接地板和缝隙。

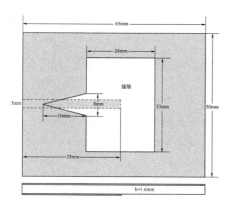

图 15-34　缝隙天线尺寸

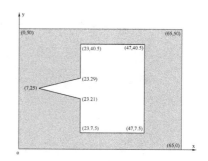

图 15-35　开缝隙接地板的坐标

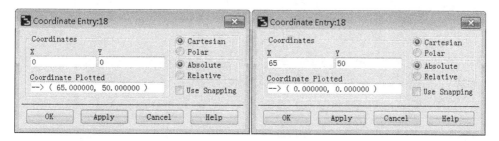

图 15-36　输入接地板坐标

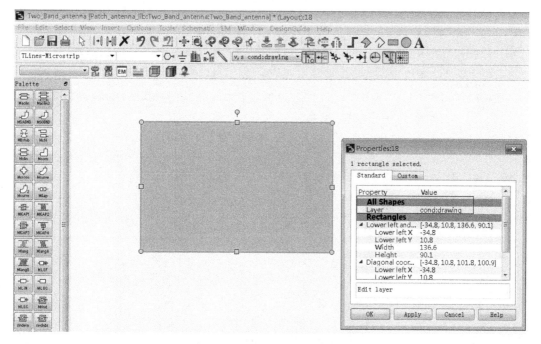

图 15-37　画好的矩形铜皮

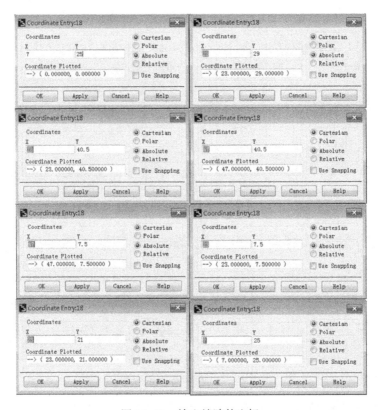

图 15-38　输入缝隙的坐标

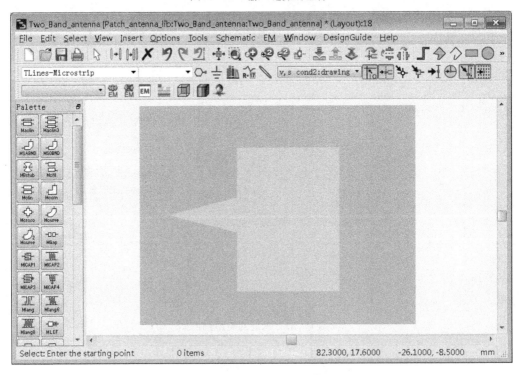

图 15-39　创建好的接地板和缝隙

④ 按住键盘的【Ctrl】键,选中图 15-39 中创建好的的缝隙与接地板,在菜单栏中执行菜单命令【Edit】→【Boolean Logical...】,进入到"Boolean Logical Operation Between Layers"窗口,如图 15-40 所示。开缝隙的接地板的模型如图 15-41 所示。

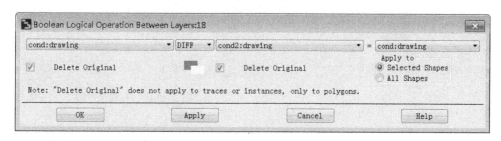

图 15-40　布尔代数选项框

⑤ 在 cond2 利用 ▭ 图标建立 3×35mm 矩形馈线,创建微带馈线的模型,如图 15-42 所示。在 ADS 中建立好的模型如图 15-43 所示。

图 15-41　开缝隙的接地板

图 15-42　矩形馈线的长宽及坐标

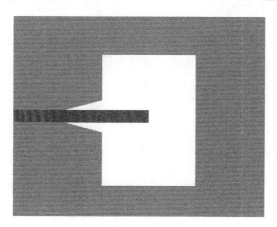

图 15-43　完整的天线模型

（4）基板 Layout 层叠设置。

按照图 15-44 所示，将 cond1、cond2 分别粘贴在介质板两面上，完成层叠设置后，单击【OK】按钮。

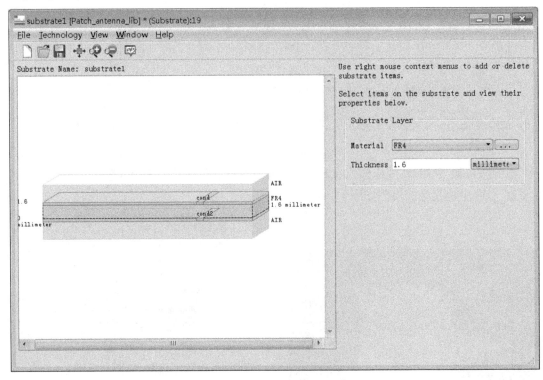

图 15-44　Layout 层叠设置

（5）激励端口设置。

① 单击工具栏中的 port ◯ 图标，对天线分别在 cond1 及 cond2 层上加一个端口，如图 15-45 所示。在 cond2 层（黄色）上加 Port1，在 cond1 层（红色）上加 Port2，注意 Port 所在的层必须和其对应的物体在同一层上。

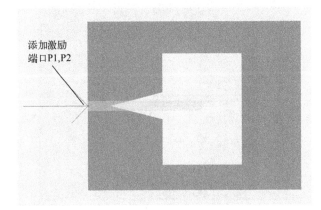

图 15-45　对天线加端口

② 单击 EM 图标，进入 "Ports" 栏，用鼠标按住 P2 将其拖至 P1 下方，如图 15-46 所示。

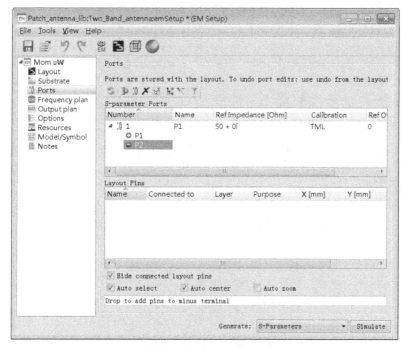

图 15-46　端口属性设置

③ 由于 Layout 界面是平面的，很多图形都是重叠的，为了检验层叠及端口的正确性，可以单击 图标，如图 15-47 所示。

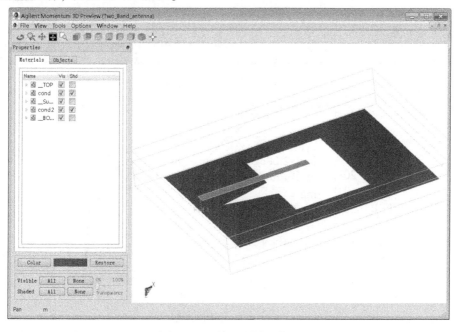

图 15-47　端口及层叠检查

（6）S 参数仿真。

① 单击 EM 图标，选择 "Frequency plan"，在对话框中配置仿真参数，如图 15-48 所示。仿真后的 S 参数性能如图 15-49 所示。

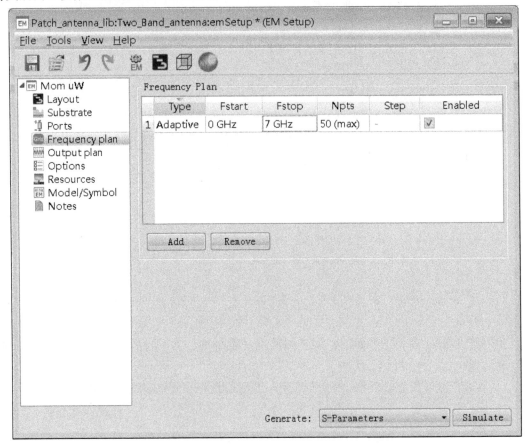

图 15-48　配置 S 参数仿真

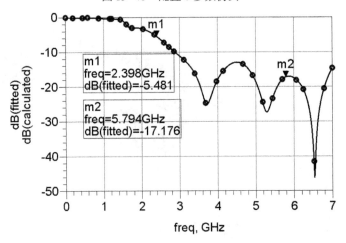

m1
freq=2.398GHz
dB(fitted)=-5.481

m2
freq=5.794GHz
dB(fitted)=-17.176

图 15-49　S（1，1）参数性能

② 从图 15-49 所示的 S 参数可以看出，通过加一个三角形缝隙，可以得到一个很宽的带宽。但是，很难通过调整天线参数使得 S 参数的 −15dB 带宽覆盖 2.4GHz 频段。这时，就需要对天线进行一些改进。改进的方法有很多，这里采用了 3 × 9.1mm 加矩形铜皮的方法，如图 15-50 所示是改进后的天线，在缝隙上加了一段矩形铜皮 F，其作用就是产生一个 2.4GHz 的谐振点，从而满足设计的要求。将金属线 F 在 ADS 中画出来，坐标如图 15-51 所示，最终的 Layout 中的模型如图 15-52 所示。

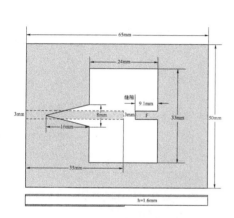

图 15-50　改进后的天线

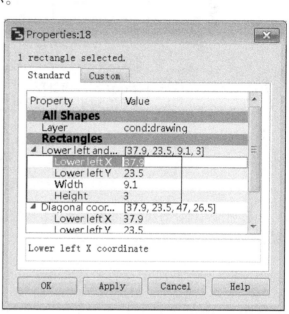

图 15-51　添加新矩形铜皮坐标及长宽

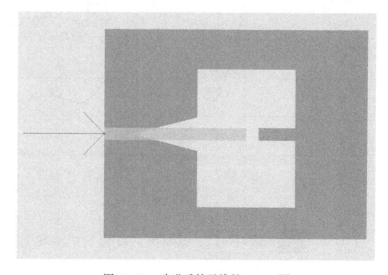

图 15-52　改进后的天线的 Layout 图

③ 重新进行 S 参数仿真，得出 S 参数的性能，如图 15-53 所示，从图中可以看出 S 参数性能满足了设计指标。

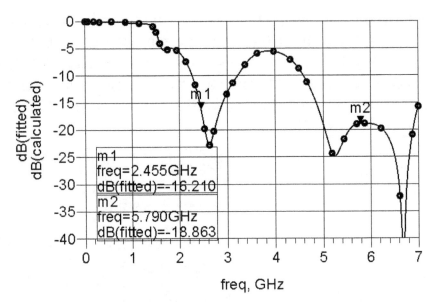

图 15-53　优化后仿天线仿真结果具有双频特性

④ 如果习惯看 VSWR，可通过公式将 S 参数转换为 VSWR 形式，VSWR < 1.5，如图 15-54 所示。

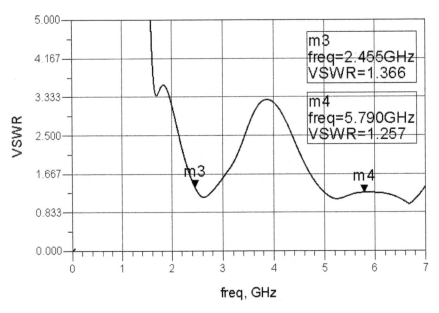

Eqn VSWR=(1+ abs(S(1,1)))/(1- abs(S(1,1)))

图 15-54　将 S（1，1）转换为 VSWR

（7）查看天线指标。

① 为了查看到需要频率的天线指标，需要将自适应改为线性扫描，STEP = 25 MHz，线

性扫描的速度较慢。在对话框中设置好要考察的频率，首先选择 2.45 GHz 频带进行观察。

② 单击 图标计算之后，将会出现 "Far Fields Computation Setup" 窗口，如图 15-55 所示，设置需要观察的频率、激励电压、阻抗等，单击【Compute】按钮，出现天线模型的三维图，以及该频点的远场三维方向图，如图 15-56 所示。

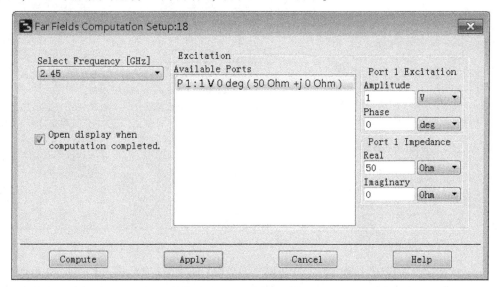

图 15-55　设置辐射方向图控制窗口

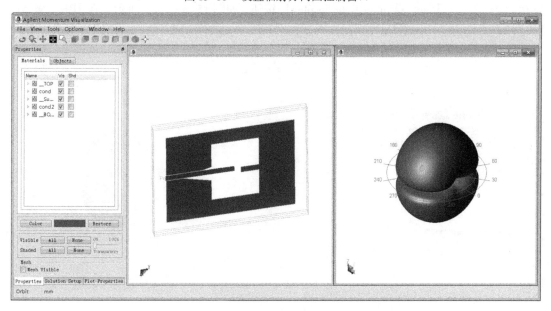

图 15-56　三维天线模型，以及三维辐射方向图

③ 在 "Plot Properties" 窗口上方找到以 "Far Field" 为标题的窗口，如图 15-57 所示。可以看到，该窗口显示的频率是之前选择的频率点，可以通过选择 Plot 下拉框中 E、E Theta、E Phi、E Left、E Right、E Co 在右边画出各种不同的方向图，通常选择 E，观察三维电

场方向图。单击【Antenna Parameters】按钮，进入天线参数窗口，如图 15-58 所示，可以看到该天线在 2.45 的最大增益为 3.48，最大方向性系数为 3.96dB。

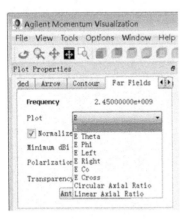

图 15-57　远场控制窗口

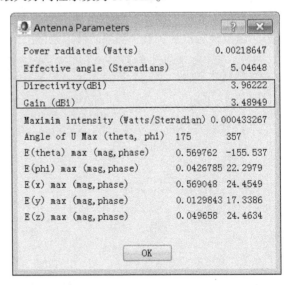

图 15-58　天线参数窗口

④ 可以选择二维的方式画出该天线在频率为 2.45GHz 时的 XOZ 面（E 面）和 YOZ 面（H 面）的增益图，出现如图 15-59（a）所示的窗口，这里和前面不同的是，可视化类型需要选择成二维。单击【Display Cut in Data Display】按钮，如图 15-59（b）所示，在图中设置 XOZ 面（YOZ 面），其中 XOZ 面对应着的 Cut 角度为 0°，YOZ 面对应着的 Cut 角度为 90°。

（a）选择切面 Phi=0

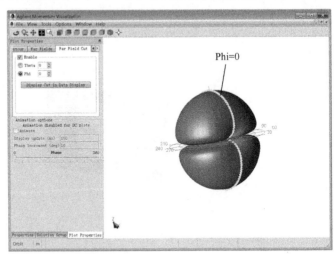

（b）

图 15-59　Cut 位置

⑤ 单击图 15-59（b）中的 Compute 计算之后，将会出现一个新的"Data Display"窗口，在这个窗口中将包含天线的 Linear Polarization、Absolute Fields、Circular Polarization、Power 的图形，如图 15-60（a）所示，在 Power 下方的图形中选择 Gain 图形，将其放大后

如图 15-60（b）所示。

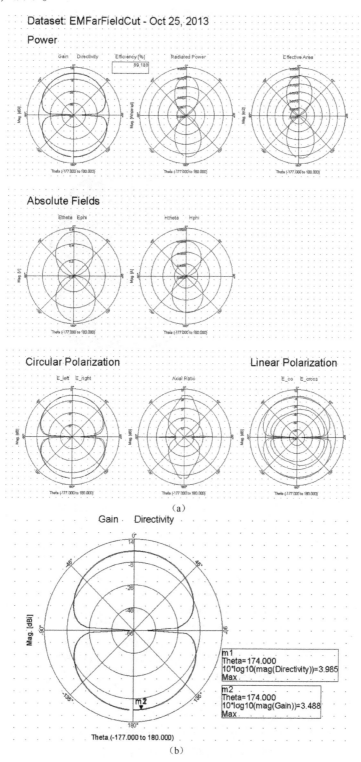

（a）

（b）

图 15-60 "Data Display" 窗口下天线的各种图形

⑥ 对于 5.8GHz 频段的后处理的方法和 2.45GHz 频段的方法是一样的，这里就不再重复了。ADS 仿真之后，可以得到一系列频点的最大增益，可以通过 Excel 将这些数据作出两个频段天线最大增益曲线图。图 15-61 为 5.8G 三维辐射方向图，图 15-62 为 5.8G 增益及方向性等指标。

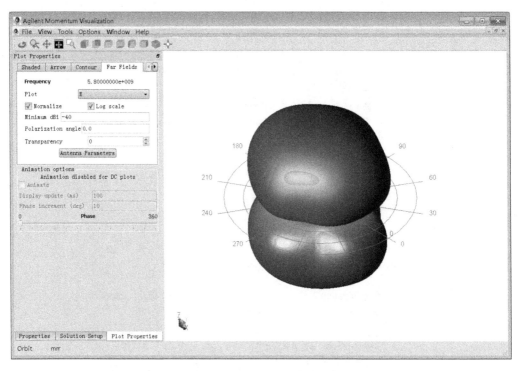

图 15-61　5.8G 三维辐射方向图

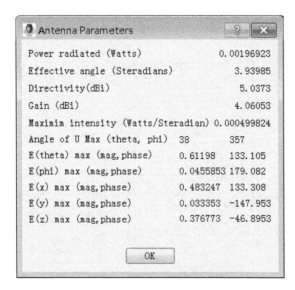

图 15-62　5.8G 增益及方向性等指标

附录： 各大半导体及芯片厂商 ADS 仿真元件库下载地址

1. 村田 Murata，主要为电感、电容器件

ADS 模型下载地址：http://www.murata.com/products/design_support/agilent2/download.html

2. TDK，主要为电容、磁珠、滤波器等器件

ADS 模型下载地址：http://www.tdk.co.jp/etvcl/ads/index.htm

3. 松下 Panasonic，主要为电阻、电容、电感等器件

ADS 模型下载地址：

http://industrial. panasonic. com/ww/i_e/00000/for_agilent_e/for_agilent_e. htm#r = s

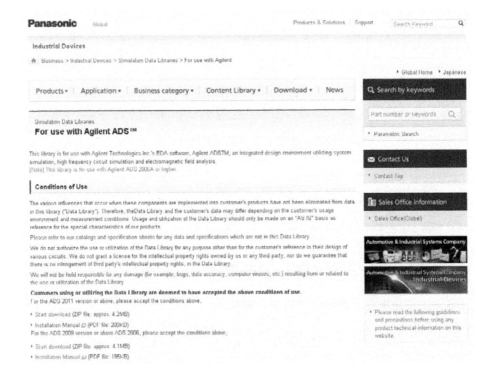

4. 太阳诱电，主要为电容器件

ADS 模型下载地址：http://www.yuden.co.jp/or/product/support/com_lib/

5. AVX 器件，主要为电容、电感及被动器件

ADS 模型下载地址：http://www.avx.com/SpiApps/default.asp#rfmicrowave

AVX also works with several of the most popular software vendors to ensure our products are up to date in their software, and are constantly working with new vendors to ensure that they have the most up-to-date AVX libraries. These libraries are available below and can be added to your software.

▼ Microwave Office?/a>
▼ Eagleware Libraries
▼ ADS Library (old version)
▼ ADS Library (new version)

6. 线艺，主要为电感器件

ADS 模型下载地址：http://www.coilcraft.com/models_ads_library.cfm

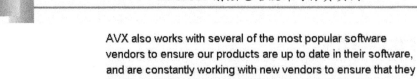

BACK

Using our ADS Component Library

The ADS Component Library includes models of RF and Spring inductors.

Download the library file and save this file to a folder on your hard drive.
CCI_RF_Library.zip

Open ADS.

Select "DesignKit" from the pulldown menu and select "Install Design Kits".

Select unzip file and choose CCI_RF_LIBRARY.zip and the destination directory. All the needed information for the "Define Design Kit" section is filled in from the library.

Select OK, and the Design Kit is installed.

To use Coilcraft parts, select the library button in a design.

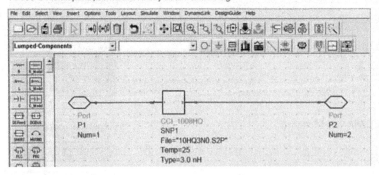

7. JOHANSON，主要为阻容感、滤波器、天线等被动器件

ADS 模型下载地址：

http://www.johansontechnology.com/designer – libraries/agilent – ads – libraries.html

8. ATC 电容电感

S 参数模型下载地址：http://atceramics. com/design – support. aspx#s – parameter – 2

9. NXP 恩智器件，主要为低噪声放大器和功率放大器器件

1）射频小信号模型库

ADS 模型下载地址：

http：//www. cn. nxp. com/models/design － in － support/rf － small － signal － model － librar-ies. html

2）射频功率器件模型库

ADS 模型下载地址：

http：//www. cn. nxp. com/models/design － in － support/rf － power － model － libraries. html

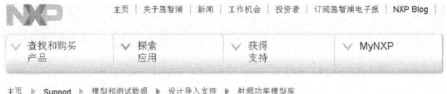

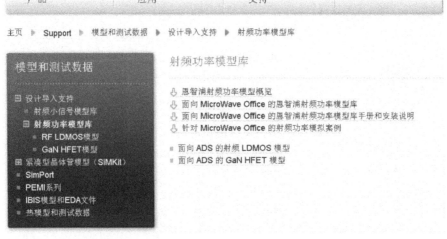

10. 飞思卡尔，主要为功率放大器

ADS 模型下载地址：

http://www. freescale. com/webapp/sps/site/overview. jsp？ code ＝ RF _ HIGH _ POWER _ MODELS_AGILENT

Parametric

| Products | Applications | Software & Tools | Training & Events | Suppc |

| Welcome Guest [i] | Register | Login | Annotate | History | My Recommendations | My Favorites |

Freescale ▸ RF Power ▸ RF High Power Models ▸ Models for ADS: Agilent Advanced Design System

Models for ADS: Agilent Advanced Design System

Simulation Code to Run RF High Power ADS Models
▶ RF High Power Model Kit 2012 Rev 0 (for ADS2009U1, ADS2011 and ADS2012)

Installation of the RF High Power Model Kit is required to run all RF High Power ADS models.
Installation instructions are contained within the respective RF High Power Model Kit.

Product Model Design Kits Click a part number to download.
Requires one of the RF High Power Model Kits listed above.

AFT05MP075N	MRF6P27160H	MRF7S21080H	MRF8S21120H	MRFE6S9060N
AFT05MS031N	MRF6S19100H	MRF7S21110H	MRF8S21140H	MRFE6S9125N
AFT09MP055N	MRF6S21050L	MRF7S21150H	MRF8S21200H	MRFE6VP100H
AFT09MS031N	MRF6S24140H	MRF7S27130H	MRF8S23120H	MRFE6VP5600H
AFT09S282N	MRF6V12250H	MRF7S38010H	MRF8S26060H	MRFE6VP61K25H
AFT18S230S	MRF6V12500H	MRF8P18265H	MRF8S26120H	MRFE6VP6300H
AFT18S290-13S	MRF6V13250H	MRF8P20100H	MRF8S7120N	MRFE6VP8600H
AFT20P060-4N	MRF6V14300H	MRF8P20140WH	MRF8S7170N	MRFE6VS25L
AFT20S015N	MRF6V2010N	MRF8P20165WH	MRF8S7235N	MRFE6VS25N
AFT21S230S	MRF6V2150N	MRF8P23080H	MRF8S8260H	MW6S010N
AFT27S006N	MRF6V2300N	MRF8P23160WH	MRF8S9100H	MW7IC008N
AFT27S010N	MRF6V3090N	MRF8P26080H	MRF8S9102N	MW7IC18100N
AFV09P350_04N	MRF6V4300N	MRF8P29300H	MRF8S9170N	MW7IC2020N
MD7IC18120N	MRF6VP11KH	MRF8P8300H	MRF8S9200N	MW7IC2040N
MD7IC2050N	MRF6VP21KH	MRF8P9040N	MRF8S9202N	MW7IC2240N
MD7IC21100N	MRF6VP2600H	MRF8P9210N	MRF8S9220H	MW7IC2725N
MD7IC2250N	MRF6VP3091N	MRF8P9300H	MRF8S9232N	MW7IC2750N
MD7IC2251N	MRF6VP3450H	MRF8S18120H	MRF8S9260H	MW7IC3825GN
MD8IC925N	MRF6VP41KH	MRF8S18210WH	MRFE6P9220H	MW7IC915N
MD8IC970N	MRF7P20040H	MRF8S18260H	MRFE6S8046N	MW7IC930N

11. skyworks，二极管、放大器等器件

ADS 模型下载地址：

http://www. skyworksinc. com/TechnicalDocuments. aspx？ DocTypeID ＝ 12

12. AVAGO，二极管、 FET 、放大器等器件

ADS 模型下载地址：http://www.avagotech.com/pages/products/adsmodeling/

13. 三菱，主要为功率放大器

ADS 模型下载地址：

http：//www. mitsubishielectric. com/semiconductors/php/eSearch. php？ FOLDER ＝/product/hf/gaastransistor/highpowerfet

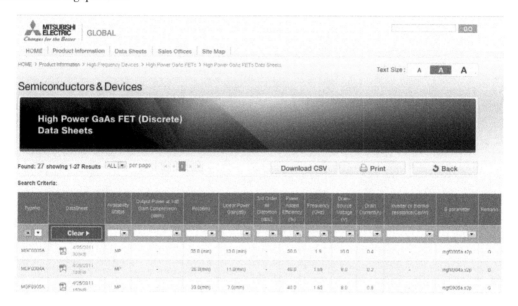

14. ST 意法半导体，主要为功率放大器

ADS 模型下载地址：

http：//www. stmicroelectronics. com. cn/stonline/stappl/resourceSelector/app？ page ＝ fullResourceSelector&doctype ＝ hw_model&FamilyID ＝1987